SCI PUBLICATION 055

Design of Composite Slabs and Beams with Steel Decking

R.M. Lawson BSc(Eng) PhD ACGI CEng MICE MIStructE

ISBN: 1 870004 39 6
© The Steel Construction Institute 1989
(Reprinted 1993)

The Steel Construction Institute
Silwood Park
Ascot
Berkshire SL5 7QN
Telephone 0344 23345
Fax. 0344 22944

Foreword

This publication was written by Dr R M Lawson and has been prepared to assist designers in the selection of beam sizes in the Scheme Design of composite beams. It is consistent with *BS 5950:Part 1 and :Part 3.1* (to be published in late 1989) and *BS 5950:Part 4*. The Institute has had a major involvement in the development of these standards.

The work leading to this publication was funded by:
- British Steel General Steels
- Richard Lees Ltd
- Precision Metal Forming Ltd
- Alpha Engineering Ltd
- Quikspan Construction Ltd
- Structural Metal Decks Ltd
- H H Robertson Ltd
- Hilti (GB) Ltd

The publication updates and supersedes the SCI publication *Design recommendations for composite floors and beams using steel decks: Section 1: Structural*, first published by Constrado in 1983. The design tables were prepared by Mr G M Newman and Dr K F Chung.

CONTENTS

	Page
SUMMARY	iv
NOTATION	iv

1. INTRODUCTION — 1
   1.1 Definitions — 1
   1.2 Benefits of composite construction — 1
   1.3 Introduction to methods of design — 2

2. SCOPE OF THE PUBLICATION — 4

3. BASIS OF DESIGN – COMPOSITE SLABS — 5
   3.1 Construction condition — 5
   3.2 Composite condition — 8
   3.3 Fire condition — 9
   3.4 Diaphragm action — 9

4. BASIS OF DESIGN – COMPOSITE BEAMS — 10
   4.1 Construction condition — 10
   4.2 Effective breadth of slab — 10
   4.3 Plastic analysis of composite beams — 10
   4.4 Interaction of shear and moment — 12
   4.5 Forms of shear connection — 13
   4.6 Full and partial shear connection — 14
   4.7 Influence of deck shape — 16
   4.8 Transverse reinforcement — 17
   4.9 Elastic section properties — 18
   4.10 Serviceability criteria — 19
   4.11 Modular ratios — 19
   4.12 Deflections — 20
   4.13 Dynamic sensitivity — 21
   4.14 Fire condition — 21

5. INTRODUCTION TO DESIGN TABLES FOR COMPOSITE BEAMS — 22
   5.1 General — 22
   5.2 Introduction to uniform load case — 26
   5.3 Introduction to point load cases — 28
   5.4 Use of the Tables for typical design cases — 29

6. DESIGN TABLES — 31

REFERENCES — 106

Appendix A: NOTE ON POSITIONING OF SHEAR CONNECTORS — 108

Appendix B: DESIGN EXAMPLE — 110

Appendix C: MANUFACTURERS' INFORMATION — 123

SUMMARY

This publication presents a method of design for simply supported composite beams as used in buildings. The method is consistent with *BS 5950:Part 1 and :Part 3.1*, which will be published in late 1989. Design tables are presented to aid selection of the size of steel beams, depending on the span and loading, the depth of the concrete slab and shape of the deck profile used. Because of the number of variables, a total of 71 Design Tables for both uniform and point load cases are included. A generic deck profile is used to cover the main design cases, and this is supplemented by typical tables for the main deck profiles used in the UK. The mode of failure of the beams is indicated in the Tables.

The design method is based on plastic analysis of the composite section at ultimate loads and elastic analysis at serviceability loads. The concept of partial shear connection is covered; this leads to modified strength and deflection calculations depending on the number of shear connectors placed along the beam. Design is often controlled by minimum shear connection or by serviceability. A limit on the natural frequency of the beam of 4 Hz is made which often influences the design of longer span beams. A worked example illustrates the design of a typical composite beam.

NOTATION

A cross-sectional area of steel beam
b_a average trough width
B_e effective breadth of concrete flange
D overall depth of steel beam
D_p depth of deck profile
D_s depth of concrete slab
e distance of centre of shear connector to mid-height of deck
f_{cu} cube strength of concrete
F_v shear force applied to beam
h height of shear connector
I second moment of area of steel section
I_c second moment of area of composite section
K degree of shear connection
L span of beam
M_c plastic moment capacity of beam including partial shear connection
M_{pc} plastic moment capacity of composite beam
M_s plastic moment capacity of steel beam
p_y design strength of steel
P_v shear capacity of web to *BS 5950:Part 1*
r_p strength reduction factor for deck shape
R_c compressive resistance of effective breadth of concrete flange
R_q longitudinal shear resistance of shear connectors
R_s tensile resistance of steel beam
T thickness of flange of steel beam
y_e depth of elastic neutral axis below top of slab
y_p depth of plastic neutral axis below top of slab
ϕ stud diameter
α_e modular ratio of steel to concrete
δ_c deflection of composite beam
δ_0 deflection of non-composite beam

1. INTRODUCTION

1.1 Definitions

Composite slabs comprise profiled steel decking (or sheeting) as the permanent formwork to the underside of concrete slabs spanning between support beams. The decking acts compositely with the concrete under service loading. It also supports the loads applied to it before the concrete has gained adequate strength. A light mesh reinforcement is usually placed in the concrete.

Composite beams comprise steel beams, usually of I section which are designed to act compositely with concrete or composite slabs by use of shear connectors. Composite construction is the generic title given to use of composite beams and slabs in buildings.

1.2 Benefits of composite construction

Composite construction has proved to be popular in recent years and has largely accounted for the dominance of steel frames in the commercial building sector in the UK. The main structural benefits in using composite beams are:

- Savings in steel weight are typically 30 to 50% over non-composite beams.
- The greater stiffness of composite beams mean that they can be shallower for the same span, leading to lower storey heights and savings in cladding cost or, alternatively, permitting more room for services.

The decking performs a number of roles and is an important part of the structural system:

- It supports loads during construction.
- It acts as a working platform and protects workers below.
- It develops composite action with the concrete to resist the imposed loading on the floor.
- It transfers in-plane loads by diaphragm action to vertical bracing or shear walls.
- It stabilises the beams against lateral buckling.
- It acts as transverse reinforcement to the composite beams.
- It distributes shrinkage strains, preventing serious cracking of the concrete.

In addition, composite construction has a number of advantages over precast or in-situ concrete alternatives:

- Construction periods are reduced.
- Decking is easily handled, cut to length and is less susceptible to tolerance problems.
- Shear connectors can be welded or fixed through the decking.
- Attachments and openings for services can easily be made.

The main economy sought in buildings is speed of construction and for this reason slabs and beams are usually designed to be unpropped during the construction stage. Spans of the order of 3 m to 3.6 m between support beams are common, and beams are usually designed to span between 6 m and 12 m. Connections between the structural steel elements are generally designed as 'simple', i.e. not moment resisting. The main elements of construction of typical composite building are illustrated in Figures 1 and 2.

Figure 1 *Typical composite steel-framed building during construction*

Figure 2 *Composite slab during concreting*

1.3 Introduction to methods of design

Design of steel decking and composite slabs is covered by *BS 5950:Part 4* [1]. This Standard presents a method of test to establish the degree of composite action between the steel and the concrete. An empirical design formula, based on this test data, is used for general design of composite slabs.

The design of steel decking in the construction stage is based on elastic moments and elastic section properties. This is relatively conservative and many manufacturers have carried out tests on continuous decking to establish the true capacity of their products. It is usually found that the degree of composite action is adequate for most imposed loads in buildings and it is the construction condition that largely controls the design of the slab.

Design of composite beams will shortly be covered by *BS 5950:Part 3.1* [2], and in due course by *Eurocode 4* [3]. The two Standards are broadly compatible at a technical level, and comparative designs should not be significantly different.

However, from 1982 until the time of writing (1989), the designer has had to rely on publications by CIRIA[4], the Steel Construction Institute[5] and Johnson[6] to determine the strength and serviceability performance of composite beams. These publications put forward a compatible method of design, the SCI (then Constrado) publication presenting a number of design tables for easy sizing of the steel beams.

The two publications (4) and (5) adopted an approach based on plastic analysis of the composite section under factored loads. The concept of partial shear connection was introduced, i.e. where fewer shear connectors are used than required to develop the full plastic capacity of the section. This leads to overall economy because the shear connectors can be placed in a regular pattern, e.g. one per deck trough. Partial safety factors were applied to the design strength of the steel both in strength and serviceability calculations. This conservatism, although appropriate at the time, has now been shown to be unnecessary. There has also been a significant amount of research into the behaviour of composite beams with different types and degree of shear connection, leading to greater confidence in the method of design.

In 1986, the American load factor method[7] for design of composite beams was published. This offered the designer an alternative to elastic design. The Canadian Code[8] was the first to put forward a rational method of limit state design and this has been influential in code development worldwide.

It is now appropriate to update the guidance on the design of composite beams and slabs, to reflect recent developments and to provide greater economy. The majority of composite beams are designed as simply supported, and this publication is restricted to this case. Continuous composite beams are covered in *BS 5950:Part 3.1* and other publications[9, 10].

2. SCOPE OF THE PUBLICATION

The main purpose of this publication is to present Design Tables to be used in the selection of beam sizes in composite beam construction. The publication deals only with the design of simply supported beams. Because of the inter-relationship between the proportions of the composite slab and the design of the beams, the Tables are presented in terms of the main deck profiles that are marketed in the UK.

The publication is intended to complement *BS 5950:Part 3.1: Composite beams* (currently in preparation) and *BS 5950:Part 4: Code of practice for design of floors with profiled steel sheeting*. The basis of the design method is described so that a final design can be made having selected the beam size from the Tables.

The Tables are restricted to standard Universal Beam (UB) and Universal Column (UC) sections in grade 43 or 50 steel, and slabs in grade 30 concrete. The slab depth is usually selected to provide an appropriate period of fire resistance, normally 60 or 90 minutes, subject to a minimum span:depth ratio of 30 for good serviceability performance. Both light and normal weight concrete are included.

Most of the Tables apply to standard 19 mm diameter welded shear connectors (studs). However, the use of shot-fired shear connectors is also covered.

The Design Tables relate to the following standard cases:
- *Uniform imposed loading* of 4, 6, 8 and 10 kN/m^2 (typical of secondary beams) at beam spacings of 3 m and 3.6 m and shear connectors placed in a standard pattern depending on the trough spacing.
- *Point loading* (typical of primary beams) using the above imposed loads. This covers the one- and two-point load cases, as a function of the span of the secondary beams.

The output from the Tables is in terms of permissible span for each beam size. Linear interpolation between the tabulated data is acceptable. The use of the Tables for a typical design case is illustrated in Section 5.4. A worked design example is included in Appendix B.

In order to reduce the potentially large number of design cases, a generic trapezoidal profile of 50 mm height has been selected to cover the less common cases.

3. BASIS OF DESIGN – COMPOSITE SLABS

3.1 Construction condition

The design of composite slabs is often limited by the ability of the deck to resist the loads applied to it during construction in cases where the deck is not temporarily propped. The following aspects of designs in the construction stage should be noted.

3.1.1 Deck types

Modern deck profiles are in the range of 45 to 75 mm height and 150 to 300 mm trough spacing. There are two well known generic types: the dovetail profile and the trapezoidal profile with web indentations. The profiles covered in this publication are shown in Figures 3 and 4.

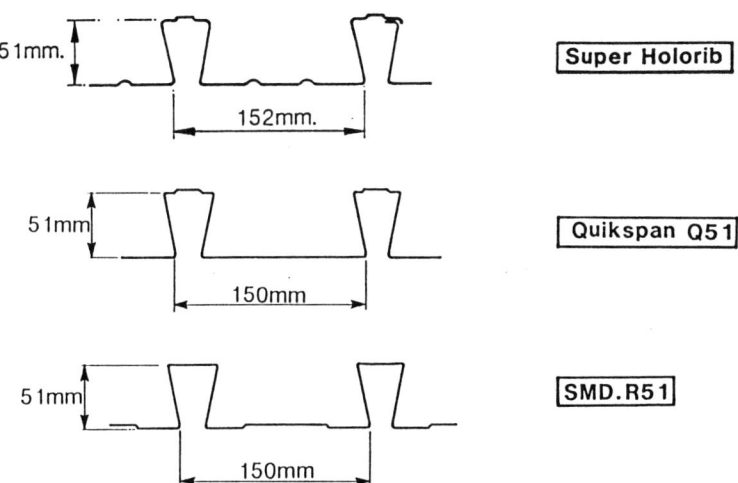

Figure 3 *Dovetailed deck profiles used in composite slabs*

3.1.2 Steel grades and thicknesses

Galvanized sheet steel for this application is typically 0.9 to 1.5 mm thick. Z28 steel (280 N/mm² yield strength) is generally specified, although Z35 steel is used for some of the deeper, longer-span profiles. The thickness of galvanizing is usually approximately 0.02 mm per face, equivalent to 275 g/m² total coverage. Plastic-coated sheets have been used in special circumstances.

3.1.3 Slab span and depths

The most efficient use of composite slabs is for spans between 2.7 and 3.6 m. Slab depths largely depend on insulation requirements in fire and are usually between 100 and 150 mm (see Section 3.3). For most designs the slab span-to-depth ratio should not exceed the limits in Section 3.2.4.

3.1.4 Concrete type and grade

Normal (NWC) and lightweight (LWC) concretes are both used. The modern method of placement is by pump. The dry density of structural lightweight concrete (Lytag and sand aggregate) is 1750 to 1850 kg/m³. The wet density is used when determining the loading on the decking in the construction stage and is typically 100 kg/m³ greater than the dry density. The concrete grade (cube strength in N/mm²) is specified as 30 to 40. The concrete type affects the stiffness of the composite section and the strength of the shear connectors.

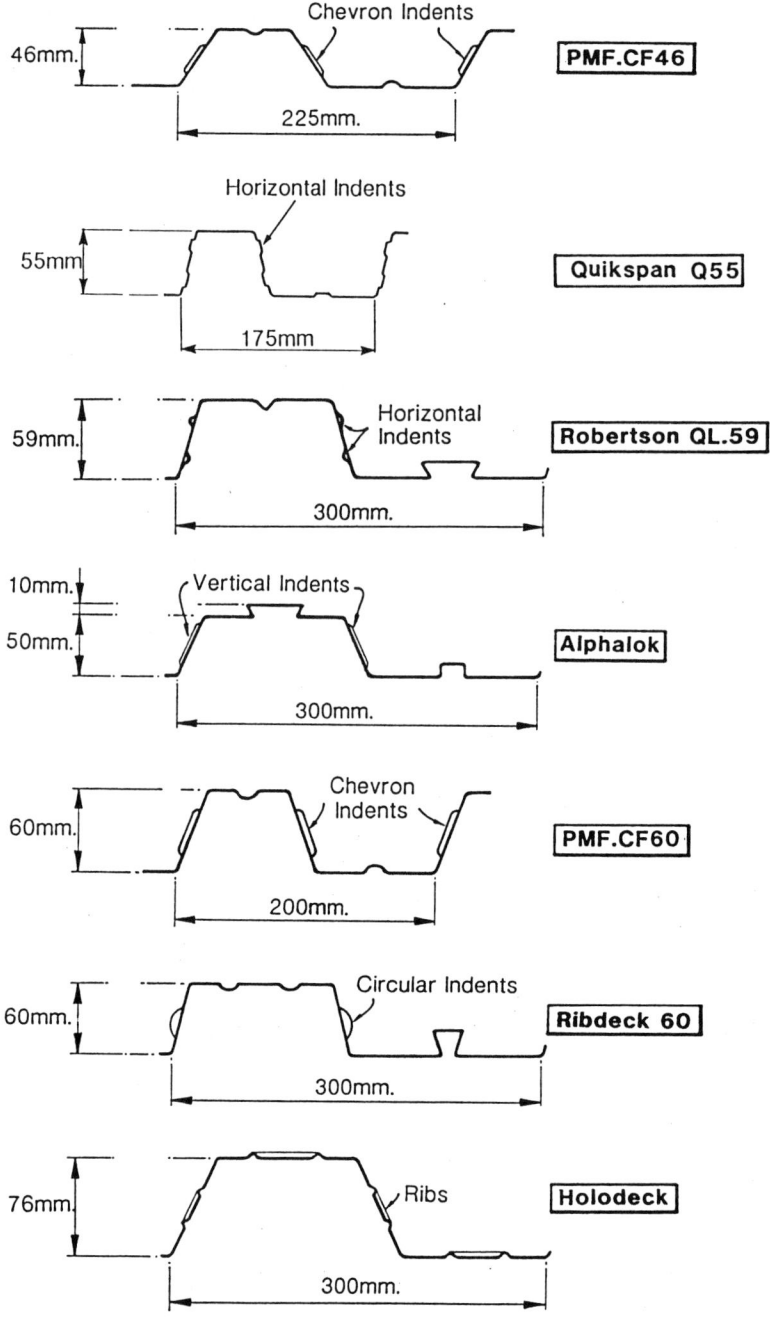

Figure 4 *Trapezoidal deck profiles used in composite slabs*

3.1.5 Construction loading

The decking supports the weight of the concrete in the finished slab, the excess concrete arising from the deflection of the decking (ponding), the weight of the operatives and any impact loads. The construction load (in addition to the self weight of the slab) is currently specified as a uniform load of 1.5 kN/m² or 2 kN/m as a line load (for spans < 3 m) when designing the decking (see Section 4.1 for the design of the beams). The form of loading developed during the concreting operation is illustrated in Figure 2. Loads exceeding this amount should not be applied to the finished slab until it has gained adequate strength.

3.1.6 Strength design of decking

The design of continuous decking (spanning over a number of beams) is based, according to *BS 5950:Part 4* [1], on an elastic distribution of moment, as a safe lower bound to the collapse strength. Elastic moments are greatest at the supports. The bending capacity of the section is also determined elastically, as its performance is limited by local buckling

(Figure 5). The strength of the section can be improved by introducing stiffening folds in the compression elements.

The elastic approach is relatively conservative as in tests there is a considerable redistribution of moment from the highly stressed areas at the supports to the mid-span area[11]. Spans 10 to 15% in excess of those predicted by elastic design are possible whilst maintaining an adequate factor of safety against failure and satisfactory performance at working load. It is for this reason that manufacturers often present load-span tables on the basis of tests rather than the elastic approach in *BS 5950:Part 4*. A typical 'air-bag' test on two-span decking is shown in Figure 6.

Figure 5 *Local buckling of composite deck in bending*

Figure 6 *Air-bag test on composite decking (deck and support beams inverted)*

3.1.7 Deflection limits

A limit on the residual deflection of the soffit of the deck (after concreting) of span/180 is specified increasing to span/130 if the effects of 'ponding' are included in the strength and deflection assessment of the decking. In the second case the effect of the increased weight of concrete should be included in the design of the support structure.

3.2 Composite condition

Composite slabs are usually designed as simply supported elements with no account taken of the continuity provided by the slab reinforcement at ultimate loads. Composite slabs fail by incomplete shear connection when end anchorage is not provided. This means that failure occurs by slip between the deck and the concrete before the plastic bending capacity of the slab is reached.

3.2.1 Modes of failure

The ultimate bending capacity of composite slabs (in the absence of end anchorage) is controlled by slip between the concrete and the deck. This occurs by a combination of friction and chemical bond between the concrete and the deck, followed by mechanical interlock after initial slippage has taken place. This is known as 'shear bond' failure. In unpropped construction, only the loads applied to the composite sections are considered.

If adequate end anchorage is provided then the composite slab can reach its bending capacity as a reinforced concrete slab in which the area of decking acts as conventional reinforcement to the concrete. This capacity is independent of the form of construction and therefore total loading is considered. The vertical shear capacity is also assessed as a reinforced concrete slab[12].

3.2.2 Mechanical interlock

Mechanical interlock between the concrete and the deck is improved by the use of indentations or embossments in the webs of the deck, illustrated in Figures 3, 4 and 5. The dovetail profiles in Figure 3 achieve their shear bond capacity largely by preventing separation of the deck and the concrete.

3.2.3 Design by testing

The performance of a particular composite slab can only be readily assessed by tests of the form shown in Figure 7. According to *BS 5950:Part 4*, a minimum of six slabs are to be tested covering a range of design parameters. The slabs are first subject to dynamic loading between 50% and 150% of the desired working load, and then the load is increased statically to failure. The objective of the dynamic part of the test is to identify those cases where there is an inherently fragile connection between the concrete and the deck.

The test information is used in general design by the establishment of empirical constants broadly defining the mechanical interlock and friction bond components of shear resistance. Because of the empirical nature of the design formula in *BS 5950:Part 4*, manufacturers normally present this information in the form of load-span tables. It is generally found that the degree of composite action is sufficiently high for most designs to be controlled by the construction condition.

Figure 7 *Standard test on composite slab*

3.2.4 Serviceability

The key serviceability aspects are the avoidance of premature slip and control of deflections. Although first slip occurs well below the ultimate load, it rarely causes a serviceability problem in well designed composite slabs. Therefore, the deflection of a composite slab can be assessed from its stiffness as a reinforced concrete slab.

As a general rule, span:depth ratios (based on the overall slab depth) of continuous composite slabs should be less than 30 for LWC and 35 for NWC in order to satisfy normal deflection limits. Continuity at serviceability is provided by mesh reinforcement. These ratios should be reduced by 5 for single-span slabs (e.g. between openings). Deflections should be calculated for designs outside these limits.

3.3 Fire condition

The fire design of composite slabs is covered in the SCI publication *The fire resistance of composite floors with steel decking* [13]. In principle, the minimum depth of the composite slab is controlled by 'insulation' requirements in a fire, and the amount of reinforcement may be determined from a 'fire engineering' analysis of the reduced strength of the slab subject to elevated temperatures. Slabs in LWC are thinner than those in NWC because of the better insulating properties of the aggregate.

A large number of fire tests on composite slabs has been carried out, leading to the development of Simplified Design Tables, when using standard mesh reinforcement[14]. The adequacy of composite slabs for up to 90 minutes fire resistance has been established, and this is now covered by *BS 5950:Part 8*[15]. A recent fire test has indicated that 120 minutes fire resistance can be achieved.

3.4 Diaphragm action

In-plane forces are developed in the decking during construction and in the slab in service. It is tacitly assumed that the decking is stiff and strong enough to act as a shear diaphragm provided the decking is attached by shear connectors to the steel beams. Temporary strength is provided by edge fasteners spaced at not more than 600 mm apart. It is not necessary to use seam fasteners between the sheets except in extreme circumstances where high shear forces are to be resisted[16].

In the composite stage the slab is often designed to transfer relatively high in-plane forces to cores or vertical bracing. These forces are developed in the slab via the shear connectors. It is not normally necessary to provide additional shear connectors except close to points of local transfer of shear force, e.g. adjacent to vertical bracing.

4. BASIS OF DESIGN – COMPOSITE BEAMS

The structural system of a composite beam is essentially a series of parallel T beams with thin wide flanges. The concrete flange is in compression and the steel beam is largely in tension. The benefits of composite action in terms of strength and serviceability are considerable, leading to economy in the sizing of the steel beams.

The bending capacity of the section is evaluated on 'plastic' analysis principles, whereas the serviceability performance is evaluated on elastic section analysis principles. Grade 50 steel is often preferred for steel beams, which are usually designed to be unpropped during construction. Lightweight concrete often proves to be more economic than normal weight concrete.

Where simply supported unpropped composite beams are sized on the basis of their plastic capacity it is normally found that span-to-depth ratios can be in the range of 18 to 22 before serviceability criteria influence the design of the beam. The 'depth' in these cases is defined as the overall depth of the floor (beam and slab).

4.1 Construction condition

In unpropped construction, the steel beam is sized first to support the self weight of the slab and other construction loads before the concrete has gained adequate strength for composite action. The construction load (treated as an imposed load) should be taken as not less than 0.5 kN/m^2 or, alternatively, a point load of 4 kN[2], in addition to the self weight of the completed floor.

Beams are assumed to be laterally restrained by the decking in cases where the decking spans perpendicular to the beams and is directly attached to them. Such beams can develop their full flexural capacity. In cases where the decking spans parallel to the beams, lateral restraint is offered only at the transverse connections of secondary beams to the primary beams. The bending capacity of the beams can be assessed from *BS 5950:Part 1*[17] using the appropriate slenderness between restraints.

4.2 Effective breadth of slab

In a T beam, the contribution of the concrete flange is limited by the influence of 'shear lag' associated with in-plane strains within the slab. The effective breadth of the slab is not a precise figure, as it depends on the form of loading and the position along the beam. For compatibility between designs at the ultimate and serviceability limit states, the effective breadth is taken as span/4 for internal beams (divided equally between each side of the beam) but not exceeding the actual slab width considered to act with each beam.

When the slab (and hence decking) spans is the same direction as the beams under consideration, allowance is made for the combined flexural action of the composite slab and the composite beam by limiting the effective breadth to 80% of the actual breadth[2].

It is usually found that the bending capacity of the composite beam is relatively insensitive to the precise value of effective breadth of slab used (see following Section).

4.3 Plastic analysis of composite beams

The ultimate bending strength of a composite section is determined from its plastic capacity. It is assumed that the strains across the section are sufficiently great that the steel stresses are at yield throughout the section and that the concrete stresses are at their design strength. The plastic stress blocks are therefore rectangular, as opposed to linear in elastic design.

The plastic capacity of the section is independent of the order of loading (i.e. propped or unpropped construction). The plastic capacity is compared to the moment resulting from the total factored loading using the load factors in *BS 5950:Part 1*.

The plastic neutral axis of the composite section is evaluated assuming stresses of p_y in the steel (determined from *BS 5950:Part 1*[17]) and $0.45f_{cu}$ in the concrete. The tensile capacity of the steel is therefore $R_s = p_y A$ where A is the cross-sectional area of the beam. The compressive capacity of the concrete slab depends on the orientation of the decking. Where the decking crosses the beams the depth of concrete contributing to the compressive capacity is $D_s - D_p$ (Figure 8(a)). Clearly, D_p is zero in a solid slab. Where the decking runs parallel to the beams then the total cross-sectional area of the concrete may be used. (Figure 8(b)). However, for convenience, the concrete within the deck troughs is usually ignored. Hence, the compressive capacity of the concrete slab is:

$$R_c = 0.45 f_{cu} (D_s - D_p) B_e \qquad (1)$$

where B_e is the effective breadth of the slab

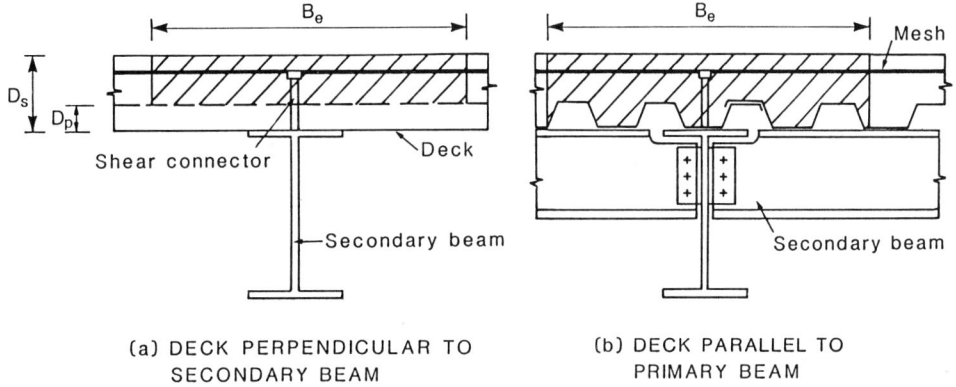

(a) DECK PERPENDICULAR TO SECONDARY BEAM

(b) DECK PARALLEL TO PRIMARY BEAM

Figure 8 *Composite beams incorporating composite deck slabs*

Three cases of plastic neutral axis (PNA) depth y_p (measured from the upper surface of the slab) exist. These are presented in Figure 9. It is not necessary to calculate y_p explicitly if the following formulae for the plastic moment capacity of I section beams subject to positive (sagging) moment are used. R_w is the axial capacity of the web and R_f is the axial capacity of one steel flange (the section is assumed to be symmetrical). The top flange is considered to be fully restrained by the concrete slab.

- *Case 1:* $R_c > R_s$ (plastic neutral axis lies in concrete slab):

$$M_{pc} = R_s \left[\frac{D}{2} + D_s - \frac{R_s}{R_c} \left(\frac{D_s - D_p}{2} \right) \right] \qquad (2)$$

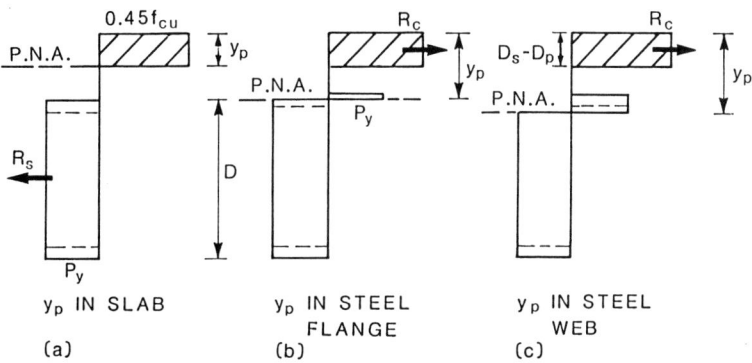

(a) y_p IN SLAB

(b) y_p IN STEEL FLANGE

(c) y_p IN STEEL WEB

Figure 9 *Plastic analysis of composite section under positive moment*

- *Case 2: $R_s > R_c > R_w$* (plastic neutral axis lies in steel flange):

$$M_{pc} = R_s \frac{D}{2} + R_c \left(\frac{D_s + D_p}{2}\right) - \frac{(R_s - R_c)^2}{R_f} \frac{T}{4} \qquad (3)$$

Note: the last term in this expression is generally small (T is the flange thickness).

- *Case 3: $R_c < R_w$* (plastic neutral axis lies in web):

$$M_{pc} = M_s + R_c \left(\frac{D_s + D_p + D}{2}\right) - \frac{R_c^2}{R_w} \frac{D}{4} \qquad (4)$$

where M_s is the plastic moment capacity of the steel section alone

This formula assumes that the web is compact (i.e. not subject to the effects of local buckling). In this case, the depth of the web in compression should not exceed $78t\varepsilon$ where t is the web thickness (ε is defined as $\sqrt{(275/p_y)}$ in *BS 5950:Part 1*). If the web is non-compact, a method of determining the capacity of the section is given in *BS 5950:Part 3*, Appendix B[2].

4.4 Interaction of shear and moment

Vertical shear can cause a reduction in the plastic moment capacity of a composite beam. This only occurs where high moment and shear co-exist at the same position along the beam (i.e. the beam is subject to one or two point loads). Where the shear force F_v exceeds $0.5 P_v$ (where P_v is the lesser of the shear capacity and the shear buckling capacity, determined from *BS 5950:Part 1*[17]), the reduced moment capacity should be determined from:

$$M_{cv} = M_c - (M_c - M_f)\left(\frac{2F_v}{P_v} - 1\right)^2 \qquad (5)$$

where M_c is the plastic moment capacity of the composite section (see Section 4.6)
M_f is the plastic moment capacity of the composite section having deducted the shear area (the web) of the section

This interaction is presented diagrammatically in Figure 10. A quadratic relationship has been used, as opposed to the linear relationship in *BS 5950:Part 1*, because of its better agreement with test data and because of the need for greater economy in composite sections which are often more highly stressed in shear than non-composite beams.

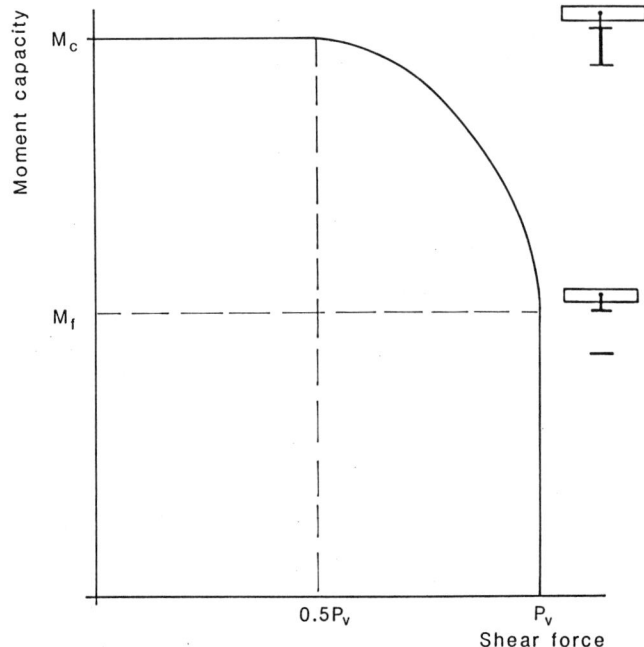

Figure 10 *Interaction between moment and shear in composite beam*

4.5 Forms of shear connection

The modern form of welded shear connection is the headed stud. The most popular size is 19 mm diameter and 100 mm height. Studs are often welded through the decking using a hand tool connected via a control unit to a power generator (see Figure 11).

There are, however, some limitations to through-deck welding: firstly, the top flange of the beam should not be painted or, alternatively, the paint removed from the zone where the shear connectors are to be welded; secondly, the galvanized steel should be less than 1.25 mm thick and should be clean and free from moisture.

The shot-fired shear connector shown in Figure 12 is often used in smaller projects where site power may be a problem. There are other forms of shear connector, but most lack practical application. All shear connectors should be capable of resisting uplift forces caused by the tendency for the slab to separate from the beam. Hence headed rather than plain studs are used.

Figure 11 *Through-deck welding of shear connector*

Figure 12 *Hilti HVB shot-fired shear connector attached to steel beam*

The strength of shear connectors is a function of the concrete strength and type, and is determined from the standard push-out test. Characteristic strengths of stud shear connector are presented in Table 1[2]. The use of high strength concrete is not recommended, because of its effect on the deformation capacity of the shear connectors. The ultimate tensile strength of the steel used in the shear connectors (before forming) should be not less than 450 N/mm^2 and the elongation at failure not less than 15%[2].

Table 1 *Characteristic strengths of headed studs in normal weight concrete*

Dimensions of stud shear connectors (mm)			Characteristic strength of concrete (N/mm^2)			
Diameter	Nominal height	As-welded height	25	30	35	40
25	100	95	146	154	161	168
22	100	95	119	126	132	139
19	100	95	95	100	104	109
19	75	70	82	87	91	96
16	75	70	70	74	78	82
13	65	60	44	47	49	52

For concrete of characteristic strength greater than 40 N/mm^2 use the values for 40 N/mm^2.
For connectors of heights greater than tabulated use the values for the greatest height tabulated.
Design strength = 0.8 × characteristic strength.

The design strength of stud shear connectors is taken as 80% of their characteristic strength. This is to ensure that flexural failure of the beam occurs in preference to longitudinal shear failure. A further 10% reduction in strength is made where lightweight concrete is used (density > 1750 kg/m^3).

The design strength of shot-fired shear connectors marketed by Hilti Ltd is typically 31 kN for a standard 110 mm deep connector (38 kN characteristic strength). No reduction is made for the concrete type or grade as failure is largely controlled by the shear or pull-out capacity of the pins fired into the steel beam.

4.6 Full and partial shear connection

In simple composite beams subject to uniform load, the elastic shear flow defining the shear transfer between the slab and the beam is linear, increasing to a maximum at the ends of the beam. Beyond the elastic limit of the shear connectors there is a transfer of force along the beam such that, at failure, each of the shear connectors is assumed to resist equal force. This implies that the shear connectors possess adequate deformation capacity.

In the plastic design of composite beams, the longitudinal shear force to be transferred between the points of zero and maximum moment should be the lesser of R_c or R_s (see Section 4.1). If so, full shear connection is provided.

In cases where fewer shear connectors than the number required for full shear connection are provided it is not possible to develop the full plastic moment capacity of the section. The stress block method as in Section 4.1 may be modified to take into account the effects of 'partial shear connection'. Design formulae are given in Appendix B of *BS 5950: Part 3.1*. The degree of shear connection may be defined as:

$$K = \frac{R_q}{R_s} \quad \text{for } R_s < R_c$$

$$\text{or} \quad K = \frac{R_q}{R_c} \quad \text{for } R_c < R_s$$

where R_q is the total shear force transferred by the shear connectors between the points of zero and maximum moment

Traditionally, the moment capacity of a composite section can be defined in terms of a linear interaction with the degree of shear connection K, such that:

$$M_c = M_s + K(M_{pc} - M_s) \qquad (6)$$

where M_s is the plastic moment capacity of the steel section
M_{pc} is determined as in Section 4.3.

The stress-block[2] and linear interaction methods are compared in Figure 13. Clearly, the stress-block method offers some benefit in terms of moment capacity. However, the advantage of the linear interaction method is that the effect of different spacings of shear connectors can readily be assessed.

In using these methods a lower limit of K of 0.4 is specified[2]. This is to avoid any adverse effects arising from the limited deformation capacity of the shear connectors. The slip at the ends of a composite beam increases with span and inversely with the degree of shear connection. In *BS 5950:Part 3.1*, the minimum degree of shear connection increases with span (L metres) such that:

$$K \geq \frac{L-6}{10} \geq 0.4 \qquad (7)$$

This formula means that beams longer than 16 m are to be designed for full shear connection. In principle, Equation (7) is intended to avoid excessive deformation of the shear connectors of long span beams. It applies where the stress-block method is used and is conservative for the linear interaction method.

Partial shear connection is also not permitted for beams subject to heavy off-centre point loads. A further requirement is that the moment capacity of beams subject to point loads should be adequate at all locations along the beam. It may be necessary to check the shear connection provided at intermediate points or, alternatively, distribute the shear connectors in accordance with the shear force diagram.

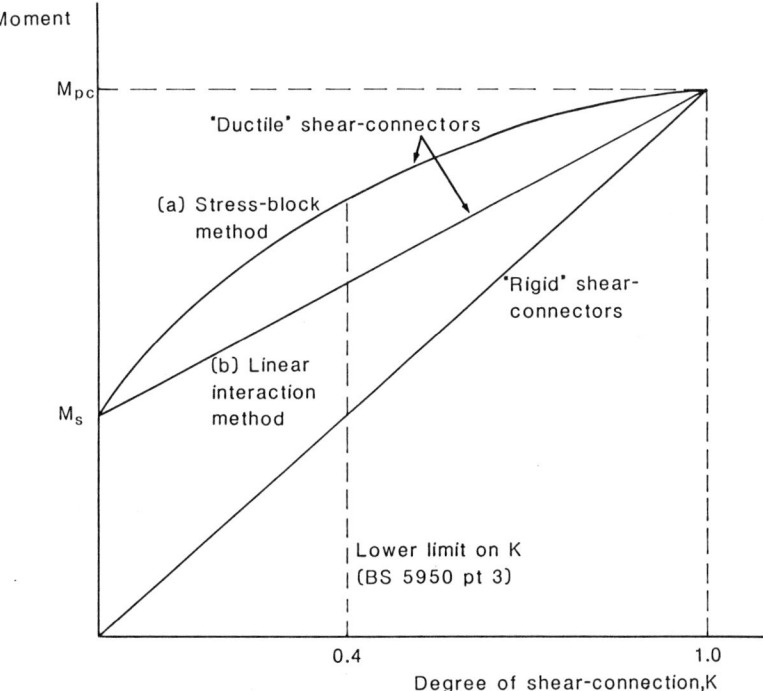

Figure 13 *Interaction between moment capacity and degree of shear connection in composite beams*

4.7 Influence of deck shape

The efficiency of the shear connection between the composite slab and the composite beam may be reduced as a result of the shape of the deck. This is analogous to the behaviour of haunched slabs where the strength of the shear connectors is highly dependent on the area of concrete around them. The behaviour is illustrated in Figure 14.

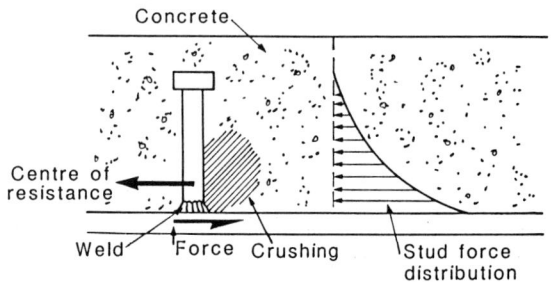

(a) SHEAR-CONNECTOR IN PLAIN SLAB

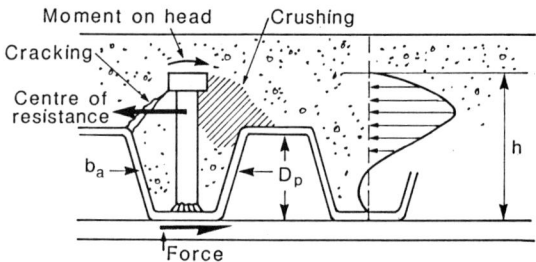

(b) SHEAR CONNECTOR FIXED THROUGH PROFILED SHEETING

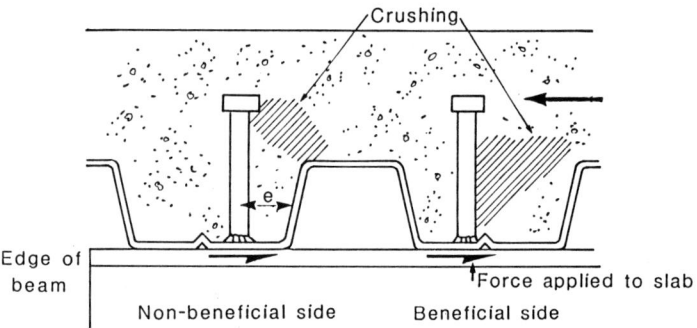

(c) OFF-CENTRE WELDING OF SHEAR-CONNECTORS

Figure 14 *Shear connector forces in solid and composite slabs*

According to current guidance, the strength reduction factor (relative to a solid slab), r_p is determined from[18]:

$$r_p = \frac{0.85}{\sqrt{N}} \frac{b_a}{D_p} \frac{(h-D_p)}{D_p} \leq 1.0 \qquad (8)$$

where b_a is the average trough width
 h is the stud height
 N is the number of studs per trough ($N < 3$)

This formula applies to the strength of the shear connectors when the deck crosses the beams and where the shear connectors project at least 35 mm above the top of the deck. A further limit is that $h < 2D_p$, in evaluating r_p.

There is some recent test evidence to indicate that the above formula is unconservative when shear connectors are placed in *pairs* at the minimum spacing (i.e. $N = 2$). In the interim, r_p should not be taken as greater than 0.8 for welded shear connectors placed in pairs. This has been used in the preparation of the Design Tables.

Where the deck is placed parallel to the beams, the constant in the above equation is reduced from 0.85 to 0.6. However, no further reduction is made for the number of shear connectors. When $b_a/D_p > 1.5$, sufficient load transfer into the slab is achieved in this second case so that r_p is taken as 1.0, subject to the minimum spacings noted later.

Many modern deck profiles have a central stiffening fold in the trough which requires the shear connector to be welded off-centre. The preferential side for attachment is where the shear connectors are located on the side closest to the ends of the span (see Figure 14(c)). If this cannot be assured on site then a conservative view of the strength reduction factor is to be taken. The important dimension is e, the distance from the centre of the shear connector to the mid-height of the adjacent deck. In using the above equation b_a is now taken as $2e$. This only applies to the cases where the deck crosses the beams, as illustrated. A note on the positioning of shear connectors is given in Appendix A.

The minimum longitudinal spacing of the shear connectors is 6ϕ (114 mm), and the minimum transverse spacing is 4ϕ (76 mm) where ϕ is the stud diameter. The maximum longitudinal spacing is 600 mm.

The Hilti shot-fired shear connectors are normally arranged in pairs and it was found[19] that the coefficient in the above equation is reduced from $0.85/\sqrt{N}$ to a single figure of 0.5 in all cases. Because of geometric limitations, the Hilti shear connector can only be used with some of the decks in Figure 4.

4.8 Transverse reinforcement

The longitudinal shear strength of the concrete slab should be checked, in order to ensure transfer of force from the shear connectors into the slab without splitting the concrete. This may require provision of transverse reinforcement (perpendicular to the beam). Potential shear planes through the slab lie on either side of the shear connectors (Figure 15). The shear resistance per unit length of shear plane along the beam is:

$$V_c = 0.03\eta f_{cu} A_{cv} + 0.7 A_r f_y \leq 0.8 \eta A_{cv} \sqrt{f_{cu}} \qquad (9)$$

where A_{cv} is the cross-sectional area of concrete per unit length in any shear plane
A_r is the amount of the reinforcement crossing each shear plane
f_y is the yield strength of the reinforcement
η is taken as 1.0 for normal weight concrete and 0.8 for lightweight concrete.

To this longitudinal shear resistance may be added a component arising from the tensile strength of the deck. Its full strength can be used when the deck crosses the beams (i.e. secondary beams), and is continuous. There are situations, however, where the deck is discontinuous. In such cases, the anchorage force developed by the shear connectors

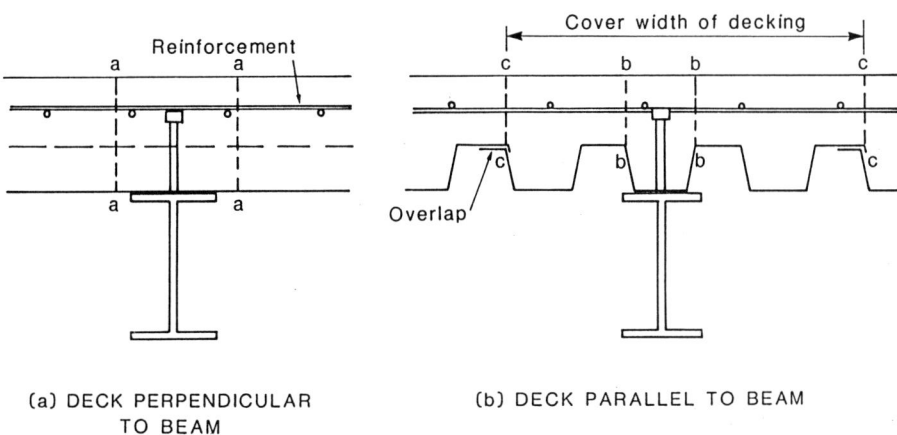

Figure 15 *Potential failure planes through slab in longitudinal shear*

may be included, provided both ends of the deck are properly attached. The anchorage force is given by:

$$V_p = n(4\phi t_s p_{ys}) \qquad (10)$$

where n is the number of shear connectors per unit length connecting each sheet
ϕ is the stud diameter
t_s is the sheet thickness
p_{ys} is the design strength of the sheet steel.

For an internal beam, the total longitudinal shear resistance is determined by shear failure along two shear planes and is therefore $2(V_c + V_p)$. This should exceed the equivalent shear force transferred by the shear connectors at the ultimate limit state.

The contribution of the decking should be neglected where it is not properly anchored (i.e. at discontinuities or at edge beams) or where sheet overlaps are present close to the beam. This is often the case in primary beams where the deck is placed parallel to the beams. In such cases additional transverse reinforcement is often required in the slab. It is usually found that mesh reinforcement provides adequate transverse reinforcement in the design of secondary beams.

4.9 Elastic section properties

The important elastic properties of the section are the section modulus and the second moment of area. It is first necessary to determine the centroid (elastic neutral axis) of the transformed section by expressing the area of concrete in steel units. This is done by dividing the concrete area within the effective breadth of the slab B_e by an appropriate modular ratio α_e (ratio of the elastic modulus of steel to concrete determined as in Section 4.11).

In unpropped construction, account should be taken of the stresses induced in the non-composite section as well as the stresses in the composite section. In elastic analysis, therefore, the order of loading is important. For elastic conditions to hold, extreme fibre stresses should be kept below values in Section 4.10, and slip at the interface between the concrete and steel should be negligible.

The elastic section properties can be evaluated from the transformed section as in Figure 16. The area of concrete within the profile depth is ignored (this is conservative where the decking troughs lie parallel to the beam). The concrete can usually be assumed to be uncracked under positive (sagging) moment.

The elastic neutral axis depth y_e (below the upper surface of the slab) may be determined from the formula:

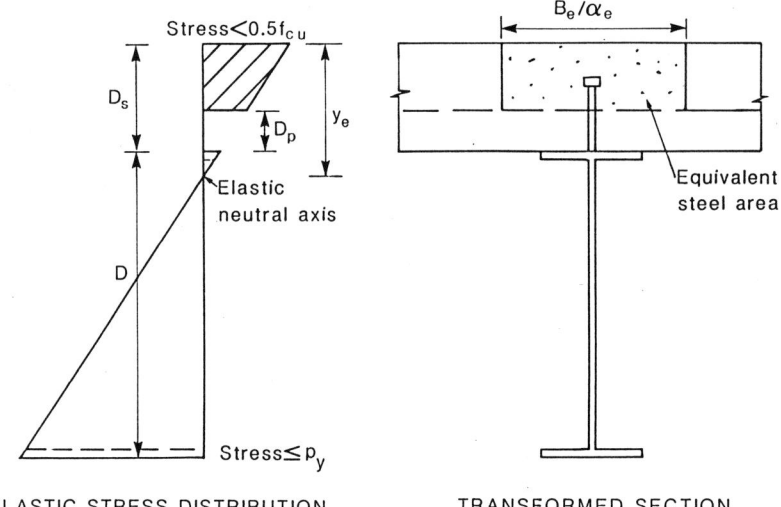

Figure 16 *Elastic behaviour of composite beam*

$$y_e = \frac{\dfrac{D_s - D_p}{2} + \alpha_e r\left(\dfrac{D}{2} + D_s\right)}{(1 + \alpha_e r)} \qquad (11)$$

where $r = A/[(D_s - D_p)B_e]$
 D_s is the slab depth
 D_p is the profile height
 A is the cross-section area of the beam of depth D
 r represents the relative proportions of steel and concrete.

The second moment of area of the uncracked composite section is:

$$I_c = \frac{A(D + D_s + D_p)^2}{4(1 + \alpha_e r)} + \frac{B_e(D_s - D_p)^3}{12\alpha_e} + I \qquad (12)$$

where I is the second moment of area of the steel section.

The section modulus for the steel in tension is:

$$Z_t = \frac{I_c}{D + D_s - y_e} \qquad (13)$$

and for concrete in compression is:

$$Z_c = \frac{I_c \alpha_e}{y_e} \qquad (14)$$

The composite stiffness can be 3 to 5 times, and the section modulus 1.5 to 2.5 times that of the I section alone. This increase in stiffness is illustrated in Figure 17 for beams comprising a composite slab of typical proportions.

4.10 Serviceability criteria

Stresses in simply supported composite beams are limited to p_y in the bottom fibres of the steel section and $0.5f_{cu}$ in the concrete slab at the serviceability limit state. This is done to ensure that elastic conditions hold in the calculation of deflections. No account is taken of the effect of slip on these stresses nor forces in the shear connectors at the serviceability limit state.

4.11 Modular ratios

The ratio of the elastic moduli of steel and concrete (or modular ratio α_e) depends on the type of concrete, the duration of load and the relative humidity of the environment. This is because of the effect of creep of concrete. The initial elastic modulus of lightweight concrete (density > 1750 kg/m²) is lower than that of normal weight concrete, but the creep factor under sustained loading is proportionately smaller.

Long and short term modular ratios are presented in Table 2. Imposed loads on floors in office buildings should be assumed to comprise two-thirds short term and one-third long term loading, leading to 'average' modular ratios of 10 and 15 for normal and lightweight concrete respectively. Storage loads and other largely permanent loads should be treated as long term. The effect of modular ratio on the stiffness of composite beams is shown in Figure 17 for both normal (NWC) and lightweight (LWC) concrete.

Table 2 *Modular ratio, α_e*

Type of concrete	Modular ratio for short term loading	Modular ratio for long term loading
Normal weight	6	18
Lightweight	10	25

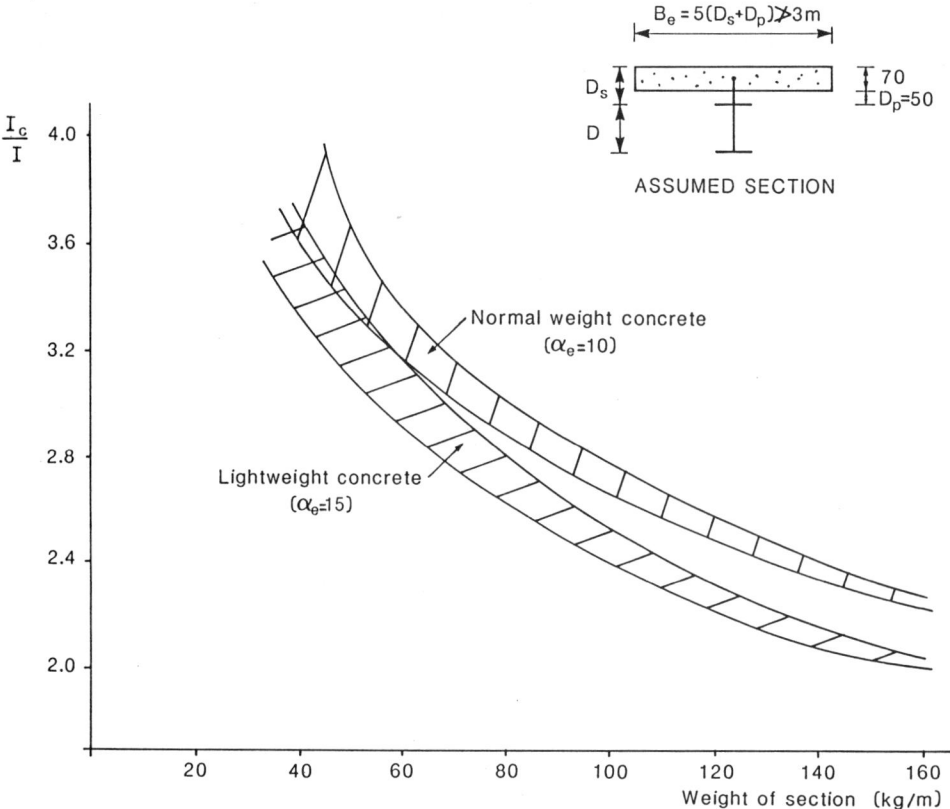

Figure 17 *Ratio of second moment of area of composite section to that of the steel section*

4.12 Deflections

Deflection limits for beams are specified in *BS 5950:Part 1*[17]. Composite beams are, by their nature, shallower than non-composite beams and often are used in structures where long spans would otherwise not be economic. As spans increase, so traditional deflection limits based on a proportion of the beam span may not be appropriate. The absolute deflection may also be important and pre-cambering may need to be considered for beams longer than 10 m.

Elastic section properties, as described in Section 4.9, are used in establishing the deflection of composite beams. Uncracked section properties are considered to be appropriate for calculation of deflections. In most cases, no account is taken of the benefits of continuity. The appropriate modular ratio is calculated as in Section 4.11, but it is usually found that the section properties are relatively insensitive to the precise value of modular ratio. The effective breadth of the slab is the same as that used in evaluating ultimate strength.

The deflection of a simple composite beam subject to unfactored imposed load is modified by the effects of partial shear connection[20]. The modified deflection δ'_c (for $K \leq 1$) is obtained from the following formulae[2]:

$$\delta'_c = \delta_c + 0.5(1-K)(\delta_0 - \delta_c) \quad \text{– for propped beams} \tag{15}$$

$$\delta'_c = \delta_c + 0.3(1-K)(\delta_0 - \delta_c) \quad \text{– for unpropped beams} \tag{16}$$

where δ_c and δ_0 are the deflections of the composite and steel beam respectively at the appropriate serviceability load
　　　　　K is the degree of shear connection used in determining the plastic moment capacity of the beam (Section 4.6)

The difference between the coefficients in these two formulae arises from the different shear connector forces and hence slip at serviceability loads in the two cases. These formulae are conservative with respect to other guidance[7, 8]. Shrinkage-induced deflections are ignored for beam spans normally specified in buildings.

In cases where the absolute deflection of the underside of the steel beam is important, the deflection of the steel beam resulting from its self weight and that of the slab should be added to the imposed load deflection of the composite beam. In propped construction, this load is applied to the composite section on removal of the props.

4.13 Dynamic sensitivity

Shallower beams imply greater flexibility and although the in-service performance of composite beams and floors is good, the designer may be concerned about the susceptibility of the structure to vibrations induced by the activities within the building. The parameter commonly associated with this effect is the natural frequency of the floor or beams.

A lower limit of 4 Hz (cycles per second) is a commonly accepted lower bound to the natural frequency of each floor beam and this limit has been used in the Design Tables. The mass of the floor is taken as its self weight and that of ceiling and finishes, and 10% of the imposed loading. Partitions increase the damping of the structure and are not included.

The natural frequency of the floor or beam may be determined from the approximate formula $f = 18/\sqrt{\delta}$ where δ is the instantaneous deflection resulting from the self weight of the floor (including the above additional loads). A 10% reduction in deflection may be made to account for the increased dynamic stiffness of the composite beam.

The dynamic sensitivity of long span composite beams may be assessed using Reference 21. In this method the accumulative deflection of the slab, secondary and primary beams should be determined, but the potential mode shapes are such that if the primary beams are considered to be simply supported, then the secondary beams and slab are considered to be fixed-ended.

In practice, the mass of the floor structure is normally such that the exciting force is small in comparison, and the response of the structure is correspondingly small. In many circumstances it can be demonstrated that the natural frequency of the floor system (primary and secondary beams and composite slab) could reduce to 3 Hz, provided the method of Reference 21 is followed.

4.14 Fire condition

The fire resistance of composite beams is assessed in the same manner as for non-composite beams. According to *BS 5950:Part 8* [15] the limiting temperature of the steel section can be established, and this is used in determining the required thickness of fire protection. It is traditional practice to seal the voids created by the deck above the top flange of the beam, although this may not be necessary for dovetail profiles, as in Figure 3.

5. DESIGN TABLES FOR COMPOSITE BEAMS

5.1 General

The selection of the size of steel beam to be used as a composite section depends on a number of variables: span, loading, beam spacing, slab depth, concrete characteristics, steel grade, deck profile shape, etc. Some of these variables have been fixed for the purposes of preparing the Design Tables:

- The common span of composite slabs is 3.0 m, which determines the spacing of the secondary beams. The practical range of spans is 2.5 to 3.5 m.
- The depth of the composite slab is determined by the fire resistance requirements (120 to 140 mm are typical depths). These depths are obtained from References 13 and 14.
- The concrete grade is typically grade 30 (concrete cube strength 30 N/mm^2).
- The steel grade is usually grade 50 (characteristic yield strength 355 N/mm^2).
- Welded shear connectors are 19 mm diameter and 95 or 120 mm as-welded length.
- The number of shear connectors fixed to secondary beams is a function of the spacing of the deck troughs. Shear connectors are normally welded in every or alternate troughs (or in pairs for wide-trough profiles).
- The span of primary beams is a function of the number of secondary beams and the spacing of the secondaries. The main variable is then the maximum span of the secondary beams in the grillage, which determines the magnitude of the point loads on the primary beams.
- The steel beams are unpropped during construction.

The Tables refer to all of the deck profiles shown in Figures 3 and 4. In addition, a 'generic' trapezoidal profile, as shown in Figure 18, is included in order to cover design cases other than the 'named' profiles.

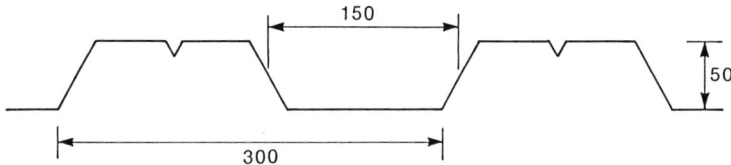

Figure 18   *Generic trapezoidal profile*

Two main design cases are considered: uniformly loaded beams (i.e. secondary beams loaded directly by the composite slab) and point-loaded beams (i.e. primary beams loaded by secondary beams). For uniformly loaded beams, the decking is taken as being laid perpendicular to the beams, so that shear connectors can only be fixed in locations determined by the spacing of the troughs of the deck profile. For point-loaded beams, the decking is laid parallel to the beams, so that the spacing of the shear connectors is independent of the deck profile shape.

The Design Tables for the uniform load cases are presented in terms of permissible spans of beams for the specified imposed load and selected beam size. Linear interpolation between different imposed loads is permitted. The design follows the approach of Section 4, and the failure criterion corresponding to the maximum beam span is shown. Spans are given for shear connectors in every trough, alternate troughs or in pairs per trough, the difference being the degree of shear connection provided. Also given is the imposed load deflection and that of the unpropped beam in the construction stage.

The Design Tables for the point load cases are presented for single and double (equally spaced) point loads. Because the spacing of these point loads is equal to the slab span, it follows that the beam span is a multiple of the slab span (i.e. 2 times the slab span for the single point load case and 3 times the slab span for the double point load case). Output is now in terms of the length of the secondary beams in the grillage (i.e. the spacing of the primary beams). Because of the greater number of variables in these Tables, the results are expressed in terms of the maximum span of the secondary beams, and also the number of shear connectors required for the appropriate degree of shear connection. Again, the failure criterion is given for each case.

Designs are carried out using normal (NWC) and lightweight (LWC) concrete. Slab depths in LWC are approximately 10 mm less than in NWC for the same fire resistance period. In general, the size of composite beams designed with LWC slabs will be comparable to those designed with NWC slabs because the reduction in their composite strength is partly offset by the reduced weight of the slab. The design of NWC slabs with grade 43 steel beams was considered to be relatively unusual and is not included for the 'named' profiles. The Tables are standardised on grade 30 concrete, as higher grades demonstrate little benefit in cases where spans are controlled by serviceability.

Because of the potentially large number of Design Tables, the different cases considered in this publication have been rationalized. The uniform load cases are more sensitive to the particular deck profile used, since the degree of shear connection is a function of the trough spacing. This is not the case for the point load cases, because the number of shear connectors can easily be varied. Therefore, the Design Tables have been reduced to the two cases of the 'dovetail' and 'generic' trapezoidal profile (Figures 3 and 18 respectively) when considering point loads.

The design of edge beams is considered only for the 'generic' profile, as these designs can be applied also to other profiles at the Scheme Design stage. For edge beams, the effective width of slab and its loading are half those of the equivalent internal beam. However, an additional cladding load of 10 kN/m is included. In order to minimize any potential deformation of the cladding, this load is considered as an imposed load when calculating deflections.

The effect of varying the beam spacing is considered for the 'generic' profile only. The cases considered are 2.5 m, 3.0 m and 3.5 m spacing. A method of taking into account different beam spacings is given in Section 5.4. Similarly, design using thinner slabs (for 1 hour fire resistance) or for NWC concrete and grade 43 steel is included for the 'generic' profile only. The use of Hilti shear connectors is considered only for those profiles (including the generic profile) where, for geometric reasons, this connector can be readily installed.

In general, increasing the slab depth increases the beam spans that may be used. This is because the moment capacity and elastic section properties of the beams increase more rapidly than the increase in self weight. However, the degree of shear connection is influenced by the slab depth for heavier beams (as $R_c < R_s$ in Section 4.6). Increasing the slab depth can in some cases cause no span to be output in the Tables. This is because the minimum degree of shear connection is no longer achieved for a given spacing of shear connectors. For small increases in slab depth (up to 15 mm) above those tabulated, the adverse effect on the degree of shear connection may be neglected. Consequently, designs using thicker slabs can be used safely based on data for thinner slabs. The sensitivity of the beam span to slab depth may be assessed by comparing the tabulated cases for 1 and $1\frac{1}{2}$ hour fire resistance.

It should be noted that the design of uniformly loaded beams is generally controlled by serviceability criteria (f to i). This means that the bending capacity of the beam is satisfactory, except for beams with low degrees of shear connection. For beams subject to point loads, strength or serviceability criteria may control the design.

The Design Tables cover the following cases:

Uniform load case

All 'named' profiles (see Figures 3 and 4)

		Table No.
1. Common data:	$1\frac{1}{2}$ hour fire resistance 3 m beam spacing (internal beams) Grade 30 concrete 19 mm dia. welded shear connectors (95 mm as-welded height, unless noted)	
(a) Grade 50 steel LWC		1
(b) Grade 50 steel NWC		2
(c) Grade 43 steel LWC		3
(d) As (a), but HILTI HVB 110 mm shear connectors, where appropriate		4
Repeat for other profiles		5 to 22

Generic trapezoidal profile (see Figure 18)

2. Common data: $1\frac{1}{2}$ hour fire resistance
    3 m beam spacing (internal beams)
    Grade 30 concrete
    19 mm dia. welded shear connectors

				Table No.
(a) Beam spacing 3 m	Grade 50 steel	LWC		23
(b) Beam spacing 3 m	Grade 50 steel	NWC		24
(c) Beam spacing 3 m	Grade 43 steel	LWC		25
(d) Beam spacing 3 m	Grade 43 steel	NWC		26
(e) Beam spacing 2.5 m	Grade 50 steel	LWC		27
(f) Beam spacing 3.5 m	Grade 50 steel	LWC		28

3. Common data: 1 hour fire resistance
    3 m beam spacing (internal beams)
    Grade 30 concrete
    19 mm dia. welded shear connectors

				Table No.
(g) Beam spacing 3 m	Grade 50 steel	LWC		29
(h) Beam spacing 3 m	Grade 50 steel	NWC		30
(i) Beam spacing 3 m	Grade 43 steel	LWC		31

4. Common data: $1\frac{1}{2}$ hour fire resistance
    Edge beams (spacing 3 m to adjacent beam)
    Grade 30 concrete
    19 mm dia. welded shear connectors

				Table No.
(j) Beam spacing 3 m	Grade 50 steel	LWC		32
(k) Beam spacing 3 m	Grade 50 steel	NWC		33
(l) Beam spacing 3 m	Grade 43 steel	LWC		34

5. Common data: $1\frac{1}{2}$ hour fire resistance
    3 m beam spacing (internal beams)
    Grade 30 concrete
    HILTI HVB 110 mm shear connector

				Table No.
(m) Beam spacing 3 m	Grade 50 steel	LWC		35
(n) Beam spacing 3 m	Grade 50 steel	NWC		36
(o) Beam spacing 3 m	Grade 43 steel	LWC		37

Point load cases

Single point load case for internal beam (except 4)
Double point load case for internal beam (except 4)

Dovetail profile (see Figure 3)

			Table No.
1. Common data:	$1\frac{1}{2}$ hour fire resistance		
	Grade 30 concrete		
	19 mm dia. welded shear connectors		
(a) Grade 50 steel	LWC		38/41
(b) Grade 50 steel	NWC		39/42
(c) Grade 43 steel	LWC		40/43
(d) As (a), but HILTI HVB 110 mm shear connectors			44/45

Generic trapezoidal profile (see Figure 18)

2. Common data: $1\frac{1}{2}$ hour fire resistance
   Grade 30 concrete
   19 mm dia. welded shear connectors

(a) Grade 50 steel	LWC	46/50
(b) Grade 50 steel	NWC	47/51
(c) Grade 43 steel	LWC	48/52
(d) Grade 43 steel	NWC	49/53

3. Common data: 1 hour fire resistance
   Grade 30 concrete
   19 mm dia. welded shear connectors

(d) Grade 50 steel	LWC	54/57
(e) Grade 50 steel	NWC	55/58
(f) Grade 43 steel	LWC	56/59

4. Common data: $1\frac{1}{2}$ hour fire resistance
   Edge beam
   Grade 30 concrete
   19 mm dia. welded shear connectors

(g) Grade 50 steel	LWC	60/63
(h) Grade 50 steel	NWC	61/64
(i) Grade 43 steel	LWC	62/65

5. Common data: $1\frac{1}{2}$ hour fire resistance
   Grade 30 concrete
   HILTI HVB 110 mm shear connector

(j) Grade 50 steel	LWC	66/69
(k) Grade 50 steel	NWC	67/70
(l) Grade 43 steel	LWC	68/71

5.2 Introduction to uniform load case

Design Tables 1–37 in Section 6 present the maximum spans of uniformly loaded composite beams as a function of the imposed loading on the floor and the beam size.

The results are tabulated for shear connectors in every trough and, if appropriate, for shear connectors in alternate troughs or for two shear connectors per trough (in pairs).

The user selects the beam size for a given slab configuration, which just satisfies the design criteria of load and span. Linear interpolation between the load cases is permitted. Beam sizes can be compared for two spacings of shear connectors in order to appraise the overall economy of the design.

Additional points should be noted:

- *Loads:*
  The design-imposed loads should include 1 kN/m^2 for partitions (according to *BS 6399:Part 1* [22]). They are presented as unfactored loads of 4, 6, 8 or 10 kN/m^2.
  The Tables include an allowance of 0.5 kN/m^2 for ceiling and services. The self weight of the slab is calculated from a density of 2350 kg/m^3 for normal weight (NWC) concrete and 1850 kg/m^3 for lightweight (LWC) concrete. The deck weight is taken as 0.12 kN/m^2. The self weight of the steel beam is added.

- *Shear connectors:*
  These are either:
  Welded: 19 mm diameter stud shear connectors of 95 mm as-welded height (100 mm nominal height) or
  Hilti: shot-fired shear connectors of 110 mm height (HVB 110).

- *Symbols:*
  LE   maximum span (m) for shear connectors placed in every trough
  LA   maximum span (m) for shear connectors placed in alternate troughs
  LP   maximum span (m) for shear connectors placed in pairs per trough (if appropriate)
  DE   imposed load deflection (mm) for shear connectors placed in every trough (for span LE)
  DA   imposed load deflection (mm) for shear connectors placed in alternate troughs (for span LA)
  DP   imposed load deflection (mm) for shear connectors placed in pairs per trough (for span LP)
  DS   deflection (mm) of beam due to the self weight of the floor and beam in unpropped construction (for span of LE or LP, whichever is the greater)

- *Failure criteria:*
  a   bending capacity of the beam exceeded in the construction stage
  b   shear stress in composite beam exceeds $0.5P_v$ – the design continues by calculating the reduced bending capacity of the section
  c   bending capacity of composite beam exceeded
  d   bending capacity of composite beam with partial shear connection exceeded
  e   limit on degree of partial shear connection not satisfied (see Section 4.6)
  f   serviceability stress in steel exceeded
  g   serviceability stress in concrete exceeded
  h   imposed load deflection exceeded
  i   natural frequency $\not> $ 4Hz

- *Long spans:*
  It is apparent that as spans increase the beam sizes are often controlled by failure criteria e or i. Criterion e occurs because the minimum degree of shear connection (Section 4.6) increases more rapidly with span than the shear connection provided. In such cases it is appropriate to reduce the spacing of the shear connectors. Criterion i is strongly dependent on the relative proportions of dead and imposed load. The method in Reference 21 may be used to justify the use of longer spans.

- *Transverse reinforcement:*
  A check has been made on the need for additional transverse reinforcement. It is assumed that A142 mesh is provided. If the deck is continuous over the beams, no additional reinforcement need be provided. If the deck is discontinuous, additional reinforcement may be required (see Section 4.8).

- *Positioning of shear connectors:*
  It is assumed that where there is a central stiffener in the trough of the deck, the shear connectors are welded as suggested in Appendix A. If not, the strengths of the shear connectors may be less than were used to compute the Design Tables. The strength reduction factors (r_p in Section 4.7) as used in the Design Tables are presented in Table 3.

Table 3 *Reduction factor on shear connector strength due to deck profile shape used in the Design Tables*

Deck profile	Welded studs – 95 mm high			Hilti–110
	Single studs	Pairs of studs	Parallel	All cases
Holorib	1.0	0.75	1.0	1.0
SMD R51	1.0	0.75	1.0	1.0
Quikspan Q51	1.0	0.75	1.0	1.0
PMF CF46	0.95	0.8	1.0	N.A.
PMF CF60	0.85	0.75	1.0	N.A.
Robertson Q59	0.85	0.75	1.0	N.A.
Alphalok	0.9	0.8	1.0	N.A.
Quikspan Q55	0.85	0.75	1.0	N.A.
Ribdeck	0.85	0.75	1.0	N.A.
Holodeck	0.9*	0.75*	1.0	N.A.
Generic	1.0	0.8	1.0	1.0

* *Welded studs 120 mm high*

N.A. *Not applicable because of geometric limitations (refer to manufacturer)*

'Parallel' refers to decking placed parallel to beam

5.3 Introduction to point load cases

Design Tables 38–71 in Section 6 present the beam sizes that may be used for primary beams subject to point loads. In this case, the span of the primary beam and the imposed load on the floor are defined and the tabulated data are expressed in terms of the *maximum span of the secondary beams* in the grillage. This effectively defines the magnitude of each point load.

Two cases are considered:

- *Single-point load:* Secondary beams connected to the mid-span of the primary beam. The spacing of the secondary beams is 3, 3.5 or 4 m, and therefore the primary beam spans are 6, 7 or 8 m respectively.

- *Two-point loads:* Secondary beams connected to the third-span points of the primary beam. The spacing of the secondary beams is 2.5, 3 or 3.5 m, and therefore the primary beam spans are 7.5, 9 or 10.5 m respectively.

The user identifies the load case and length of primary beam under consideration. The user then selects the beam size corresponding to the span of the secondary beams (i.e. spacing of the primary beams). Linear interpolation between the load cases is permitted.

The following additional points should be noted:

- *Loads:*
  The design imposed loads should include 1 kN/m² for partitions[22]. They are presented as unfactored loads of 4, 6, 8 or 10 kN/m².

  The Tables include an allowance of 0.5 kN/m² for ceiling and services. The self weight of slab is calculated from a density of 2350 kg/m³ for normal weight (NWC) concrete and 1850 kg/m³ for lightweight (LWC) concrete. The deck weight is taken as 0.12 kN/m². The weight of the primary beam, and an allowance of 0.3 kN/m² for the weight of the secondary beams is added.

- *Shear connectors:*
  These are either:
  Welded: 19 mm diameter stud shear connectors of 95 mm as-welded height (100 mm nominal height) or
  Hilti: shot-fired shear connectors of 110 mm height.

- *Symbols:*
  L   maximum span (m) of secondary beam (or average spans of the secondary beams to the left and right of the primary beam meeting at one point on the beam)
  N   number of shear connectors required in beam span subject to the minimum spacing noted in Section 4.7. These should be distributed uniformly in the zone of high shear. Additional shear connectors are required in the mid-span zone of beams with two point loads.

- *Failure criteria:*
  (As for uniform load case)

- *Transverse reinforcement:*
  It is assumed that the deck may be discontinuous or that sheet-sheet overlaps may be present adjacent to the beams. Transverse reinforcement (in addition to A142 mesh) will be required in most beams subject to point loads. This should be calculated from the guidance in Section 4.8.

5.4 Use of the Tables for typical design cases

The following examples illustrate how the designer easily selects the size of steel section to be used in the Scheme Design of a composite beam and floor system. The Design Tables only deal directly with those cases appropriate to the tabulated design data. Interpolation between the tabulated spans for different imposed loads is straightforward but judgement is required when dealing with different beam spacings, slab depths, etc.

Consider an internal bay of a composite beam and slab grillage with a column grid of **9 m × 6.5 m**, and with a specified imposed load (unfactored) of 4 kN/m². This imposed load should also include 1 kN/m² for partitions (as in *BS 6399*) giving a total of **5 kN/m²**.

For efficient design, the secondary beams span 9 m and the primary beams, 6.5 m, alternate secondary beams are connected to the mid-span point of each primary beam. Therefore, the composite slab is designed to span **3.25 m** between secondary beams.

The slab is required to have $1\frac{1}{2}$ **hours** fire resistance and is constructed of **lightweight** concrete. For Scheme Design purposes, a **50 mm** deep deck profile is selected which is intended to be **unpropped** during construction (a deeper profile may be more efficient for spans exceeding 3.2 m). The minimum slab depth for this period of fire resistance is **125 mm** (see References 13 or 14).

Design is to be carried out for **grade 50** steel and **welded** (19 mm dia. × 95 mm long) shear connectors. The generic deck profile in Figure 18 is used at this stage.

5.4.1 Secondary beams

The relevant cases for sizing of the secondary beams subject to uniform load are Tables 23 and 28 corresponding to beam spacings of 3 m and 3.5 m respectively. It is possible to interpolate linearly between the tabulated spans for these beam spacings, and for imposed loads of 4 and 6 kN/m². Beams that satisfy the design criteria are:

two shear connectors per trough (LP ≥ 9 m)

$\left. \begin{array}{l} 305 \times 127 \times 42 \text{ kg/m UB} \\ 305 \times 165 \times 40 \text{ kg/m UB} \end{array} \right\}$ – deflection limit

$406 \times 140 \times 39$ kg/m UB – steel stress limit

shear connectors in every trough (LE ≥ 9 m)

$\left. \begin{array}{l} 356 \times 171 \times 45 \text{ kg/m UB} \\ 406 \times 140 \times 46 \text{ kg/m UB} \end{array} \right\}$ – bending capacity with partial shear connection

$\left. \begin{array}{l} 305 \times 165 \times 54 \text{ kg/m UB} \\ 254 \times 254 \times 73 \text{ kg/m UC} \end{array} \right\}$ – deflection limit

The universal beam 305 × 165 × 40 kg/m (grade 50) with two shear connectors in every trough is selected as the most economical. The imposed load deflection (DP) is 25 mm (span/400) for this case, and the self-weight deflection (DS) of the steel beam is approximately 36 mm.

An alternative method of designing for a wider beam spacing b than that tabulated is to distribute the excess load on width $(b - 3)$ m as an equivalent uniform load. The additional unfactored imposed load for equivalent beams at 3 m spacing is:

$$w_i = w_u \frac{(b-3)}{3 \times 1.6}$$

where w_u is the total factored loading on the slab.

In the above case, the modified imposed load is $5 + 0.6 = 5.6$ kN/m². This imposed load may be now used in Table 23 alone (for $b = 3$ m).

This approach is unconservative for closer beam spacings because the moment capacity of the beam is affected by the slab breadth for beams longer than 4 times the beam spacing.

5.4.2 Primary beams

The relevant case for sizing of the primary beams subject to a central point load is Table 46. The beam span is 6.5 m. Linear interpolation between the cases of 6 m and 7 m span is conservative. It is also necessary to interpolate between the cases of 4 and 6 kN/m^2 imposed load.

The required spacing of secondary beams (L > 9 m) is achieved for the following beam sizes:

$$\left.\begin{array}{l} 356 \times 171 \times 57 \text{ kg/m UB} \\ 406 \times 178 \times 54 \text{ kg/m UB} \\ 254 \times 254 \times 89 \text{ kg/m UC} \end{array}\right\} - \text{bending capacity}$$

The Universal beam 406 × 178 × 54 kg/m (grade 50) is selected as the most economical. The required number of shear connectors is 46 (i.e. at 140 mm spacing). It is usually necessary to provide additional transverse reinforcement (see Section 4.8). Imposed load deflections are not presented as they rarely influence the design of beams subject to point loads. Typically, these deflections will be less than span/400.

5.4.3 Design example for composite beam

The Design Tables are intended to be used for Scheme Design purposes. For Final Design it is normally necessary to provide more detailed calculations, knowing that the selected beam will satisfy the design criteria. These calculations are of the form presented in Appendix B for a typical 10 m span composite beam subject to uniform load. Also included is a check on the need for transverse reinforcement.

6. DESIGN TABLES

This Section contains 71 Design Tables for both uniform and point load cases which may be used in the Scheme Design of composite beams. For ease of use, a list of these Tables including design parameters is given below:

List of Tables for named profiles – Uniform load case

Table No	Deck profile	Fire resistance (h)	Beam spacing (m)	Steel grade	Concrete type	Slab depth (mm)	Shear connectors
1	Richard Lees – Super Holorib	$1\frac{1}{2}$	3	50	LWC	120	W
2	and SMD – R51			50	NWC	130	W
3	and Quikspan Q51			43	LWC	120	W
4				50	LWC	120	H
5	Richard Lees – Ribdeck	$1\frac{1}{2}$	3	50	LWC	130	W
6	and H H Robertson – QL59			50	NWC	140	W
7				43	LWC	130	W
8	Alpha – Alphalok	$1\frac{1}{2}$	3	50	LWC	125	W
9				50	NWC	135	W
10				43	LWC	125	W
11	PMF – CF60	$1\frac{1}{2}$	3	50	LWC	130	W
12				50	NWC	140	W
13				43	LWC	130	W
14	PMF – CF46	$1\frac{1}{2}$	3	50	LWC	120	W
15				50	NWC	130	W
16				43	LWC	120	W
17	Quikspan – Q55	$1\frac{1}{2}$	3	50	LWC	130	W
18				50	NWC	140	W
19				43	LWC	130	W
20	Richard Lees – Holodeck	$1\frac{1}{2}$	3.5	50	LWC	145	W
21				50	NWC	155	W
22				43	LWC	145	W

W   Welded shear connectors (19 mm dia)   H   Hilti shear connectors (110 mm high)
All cases for internal beams

List of Tables for generic profile – Uniform load case

Table No	Deck profile	Fire resistance (h)	Beam spacing (m)	Steel grade	Concrete type	Slab depth (mm)	Shear connectors
23	Generic profile	$1\frac{1}{2}$	3	50	LWC	125	W
24	(see Figure 18)			50	NWC	135	W
25				43	LWC	125	W
26				43	NWC	135	W
27		$1\frac{1}{2}$	2.5	50	LWC	125	W
28			3.5	50	LWC	125	W
29		1	3	50	LWC	115	W
30				50	NWC	125	W
31				43	LWC	115	W
32		$1\frac{1}{2}$	3 E	50	LWC	125	W
33			3 E	50	NWC	135	W
34			3 E	43	LWC	125	W
35		$1\frac{1}{2}$	3	50	LWC	125	H
36				50	NWC	135	H
37				43	LWC	125	H

E   Edge beam   All other cases for internal beams

List of Tables – Point load cases

Table No	Deck profile	Fire resistance (h)	Beam spacing	Steel grade	Concrete type	Slab depth (mm)	Shear connectors
38	Richard Lees – Super Holorib	1½	S	50	LWC	125	W
39	and SMD – R51		S	50	NWC	135	W
40	and Quikspan – Q51		S	43	LWC	125	W
41		1½	T	50	LWC	125	W
42			T	50	NWC	135	W
43			T	43	LWC	125	W
44		1½	S	50	LWC	125	H
45			T	50	LWC	125	H
46	Generic profile (see Figure 18)	1½	S	50	LWC	125	W
47	This profile may be used in the		S	50	NWC	135	W
48	Scheme Design of beams with		S	43	LWC	125	W
49	all trapezoidal decks.		S	43	NWC	135	W
50		1½	T	50	LWC	125	W
51			T	50	NWC	135	W
52			T	43	LWC	125	W
53			T	43	NWC	135	W
54		1	S	50	LWC	115	W
55			S	50	NWC	125	W
56			S	43	LWC	115	W
57		1	T	50	LWC	115	W
58			T	50	NWC	125	W
59			T	43	LWC	115	W
60		1½	S E	50	LWC	125	W
61			S E	50	NWC	135	W
62			S E	43	LWC	125	W
63		1½	T E	50	LWC	125	W
64			T E	50	NWC	135	W
65			T E	43	LWC	125	W
66		1½	S	50	LWC	125	H
67			S	50	NWC	135	H
68			S	43	LWC	125	H
69		1½	T	50	LWC	125	H
70			T	50	NWC	135	H
71			T	43	LWC	125	H

S Single point load
T Two point loads (equally spaced)
E Edge beam
All cases are for internal beams (except E)

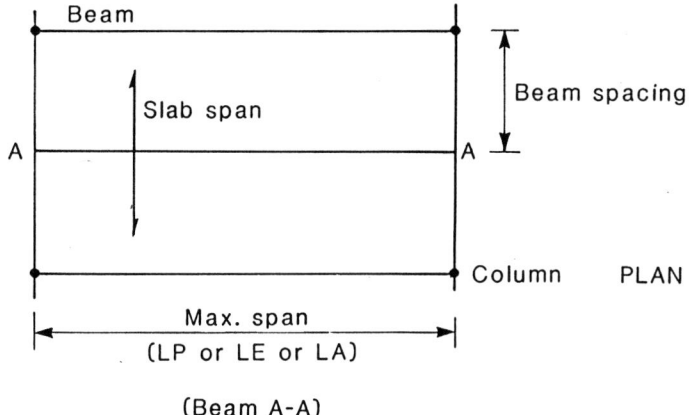

(Beam A-A)

Figure 19 *Beams subject to uniform load*

The above sketch illustrates the case where the composite beam A–A is subject to uniform load. The Design Tables are presented in terms of the maximum span of the beams for shear connectors in pairs, or singly in every or alternate troughs. These spans are defined by LP, LE or LA respectively. The other symbols are as defined on the following page.

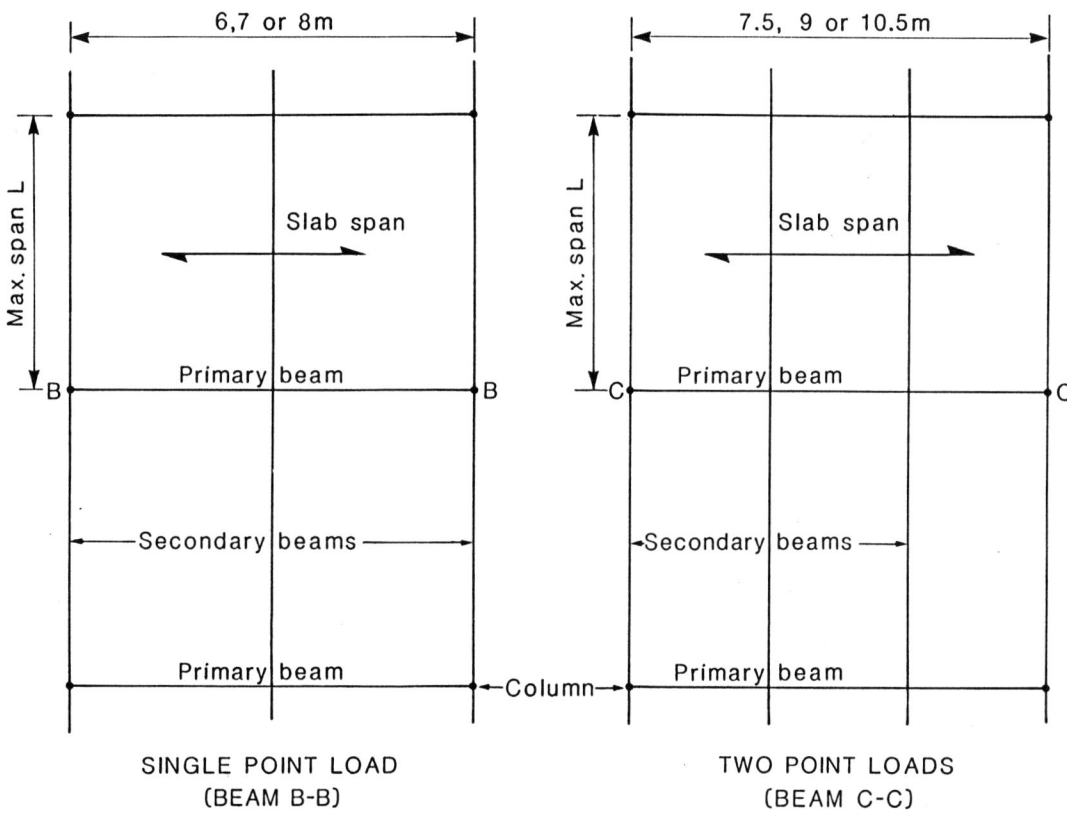

SINGLE POINT LOAD　　　　　　　　TWO POINT LOADS
(BEAM B-B)　　　　　　　　　　　　(BEAM C-C)

Figure 20 *Beams subject to point loads*

The above sketch illustrates the case where composite beams B–B or C–C are subject to point loads. The Design Tables are presented in terms of the maximum spacing, *L*, of these beams having defined the span of the primary beam.

Notes on Tables

Internal beam
Composite beam supporting a composite slab with equally spaced adjacent beams.

Edge beam
Composite beam supporting the edge of a composite slab. A line load of 10 kN/m is included to represent the weight of cladding (e.g. brick and block wall).

Imposed load
The designer should include an allowance for partitions in the imposed load[22].

Shear connectors
Welded stud (19 mm dia. × 95 mm) and Hilti shot-fired connectors (110 mm high) are included. For decks deeper than 60 mm, 120 mm long studs are to be used.

Symbols
LE   maximum span (m) for shear connectors placed in every trough

LA   maximum span (m) for shear connectors placed in alternate troughs

LP   maximum span (m) for shear connectors placed in pairs per trough (wide trough profiles)

L   maximum spacing (m) of secondary beams

DE   imposed load deflection (mm) for shear connectors placed in every trough (for span LE)

DA   imposed load deflection corresponding to span LA

DP   imposed load deflection corresponding to span LP

DS   deflection (mm) of beam due to self weight of the floor and beam in unpropped construction (for span LE or LP, whichever is the greater)

N   number of shear connectors in span of primary beam

Failure criteria
a   bending capacity of the beam exceeded in the construction stage

b   shear stress in composite beam exceeds $0.5P_v$ – the design continues by reducing bending capacity of the section

c   bending capacity of the composite beam exceeded

d   bending capacity of the composite beam with partial shear connection exceeded

e   limit on degree of shear connection not satisfied (see Section 4.6)

f   serviceability stress in steel exceeded

g   serviceability stress in concrete exceeded

h   imposed load deflection exceeded

i   natural frequency $\not> 4$ Hz

NB: For some cases, the beam span corresponding to criterion e is output. This occurs in cases where $R_c < R_s$ and the minimum degree of shear connection is not achieved. This is not strictly a 'failure' criterion but is a warning that the shear connection provided at greater spans is less than the Code limit.

Deck: **RICHARD LEES–Super Holorib SMD–R51 QUIKSPAN–Q51** Table 1

BEAM DATA
```
Internal beam
Uniform load
Beam spacing      3 m
Steel grade       50
Shear connectors  Welded
```

SLAB DATA
```
Fire resistance  90 mins
Slab depth       120 mm
Concrete         LW
Grade            30
```

FOR FURTHER INFORMATION SEE NOTES PRECEDING TABLE 1

IMPOSED LOAD kN/m²	4.0					6.0					8.0					10.0				
SERIAL SIZE	LE	DE	DS	LA	DA	LE	DE	DS	LA	DA	LE	DE	DS	LA	DA	LE	DE	DS	LA	DA
203x133x 30	7.6 f	20	52	6.8 h	19	6.6 h	18	31	5.8 h	16	6.0 h	17	21	5.2 h	14	5.5 h	15	15	.	.
254x102x 25	7.4 f	16	40	7.4 f	19	6.6 f	16	26	6.3 d	17	6.1 f	15	18	5.4 d	14	5.6 f	14	13	.	.
x 28	7.9 f	18	44	7.7 h	21	7.1 f	18	28	6.6 h	18	6.5 f	17	20	5.7 d	15	6.0 f	16	15	5.1 d	12
254x146x 31	8.4 f	22	51	7.8 h	22	7.4 h	21	32	6.6 d	18	6.7 h	18	21	5.7 d	14	6.1 h	17	15	5.1 d	12
x 37	9.1 h	25	58	8.2 h	23	7.9 h	22	32	7.0 h	19	7.1 h	19	21	6.3 h	17	6.4 h	17	14	5.8 d	15
x 43	9.6 h	27	60	8.4 h	23	8.3 h	23	33	7.3 h	20	7.4 h	20	21	6.6 h	18	6.8 h	18	15	6.1 h	17
305x102x 28	8.4 f	18	42	8.4 f	22	7.5 f	18	27	7.1 d	18	6.9 f	17	19	6.2 d	15	6.4 f	16	14	5.5 d	13
x 33	9.0 f	21	47	8.9 h	24	8.1 f	21	31	7.5 d	20	7.4 f	20	22	6.4 d	16	6.9 f	19	16	5.8 d	14
305x127x 37	9.6 f	24	54	9.0 h	25	8.5 h	23	34	7.6 h	21	7.7 h	21	23	6.8 h	19	7.1 h	19	16	6.1 h	15
x 42	10.1 f	27	60	9.2 h	25	8.8 h	24	35	7.9 h	22	7.9 h	22	23	7.1 h	19	7.3 h	20	16	6.4 h	17
x 48	10.6 i	28	62	9.6 h	26	9.2 h	25	35	8.3 h	23	8.3 h	23	23	7.4 h	21	7.6 h	21	17	6.9 h	19
305x165x 40	10.2 h	28	59	9.3 h	26	8.8 h	24	33	7.9 h	22	7.9 h	22	22	7.1 d	19	7.3 h	20	16	6.4 h	16
x 46	10.6 i	29	59	9.6 h	27	9.2 h	25	34	8.3 h	22	8.3 h	23	22	7.5 h	21	7.6 h	21	16	6.9 h	19
x 54	10.9 i	28	57	10.1 h	28	9.6 h	27	35	8.7 h	24	8.6 h	24	22	7.9 h	22	7.9 h	22	16	7.3 h	20
356x127x 33	9.5 f	21	46	9.4 d	25	8.5 f	21	29	7.9 d	21	7.8 f	20	20	6.9 d	17	7.2 f	19	15	6.2 d	14
x 39	10.4 f	26	53	10.0 h	28	9.3 f	26	35	8.5 d	24	8.4 h	23	23	7.4 d	19	7.8 h	21	17	6.7 d	16
356x171x 45	11.0 i	28	57	10.3 h	28	9.8 h	27	35	8.7 d	23	8.8 h	24	23	7.7 d	19	8.0 h	21	16	6.9 d	16
x 51	11.3 i	28	55	10.8 h	30	10.2 h	28	36	9.3 h	26	9.1 h	25	23	8.3 d	23	8.4 h	23	17	7.6 d	20
x 57	11.6 i	28	54	11.0 e	30	10.5 h	29	36	9.6 h	26	9.4 h	26	23	8.6 h	24	8.8 h	24	17	8.0 h	22
x 67	12.1 i	28	52	11.0 e	25	11.1 h	31	38	10.1 h	28	10.0 h	28	25	9.1 h	25	9.2 h	25	18	8.4 h	23
406x140x 39	10.9 f	26	52	10.6 d	28	9.7 f	25	33	9.0 d	24	8.9 f	24	23	7.7 d	18	8.2 c	22	17	7.0 d	16
x 46	11.7 i	29	56	11.3 h	31	10.6 h	29	37	9.6 d	26	9.5 h	26	24	8.5 d	22	8.8 h	24	18	7.6 d	18
406x178x 54	12.1 i	28	54	11.6 e	31	11.1 h	31	38	10.1 h	28	9.9 h	27	25	9.1 d	25	9.2 h	26	18	8.2 d	21
x 60	12.3 i	28	51	11.0 e	23	11.4 h	31	38	10.5 h	29	10.3 h	28	25	9.4 h	26	9.5 h	26	18	8.7 d	24
x 67	12.6 i	28	50	11.0 e	21	11.9 h	33	39	10.9 h	30	10.7 h	30	26	9.8 h	27	9.8 h	27	18	9.1 h	25
x 74	12.9 i	28	49	11.0 e	19	12.3 h	34	40	11.0 e	28	11.0 h	30	26	10.2 h	28	10.2 h	28	19	9.4 h	26
457x152x 52	12.4 i	28	53	11.9 e	29	11.6 h	32	40	10.6 d	29	10.4 h	29	26	9.3 d	24	9.6 h	26	19	8.5 d	21
x 60	12.8 i	28	51	11.0 e	20	12.1 h	33	41	11.0 e	30	10.9 h	30	27	10.0 d	27	10.1 h	28	19	9.1 d	24
x 67	13.1 i	28	50	11.0 e	18	12.5 h	34	41	11.0 e	27	11.3 h	31	28	10.4 h	28	10.4 h	29	20	9.6 h	26
x 74	13.4 i	28	49	11.0 e	16	12.9 h	36	42	11.0 e	24	11.7 h	32	28	10.8 h	29	10.8 h	30	20	9.9 h	27
x 82	13.7 i	28	48	11.0 e	15	13.3 h	36	42	11.0 e	22	12.1 h	33	29	11.0 e	29	11.1 h	31	21	10.3 h	28
457x191x 67	13.1 i	28	49	11.0 e	18	12.5 h	34	40	11.0 e	26	11.3 h	31	27	10.4 h	29	10.4 h	29	19	9.6 d	26
x 74	13.4 i	28	48	11.0 e	16	12.9 h	36	41	11.0 e	24	11.8 h	33	28	10.8 h	30	10.8 h	30	20	10.0 h	28
x 82	13.7 i	28	46	11.0 e	15	13.3 h	36	41	11.0 e	22	12.1 h	33	28	11.0 e	29	11.1 h	31	20	10.3 h	28
x 89	13.9 i	27	45	11.0 e	13	13.6 h	38	42	11.0 e	20	12.4 h	34	28	11.0 e	27	11.4 h	32	21	10.6 h	29
x 98	14.1 i	27	44	11.0 e	12	13.9 i	38	41	11.0 e	18	12.7 h	35	28	11.0 e	25	11.8 h	32	21	10.9 h	30
533x210x 82	14.4 i	27	45	11.0 e	12	14.2 i	38	42	11.0 e	17	13.0 h	36	30	11.0 e	23	12.1 h	33	22	11.0 e	29
x 92	14.8 i	27	43	11.0 e	10	14.6 i	38	40	11.0 e	15	13.4 h	37	29	11.0 e	20	12.5 h	35	22	11.0 e	26
x101	15.1 i	27	42	11.0 e	9	14.8 i	38	39	11.0 e	14	13.8 h	38	30	11.0 e	19	12.8 h	35	22	11.0 e	23
x109	15.3 i	27	41	11.0 e	9	15.0 i	37	39	11.0 e	13	14.1 h	39	30	11.0 e	18	13.1 h	36	22	11.0 e	22
x122	15.6 i	26	40	11.0 e	8	15.4 i	37	38	11.0 e	12	14.6 h	40	30	11.0 e	16	13.5 h	37	23	11.0 e	20
610x229x101	15.8 i	27	42	11.0 e	8	15.6 i	38	39	11.0 e	12	14.8 h	41	31	11.0 e	15	13.7 h	38	23	11.0 e	19
x113	16.1 i	26	39	11.0 e	7	15.9 i	38	38	11.0 e	10	15.3 h	42	32	11.0 e	14	14.1 h	39	23	11.0 e	17
x125	16.4 i	26	38	11.0 e	6	16.2 i	37	36	11.0 e	9	15.7 h	43	32	11.0 e	13	14.6 h	40	24	11.0 e	16
x140	16.8 i	26	37	11.0 e	6	16.6 i	37	35	11.0 e	9	16.2 h	45	32	11.0 e	11	15.0 h	41	24	11.0 e	14
203x203x 46	8.6 h	24	57	7.6 h	21	7.4 h	20	30	6.6 h	18	6.7 h	18	21	5.9 h	16	6.1 h	17	14	5.4 h	15
x 52	9.0 h	25	59	7.9 h	22	7.7 h	21	31	6.9 h	19	6.9 h	19	21	6.1 h	16	6.4 h	18	15	5.7 h	16
x 60	9.4 h	26	61	8.3 h	23	8.0 h	22	32	7.1 h	20	7.2 h	20	21	6.4 h	18	6.6 h	18	15	5.9 h	16
x 71	9.9 h	27	62	8.8 h	24	8.5 h	23	33	7.6 h	21	7.6 h	21	21	6.9 h	19	7.0 h	19	15	6.3 h	17
x 86	10.3 i	27	59	9.4 h	26	9.0 h	25	34	8.1 h	22	8.0 h	21	21	7.3 h	20	7.4 h	20	15	6.8 h	19
254x254x 73	10.7 i	28	56	9.9 h	27	9.4 h	26	33	8.5 h	23	8.4 h	23	22	7.7 h	21	7.7 h	21	15	7.1 h	19
x 89	11.1 i	27	53	10.6 h	29	10.0 h	28	35	9.1 h	25	8.9 h	24	22	8.3 h	23	8.3 h	23	16	7.6 h	21
x107	11.5 i	27	51	11.0 e	29	10.6 h	29	36	9.7 h	27	9.5 h	26	24	8.8 h	24	8.6 h	23	16	8.0 h	22
x132	12.0 i	26	48	11.0 e	23	11.3 h	31	38	10.4 h	29	10.1 h	28	24	9.4 h	26	9.3 h	26	17	8.6 h	24
x167	12.6 i	25	45	11.0 e	19	12.2 h	34	40	11.0 e	28	10.9 h	30	26	10.2 h	28	10.1 h	28	19	9.4 h	26
305x305x 97	12.1 i	27	48	11.0 e	24	11.3 h	31	36	10.4 h	29	10.1 h	28	24	9.4 h	26	9.3 h	26	17	8.6 h	24
x118	12.5 i	26	45	11.0 e	20	11.9 h	33	38	11.0 e	30	10.7 h	29	24	9.9 h	27	9.9 h	27	18	9.2 h	25
x137	12.8 i	26	43	11.0 e	17	12.4 h	34	38	11.0 e	26	11.3 h	31	26	10.5 h	29	10.3 h	28	19	9.7 h	27
x158	13.2 i	26	42	11.0 e	14	12.9 h	36	39	11.0 e	23	11.8 h	32	27	11.0 e	30	10.8 h	30	19	10.1 h	28
x198	13.7 i	24	39	11.0 e	12	13.5 i	35	37	11.0 e	18	12.6 h	35	28	11.0 e	24	11.6 h	32	20	11.0 e	31
x240	14.2 i	24	37	11.0 e	10	14.0 i	34	35	11.0 e	15	13.3 h	37	29	11.0 e	20	12.4 h	34	22	11.0 e	25
x283	14.6 i	23	35	11.0 e	9	14.4 i	32	33	11.0 e	13	14.0 h	39	30	11.0 e	17	13.0 h	36	22	11.0 e	21
356x368x129	13.4 i	26	41	11.0 e	15	13.1 h	36	38	11.0 e	22	11.9 h	33	26	11.0 e	29	10.9 h	30	19	10.3 h	28
x153	13.8 i	26	39	11.0 e	13	13.6 i	36	37	11.0 e	19	12.4 h	34	26	11.0 e	25	11.5 h	32	19	10.9 h	30
x177	14.1 i	25	38	11.0 e	11	13.9 i	35	36	11.0 e	17	12.9 h	36	27	11.0 e	22	12.0 h	33	20	11.0 e	27
x202	14.4 i	24	36	11.0 e	10	14.2 i	35	35	11.0 e	15	13.4 h	37	28	11.0 e	20	12.4 h	34	20	11.0 e	25

35

Deck: RICHARD LEES–Super Holorib SMD–R51 QUIKSPAN–Q51   Table 2

BEAM DATA
```
Internal beam
Uniform load
Beam spacing       3 m
Steel grade        50
Shear connectors   Welded
```

SLAB DATA
```
Fire resistance    90 mins
Slab depth         130 mm
Concrete           NW
Grade              30
```

FOR FURTHER INFORMATION SEE NOTES PRECEDING TABLE 1

IMPOSED LOAD kN/m²	4.0					6.0					8.0					10.0				
SERIAL SIZE	LE	DE	DS	LA	DA	LE	DE	DS	LA	DA	LE	DE	DS	LA	DA	LE	DE	DS	LA	DA
203x133x 30	7.1	f	13	55	7.1 f 19	6.5	f	14	38	6.1 d 17	6.1	f	14	29	5.2 d 13	5.6	f	14	22	. .
254x102x 25	6.9	f	10	40	6.9 f 13	6.3	f	11	29	6.3 f 15	5.9	f	11	22	5.5 d 13	5.5	f	11	17	. .
x 28	7.4	f	12	46	7.4 f 16	6.8	f	13	32	6.6 d 16	6.3	f	13	24	5.7 d 13	5.9	f	13	18	5.1 d 11
254x146x 31	7.8	f	14	52	7.8 f 18	7.2	f	15	37	6.7 d 16	6.6	f	15	27	5.7 d 12	6.2	f	15	20	5.1 d 11
x 37	8.6	f	17	62	8.6 d 23	7.9	f	19	43	7.3 d 19	7.3	f	19	32	6.3 d 15	6.8	f	18	24	5.7 d 13
x 43	9.3	f	20	72	9.0 d 25	8.5	f	22	50	7.6 d 20	7.8	f	21	36	6.8 d 18	7.2	h	19	26	6.1 d 15
305x102x 28	7.8	f	12	43	7.8 f 15	7.2	f	13	30	7.1 d 16	6.6	f	13	22	6.2 d 14	6.2	f	12	17	5.6 d 12
x 33	8.5	f	14	50	8.5 f 18	7.8	f	15	35	7.4 d 17	7.2	f	15	26	6.4 d 14	6.7	f	14	19	5.8 d 12
305x127x 37	9.0	f	17	57	9.0 f 22	8.2	f	17	39	7.6 d 19	7.6	f	17	29	6.8 d 16	7.1	f	17	22	6.1 d 14
x 42	9.5	f	18	63	9.4 d 24	8.7	f	20	44	8.0 d 20	8.1	f	20	33	7.0 d 17	7.5	f	19	24	6.4 d 15
x 48	10.2	f	21	72	9.9 d 26	9.3	f	23	50	8.5 d 23	8.6	f	23	37	7.5 d 19	8.0	h	22	27	6.8 d 17
305x165x 40	9.6	f	20	63	9.4 d 23	8.8	f	20	43	8.0 d 20	8.1	f	21	32	7.0 d 16	7.5	c	19	23	6.4 d 14
x 46	10.3	i	22	70	9.9 d 26	9.4	f	24	49	8.4 d 22	8.7	f	23	36	7.4 d 18	8.0	d	22	26	6.8 d 16
x 54	10.7	i	23	71	10.4 d 28	10.1	f	28	57	9.0 d 25	9.1	h	25	37	8.0 d 21	8.4	h	23	27	7.3 d 19
356x127x 33	8.9	f	15	48	8.9 f 18	8.1	f	15	33	7.9 d 18	7.5	f	15	24	6.9 d 15	7.0	f	15	18	6.2 d 13
x 39	9.8	f	18	56	9.8 f 22	8.9	f	18	38	8.3 d 19	8.2	f	18	28	7.4 d 17	7.7	f	18	22	6.6 d 14
356x171x 45	10.6	f	22	66	10.3 d 25	9.6	f	22	45	8.6 d 20	8.9	f	22	32	7.6 d 16	8.3	c	21	25	6.9 d 14
x 51	11.1	i	22	67	10.9 d 28	10.3	f	26	51	9.3 d 23	9.6	f	26	37	8.2 d 20	8.8	c	23	27	7.5 d 17
x 57	11.4	i	22	66	11.3 d 29	10.9	f	29	57	9.8 d 26	10.0	h	27	40	8.7 d 22	9.2	d	25	28	7.9 d 19
x 67	11.8	i	22	64	10.8 e 21	11.7	i	32	61	10.5 d 29	10.5	h	29	40	9.4 d 25	9.7	h	27	29	8.6 d 23
406x140x 39	10.2	f	18	54	10.2 f 21	9.3	f	18	37	8.8 d 19	8.6	f	18	27	7.7 d 16	8.0	f	17	21	6.9 d 14
x 46	11.3	f	22	65	11.1 d 26	10.3	f	23	44	9.4 d 22	9.4	f	22	32	8.3 d 19	8.8	f	21	24	7.6 d 16
406x178x 54	11.8	f	22	65	11.8 i 29	11.1	f	27	51	10.0 d 24	10.3	f	27	38	8.9 d 21	9.4	c	24	27	8.1 d 19
x 60	12.1	f	22	63	11.6 e 25	11.8	f	30	57	10.5 d 26	10.9	f	30	42	9.4 d 23	9.9	c	27	29	8.6 d 20
x 67	12.4	f	22	62	10.8 e 17	12.3	i	32	60	10.8 e 26	11.2	h	31	41	9.9 d 25	10.3	h	28	30	9.1 d 23
x 74	12.6	i	22	60	10.8 e 16	12.5	i	32	58	10.8 e 24	11.6	h	32	43	10.4 d 28	10.7	h	29	31	9.5 d 24
457x152x 52	12.2	i	23	66	12.2 i 28	11.3	f	25	48	10.4 d 25	10.4	f	24	34	9.2 d 21	9.7	f	23	26	8.3 d 18
x 60	12.6	i	22	62	11.6 e 21	12.1	f	29	54	11.1 d 27	11.2	f	29	39	9.8 d 23	10.4	c	27	29	9.0 d 21
x 67	12.9	i	22	62	10.8 e 15	12.7	i	32	58	10.8 d 22	11.8	f	32	44	10.3 d 25	10.9	d	30	32	9.4 d 23
x 74	13.2	i	22	60	10.8 e 13	13.0	i	32	57	10.8 e 20	12.3	f	33	45	10.6 d 24	11.3	d	30	32	9.8 d 23
x 82	13.4	i	22	59	10.8 e 12	13.3	i	31	56	10.8 e 18	12.7	h	35	47	10.8 e 24	11.7	h	32	34	10.3 d 25
457x191x 67	12.9	i	22	60	10.8 e 15	12.7	i	32	57	10.8 e 22	11.9	h	33	44	10.4 d 26	10.9	d	29	31	9.4 d 22
x 74	13.2	i	22	59	10.8 e 13	13.0	i	31	55	10.8 e 20	12.3	h	34	45	10.8 e 26	11.3	h	31	32	9.9 d 24
x 82	13.4	i	22	57	10.8 e 12	13.3	i	31	54	10.8 e 18	12.7	h	35	46	10.8 e 24	11.7	h	32	33	10.4 d 27
x 89	13.7	i	22	56	10.8 e 11	13.5	i	31	53	10.8 e 17	13.0	h	36	46	10.8 e 22	12.1	h	34	35	10.6 d 26
x 98	13.9	i	22	55	10.8 e 10	13.8	i	31	53	10.8 e 15	13.4	h	37	47	10.8 e 20	12.4	h	34	35	10.8 e 25
533x210x 82	14.2	i	22	56	10.8 e 10	14.0	i	31	53	10.8 e 14	13.6	h	38	47	10.8 e 19	12.6	c	35	35	10.8 e 24
x 92	14.6	i	22	54	10.8 e 8	14.4	i	31	51	10.8 e 13	14.2	h	39	48	10.8 e 17	13.1	h	36	35	10.8 e 21
x101	14.8	i	22	52	10.8 e 8	14.7	i	31	50	10.8 e 12	14.5	i	39	48	10.8 e 15	13.5	c	37	36	10.8 e 19
x109	15.1	i	22	52	10.8 e 7	14.9	i	31	49	10.8 e 11	14.7	i	39	47	10.8 e 14	13.8	h	38	37	10.8 e 18
x122	15.4	i	21	50	10.8 e 6	15.3	i	31	48	10.8 e 10	15.1	i	39	46	10.8 e 13	14.3	h	40	37	10.8 e 16
610x229x101	15.6	i	22	51	10.8 e 6	15.4	i	31	49	10.8 e 10	15.2	i	40	47	10.8 e 13	14.4	h	40	37	10.8 e 16
x113	15.9	i	22	50	10.8 e 6	15.8	i	31	47	10.8 e 9	15.6	i	39	45	10.8 e 11	14.9	c	41	38	10.8 e 14
x125	16.3	i	21	48	10.8 e 5	16.1	i	30	46	10.8 e 8	15.9	i	39	44	10.8 e 10	15.4	h	43	39	10.8 e 13
x140	16.6	i	21	47	10.8 e 5	16.4	i	30	45	10.8 e 7	16.3	i	39	43	10.8 e 9	15.9	h	44	39	10.8 e 12
203x203x 46	8.8	a	21	83	7.9 h 22	7.9	h	22	53	6.9 d 19	7.1	h	19	34	6.2 d 17	6.6	h	18	26	5.6 d 14
x 52	9.2	i	22	86	8.2 h 22	8.2	h	22	54	7.1 h 20	7.5	h	21	38	6.4 h 18	6.9	h	19	27	6.0 h 17
x 60	9.5	i	23	85	8.6 h 24	8.6	h	24	56	7.5 h 21	7.7	h	21	37	6.8 h 19	7.1	h	19	26	6.2 h 17
x 71	9.9	i	23	80	9.2 h 25	9.1	h	25	59	8.0 h 22	8.2	h	23	38	7.2 h 19	7.6	h	21	28	6.6 h 18
x 86	10.3	i	22	78	9.8 h 27	9.7	h	27	61	8.5 h 23	8.7	h	24	39	7.7 h 21	8.0	h	22	28	7.1 h 19
254x254x 73	10.6	i	23	71	10.3 h 28	10.0	h	28	57	8.9 h 24	9.0	h	24	37	8.0 h 22	8.3	h	23	26	7.4 h 21
x 89	11.1	i	22	69	10.8 h 28	10.7	h	30	60	9.6 h 27	9.6	h	26	38	8.6 h 24	8.8	h	24	28	7.9 h 22
x107	11.5	i	22	67	10.8 h 23	11.3	h	31	62	10.1 h 28	10.2	h	28	41	9.1 h 25	9.4	h	26	29	8.4 h 23
x132	12.0	i	21	63	10.8 e 19	11.9	i	31	60	10.8 e 28	10.9	h	30	43	9.9 h 27	10.1	h	28	31	9.1 h 25
x167	12.6	i	20	59	10.8 e 15	12.4	i	29	56	10.8 e 22	11.8	h	33	46	10.8 e 30	10.9	h	30	33	9.9 h 28
305x305x 97	11.9	i	22	61	10.8 e 19	11.8	i	32	58	10.8 e 29	10.8	h	30	40	9.8 h 27	9.9	h	27	28	9.0 h 24
x118	12.4	i	21	59	10.8 e 16	12.3	i	31	56	10.8 e 24	11.4	h	32	42	10.4 h 29	10.5	h	29	30	9.6 h 26
x137	12.8	i	21	56	10.8 e 14	12.6	h	30	53	10.8 e 21	12.1	h	33	44	10.8 e 28	11.1	h	31	31	10.1 h 28
x158	13.2	i	21	55	10.8 e 12	13.0	h	30	52	10.8 e 18	12.6	h	34	45	10.8 e 24	11.6	h	32	32	10.7 h 30
x198	13.8	i	20	51	10.8 e 10	13.6	h	29	48	10.8 e 13	13.4	i	37	46	10.8 e 19	12.5	h	34	35	10.8 e 24
x240	14.3	i	20	48	10.8 e 8	14.1	i	28	46	10.8 e 11	13.9	h	36	44	10.8 e 16	13.3	h	35	36	10.8 e 20
x283	14.7	i	19	46	10.8 e 7	14.5	i	27	44	10.8 e 10	14.1	i	35	42	10.8 e 14	13.9	h	39	37	10.8 e 18
356x368x129	13.3	i	21	52	10.8 e 12	13.1	i	30	50	10.8 e 18	12.6	h	35	43	10.8 e 24	11.6	h	32	31	10.8 e 30
x153	13.7	i	21	50	10.8 e 10	13.6	h	30	49	10.8 e 15	13.3	h	37	44	10.8 e 20	12.3	h	34	33	10.8 e 25
x177	14.1	i	20	49	10.8 e 9	13.9	h	29	46	10.8 e 13	13.8	i	37	45	10.8 e 18	12.8	h	35	34	10.8 e 22
x202	14.4	i	20	47	10.8 e 8	14.3	h	29	45	10.8 e 12	14.1	h	37	43	10.8 e 16	13.3	h	37	35	10.8 e 20

Deck: RICHARD LEES–Super Holorib SMD–R51 QUIKSPAN–Q51 Table 3

BEAM DATA
- Internal beam
- Uniform load
- Beam spacing: 3 m
- Steel grade: 43
- Shear connectors: Welded

SLAB DATA
- Fire resistance: 90 mins
- Slab depth: 120 mm
- Concrete: LW
- Grade: 30

FOR FURTHER INFORMATION SEE NOTES PRECEDING TABLE 1

IMPOSED LOAD kN/m²	4.0					6.0					8.0					10.0				
SERIAL SIZE	LE	DE	DS	LA	DA	LE	DE	DS	LA	DA	LE	DE	DS	LA	DA	LE	DE	DS	LA	DA
203x133x 30	6.6 f	12	31	6.6 f	15	6.0 f	12	21	5.6 d	13	5.4 f	12	14	.	.	5.1 f	11	10	.	.
254x102x 25	6.4 f	9	23	6.4 f	11	5.8 f	10	15	5.8 d	11	5.3 f	9	11	5.0 d	10					
x 28	6.9 f	11	26	6.9 f	13	6.2 f	11	17	6.1 d	13	5.7 f	11	12	5.2 d	10	5.3 f	10	9	.	.
254x146x 31	7.3 f	13	30	7.3 f	16	6.6 f	13	19	6.2 d	13	6.0 f	12	13	5.4 d	11	5.6 f	12	10	.	.
x 37	8.1 f	16	35	8.0 d	19	7.2 f	16	22	6.6 d	15	6.6 f	15	15	5.7 d	12	6.1 f	14	12	5.1 d	10
x 43	8.7 f	19	41	8.3 d	20	7.8 f	18	26	6.9 d	16	7.1 f	17	18	6.1 d	14	6.6 f	16	13	5.6 d	12
305x102x 28	7.3 f	11	24	7.3 f	12	6.6 f	11	16	6.4 d	12	6.0 f	10	11	5.6 d	10	5.6 f	10	8	5.0 d	8
x 33	7.9 f	13	28	7.9 f	15	7.1 f	13	18	6.9 d	14	6.5 f	12	13	6.0 d	11	6.0 f	11	9	5.4 d	10
305x127x 37	8.4 f	15	32	8.4 f	18	7.5 f	15	20	7.0 d	14	6.9 f	14	14	6.2 d	13	6.4 f	13	11	5.5 d	10
x 42	8.9 f	17	36	8.8 d	20	8.0 f	17	23	7.4 d	16	7.3 f	16	16	6.4 d	13	6.8 f	15	12	5.8 d	11
x 48	9.5 f	19	40	9.3 d	22	8.5 f	19	26	7.7 d	17	7.8 f	18	18	6.8 d	15	7.2 f	17	13	6.2 d	13
305x165x 40	9.0 f	18	36	8.8 d	19	8.1 f	18	25	7.4 d	16	7.3 f	16	16	6.4 d	13	6.8 c	15	11	5.8 d	11
x 46	9.6 f	20	40	9.3 d	21	8.6 f	20	26	7.7 d	17	7.9 f	19	18	6.8 d	15	7.2 c	17	13	6.1 d	12
x 54	10.4 f	24	47	9.8 d	24	9.3 f	23	30	8.2 d	19	8.4 f	22	21	7.3 d	16	7.7 c	19	14	6.6 d	14
356x127x 33	8.3 f	13	27	8.3 f	14	7.4 f	13	17	7.3 d	14	6.8 f	12	12	6.3 d	11	6.3 f	11	9	5.6 d	9
x 39	9.1 f	16	32	9.1 f	18	8.2 f	16	21	7.6 d	15	7.4 f	15	14	6.8 d	13	6.9 f	14	10	6.0 d	11
356x171x 45	9.9 f	19	37	9.8 d	21	8.9 f	19	24	8.1 d	17	8.1 f	18	16	7.1 d	14	7.4 c	16	12	6.4 d	12
x 51	10.6 f	22	42	10.3 d	23	9.4 f	21	26	8.6 d	19	8.6 f	20	18	7.5 d	15	7.9 c	18	13	6.8 d	13
x 57	11.2 f	24	46	10.6 d	24	10.0 f	24	30	9.0 d	20	9.1 f	23	21	7.9 d	17	8.3 c	20	14	7.2 d	15
x 67	12.1 i	28	52	11.3 d	27	10.9 f	28	35	9.7 d	23	9.9 c	27	24	8.6 d	20	8.9 c	23	16	7.8 d	17
406x140x 39	9.5 f	15	30	9.5 f	17	8.5 f	15	19	8.1 d	15	7.8 f	14	13	7.1 d	13	7.2 f	13	10	6.3 d	10
x 46	10.5 f	19	36	10.4 d	22	9.4 f	19	26	8.7 d	17	8.6 f	18	16	7.6 d	14	7.9 f	17	12	6.8 d	12
406x178x 54	11.4 f	23	43	11.0 d	24	10.1 f	22	27	9.3 d	20	9.3 f	21	19	8.1 d	16	8.5 c	19	13	7.4 d	14
x 60	12.1 f	26	47	11.5 d	26	10.8 f	25	30	9.7 d	21	9.8 c	24	21	8.6 d	18	8.9 c	21	14	7.7 d	15
x 67	12.6 i	28	50	11.9 e	27	11.4 f	28	33	10.1 d	22	10.4 f	26	23	9.1 d	20	9.4 c	23	16	8.2 d	17
x 74	12.9 i	28	49	11.0 e	19	12.0 f	31	37	10.6 d	25	10.9 c	30	25	9.4 d	21	9.9 c	25	17	8.6 d	19
457x152x 52	11.6 f	21	40	11.5 d	24	10.3 f	21	25	9.6 d	19	9.4 f	20	18	8.3 d	15	8.7 f	18	13	7.6 d	14
x 60	12.4 f	25	45	12.1 d	26	11.1 f	24	29	10.1 d	21	10.1 f	23	20	8.9 d	17	9.3 c	21	14	8.1 d	15
x 67	13.1 f	28	50	11.9 e	23	11.8 f	27	32	10.6 d	23	10.7 f	25	22	9.4 d	19	9.9 c	23	16	8.6 d	17
x 74	13.4 i	28	49	11.3 e	17	12.2 f	28	33	10.9 d	23	11.1 f	27	23	9.8 d	20	10.2 c	24	16	8.8 d	17
x 82	13.7 i	28	48	11.0 e	15	12.8 f	31	36	11.0 e	22	11.6 f	29	25	10.3 d	22	10.6 c	26	17	9.3 d	19
457x191x 67	13.1 i	28	49	11.9 e	23	11.9 f	28	33	10.6 d	23	10.8 c	26	22	9.4 d	19	9.8 c	23	15	8.6 d	17
x 74	13.4 i	28	48	11.0 e	16	12.5 f	31	36	11.0 d	24	11.4 c	29	24	9.9 d	21	10.3 c	25	16	9.1 d	19
x 82	13.7 i	28	46	11.0 e	15	13.1 f	35	39	11.0 e	22	11.9 c	31	26	10.4 d	23	10.8 c	27	18	9.4 d	20
x 89	13.9 i	27	45	11.0 e	13	13.4 f	36	39	11.0 d	20	12.1 c	32	26	10.6 d	23	11.0 c	27	18	9.7 d	21
x 98	14.1 i	27	44	11.0 e	12	13.9 i	38	41	11.0 e	18	12.6 c	34	28	11.0 e	25	11.5 c	30	19	10.1 d	22
533x210x 82	14.4 i	27	45	11.0 e	12	13.8 i	34	38	11.0 e	17	12.5 c	31	25	11.0 e	23	11.4 c	27	18	10.0 d	20
x 92	14.8 i	27	43	11.0 e	10	14.6 i	38	40	11.0 e	15	13.1 c	34	27	11.0 e	20	12.1 c	30	19	10.6 d	22
x101	15.1 i	27	42	11.0 e	9	14.8 i	38	39	11.0 e	14	13.4 c	34	27	11.0 e	19	12.3 c	30	19	11.0 e	23
x109	15.3 i	27	41	11.0 e	9	15.0 i	37	39	11.0 e	13	13.8 c	36	28	11.0 e	18	12.7 c	32	20	11.0 e	22
x122	15.6 i	26	40	11.0 e	8	15.4 i	37	38	11.0 e	12	14.5 c	40	30	11.0 e	16	13.3 c	35	21	11.0 e	20
610x229x101	15.8 i	27	42	11.0 e	8	15.6 i	38	39	11.0 e	12	14.3 c	36	28	11.0 e	15	13.1 c	32	20	11.0 e	16
x113	16.1 i	26	39	11.0 e	7	15.9 i	38	38	11.0 e	10	14.8 c	37	28	11.0 e	14	13.6 c	33	20	11.0 e	17
x125	16.4 i	26	38	11.0 e	6	16.2 i	37	36	11.0 e	9	15.4 c	40	29	11.0 e	13	14.1 c	36	21	11.0 e	16
x140	16.8 i	26	37	11.0 e	6	16.6 i	37	35	11.0 e	9	16.1 c	44	32	11.0 e	11	14.8 c	39	23	11.0 e	14
203x203x 46	8.3 f	20	48	7.6 d	21	7.4 f	20	31	6.4 d	17	6.7 h	18	21	5.7 d	14	6.1 h	17	14	5.1 d	12
x 52	8.8 f	22	53	7.9 h	22	7.7 h	21	31	6.8 d	19	6.9 h	19	21	6.1 d	16	6.4 h	18	15	5.5 d	14
x 60	9.3 f	25	59	8.3 h	23	8.0 h	22	32	7.1 h	20	7.2 h	20	21	6.4 d	17	6.6 h	18	15	5.8 d	14
x 71	9.9 h	27	62	8.8 h	24	8.5 h	23	33	7.6 h	21	7.6 h	21	21	6.9 d	19	7.0 h	19	15	6.3 d	17
x 86	10.3 h	27	59	9.4 h	26	9.0 h	25	34	8.1 h	22	8.0 h	21	21	7.3 d	20	7.4 h	20	15	6.8 h	19
254x254x 73	10.7 i	28	56	9.9 h	27	9.4 h	26	33	8.5 h	23	8.4 h	23	22	7.6 h	20	7.7 h	21	15	6.9 h	18
x 89	11.1 i	27	53	10.6 h	29	10.0 h	28	35	9.1 h	25	8.9 h	24	22	8.3 h	23	8.3 h	23	16	7.5 d	20
x107	11.5 i	27	51	11.0 e	29	10.6 h	29	36	9.7 h	27	9.5 h	26	24	8.8 h	24	8.6 h	23	16	8.0 h	22
x132	12.0 i	26	48	11.0 e	23	11.3 h	31	38	10.4 h	29	10.1 h	28	24	9.4 h	26	9.3 h	26	17	8.6 h	24
x167	12.6 i	25	45	11.0 e	19	12.2 h	34	40	11.0 e	28	10.9 h	30	26	10.2 h	28	10.1 h	28	19	9.4 h	26
305x305x 97	12.1 i	27	48	11.0 e	24	11.3 h	31	36	10.4 h	29	10.1 h	28	24	9.3 d	25	9.3 h	26	17	8.4 d	22
x118	12.5 i	26	45	11.0 e	20	11.9 h	33	38	11.0 e	30	10.7 h	29	24	9.9 h	27	9.9 h	27	18	9.2 h	25
x137	12.8 i	26	43	11.0 e	17	12.4 h	34	38	11.0 e	26	11.3 h	31	26	10.5 h	29	10.3 h	28	18	9.7 h	27
x158	13.2 i	26	42	11.0 e	15	12.9 h	36	39	11.0 e	23	11.8 h	32	27	11.0 e	30	10.8 h	30	19	10.1 h	28
x198	13.7 i	24	39	11.0 e	12	13.5 i	35	37	11.0 e	18	12.6 h	35	28	11.0 e	24	11.6 h	32	20	11.0 e	31
x240	14.2 i	24	37	11.0 e	10	14.0 i	34	35	11.0 e	15	13.3 h	37	29	11.0 e	20	12.4 h	34	22	11.0 e	26
x283	14.6 i	23	35	11.0 e	9	14.4 i	32	33	11.0 e	13	14.0 h	39	30	11.0 e	17	13.0 h	36	22	11.0 e	21
356x368x129	13.4 i	26	41	11.0 e	15	13.1 h	36	38	11.0 e	22	11.9 h	33	26	11.0 e	29	10.9 h	30	19	10.1 d	26
x153	13.8 i	26	39	11.0 e	13	13.6 i	36	37	11.0 e	19	12.4 h	34	26	11.0 e	25	11.5 h	32	19	10.9 h	30
x177	14.1 i	25	38	11.0 e	11	13.9 i	35	36	11.0 e	17	12.9 h	36	27	11.0 e	22	12.0 h	33	20	11.0 e	28
x202	14.4 i	24	36	11.0 e	10	14.2 i	35	35	11.0 e	15	13.4 h	37	28	11.0 e	20	12.4 h	34	20	11.0 e	25

Deck: **RICHARD LEES–Super Holorib SMD–R51 QUIKSPAN–Q51**   Table 4

```
BEAM DATA                              SLAB DATA
Internal beam                          Fire resistance  90 mins
Uniform load                           Slab depth       120 mm
Beam spacing        3 m                Concrete         LW
Steel grade         50                 Grade            30
Shear connectors    Hilti
```

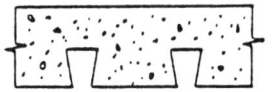

FOR FURTHER INFORMATION SEE NOTES PRECEDING TABLE 1

IMPOSED LOAD kN/m²	4.0					6.0					8.0					10.0				
SERIAL SIZE	LP	DP	DS	LE	DE	LP	DP	DS	LE	DE	LP	DP	DS	LE	DE	LP	DP	DS	LE	DE
203x133x 30	7.6 f	20	52	6.7 h	18	6.6 h	18	31	5.7 h	16	5.8 h	16	17	5.1 h	14	5.3 h	15	13	.	.
254x102x 25	7.4 f	16	40	7.3 d	20	6.6 f	16	26	6.1 d	16	6.1 f	15	18	5.3 d	13	5.6 f	14	13	.	.
x 28	7.9 f	18	44	7.5 h	21	7.1 f	18	28	6.4 d	17	6.5 f	17	20	5.5 d	14	5.9 h	16	14	.	.
254x146x 31	8.4 f	22	51	7.6 d	21	7.4 h	21	32	6.4 d	17	6.6 h	18	19	5.6 d	13	5.9 h	16	13	5.0 d	11
x 37	9.1 h	25	58	8.0 h	22	7.6 h	21	28	6.9 h	19	6.8 h	19	18	6.2 d	17	6.3 h	17	13	5.6 d	15
x 43	9.4 h	26	57	8.4 h	23	7.9 h	22	28	7.3 h	20	7.1 h	19	18	6.6 h	18	6.6 h	18	13	6.1 d	17
305x102x 28	8.4 f	18	42	8.2 d	21	7.5 f	18	27	6.8 d	17	6.9 f	17	19	5.9 d	14	6.4 f	16	14	5.3 d	11
x 33	9.0 f	21	47	8.6 d	23	8.1 f	21	31	7.3 d	19	7.4 f	20	22	6.3 d	15	6.8 d	19	15	5.8 d	13
305x127x 37	9.6 f	24	54	8.8 h	24	8.5 h	23	34	7.5 d	21	7.4 h	20	20	6.6 d	17	6.8 h	19	14	6.0 d	15
x 42	10.1 f	27	60	9.1 h	25	8.7 h	24	33	7.8 h	21	7.7 h	21	20	7.0 d	19	7.1 h	19	14	6.4 d	17
x 48	10.6 i	29	62	9.4 h	26	8.9 h	24	31	8.1 h	22	8.0 h	22	20	7.4 h	20	7.4 h	20	15	6.8 d	18
305x165x 40	10.2 h	28	59	9.1 h	25	8.7 h	24	31	7.8 h	21	7.7 h	21	19	7.0 d	19	7.1 h	19	14	6.3 d	16
x 46	10.6 i	29	59	9.5 h	26	8.9 h	24	29	8.2 h	23	8.0 h	22	19	7.4 h	20	7.4 h	20	14	6.8 d	18
x 54	10.9 i	30	57	9.9 h	27	9.3 h	26	30	8.6 h	24	8.4 h	23	20	7.8 h	21	7.8 h	21	15	7.2 h	20
356x127x 33	9.5 f	21	46	9.1 d	24	8.5 f	21	29	7.6 d	19	7.8 f	20	20	6.7 d	16	7.2 f	19	15	6.1 d	14
x 39	10.4 f	26	53	9.8 d	27	9.3 h	26	35	8.2 d	21	8.3 h	23	22	7.3 d	18	7.5 h	21	15	6.5 d	15
356x171x 45	11.0 i	28	57	10.1 d	27	9.7 h	27	34	8.5 d	22	8.5 h	23	20	7.6 d	18	7.9 h	22	15	6.8 d	16
x 51	11.3 i	28	55	10.6 h	29	9.9 h	27	32	9.1 h	25	8.9 h	24	21	8.3 d	23	8.2 h	22	15	7.4 d	19
x 57	11.6 i	30	54	10.3 e	24	10.3 h	28	33	9.5 h	26	9.3 h	26	22	8.6 h	24	8.5 h	23	15	7.9 d	21
x 67	12.1 i	30	52	10.3 e	20	10.8 h	30	34	10.1 h	28	9.8 h	27	22	9.1 h	25	8.9 h	24	16	8.4 h	23
406x140x 39	10.9 f	26	52	10.3 d	27	9.7 f	25	33	8.6 d	21	8.9 f	24	23	7.6 d	18	8.1 d	22	16	6.9 d	15
x 46	11.7 i	29	56	11.1 d	30	10.6 h	29	37	9.3 d	24	9.3 h	26	23	8.3 d	20	8.5 h	23	16	7.6 d	18
406x178x 54	12.1 i	28	54	10.3 e	21	10.8 h	30	35	9.9 h	27	9.7 h	27	22	8.9 d	24	8.9 h	25	16	8.1 d	20
x 60	12.3 i	29	51	10.3 e	19	11.1 h	30	34	10.3 e	28	10.1 h	28	23	9.4 d	26	9.3 h	25	16	8.6 d	23
x 67	12.6 i	29	50	10.3 e	17	11.6 h	32	35	10.3 e	25	10.4 h	28	23	9.8 h	27	9.6 h	26	17	9.0 d	25
x 74	12.9 i	29	49	10.3 e	15	11.9 h	33	36	10.3 e	23	10.8 h	30	24	10.1 h	28	9.9 h	28	17	9.3 h	26
457x152x 52	12.4 i	28	53	10.4 e	19	11.6 h	32	40	10.3 e	27	10.2 h	28	24	9.1 d	23	9.4 h	26	17	8.3 d	20
x 60	12.8 i	28	51	10.3 e	16	11.9 h	33	37	10.3 e	24	10.6 h	29	24	9.8 d	26	9.8 h	27	17	8.9 d	23
x 67	13.1 i	29	50	10.3 e	14	12.3 h	34	38	10.3 e	21	11.0 h	30	25	10.3 e	29	10.2 h	28	18	9.4 d	25
x 74	13.4 i	28	49	10.3 e	13	12.8 h	35	40	10.3 e	19	11.4 h	32	26	10.3 e	26	10.5 h	29	18	9.8 d	26
x 82	13.7 i	28	48	10.3 e	12	13.1 h	36	40	10.3 e	18	11.8 h	32	26	10.3 e	23	10.9 h	30	19	10.2 d	28
457x191x 67	13.1 i	29	49	10.3 e	14	12.3 h	34	38	10.3 e	21	11.1 h	31	25	10.3 e	28	10.2 h	28	18	9.4 d	25
x 74	13.4 i	28	48	10.3 e	13	12.8 h	35	39	10.3 e	19	11.4 h	31	25	10.3 e	25	10.6 h	29	18	9.9 h	28
x 82	13.7 i	28	46	10.3 e	12	13.1 h	36	39	10.3 e	17	11.8 h	33	26	10.3 e	23	10.9 h	30	19	10.3 h	28
x 89	13.9 i	27	45	10.3 e	11	13.6 h	37	41	10.3 e	16	12.1 h	33	26	10.3 e	21	11.2 h	31	19	10.3 e	27
x 98	14.1 i	27	44	10.3 e	10	13.9 i	38	41	10.3 e	15	12.5 h	34	27	10.3 e	20	11.6 h	32	20	10.3 e	25
533x210x 82	14.4 i	27	45	10.3 e	9	14.2 i	38	42	10.3 e	14	12.8 h	35	28	10.3 e	19	11.8 h	33	20	10.3 e	23
x 92	14.8 i	27	43	10.3 e	8	14.6 i	38	40	10.3 e	12	13.4 h	37	29	10.3 e	16	12.3 h	34	21	10.3 e	20
x101	15.1 i	27	42	10.3 e	7	14.8 i	38	39	10.3 e	11	13.8 h	38	30	10.3 e	15	12.7 h	35	21	10.3 e	19
x109	15.3 i	27	41	10.3 e	7	15.0 i	37	39	10.3 e	11	14.1 h	39	30	10.3 e	14	12.9 h	35	21	10.3 e	18
x122	15.6 i	26	40	10.3 e	6	15.4 i	37	38	10.3 e	9	14.6 h	40	30	10.3 e	13	13.5 h	37	23	10.3 e	16
610x229x101	15.8 i	27	42	10.3 e	6	15.6 i	38	39	10.3 e	9	14.8 h	41	31	10.3 e	12	13.6 h	38	23	10.3 e	15
x113	16.1 i	26	39	10.3 e	6	15.9 i	38	38	10.3 e	8	15.3 h	42	32	10.3 e	11	14.1 h	39	23	10.3 e	14
x125	16.4 i	26	38	10.3 e	5	16.2 i	37	36	10.3 e	8	15.7 h	43	32	10.3 e	10	14.6 h	40	24	10.3 e	13
x140	16.8 i	26	37	10.3 e	5	16.6 i	37	35	10.3 e	7	16.2 h	45	32	10.3 e	9	15.0 h	41	24	10.3 e	11
203x203x 46	8.3 h	23	49	7.5 h	21	7.2 h	20	27	6.5 h	18	6.4 h	18	18	5.9 h	16	5.9 h	16	13	5.4 h	15
x 52	8.6 h	23	50	7.8 h	21	7.4 h	20	27	6.8 h	18	6.7 h	18	18	6.1 h	16	6.2 h	17	13	5.6 h	15
x 60	9.0 h	25	51	8.2 h	23	7.8 h	21	28	7.1 h	19	6.9 h	19	18	6.4 h	18	6.4 h	17	13	5.9 h	16
x 71	9.6 h	26	53	8.8 h	24	8.3 h	23	29	7.6 h	21	7.4 h	21	19	6.8 h	19	6.8 h	19	14	6.3 h	17
x 86	10.2 h	28	56	9.3 h	26	8.8 h	24	31	8.1 h	22	7.9 h	22	20	7.3 h	20	7.3 h	20	14	6.7 h	18
254x254x 73	10.6 h	29	55	9.8 h	27	9.1 h	25	30	8.4 h	23	8.2 h	22	19	7.6 h	21	7.6 h	21	14	7.0 h	19
x 89	11.1 h	29	53	10.3 e	27	9.8 h	27	31	9.0 h	24	8.8 h	24	20	8.1 h	22	8.1 h	22	15	7.5 h	21
x107	11.5 h	29	51	10.3 e	23	10.3 h	29	33	9.6 h	26	9.3 h	25	21	8.6 h	24	8.5 h	23	15	7.9 h	22
x132	12.0 i	28	48	10.3 e	19	11.1 h	31	35	10.3 e	28	9.9 h	27	22	9.3 h	26	9.1 h	25	16	8.6 h	23
x167	12.6 i	27	45	10.3 e	15	11.9 h	33	37	10.3 e	23	10.7 h	29	24	10.1 h	28	9.8 h	27	17	9.3 h	26
305x305x 97	12.1 i	29	48	10.3 e	19	11.0 h	30	33	10.3 e	29	9.9 h	27	21	9.3 h	25	9.1 h	25	15	8.6 h	24
x118	12.5 i	28	45	10.3 e	16	11.7 h	32	35	10.3 e	24	10.5 h	29	23	9.9 h	27	9.7 h	27	16	9.1 h	25
x137	12.8 i	27	43	10.3 e	14	12.3 h	34	36	10.3 e	21	11.0 h	30	23	10.3 e	28	10.1 h	28	17	9.6 h	26
x158	13.2 i	26	42	10.3 e	12	12.8 h	35	37	10.3 e	18	11.5 h	32	24	10.3 e	24	10.6 h	29	18	10.1 h	28
x198	13.7 i	25	39	10.3 e	10	13.5 i	35	37	10.3 e	15	12.4 h	34	27	10.3 e	20	11.4 h	32	19	10.3 e	24
x240	14.2 i	24	37	10.3 e	8	14.0 i	34	35	10.3 e	12	13.3 h	37	28	10.3 e	16	12.2 h	34	20	10.3 e	20
x283	14.6 i	23	35	10.3 e	7	14.4 i	32	33	10.3 e	10	14.0 h	39	30	10.3 e	14	12.9 h	35	22	10.3 e	17
356x368x129	13.4 i	27	41	10.3 e	12	13.0 h	36	37	10.3 e	18	11.7 h	32	24	10.3 e	23	10.8 h	30	17	10.2 h	28
x153	13.8 i	26	39	10.3 e	10	13.6 i	37	37	10.3 e	15	12.3 h	34	25	10.3 e	20	11.3 h	31	18	10.3 e	25
x177	14.1 i	25	38	10.3 e	9	13.9 i	35	36	10.3 e	13	12.8 h	35	26	10.3 e	18	11.8 h	32	19	10.3 e	22
x202	14.4 i	24	36	10.3 e	8	14.2 i	35	35	10.3 e	12	13.4 h	37	27	10.3 e	16	12.3 h	34	20	10.3 e	20

Deck: RICHARD LEES–Ribdeck 60   H H ROBERTSON–QL59

Table 5

BEAM DATA
- Internal beam
- Uniform load
- Beam spacing: 3 m
- Steel grade: 50
- Shear connectors: Welded

SLAB DATA
- Fire resistance: 90 mins
- Slab depth: 130 mm
- Concrete: LW
- Grade: 30

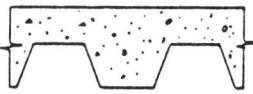

FOR FURTHER INFORMATION SEE NOTES PRECEDING TABLE 1

IMPOSED LOAD kN/m²	4.0					6.0					8.0					10.0				
SERIAL SIZE	LP		DP	DS	LE		DE	LP		DP	DS	LE		DE	LP		DP	DS	LE		DE	LP		DP	DS	LE		DE
203x133x 30	7.8 f 20 54	6.8 h 19	6.6 h 18 28	5.8 h 16	5.7 h 16 16	5.2 h 14	5.3 h 14 11	. .
254x102x 25	7.6 f 16 41	7.4 d 21	6.8 f 16 27	6.2 d 16	6.3 f 16 19	5.4 d 13	5.7 h 16 13	. .
x 28	8.1 f 19 47	7.7 h 21	7.3 f 18 30	6.5 h 18	6.6 h 18 20	5.6 h 14	5.9 h 16 13	5.1 d 12
254x146x 31	8.6 f 22 52	7.8 h 21	7.4 h 21 30	6.6 d 18	6.4 h 17 16	5.6 d 13	5.9 h 16 12	5.1 d 11
x 37	9.3 h 26 58	8.1 h 22	7.6 h 21 26	6.9 h 19	6.8 h 19 17	6.3 d 17	6.3 h 17 12	5.7 d 15
x 43	9.3 h 26 51	8.5 h 24	7.9 h 22 26	7.3 h 20	7.1 h 19 17	6.6 h 18	6.6 h 18 12	6.1 d 17
305x102x 28	8.6 f 18 43	8.4 h 23	7.7 f 18 28	6.9 d 18	7.0 f 18 19	6.1 d 15	6.5 f 17 14	5.4 d 12
x 33	9.3 f 21 49	8.8 h 24	8.3 f 22 32	7.4 d 20	7.4 h 21 20	6.5 d 17	6.6 h 18 13	5.9 d 14
305x127x 37	9.8 f 25 57	8.9 h 25	8.4 h 23 30	7.6 h 21	7.4 h 20 18	6.8 d 18	6.8 h 19 13	6.1 d 15
x 42	10.4 f 28 63	9.2 h 25	8.6 h 23 29	7.9 h 22	7.6 h 21 18	7.1 d 20	7.1 h 19 13	6.4 d 16
x 48	10.5 h 29 57	9.6 h 27	8.9 h 25 29	8.3 h 23	7.9 h 22 19	7.4 h 20	7.3 h 20 13	6.8 d 18
305x165x 40	10.4 h 28 60	9.3 h 25	8.6 h 24 28	7.9 h 22	7.6 h 21 17	7.1 d 19	7.1 h 19 13	6.4 d 16
x 46	10.6 h 29 55	9.6 h 27	8.9 h 25 28	8.3 h 22	7.9 h 22 18	7.5 d 21	7.3 h 20 13	6.8 d 18
x 54	10.8 h 30 52	10.1 h 28	9.3 h 25 28	8.7 h 24	8.3 h 23 18	7.8 h 21	7.7 h 21 13	7.3 h 20
356x127x 33	9.8 f 22 48	9.3 d 25	8.7 f 22 30	7.8 d 20	7.9 f 22 21	6.8 d 16	7.1 d 19 14	6.1 d 14
x 39	10.6 f 27 55	9.9 d 27	9.4 h 26 34	8.4 d 22	8.3 h 23 20	7.3 d 18	7.4 h 20 13	6.6 d 16
356x171x 45	11.3 i 30 60	10.3 d 29	9.6 h 26 31	8.6 d 22	8.4 h 23 19	7.6 d 18	7.8 h 22 14	6.9 d 16
x 51	11.6 i 31 57	10.6 e 28	9.8 h 27 29	9.3 h 26	8.9 h 25 20	8.3 h 23	8.1 h 22 14	7.5 d 19
x 57	11.9 h 33 57	10.3 e 23	10.2 h 28 30	9.6 h 26	9.2 h 25 20	8.6 h 24	8.4 h 23 14	8.0 d 22
x 67	12.3 i 33 54	10.3 e 19	10.8 h 30 31	10.1 h 28	9.7 h 27 21	9.2 h 25	8.9 h 25 15	8.4 h 23
406x140x 39	11.1 f 26 53	10.5 d 28	9.9 f 26 34	8.9 d 23	8.9 h 25 22	7.8 d 19	8.0 d 22 14	6.9 d 15
x 46	11.9 h 29 57	11.3 h 31	10.5 h 29 34	9.6 d 26	9.3 h 26 21	8.4 d 22	8.4 h 23 14	7.6 d 18
406x178x 54	12.3 h 31 55	10.4 e 21	10.8 h 30 32	10.1 h 28	9.6 h 26 20	9.0 d 24	8.9 h 24 15	8.1 d 20
x 60	12.6 h 32 53	10.3 e 18	11.1 h 30 31	10.3 e 27	10.0 h 28 21	9.4 h 26	9.2 h 25 15	8.6 d 23
x 67	12.9 h 32 51	10.3 e 16	11.4 h 31 32	10.3 e 24	10.4 h 29 22	9.8 h 27	9.6 h 26 16	9.1 h 25
x 74	13.1 i 31 50	10.3 e 14	11.9 h 33 33	10.3 e 22	10.7 h 29 22	10.2 h 28	9.9 h 27 16	9.4 h 26
457x152x 52	12.8 i 30 55	10.4 e 18	11.4 h 32 36	10.4 e 28	10.1 h 28 22	9.3 d 23	9.3 h 26 16	8.4 d 21
x 60	13.1 i 31 53	10.3 e 15	11.8 h 33 35	10.3 e 23	10.6 h 29 22	9.9 d 26	9.8 h 27 16	9.0 d 23
x 67	13.4 i 31 51	10.3 e 14	12.2 h 34 35	10.3 e 20	10.9 h 30 23	10.3 e 27	10.1 h 28 17	9.6 d 26
x 74	13.7 i 31 50	10.3 e 12	12.6 h 35 36	10.3 e 18	11.4 h 31 24	10.3 e 25	10.5 h 29 17	9.8 h 26
x 82	13.9 i 30 48	10.3 e 11	13.1 h 36 37	10.3 e 17	11.7 h 32 24	10.3 h 22	10.8 h 30 18	10.3 e 28
457x191x 67	13.4 i 31 50	10.3 e 13	12.2 h 34 34	10.3 e 20	11.0 h 30 23	10.3 e 27	10.1 h 28 16	9.6 d 26
x 74	13.7 i 31 48	10.3 e 12	12.6 h 35 35	10.3 e 18	11.4 h 31 23	10.3 e 24	10.5 h 29 17	10.0 h 28
x 82	13.9 i 30 47	10.3 e 11	13.1 h 36 36	10.3 e 17	11.7 h 32 22	10.3 e 22	10.8 h 30 17	10.3 e 28
x 89	14.2 i 30 46	10.3 e 10	13.4 h 37 37	10.3 e 15	12.1 h 33 24	10.3 e 20	11.1 h 31 18	10.3 e 26
x 98	14.4 i 29 45	10.3 e 9	13.9 h 38 39	10.3 e 14	12.5 h 35 25	10.3 e 19	11.4 h 31 18	10.3 e 23
533x210x 82	14.7 i 29 46	10.3 e 9	14.3 h 39 40	10.3 e 13	12.7 h 35 25	10.3 e 18	11.7 h 32 18	10.3 e 22
x 92	15.1 i 29 44	10.3 e 8	14.9 i 41 42	10.3 e 12	13.3 h 37 27	10.3 e 16	12.3 h 34 19	10.3 e 20
x101	15.4 i 29 43	10.3 e 7	15.1 i 41 40	10.3 e 11	13.8 h 38 28	10.3 e 14	12.6 h 35 20	10.3 e 18
x109	15.6 i 28 42	10.3 e 7	15.3 i 40 40	10.3 e 10	14.1 h 39 28	10.3 e 13	12.9 h 35 20	10.3 e 17
x122	15.9 i 27 41	10.3 e 6	15.6 i 39 38	10.3 e 9	14.6 h 40 29	10.3 e 12	13.4 h 37 21	10.3 e 15
610x229x101	16.1 i 28 42	10.3 e 6	15.8 i 39 39	10.3 e 9	14.8 h 41 30	10.3 e 12	13.5 h 37 21	10.3 e 15
x113	16.4 i 28 40	10.3 e 5	16.2 i 39 38	10.3 e 8	15.3 h 42 30	10.3 e 11	14.1 h 39 22	10.3 e 13
x125	16.8 i 27 39	10.3 e 5	16.5 i 39 37	10.3 e 7	15.8 h 44 31	10.3 e 10	14.6 h 40 22	10.3 e 12
x140	17.1 i 27 38	10.3 e 4	16.8 i 38 36	10.3 e 7	16.3 h 45 32	10.3 e 9	15.1 h 42 23	10.3 e 11
203x203x 46	8.3 h 23 45	7.6 h 21	7.1 h 19 24	6.6 h 18	6.4 h 17 16	5.9 h 16	5.9 h 16 12	5.4 h 15
x 52	8.6 h 23 46	7.9 h 22	7.4 h 20 25	6.9 h 19	6.6 h 18 16	6.2 h 17	6.1 h 17 12	5.7 h 15
x 60	8.9 h 25 47	8.3 h 22	7.8 h 22 27	7.2 h 20	6.9 h 19 17	6.4 h 18	6.4 h 17 12	5.9 h 16
x 71	9.6 h 27 50	8.9 h 25	8.2 h 22 27	7.7 h 21	7.4 h 20 18	6.9 h 19	6.8 h 19 13	6.4 h 18
x 86	10.1 h 28 52	9.4 h 26	8.7 h 24 28	8.1 h 22	7.8 h 22 18	7.4 h 20	7.2 h 20 13	6.8 h 19
254x254x 73	10.5 h 29 49	9.9 h 27	9.1 h 25 27	8.6 h 24	8.2 h 23 18	7.7 h 21	7.5 h 20 13	7.1 h 20
x 89	11.3 h 31 53	10.3 e 26	9.7 h 27 29	9.1 h 25	8.7 h 24 19	8.3 h 23	8.0 h 22 13	7.6 h 21
x107	11.8 i 32 53	10.3 e 22	10.3 h 28 30	9.7 h 27	9.3 h 26 20	8.8 h 24	8.4 h 23 14	8.1 h 22
x132	12.3 i 30 51	10.3 e 18	11.0 h 30 32	10.3 e 27	9.9 h 27 21	9.4 h 26	9.1 h 25 15	8.7 h 24
x167	12.8 i 28 47	10.3 e 14	11.9 h 33 35	10.3 e 21	10.7 h 29 23	10.3 e 28	9.9 h 27 16	9.4 h 26
305x305x 97	12.4 i 32 50	10.3 e 18	10.9 h 30 31	10.3 e 27	9.9 h 27 20	9.4 h 26	9.1 h 25 14	8.6 h 24
x118	12.8 i 30 48	10.3 e 15	11.6 h 32 32	10.3 e 23	10.5 h 29 21	10.0 h 28	9.6 h 26 15	9.3 h 26
x137	13.1 i 29 45	10.3 e 13	12.3 h 34 34	10.3 e 20	11.0 h 30 22	10.3 e 26	10.1 h 28 16	9.7 h 27
x158	13.4 i 28 43	10.3 e 12	12.8 h 35 36	10.3 e 17	11.6 h 32 24	10.3 e 23	10.6 h 29 16	10.2 h 28
x198	14.0 i 27 41	10.3 e 9	13.8 i 38 38	10.3 e 14	12.4 h 35 25	10.3 e 19	11.4 h 32 18	10.3 e 23
x240	14.4 i 25 38	10.3 e 8	14.3 i 36 36	10.3 e 11	13.3 h 37 27	10.3 e 15	12.2 h 33 19	10.3 e 19
x283	14.9 i 24 37	10.3 e 7	14.6 i 34 34	10.3 e 10	14.0 h 39 29	10.3 e 13	12.9 h 36 21	10.3 e 16
356x368x129	13.6 i 29 42	10.3 e 11	12.9 h 36 34	10.3 e 17	11.6 h 32 22	10.3 e 22	10.8 h 30 16	10.3 e 28
x153	14.0 i 27 40	10.3 e 10	13.7 h 38 37	10.3 e 14	12.3 h 34 24	10.3 e 19	11.3 h 31 17	10.3 e 24
x177	14.4 i 27 39	10.3 e 8	14.2 i 39 37	10.3 e 13	12.9 h 36 25	10.3 e 17	11.9 h 33 18	10.3 e 21
x202	14.7 i 26 38	10.3 e 7	14.4 i 37 35	10.3 e 11	13.4 h 37 26	10.3 e 15	12.3 h 34 19	10.3 e 19

Deck: RICHARD LEES–Ribdeck 60   H H ROBERTSON–QL59   Table 6

```
BEAM DATA                              SLAB DATA
Internal beam                          Fire resistance  90 mins
Uniform load                           Slab depth       140 mm
Beam spacing          3 m              Concrete         NW
Steel grade           50               Grade            30
Shear connectors      Welded
```

FOR FURTHER INFORMATION SEE NOTES PRECEDING TABLE 1

IMPOSED LOAD kN/m²	4.0					6.0					8.0					10.0				
SERIAL SIZE	LP	DP	DS	LE	DE	LP	DP	DS	LE	DE	LP	DP	DS	LE	DE	LP	DP	DS	LE	DE
203x133x 30	7.3 f	13	58	7.2 h	20	6.7 f	15	41	6.1 d	16	6.2 f	16	30	5.3 d	14	5.6 h	15	20	.	.
254x102x 25	7.1 f	11	43	7.1 f	15	6.5 f	12	31	6.2 d	14	6.0 f	11	22	5.4 d	12	5.6 f	12	17	.	.
x 28	7.6 f	12	48	7.6 f	17	6.9 f	13	34	6.6 d	16	6.4 f	14	25	5.6 d	12	6.0 f	14	19	5.0 d	10
254x146x 31	8.1 f	15	56	7.8 d	19	7.3 f	15	38	6.6 d	16	6.8 f	18	28	5.6 d	12	6.3 d	16	20	5.1 d	10
x 37	8.9 f	18	66	8.4 d	22	8.1 f	20	45	7.2 d	19	7.3 h	20	29	6.3 d	15	6.6 d	18	20	5.6 d	13
x 43	9.5 f	21	74	8.9 d	25	8.6 h	23	49	7.5 d	20	7.4 h	20	28	6.7 d	17	6.9 h	19	20	6.1 d	15
305x102x 28	8.0 f	12	44	8.0 f	16	7.3 f	13	31	6.9 d	15	6.8 f	13	23	6.1 d	13	6.3 f	13	17	5.4 d	11
x 33	8.7 f	15	52	8.7 f	20	7.9 f	16	36	7.4 d	17	7.3 f	16	26	6.5 d	15	6.8 f	16	20	5.8 d	12
305x127x 37	9.2 f	17	59	9.1 d	23	8.4 f	18	41	7.6 d	18	7.8 f	20	30	6.7 d	16	7.1 d	19	21	6.1 d	14
x 42	9.8 f	19	66	9.5 d	25	8.9 f	21	45	7.9 d	20	8.3 f	23	34	6.9 d	16	7.4 d	20	22	6.3 d	14
x 48	10.4 f	23	75	9.9 d	26	9.5 f	25	51	8.4 d	22	8.4 h	23	31	7.4 d	19	7.7 h	21	22	6.8 d	16
305x165x 40	9.9 f	20	66	9.3 d	23	9.0 f	22	46	7.9 d	20	8.3 d	22	32	6.9 d	16	7.3 d	19	19	6.3 d	14
x 46	10.6 f	23	75	9.8 d	25	9.6 f	26	51	8.4 d	21	8.4 h	23	30	7.4 d	18	7.7 d	21	21	6.8 d	16
x 54	10.9 i	26	73	10.4 d	28	9.8 h	27	48	8.9 d	24	8.7 h	24	29	7.9 d	21	8.0 h	22	21	7.3 d	18
356x127x 33	9.1 f	15	50	9.1 f	20	8.3 f	16	34	7.8 d	17	7.7 f	16	25	6.8 d	14	7.2 f	16	19	6.1 d	12
x 39	10.0 f	18	59	9.8 d	23	9.1 f	19	41	8.3 d	19	8.4 f	20	29	7.3 d	16	7.7 d	19	20	6.6 d	14
356x171x 45	10.9 f	22	69	10.2 d	24	9.9 f	24	47	8.6 d	19	9.0 d	24	32	7.4 d	15	8.0 d	20	20	6.8 d	14
x 51	11.4 i	24	71	10.9 d	28	10.6 f	29	53	9.3 d	23	9.3 h	26	32	8.3 d	20	8.4 d	22	21	7.4 d	17
x 57	11.7 i	25	70	10.6 e	23	10.8 h	30	51	9.7 d	25	9.6 h	26	31	8.6 d	21	8.8 d	24	22	7.9 d	19
x 67	12.1 i	27	67	10.1 e	17	11.1 h	30	48	10.1 e	25	10.1 h	28	33	9.3 d	24	9.3 h	25	23	8.6 d	22
406x140x 39	10.4 f	18	56	10.3 d	23	9.5 f	19	39	8.7 d	19	8.8 f	19	28	7.8 d	17	8.1 f	19	21	6.9 d	13
x 46	11.5 f	22	67	11.1 d	26	10.4 f	23	45	9.4 d	22	9.6 f	24	33	8.3 d	19	8.6 d	21	21	7.5 d	16
406x178x 54	12.1 i	24	68	11.3 e	25	11.3 f	29	53	9.9 d	24	10.1 d	27	34	8.9 d	21	9.0 d	23	21	8.0 d	18
x 60	12.4 i	25	66	10.4 e	17	11.9 h	33	56	10.4 e	25	10.5 d	29	34	9.3 d	22	9.5 d	25	23	8.5 d	20
x 67	12.7 i	27	65	10.1 e	14	12.1 h	33	53	10.1 e	21	10.8 h	29	33	9.8 d	25	9.9 d	27	24	9.0 d	22
x 74	12.9 i	27	63	10.1 e	13	12.4 h	34	53	10.1 e	19	11.1 h	31	34	10.1 e	25	10.3 h	29	25	9.5 d	24
457x152x 52	12.4 i	24	67	11.4 e	23	11.5 f	27	49	10.3 d	24	10.6 f	27	35	9.1 d	20	9.4 d	23	22	8.3 d	18
x 60	12.8 i	24	64	10.4 e	14	12.4 f	32	56	10.4 e	22	11.1 d	30	36	9.7 d	22	9.9 d	25	23	8.9 d	20
x 67	13.1 i	25	63	10.1 e	12	12.9 f	36	59	10.1 e	18	11.4 h	31	36	10.1 e	24	10.4 d	28	25	9.3 d	21
x 74	13.4 i	26	62	10.1 e	11	13.2 h	36	57	10.1 e	16	11.8 h	32	36	10.1 e	21	10.8 d	28	25	9.7 d	23
x 82	13.8 i	26	61	10.1 e	10	13.6 i	37	58	10.1 e	15	12.2 h	33	38	10.1 e	19	11.3 d	31	27	10.1 e	24
457x191x 67	13.1 i	25	61	10.1 e	12	12.9 h	36	57	10.1 e	18	11.4 d	32	35	10.1 e	24	10.4 d	28	25	9.4 d	22
x 74	13.4 i	26	60	10.1 e	11	13.2 h	36	56	10.1 e	16	11.9 h	33	37	10.1 e	21	10.9 d	30	26	9.9 d	24
x 82	13.8 i	26	60	10.1 e	10	13.6 i	37	56	10.1 e	14	12.3 h	34	38	10.1 e	19	11.3 h	31	27	10.1 e	24
x 89	14.0 i	25	58	10.1 e	9	13.8 i	36	55	10.1 e	13	12.6 h	35	39	10.1 e	18	11.6 h	32	28	10.1 e	22
x 98	14.3 i	24	57	10.1 e	8	14.1 i	35	54	10.1 e	12	13.1 h	36	40	10.1 e	16	12.0 h	33	28	10.1 e	20
533x210x 82	14.4 i	25	57	10.1 e	8	14.3 i	36	55	10.1 e	12	13.3 h	36	40	10.1 e	15	12.1 d	32	28	10.1 e	19
x 92	14.9 i	24	55	10.1 e	7	14.7 h	35	52	10.1 e	10	13.9 h	39	43	10.1 e	14	12.8 h	36	30	10.1 e	17
x101	15.1 e	23	53	10.1 e	6	14.9 i	34	51	10.1 e	9	14.4 h	40	44	10.1 e	12	13.2 h	36	31	10.1 e	15
x109	15.3 e	23	51	10.1 e	6	15.2 i	34	51	10.1 e	9	14.8 h	41	45	10.1 e	11	13.6 h	38	32	10.1 e	14
x122	15.3 e	21	46	10.1 e	5	15.3 e	31	46	10.1 e	8	15.3 e	41	46	10.1 e	10	14.1 h	39	34	10.1 e	13
610x229x101	15.3 e	20	45	10.1 e	5	15.3 e	30	45	10.1 e	8	15.3 e	40	45	10.1 e	10	14.2 h	39	34	10.1 e	13
x113	15.3 e	18	39	10.1 e	5	15.3 e	27	39	10.1 e	7	15.3 e	36	39	10.1 e	9	14.8 h	41	35	10.1 e	11
x125	15.3 e	17	35	10.1 e	4	15.3 e	25	35	10.1 e	6	15.3 e	33	35	10.1 e	8	15.3 e	41	35	10.1 e	10
x140	15.3 e	15	32	10.1 e	4	15.3 e	23	32	10.1 e	6	15.3 e	30	32	10.1 e	7	15.3 e	38	32	10.1 e	9
203x203x 46	8.9 h	24	83	7.9 h	22	7.4 h	20	40	6.8 h	19	6.7 h	19	26	6.1 d	17	6.2 h	17	19	5.6 d	14
x 52	9.0 h	25	75	8.2 h	23	7.8 h	21	41	7.1 h	20	6.9 h	19	26	6.4 h	18	6.4 h	18	20	5.9 h	16
x 60	9.3 h	25	75	8.6 h	23	8.1 h	22	42	7.4 h	20	7.3 h	20	28	6.7 h	18	6.7 h	18	20	6.3 h	17
x 71	9.9 h	27	78	9.2 h	25	8.6 h	23	44	8.0 h	22	7.8 h	21	29	7.2 h	20	7.2 h	20	21	6.6 h	18
x 86	10.6 h	29	84	9.8 h	27	9.3 h	26	48	8.5 h	23	8.3 h	23	31	7.7 h	21	7.7 h	21	23	7.1 h	19
254x254x 73	10.9 i	29	75	10.1 e	27	9.5 h	26	44	8.9 h	24	8.6 h	24	30	8.0 h	22	7.9 h	22	21	7.4 d	21
x 89	11.4 i	28	73	10.1 e	22	10.2 h	28	47	9.6 h	26	9.3 h	26	32	8.6 h	24	8.5 h	24	23	7.9 h	22
x107	11.8 i	28	70	10.1 e	19	10.9 h	30	51	10.1 e	28	9.8 h	27	33	9.2 h	25	9.0 h	25	24	8.4 h	23
x132	12.3 i	26	66	10.1 e	15	11.7 h	32	54	10.1 e	22	10.5 h	29	35	9.9 h	27	9.7 h	27	25	9.1 h	25
x167	12.9 i	24	62	10.1 e	12	12.7 h	35	58	10.1 e	18	11.4 h	32	38	10.1 e	24	10.5 h	29	27	9.9 h	28
305x305x 97	12.3 i	27	64	10.1 e	15	11.5 h	32	49	10.1 e	23	10.4 h	28	33	9.8 h	27	9.6 h	26	24	9.0 h	25
x118	12.8 i	26	61	10.1 e	13	12.3 h	34	52	10.1 e	19	11.1 h	30	35	10.1 e	26	10.2 h	28	25	9.6 h	26
x137	13.1 i	25	59	10.1 e	11	12.9 i	36	56	10.1 e	17	11.6 h	32	36	10.1 e	22	10.8 h	30	27	10.1 e	28
x158	13.4 i	24	56	10.1 e	10	13.3 i	35	54	10.1 e	14	12.2 h	33	38	10.1 e	19	11.3 h	31	27	10.1 e	24
x198	14.1 i	23	53	10.1 e	8	13.9 i	33	50	10.1 e	12	13.3 h	37	42	10.1 e	15	12.2 h	34	30	10.1 e	19
x240	14.6 i	21	50	10.1 e	6	14.4 i	31	48	10.1 e	10	14.2 h	39	45	10.1 e	13	13.1 h	36	32	10.1 e	16
x283	15.0 i	21	48	10.1 e	5	14.8 h	30	45	10.1 e	8	14.7 h	38	44	10.1 e	11	13.8 h	38	34	10.1 e	13
356x368x129	13.6 i	24	54	10.1 e	9	13.4 i	35	51	10.1 e	14	12.3 h	34	36	10.1 e	19	11.3 h	31	26	10.1 e	24
x153	14.0 i	23	52	10.1 e	8	13.8 i	34	50	10.1 e	12	13.0 h	36	39	10.1 e	16	11.9 h	33	28	10.1 e	20
x177	14.4 i	23	51	10.1 e	7	14.2 i	33	48	10.1 e	11	13.7 h	38	42	10.1 e	14	12.6 h	35	30	10.1 e	18
x202	14.7 i	22	49	10.1 e	6	14.5 i	31	46	10.1 e	9	14.3 h	39	43	10.1 e	12	13.1 h	36	31	10.1 e	16

Deck: RICHARD LEES–Ribdeck 60   H H ROBERTSON–QL59   Table 7

BEAM DATA
- Internal beam
- Uniform load
- Beam spacing: 3 m
- Steel grade: 43
- Shear connectors: Welded

SLAB DATA
- Fire resistance: 90 mins
- Slab depth: 130 mm
- Concrete: LW
- Grade: 30

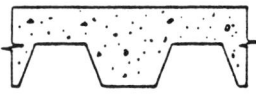

FOR FURTHER INFORMATION SEE NOTES PRECEDING TABLE 1

IMPOSED LOAD kN/m²	4.0					6.0					8.0					10.0				
SERIAL SIZE	LP	DP	DS	LE	DE	LP	DP	DS	LE	DE	LP	DP	DS	LE	DE	LP	DP	DS	LE	DE
203x133x 30	6.8 f	12	32	6.8 d	17	6.1 f	12	21	5.5 d	13	5.6 f	13	15	.	.	5.1 d	12	10	.	.
254x102x 25	6.6 f	10	24	6.6 f	12	5.9 f	10	16	5.7 d	11	5.4 f	9	11	.	.	5.1 f	9	8	.	.
x 28	7.1 f	11	28	7.1 f	15	6.4 f	11	18	6.0 d	12	5.8 f	11	12	5.3 d	10	5.4 f	10	9	.	.
254x146x 31	7.5 f	13	31	7.4 d	16	6.8 f	13	20	6.1 d	13	6.1 f	13	14	5.3 d	10	5.7 f	13	10	.	.
x 37	8.3 f	16	36	7.9 d	18	7.4 f	16	23	6.6 d	15	6.8 f	17	16	5.7 d	12	6.0 d	14	10	5.1 d	9
x 43	8.9 f	19	42	8.4 d	21	7.9 f	20	27	6.9 d	15	7.1 d	19	17	6.1 d	13	6.3 d	15	10	5.5 d	11
305x102x 28	7.5 f	11	25	7.5 f	14	6.8 f	11	17	6.5 d	13	6.2 f	11	12	5.6 d	10	5.7 f	10	8	.	.
x 33	8.1 f	13	29	8.1 f	16	7.3 f	13	19	6.8 d	13	6.6 f	12	13	5.9 d	11	6.1 f	12	9	5.3 d	9
305x127x 37	8.6 f	15	34	8.4 d	19	7.7 f	15	21	6.9 d	14	7.1 f	15	15	6.1 d	12	6.5 f	15	11	5.4 d	10
x 42	9.1 f	17	37	8.9 d	20	8.2 f	18	24	7.3 d	16	7.4 f	18	17	6.3 d	12	6.6 d	15	10	5.7 d	10
x 48	9.8 f	20	42	9.2 d	21	8.8 f	21	27	7.8 d	18	7.9 d	20	18	6.8 d	14	6.9 d	16	11	6.1 d	12
305x165x 40	9.2 f	18	37	8.7 d	19	8.3 f	18	24	7.3 d	16	7.5 f	18	16	6.3 d	12	6.6 d	15	10	5.7 d	10
x 46	9.9 f	21	42	9.2 d	21	8.8 f	21	27	7.8 d	17	7.8 d	19	17	6.8 d	14	6.9 d	16	10	6.1 d	12
x 54	10.6 f	24	48	9.7 d	23	9.4 f	25	30	8.3 d	19	8.3 d	21	18	7.3 d	16	7.4 d	18	11	6.6 d	14
356x127x 33	8.6 f	14	28	8.6 f	16	7.6 f	13	18	7.2 d	14	6.9 f	12	12	6.2 d	11	6.4 f	12	9	5.5 d	9
x 39	9.3 f	16	33	9.1 d	19	8.4 f	16	21	7.6 d	15	7.6 f	16	15	6.6 d	12	6.9 d	14	10	5.9 d	10
356x171x 45	10.1 f	20	38	9.6 d	21	9.1 f	19	25	8.0 d	16	8.3 f	19	17	7.1 d	14	7.3 d	16	10	6.3 d	11
x 51	10.8 f	22	43	10.1 d	23	9.7 f	23	28	8.5 d	18	8.6 d	21	17	7.4 d	15	7.6 d	17	10	6.8 d	13
x 57	11.4 f	25	48	10.5 d	24	10.2 f	26	30	8.9 d	20	8.9 d	22	18	7.9 d	17	8.0 d	19	11	7.1 d	14
x 67	12.3 i	30	54	10.4 e	21	10.9 d	30	33	9.6 d	22	9.5 d	25	19	8.5 d	19	8.6 d	22	13	7.8 d	17
406x140x 39	9.8 f	16	32	9.7 d	19	8.7 f	16	20	8.0 d	15	7.9 f	15	14	6.9 d	12	7.3 f	14	10	6.3 d	10
x 46	10.8 f	20	38	10.3 d	21	9.6 f	19	24	8.6 d	17	8.8 f	19	17	7.5 d	14	7.8 d	16	11	6.8 d	12
406x178x 54	11.6 f	24	44	10.9 d	23	10.4 f	23	28	9.2 d	19	9.3 d	21	18	8.0 d	15	8.3 d	18	11	7.3 d	13
x 60	12.3 f	27	48	11.4 e	25	11.0 f	27	31	9.6 d	21	9.6 d	23	18	8.5 d	17	8.6 d	19	11	7.7 d	15
x 67	12.9 i	29	51	10.4 e	17	11.6 d	30	33	10.1 d	23	9.9 d	25	18	8.9 d	19	9.0 d	21	12	8.1 d	16
x 74	13.1 i	30	50	10.3 e	14	12.0 d	33	35	10.3 e	22	10.4 d	27	20	9.4 d	21	9.5 d	23	14	8.6 d	18
457x152x 52	11.8 f	22	41	11.4 d	23	10.6 f	22	26	9.6 d	19	9.6 f	20	17	8.4 d	16	8.6 d	18	11	7.4 d	13
x 60	12.7 f	26	46	11.4 e	21	11.3 f	25	29	10.1 d	21	10.1 d	23	19	8.9 d	17	9.0 d	20	12	8.0 d	15
x 67	13.4 f	29	51	10.4 e	14	12.0 f	29	33	10.4 e	22	10.5 d	25	19	9.3 d	19	9.4 d	21	12	8.4 d	16
x 74	13.7 f	29	50	10.3 e	12	12.4 f	31	33	10.4 e	18	10.8 d	26	19	9.7 d	20	9.7 d	22	13	8.8 d	17
x 82	13.9 f	30	48	10.3 e	11	12.8 d	33	35	10.3 e	17	11.3 d	28	21	10.1 d	21	10.2 d	24	14	9.2 d	18
457x191x 67	13.4 i	29	50	10.4 e	14	12.1 f	30	33	10.4 e	21	10.5 d	25	19	9.3 d	19	9.4 d	21	12	8.5 d	16
x 74	13.7 i	30	48	10.3 e	12	12.6 d	33	34	10.3 e	18	10.9 d	27	19	9.8 d	20	9.9 d	23	13	8.9 d	18
x 82	13.9 i	30	47	10.3 e	11	12.9 d	35	35	10.3 e	17	11.4 d	29	21	10.3 e	22	10.4 d	25	15	9.3 d	19
x 89	14.2 i	30	46	10.3 e	10	13.3 d	35	35	10.3 e	15	11.7 d	30	21	10.3 e	20	10.6 d	25	14	9.6 d	20
x 98	14.4 i	29	45	10.3 e	9	13.9 d	38	39	10.3 e	14	12.3 d	32	23	10.3 e	19	11.1 d	28	16	10.1 d	22
533x210x 82	14.7 i	29	46	10.3 e	9	13.8 d	35	36	10.3 e	13	12.1 d	29	21	10.3 e	18	10.9 d	25	14	9.9 d	20
x 92	15.1 i	29	44	10.3 e	8	14.7 d	39	40	10.3 e	12	12.9 d	33	23	10.3 e	16	11.6 d	28	16	10.3 e	20
x101	15.4 i	29	43	10.3 e	7	15.1 d	40	40	10.3 e	11	13.3 d	33	24	10.3 e	14	11.9 d	28	16	10.3 e	18
x109	15.6 i	28	42	10.3 e	7	15.3 i	40	40	10.3 e	10	13.7 d	35	25	10.3 e	13	12.3 d	30	17	10.3 e	17
x122	15.9 i	27	41	10.3 e	6	15.6 i	39	38	10.3 e	9	14.6 d	40	29	10.3 e	12	13.1 d	34	19	10.3 e	15
610x229x101	16.1 i	28	42	10.3 e	6	15.8 i	39	39	10.3 e	9	14.3 d	36	26	10.3 e	12	12.8 d	30	17	10.3 e	15
x113	16.4 i	28	40	10.3 e	5	16.2 i	39	38	10.3 e	8	14.9 d	38	27	10.3 e	11	13.4 d	32	18	10.3 e	13
x125	16.8 i	27	39	10.3 e	5	16.5 i	39	37	10.3 e	7	15.6 c	42	30	10.3 e	10	14.1 d	35	20	10.3 e	12
x140	17.1 i	27	38	10.3 e	4	16.8 i	38	36	10.3 e	7	16.3 h	45	32	10.3 e	9	14.9 d	40	22	10.3 e	11
203x203x 46	8.5 f	22	51	7.7 h	21	7.2 h	20	26	6.5 d	17	6.4 h	17	16	5.6 d	13	5.9 d	16	12	5.1 d	11
x 52	8.9 h	24	53	7.9 h	22	7.4 h	20	25	6.8 d	18	6.6 h	18	16	6.0 d	15	6.1 h	17	12	5.4 d	13
x 60	8.9 h	24	47	8.3 h	22	7.8 h	22	27	7.2 h	20	6.9 h	19	17	6.3 d	16	6.4 h	17	13	5.8 d	14
x 71	9.6 h	27	50	8.9 h	25	8.2 h	22	27	7.7 h	21	7.4 h	20	18	6.8 d	18	6.8 h	19	13	6.2 d	16
x 86	10.1 h	28	52	9.4 h	26	8.7 h	24	28	8.1 h	22	7.8 h	22	18	7.4 h	20	7.2 h	20	13	6.8 h	19
254x254x 73	10.5 h	29	49	9.9 h	27	9.1 h	25	27	8.6 d	24	8.2 h	23	18	7.6 d	20	7.5 h	20	13	6.9 d	17
x 89	11.3 h	31	53	10.3 e	26	9.7 h	27	29	9.1 h	25	8.7 h	24	19	8.3 h	23	8.0 h	22	13	7.5 d	20
x107	11.8 i	32	53	10.3 e	22	10.3 h	28	30	9.7 h	27	9.3 h	26	20	8.8 h	24	8.4 h	23	14	8.1 h	22
x132	12.3 i	30	51	10.3 e	18	11.0 h	30	32	10.3 e	27	9.9 h	27	21	9.4 h	26	9.1 h	25	15	8.7 h	24
x167	12.8 i	28	47	10.3 e	14	11.9 h	33	35	10.3 e	21	10.7 h	29	23	10.3 e	28	9.9 h	27	16	9.4 h	26
305x305x 97	12.4 i	32	50	10.3 e	18	10.9 h	30	31	10.3 e	27	9.9 h	27	20	9.2 d	24	9.1 h	25	14	8.4 d	21
x118	12.8 i	30	48	10.3 e	15	11.6 h	32	32	10.3 e	23	10.5 h	29	21	10.0 h	28	9.6 h	26	15	9.3 d	26
x137	13.1 i	29	45	10.3 e	13	12.3 h	34	34	10.3 e	21	11.0 h	30	22	10.3 e	26	10.1 h	28	15	9.7 h	27
x158	13.4 i	28	43	10.3 e	12	12.8 h	35	36	10.3 e	17	11.6 h	32	24	10.3 e	23	10.6 h	29	16	10.2 h	28
x198	14.0 i	27	41	10.3 e	9	13.8 i	38	38	10.3 e	14	12.4 h	35	25	10.3 e	19	11.4 h	32	18	10.3 e	23
x240	14.4 i	25	38	10.3 e	8	14.3 h	36	36	10.3 e	12	13.3 h	37	27	10.3 e	15	12.2 h	33	19	10.3 e	19
x283	14.9 i	24	37	10.3 e	7	14.6 h	34	34	10.3 e	10	14.0 h	39	29	10.3 e	13	12.9 h	36	21	10.3 e	16
356x368x129	13.6 i	29	42	10.3 e	11	12.9 h	36	38	10.3 e	17	11.6 h	32	22	10.3 e	22	10.8 h	30	16	10.1 d	26
x153	14.0 i	27	40	10.3 e	10	13.7 h	38	37	10.3 e	14	12.3 h	34	24	10.3 e	19	11.3 h	31	17	10.3 e	24
x177	14.4 i	27	39	10.3 e	8	14.2 i	39	37	10.3 e	13	12.9 h	36	25	10.3 e	17	11.9 h	33	18	10.3 e	21
x202	14.7 i	26	38	10.3 e	7	14.4 i	37	35	10.3 e	11	13.4 h	37	26	10.3 e	15	12.3 h	34	19	10.3 e	19

Deck: **ALPHA ENGINEERING–Alphalok** Table 8

```
BEAM DATA                            SLAB DATA
 Internal beam                        Fire resistance  90 mins
 Uniform load                         Slab depth       125 mm
 Beam spacing       3 m               Concrete         LW
 Steel grade        50                Grade            30
 Shear connectors   Welded
```

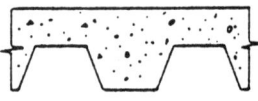

FOR FURTHER INFORMATION SEE NOTES PRECEDING TABLE 1

IMPOSED LOAD kN/m²	4.0					6.0					8.0					10.0				
SERIAL SIZE	LP		DP	DS	LE		DE	LP		DP	DS	LE		DE	LP		DP	DS	LE		DE	LP		DP	DS	LE		DE
203x133x 30	7.8 h 21 53	6.8 h 19	6.4 h 17 23	5.8 h 16	5.7 h 16 15	5.3 h 14	5.3 h 14 11	. .
254x102x 25	7.6 f 17 40	7.4 h 20	6.8 f 17 26	6.3 d 17	6.3 f 17 18	5.4 d 14	5.6 h 15 12	. .
x 28	8.2 f 20 46	7.7 h 21	7.3 f 20 29	6.5 h 18	6.4 h 17 17	5.7 d 15	5.8 h 16 11	5.1 d 13
254x146x 31	8.6 f 23 51	7.8 h 21	7.3 h 20 25	6.6 h 18	6.4 h 17 15	5.9 d 16	5.9 h 16 11	5.3 d 13
x 37	9.0 h 25 49	8.1 h 22	7.5 h 20 23	7.0 h 19	6.8 h 19 16	6.3 h 17	6.3 h 17 11	5.9 d 16
x 43	9.2 h 25 45	8.5 h 23	7.9 h 22 24	7.4 h 20	7.1 h 19 16	6.6 h 18	6.6 h 18 12	6.1 h 17
305x102x 28	8.6 f 19 42	8.6 d 24	7.8 f 19 27	7.2 d 20	7.1 f 18 19	6.1 d 15	6.4 d 17 12	5.5 d 13
x 33	9.3 f 23 48	8.9 h 25	8.3 f 22 30	7.5 d 21	7.3 h 20 17	6.6 d 17	6.6 h 18 12	5.9 d 15
305x127x 37	9.9 f 27 55	8.9 h 24	8.3 h 23 27	7.6 h 21	7.4 h 20 17	6.8 d 18	6.8 h 19 12	6.2 h 16
x 42	10.3 f 28 56	9.2 h 25	8.4 h 23 26	7.9 h 22	7.6 h 21 17	7.1 h 20	7.1 h 19 13	6.6 d 18
x 48	10.4 h 28 51	9.6 h 27	8.8 h 24 27	8.3 h 22	8.0 h 22 18	7.4 h 20	7.4 h 20 13	6.9 h 19
305x165x 40	10.3 h 28 54	9.3 h 26	8.6 h 24 26	7.9 h 22	7.6 h 21 16	7.1 h 19	7.1 h 19 12	6.5 h 17
x 46	10.4 h 29 50	9.7 h 27	8.8 h 24 25	8.3 h 23	8.0 h 22 17	7.5 h 21	7.4 h 20 12	6.9 h 19
x 54	10.8 h 30 48	10.1 h 28	9.3 h 25 26	8.7 h 24	8.3 h 22 17	7.9 h 22	7.7 h 21 13	7.3 h 20
356x127x 33	9.8 f 24 46	9.6 d 27	8.8 f 23 29	7.9 d 21	7.9 h 22 19	6.9 d 17	7.1 d 19 13	6.2 d 14
x 39	10.8 f 29 55	9.9 h 27	9.3 h 25 30	8.4 h 23	8.1 h 22 18	7.4 d 19	7.4 h 20 13	6.8 d 17
356x171x 45	11.3 i 31 57	10.3 h 28	9.4 h 26 27	8.8 d 23	8.4 h 23 17	7.8 d 20	7.8 h 21 13	7.1 d 17
x 51	11.6 i 32 53	10.7 h 29	9.8 h 27 28	9.3 h 26	8.8 h 24 18	8.3 h 23	8.1 h 22 13	7.7 h 21
x 57	11.8 h 32 50	10.8 e 28	10.2 h 28 28	9.6 h 27	9.2 h 25 19	8.7 h 24	8.4 h 23 13	8.0 h 22
x 67	12.4 i 33 52	10.8 e 24	10.8 h 30 29	10.2 h 28	9.6 h 26 19	9.2 h 25	8.9 h 25 14	8.4 h 23
406x140x 39	11.2 f 28 52	10.7 h 30	9.9 f 27 32	9.0 d 24	8.8 h 24 19	7.8 d 19	7.9 h 21 13	7.1 d 17
x 46	12.0 i 31 55	11.3 h 31	10.4 h 29 31	9.6 h 26	9.2 h 25 19	8.5 d 22	8.4 h 23 14	7.8 d 20
406x178x 54	12.3 i 32 52	10.8 e 24	10.7 h 29 30	10.1 h 28	9.6 h 27 19	9.1 h 25	8.9 h 24 14	8.3 d 22
x 60	12.6 i 33 50	10.8 e 22	11.1 h 30 30	10.5 h 29	10.0 h 28 20	9.4 h 26	9.3 h 26 15	8.8 h 24
x 67	12.9 i 32 50	10.8 e 19	11.5 h 32 31	10.8 e 29	10.4 h 29 21	9.8 h 27	9.6 h 26 15	9.1 h 25
x 74	13.2 h 32 48	10.8 e 18	11.9 h 33 32	10.8 e 27	10.7 h 29 21	10.2 h 28	9.9 h 27 15	9.4 h 26
457x152x 52	12.8 i 31 52	11.0 e 22	11.3 h 31 32	10.6 d 29	10.1 h 28 21	9.4 d 25	9.3 h 26 15	8.6 d 22
x 60	13.1 i 32 50	10.8 e 18	11.8 h 32 32	10.8 e 28	10.6 h 29 21	10.1 h 28	9.8 h 27 16	9.1 d 24
x 67	13.4 i 32 49	10.8 e 17	12.2 h 34 33	10.8 e 25	11.0 h 30 22	10.4 h 28	10.1 h 28 16	9.6 h 27
x 74	13.8 i 31 48	10.8 e 15	12.6 h 35 34	10.8 e 23	11.4 h 32 22	10.8 e 30	10.5 h 29 16	9.9 h 27
x 82	14.0 i 31 47	10.8 e 14	13.1 h 36 35	10.8 e 21	11.7 h 32 23	10.8 e 27	10.8 h 30 17	10.3 h 29
457x191x 67	13.4 i 31 48	10.8 e 16	12.3 h 34 33	10.8 e 25	11.0 h 30 21	10.4 h 29	10.1 h 28 15	9.6 h 26
x 74	13.8 i 31 47	10.8 e 15	12.7 h 35 34	10.8 e 22	11.4 h 31 22	10.8 e 30	10.5 h 29 16	10.0 h 28
x 82	14.0 i 31 46	10.8 e 14	13.1 h 36 35	10.8 e 20	11.8 h 33 23	10.8 e 27	10.8 h 30 16	10.3 h 28
x 89	14.2 i 30 44	10.8 e 13	13.5 h 37 36	10.8 e 19	12.1 h 33 23	10.8 e 25	11.1 h 31 17	10.6 h 29
x 98	14.4 i 29 43	10.8 e 11	13.9 h 38 37	10.8 e 17	12.5 h 35 24	10.8 e 23	11.4 h 31 17	10.8 e 29
533x210x 82	14.8 i 30 44	10.8 e 11	14.3 h 39 38	10.8 e 16	12.8 h 35 25	10.8 e 22	11.7 h 32 17	10.8 e 27
x 92	15.1 i 29 42	10.8 e 10	14.9 h 41 40	10.8 e 14	13.3 h 37 25	10.8 e 19	12.3 h 34 18	10.8 e 24
x101	15.4 i 29 41	10.8 e 9	15.1 i 41 38	10.8 e 13	13.8 h 38 26	10.8 e 18	12.6 h 35 19	10.8 e 22
x109	15.6 i 29 40	10.8 e 8	15.3 i 40 38	10.8 e 12	14.1 h 39 27	10.8 e 17	12.9 h 35 19	10.8 e 21
x122	15.9 i 28 39	10.8 e 7	15.6 i 40 36	10.8 e 11	14.6 h 40 27	10.8 e 15	13.4 h 37 20	10.8 e 19
610x229x101	16.1 i 29 40	10.8 e 7	15.9 i 41 38	10.8 e 11	14.8 h 41 28	10.8 e 15	13.5 h 37 20	10.8 e 18
x113	16.5 i 29 39	10.8 e 6	16.2 i 40 36	10.8 e 10	15.3 h 42 28	10.8 e 13	14.1 h 39 21	10.8 e 16
x125	16.8 i 28 37	10.8 e 6	16.5 i 40 35	10.8 e 9	15.7 h 43 29	10.8 e 12	14.6 h 40 21	10.8 e 15
x140	17.1 i 28 37	10.8 e 5	16.8 i 39 34	10.8 e 8	16.2 h 45 29	10.8 e 11	15.0 h 41 22	10.8 e 13
203x203x 46	8.3 h 23 44	7.6 h 21	7.1 h 19 24	6.6 h 18	6.4 h 17 15	5.9 h 16	5.9 h 16 11	5.5 h 15
x 52	8.6 h 23 43	7.9 h 22	7.4 h 20 24	6.9 h 19	6.6 h 18 15	6.2 h 17	6.1 h 17 11	5.7 h 15
x 60	8.9 h 24 45	8.3 h 23	7.7 h 21 24	7.2 h 20	6.9 h 18 16	6.4 h 18	6.4 h 18 12	5.9 h 16
x 71	9.6 h 26 47	8.9 h 24	8.3 h 23 26	7.6 h 21	7.4 h 20 17	6.9 h 19	6.8 h 19 12	6.4 h 18
x 86	10.1 h 28 49	9.4 h 26	8.7 h 24 27	8.1 h 22	7.8 h 21 17	7.4 h 20	7.2 h 20 12	6.8 h 18
254x254x 73	10.6 h 29 48	9.9 h 27	9.1 h 25 26	8.6 h 23	8.1 h 22 17	7.7 h 21	7.5 h 21 12	7.1 h 20
x 89	11.3 h 31 51	10.6 h 29	9.7 h 27 27	9.1 h 25	8.7 h 24 18	8.3 h 23	8.0 h 22 13	7.6 h 21
x107	11.8 i 32 51	10.8 e 27	10.3 h 28 29	9.7 h 27	9.2 h 25 19	8.8 h 24	8.4 h 23 13	8.1 h 22
x132	12.3 i 31 48	10.8 e 22	11.0 h 30 31	10.4 h 29	9.9 h 27 20	9.4 h 26	9.1 h 25 14	8.7 h 24
x167	12.8 i 29 44	10.8 e 17	11.9 h 33 33	10.8 e 26	10.7 h 30 22	10.2 h 28	9.8 h 27 15	9.4 h 26
305x305x 97	12.4 i 32 48	10.8 e 22	10.9 h 30 29	10.4 h 28	9.8 h 27 19	9.4 h 26	9.1 h 25 14	8.6 h 24
x118	12.8 i 30 45	10.8 e 19	11.6 h 32 31	10.8 e 28	10.4 h 29 20	10.0 h 28	9.6 h 27 14	9.2 h 25
x137	13.1 i 29 43	10.8 e 16	12.2 h 33 32	10.8 e 24	11.0 h 31 21	10.5 h 29	10.1 h 27 15	9.7 h 27
x158	13.4 i 28 41	10.8 e 14	12.8 h 36 34	10.8 e 21	11.4 h 31 22	10.8 e 28	10.6 h 29 16	10.1 h 28
x198	14.0 i 27 39	10.8 e 11	13.8 i 38 36	10.8 e 17	12.4 h 34 24	10.8 e 23	11.4 h 31 17	10.8 e 29
x240	14.4 i 26 36	10.8 e 10	14.3 i 36 35	10.8 e 14	13.2 h 36 25	10.8 e 19	12.2 h 34 19	10.8 e 24
x283	14.8 i 24 35	10.8 e 8	14.6 i 35 33	10.8 e 12	13.9 h 39 27	10.8 e 16	12.9 h 36 20	10.8 e 20
356x368x129	13.6 i 29 40	10.8 e 14	12.9 h 36 33	10.8 e 21	11.6 h 32 21	10.8 e 27	10.7 h 29 15	10.3 h 28
x153	14.1 i 28 39	10.8 e 12	13.6 h 38 34	10.8 e 18	12.3 h 34 22	10.8 e 24	11.3 h 31 16	10.8 e 30
x177	14.4 i 27 37	10.8 e 10	14.2 i 39 35	10.8 e 16	12.8 h 35 24	10.8 e 21	11.8 h 33 17	10.8 e 26
x202	14.7 i 26 36	10.8 e 9	14.4 i 37 34	10.8 e 14	13.3 h 37 24	10.8 e 18	12.3 h 34 17	10.8 e 23

Deck: **ALPHA ENGINEERING–Alphalok** Table 9

BEAM DATA

```
Internal beam
Uniform load
Beam spacing        3 m
Steel grade         50
Shear connectors    Welded
```

SLAB DATA

```
Fire resistance  90 mins
Slab depth       135 mm
Concrete         NW
Grade            30
```

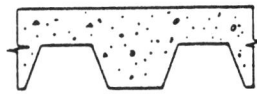

FOR FURTHER INFORMATION SEE NOTES PRECEDING TABLE 1

IMPOSED LOAD kN/m²	4.0					6.0					8.0					10.0				
SERIAL SIZE	LP		DP	DS	LE		DE	LP		DP	DS	LE		DE	LP		DP	DS	LE		DE	LP		DP	DS	LE		DE
203x133x 30	7.4 f 14 57	7.3 h 20	6.8 f 16 40	6.1 h 16	6.3 f 17 29	5.4 d 14	5.6 h 15 18	. .
254x102x 25	7.2 f 12 43	7.2 f 15	6.6 f 12 30	6.3 d 15	6.1 f 12 22	5.5 d 13	5.6 f 12 16	. .
x 28	7.7 f 14 48	7.7 f 18	7.0 f 14 33	6.6 d 17	6.4 f 14 24	5.7 d 13	6.1 f 15 19	5.1 d 11
254x146x 31	8.1 f 16 54	8.0 d 20	7.4 f 16 37	6.7 d 17	6.8 f 17 27	5.7 d 13	6.2 d 16 18	5.3 d 12
x 37	8.9 f 19 64	8.6 d 24	8.1 f 22 44	7.3 d 20	7.2 h 20 27	6.3 d 16	6.6 d 18 19	5.8 d 14
x 43	9.6 f 23 73	8.9 h 24	8.4 h 23 42	7.6 h 21	7.4 h 20 26	6.8 d 18	6.8 h 18 18	6.2 d 16
305x102x 28	8.1 f 13 44	8.1 f 17	7.4 f 14 30	7.2 d 17	6.8 f 14 22	6.2 d 13	6.4 f 14 17	5.5 d 11
x 33	8.8 f 16 52	8.8 f 21	8.0 f 17 35	7.4 d 18	7.4 f 16 25	6.6 d 15	6.9 f 17 19	5.9 d 13
305x127x 37	9.3 f 18 59	9.2 d 24	8.5 f 20 41	7.8 d 20	7.8 f 21 29	6.8 d 16	7.1 d 19 19	6.1 d 14
x 42	9.9 f 21 65	9.6 d 26	9.0 f 23 45	8.1 d 21	8.1 h 22 29	7.1 d 18	7.3 h 20 20	6.5 d 16
x 48	10.6 f 24 74	10.1 h 28	9.5 h 26 48	8.5 d 23	8.3 h 23 28	7.5 d 19	7.7 h 21 21	6.9 d 17
305x165x 40	10.0 f 22 66	9.6 d 25	9.1 h 23 44	8.1 d 21	8.1 h 22 29	7.1 d 18	7.3 d 19 18	6.5 d 15
x 46	10.6 i 25 72	10.1 h 28	9.6 h 27 47	8.5 d 23	8.4 h 23 28	7.5 d 19	7.7 d 21 20	6.8 d 16
x 54	11.0 i 27 71	10.5 h 29	9.7 h 27 43	9.0 h 25	8.8 h 24 28	8.1 d 22	8.1 h 22 20	7.3 d 19
356x127x 33	9.3 f 16 50	9.3 f 21	8.4 f 17 33	7.9 d 19	7.8 f 17 24	6.9 d 15	7.2 f 16 18	6.2 d 13
x 39	10.1 f 20 58	9.9 d 24	9.2 f 21 39	8.4 d 20	8.4 f 21 28	7.4 d 17	7.7 d 19 19	6.7 d 15
356x171x 45	11.0 f 24 68	10.3 d 25	9.9 f 25 45	8.6 d 20	8.9 d 24 30	7.6 d 16	7.9 d 20 18	6.9 d 15
x 51	11.4 i 25 68	11.0 d 29	10.5 h 29 49	9.3 d 24	9.3 h 26 29	8.4 d 21	8.4 d 23 20	7.6 d 18
x 57	11.8 i 27 68	11.3 e 29	10.8 h 30 47	9.8 d 26	9.6 h 26 30	8.8 d 22	8.9 d 25 22	8.0 d 20
x 67	12.2 i 28 65	10.6 e 20	11.3 h 31 47	10.5 h 29	10.1 h 28 31	9.5 h 26	9.3 h 25 22	8.6 d 22
406x140x 39	10.6 f 20 56	10.5 d 24	9.6 f 20 38	8.9 d 21	8.8 f 20 27	7.8 d 17	8.1 d 19 19	6.9 d 14
x 46	11.6 f 24 66	11.3 d 28	10.6 f 25 45	9.6 d 23	9.6 d 25 31	8.4 d 20	8.6 d 22 20	7.6 d 16
406x178x 54	12.1 i 25 66	11.7 e 29	11.4 f 31 52	10.1 d 26	10.1 h 28 32	9.0 d 22	9.1 d 24 21	8.3 d 20
x 60	12.4 i 26 64	10.6 e 18	11.8 h 32 51	10.6 e 27	10.4 h 28 31	9.5 d 24	9.6 d 26 22	8.6 d 21
x 67	12.7 i 27 61	10.6 e 16	11.9 h 33 48	10.6 e 24	10.8 h 30 32	9.9 d 26	9.9 h 27 23	9.1 d 23
x 74	13.0 i 27 61	10.6 e 15	12.4 h 34 51	10.6 e 22	11.1 h 30 33	10.5 d 29	10.4 h 29 25	9.6 d 26
457x152x 52	12.5 i 25 65	12.0 e 27	11.6 f 28 47	10.4 d 25	10.6 d 28 33	9.3 d 21	9.4 d 24 21	8.4 d 19
x 60	12.9 i 25 62	10.6 e 15	12.5 f 34 55	10.6 e 23	11.1 d 30 34	9.9 d 24	9.9 d 26 22	9.0 d 21
x 67	13.2 i 26 61	10.6 e 14	12.7 h 35 52	10.6 e 21	11.4 h 31 34	10.4 d 26	10.5 d 29 24	9.6 d 24
x 74	13.5 i 26 59	10.6 e 12	13.3 h 37 55	10.6 e 19	11.8 h 32 35	10.6 e 25	10.8 d 29 24	9.8 d 23
x 82	13.8 i 26 59	10.6 e 11	13.6 i 37 56	10.6 e 17	12.3 h 34 36	10.6 e 23	11.3 d 31 26	10.3 d 26
457x191x 67	13.2 i 26 59	10.6 e 14	12.8 h 35 52	10.6 e 21	11.4 h 32 34	10.4 d 26	10.5 d 29 24	9.6 d 23
x 74	13.5 i 26 58	10.6 e 12	13.3 h 36 54	10.6 e 19	11.9 h 33 35	10.6 e 25	10.9 h 30 25	10.1 d 25
x 82	13.6 i 26 57	10.6 e 11	13.6 i 37 54	10.6 e 17	12.3 h 34 36	10.6 e 23	11.3 h 31 26	10.5 d 27
x 89	14.1 i 25 56	10.6 e 10	13.9 i 36 53	10.6 e 16	12.6 h 35 37	10.6 e 21	11.6 h 32 26	10.6 e 24
x 98	14.3 i 24 55	10.6 e 9	14.1 i 35 52	10.6 e 14	13.1 h 36 39	10.6 e 19	12.0 h 33 27	10.6 e 24
533x210x 82	14.6 i 25 55	10.6 e 9	14.3 h 35 52	10.6 e 14	13.4 h 37 39	10.6 e 18	12.3 d 34 28	10.6 e 23
x 92	14.9 i 24 53	10.6 e 8	14.8 h 35 51	10.6 e 12	14.0 h 38 41	10.6 e 16	12.8 h 35 29	10.6 e 20
x101	15.2 i 23 52	10.6 e 7	15.0 i 34 49	10.6 e 11	14.5 h 40 43	10.6 e 14	13.3 h 37 30	10.6 e 18
x109	15.4 i 24 51	10.6 e 7	15.2 i 33 48	10.6 e 10	14.9 h 41 44	10.6 e 14	13.6 h 37 31	10.6 e 17
x122	15.8 i 23 49	10.6 e 6	15.6 i 33 47	10.6 e 9	15.4 i 42 45	10.6 e 12	14.1 h 39 32	10.6 e 15
610x229x101	15.9 i 24 51	10.6 e 6	15.7 i 33 48	10.6 e 9	15.5 i 42 46	10.6 e 12	14.3 h 39 33	10.6 e 15
x113	16.3 i 23 49	10.6 e 5	16.1 i 33 46	10.6 e 8	15.9 i 42 44	10.6 e 11	14.9 h 41 34	10.6 e 13
x125	16.6 i 23 47	10.6 e 5	16.4 i 33 45	10.6 e 7	16.2 i 42 43	10.6 e 10	15.4 h 42 35	10.6 e 12
x140	17.0 i 23 46	10.6 e 4	16.8 i 32 44	10.6 e 7	16.6 i 41 42	10.6 e 9	15.9 h 44 35	10.6 e 11
203x203x 46	8.8 h 24 72	7.9 h 22	7.5 h 21 39	6.8 h 18	6.7 h 18 25	6.2 h 17	6.2 h 17 18	5.6 d 15
x 52	9.0 h 25 71	8.3 h 23	7.8 h 22 40	7.1 h 19	7.1 h 19 27	6.5 h 18	6.5 h 18 19	5.9 h 16
x 60	9.4 h 26 73	8.6 h 24	8.1 h 22 41	7.4 h 20	7.3 h 20 27	6.8 h 19	6.8 h 19 20	6.3 h 17
x 71	10.1 h 28 78	9.3 h 26	8.7 h 24 43	8.0 h 22	7.8 h 21 28	7.2 h 20	7.2 h 20 20	6.7 h 19
x 86	10.7 h 29 81	9.9 h 27	9.3 h 26 45	8.6 h 24	8.3 h 23 30	7.7 h 21	7.7 h 21 22	7.1 h 20
254x254x 73	10.9 i 29 71	10.3 h 28	9.6 h 26 43	8.9 h 25	8.6 h 24 28	8.1 h 22	8.0 h 22 21	7.4 h 20
x 89	11.4 i 28 69	10.6 e 26	10.2 h 28 44	9.6 h 26	9.2 h 25 29	8.6 h 24	8.5 h 23 22	7.9 h 22
x107	11.8 i 27 67	10.6 e 22	10.9 h 30 48	10.2 h 28	9.8 h 27 32	9.2 h 25	9.0 h 25 23	8.4 h 23
x132	12.4 i 26 64	10.6 e 18	11.7 h 32 51	10.6 e 26	10.5 h 29 33	9.9 h 27	9.7 h 27 24	9.1 h 25
x167	12.9 i 25 60	10.6 e 14	12.7 h 35 55	10.6 e 21	11.4 h 31 36	10.6 e 28	10.5 h 29 26	9.9 h 27
305x305x 97	12.3 i 27 62	10.6 e 18	11.6 h 32 48	10.6 e 27	10.4 h 28 31	9.8 h 27	9.6 h 26 22	9.1 h 25
x118	12.8 i 26 58	10.6 e 15	12.3 h 34 51	10.6 e 23	11.1 h 30 33	10.4 h 29	10.2 h 28 24	9.6 h 26
x137	13.1 i 25 56	10.6 e 13	12.9 i 35 53	10.6 e 20	11.6 h 32 34	10.6 e 26	10.8 h 30 25	10.2 h 28
x158	13.5 i 24 54	10.6 e 11	13.3 i 35 51	10.6 e 17	12.3 h 34 37	10.6 e 23	11.3 h 31 26	10.6 e 28
x198	14.1 i 23 51	10.6 e 9	13.9 i 32 48	10.6 e 14	13.3 h 37 40	10.6 e 18	12.2 h 34 29	10.6 e 23
x240	14.6 i 21 48	10.6 e 6	14.4 i 31 45	10.6 e 11	14.2 h 39 43	10.6 e 16	13.0 h 36 30	10.6 e 19
x283	15.0 i 21 46	10.6 e 6	14.8 i 30 43	10.6 e 10	14.6 h 38 41	10.6 e 13	13.8 h 38 33	10.6 e 16
356x368x129	13.6 i 25 53	10.6 e 11	13.4 i 35 50	10.6 e 17	12.3 h 34 35	10.6 e 22	11.3 h 31 25	10.6 e 28
x153	14.0 i 23 50	10.6 e 9	13.9 i 34 48	10.6 e 14	13.0 h 36 37	10.6 e 19	11.9 h 33 26	10.6 e 24
x177	14.4 i 23 48	10.6 e 8	14.2 i 33 46	10.6 e 12	13.7 h 38 40	10.6 e 17	12.6 h 35 28	10.6 e 21
x202	14.7 i 22 46	10.6 e 7	14.6 i 32 45	10.6 e 11	14.3 h 39 41	10.6 e 15	13.1 h 36 30	10.6 e 18

Deck: **ALPHA ENGINEERING–Alphalok**

Table 10

BEAM DATA
- Internal beam
- Uniform load
- Beam spacing   3 m
- Steel grade   43
- Shear connectors Welded

SLAB DATA
- Fire resistance   90 mins
- Slab depth   125 mm
- Concrete   LW
- Grade   30

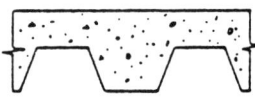

FOR FURTHER INFORMATION SEE NOTES PRECEDING TABLE 1

IMPOSED LOAD kN/m²	4.0					6.0					8.0					10.0				
SERIAL SIZE	LP	DP	DS	LE	DE	LP	DP	DS	LE	DE	LP	DP	DS	LE	DE	LP	DP	DS	LE	DE
203x133x 30	6.9 f	13	32	6.8 d	17	6.2 f	13	21	5.6 d	13	5.6 f	13	14	.	.	5.1 d	13	10	.	.
254x102x 25	6.7 f	10	24	6.7 f	13	6.0 f	10	15	5.9 d	12	5.5 f	10	11	.	.	5.1 f	9	8	.	.
x 28	7.2 f	12	27	7.2 f	15	6.4 f	12	17	6.1 d	13	5.9 f	12	12	5.3 d	11	5.4 f	11	8	.	.
254x146x 31	7.6 f	14	30	7.5 d	17	6.8 f	14	19	6.2 d	13	6.2 f	13	13	5.4 d	11	5.6 d	13	9	.	.
x 37	8.3 f	17	35	8.0 d	19	7.4 f	17	23	6.6 d	15	6.7 d	17	15	5.8 d	12	5.9 d	14	9	5.3 d	11
x 43	8.9 f	20	40	8.4 d	22	8.0 f	21	26	6.9 d	16	7.1 d	19	16	6.2 d	14	6.3 d	16	10	5.6 d	12
305x102x 28	7.6 f	12	25	7.6 f	14	6.8 f	12	16	6.6 d	13	6.2 f	11	11	5.6 d	10	5.7 f	10	8	5.0 d	9
x 33	8.2 f	14	28	8.2 f	17	7.3 f	14	18	6.9 d	14	6.7 f	13	13	6.0 d	12	6.1 f	13	9	5.3 d	9
305x127x 37	8.7 f	16	33	8.6 d	19	7.8 f	16	21	7.1 d	16	7.1 f	16	14	6.1 d	12	6.4 d	14	10	5.5 d	10
x 42	9.2 f	18	36	9.0 d	22	8.2 f	18	23	7.4 d	16	7.4 f	18	16	6.5 d	14	6.6 d	15	10	5.9 d	12
x 48	9.8 f	21	41	9.3 d	23	8.8 f	22	26	7.8 d	18	7.8 d	20	16	6.9 d	15	7.1 d	17	11	6.2 d	13
305x165x 40	9.3 f	20	37	8.9 d	21	8.3 f	19	24	7.4 d	16	7.4 d	18	15	6.5 d	13	6.6 d	15	9	5.9 d	11
x 46	9.9 f	22	41	9.3 d	22	8.8 f	22	25	7.8 d	18	7.8 d	19	15	6.8 d	14	6.9 d	16	10	6.2 d	12
x 54	10.7 f	26	47	9.8 d	24	9.5 f	26	29	8.3 d	20	8.3 d	22	17	7.3 d	16	7.4 d	18	11	6.6 d	14
356x127x 33	8.6 f	15	28	8.6 f	17	7.7 f	14	17	7.3 d	14	7.0 f	13	12	6.3 d	11	6.4 f	12	9	5.6 d	9
x 39	9.4 f	18	33	9.3 d	19	8.4 f	17	20	7.8 d	16	7.6 f	16	14	6.7 d	13	6.9 d	15	10	6.0 d	11
356x171x 45	10.2 f	21	37	9.8 d	22	9.1 f	20	23	8.3 d	18	8.3 f	20	16	7.1 d	14	7.2 d	16	9	6.4 d	12
x 51	10.9 f	24	43	10.3 d	24	9.7 f	23	26	8.6 d	19	8.6 d	21	16	7.5 d	15	7.6 d	17	10	6.8 d	13
x 57	11.6 f	27	47	10.8 d	26	10.3 f	27	29	9.0 d	21	8.9 d	22	16	7.9 d	17	8.0 d	19	11	7.3 d	15
x 67	12.4 i	32	52	11.0 e	25	10.8 h	30	29	9.8 d	24	9.6 d	25	18	8.6 d	20	8.6 d	22	12	7.8 d	17
406x140x 39	9.8 f	17	31	9.8 f	20	8.8 f	17	19	8.3 d	16	7.9 f	15	13	7.1 d	13	7.3 f	15	9	6.3 d	11
x 46	10.8 f	21	37	10.4 d	22	9.6 f	20	23	8.8 d	18	8.8 f	20	16	7.6 d	14	7.8 d	16	10	6.9 d	12
406x178x 54	11.7 f	25	42	11.1 d	25	10.4 f	24	27	9.3 d	20	9.3 d	22	16	8.1 d	16	8.3 d	18	11	7.4 d	14
x 60	12.4 f	29	47	11.6 d	27	11.1 f	28	30	9.8 d	22	9.6 d	23	17	8.6 d	18	8.6 d	20	11	7.8 d	15
x 67	12.9 i	31	50	11.0 e	21	11.6 d	31	32	10.3 d	24	10.1 d	25	18	9.1 d	20	9.1 d	22	12	8.3 d	17
x 74	13.2 i	32	48	10.8 e	18	11.9 h	33	32	10.8 d	26	10.5 d	27	19	9.6 d	22	9.5 d	24	13	8.6 d	19
457x152x 52	11.9 f	23	39	11.5 d	25	10.6 f	22	25	9.6 d	20	9.6 f	22	17	8.4 d	16	8.6 d	18	11	7.6 d	14
x 60	12.8 f	27	45	12.0 e	26	11.4 f	26	28	10.2 d	22	10.1 d	24	18	9.0 d	18	9.0 d	20	11	8.1 d	15
x 67	13.4 i	30	49	11.0 e	18	12.1 f	31	32	10.7 d	24	10.5 d	26	18	9.5 d	20	9.5 d	22	12	8.6 d	17
x 74	13.8 i	31	48	10.8 e	15	12.4 d	32	31	10.8 e	23	10.9 d	27	19	9.8 d	21	9.8 d	23	12	8.9 d	19
x 82	14.0 i	31	47	10.8 e	14	12.9 d	35	34	10.8 e	21	11.4 d	29	20	10.3 d	22	10.3 d	25	13	9.3 d	19
457x191x 67	13.4 i	30	48	11.0 e	17	12.1 d	31	31	10.8 d	24	10.5 d	26	18	9.5 d	20	9.5 d	22	12	8.6 d	17
x 74	13.8 i	31	47	10.8 e	15	12.6 d	34	32	10.8 e	22	11.0 d	27	19	9.9 d	22	9.9 d	24	13	9.1 d	19
x 82	14.0 i	31	46	10.8 e	14	13.1 d	36	35	10.8 e	20	11.5 d	30	21	10.4 d	24	10.4 d	26	14	9.5 d	21
x 89	14.2 i	30	44	10.8 e	13	13.4 d	37	35	10.8 e	19	11.8 d	30	21	10.8 d	25	10.7 d	26	14	9.8 d	21
x 98	14.4 i	29	43	10.8 e	11	13.9 h	38	37	10.8 e	17	12.3 d	33	23	10.8 e	23	11.1 d	28	15	10.3 d	23
533x210x 82	14.8 i	30	44	10.8 e	11	14.0 d	37	36	10.8 e	16	12.3 d	30	21	10.8 e	22	11.1 d	26	14	10.1 d	21
x 92	15.1 i	29	42	10.8 e	10	14.8 c	41	39	10.8 e	14	13.0 d	34	23	10.8 e	19	11.7 d	29	15	10.8 d	23
x101	15.4 i	29	41	10.8 e	9	15.1 i	41	38	10.8 e	13	13.4 d	34	23	10.8 e	18	12.0 d	29	15	10.8 e	22
x109	15.6 i	29	40	10.8 e	8	15.3 i	40	38	10.8 e	12	13.8 d	37	25	10.8 e	17	12.4 d	31	16	10.8 e	21
x122	15.9 i	28	39	10.8 e	7	15.6 h	40	36	10.8 e	11	14.6 h	40	27	10.8 e	15	13.2 d	35	18	10.8 e	19
610x229x101	16.1 i	29	40	10.8 e	7	15.9 i	41	38	10.8 e	11	14.4 c	38	26	10.8 e	15	12.9 d	32	17	10.8 e	18
x113	16.5 i	29	39	10.8 e	6	16.2 i	40	36	10.8 e	10	14.9 c	39	26	10.8 e	13	13.5 d	33	17	10.8 e	16
x125	16.8 i	28	37	10.8 e	6	16.5 i	40	35	10.8 e	9	15.6 c	42	28	10.8 e	12	14.2 d	37	19	10.8 e	15
x140	17.1 i	28	37	10.8 e	5	16.8 i	39	34	10.8 e	8	16.2 h	45	29	10.8 e	11	14.9 c	41	21	10.8 e	13
203x203x 46	8.6 f	23	49	7.7 h	21	7.1 h	19	24	6.6 d	18	6.4 h	17	15	5.8 d	14	5.9 h	16	11	5.3 d	13
x 52	8.7 h	24	46	7.9 h	22	7.4 h	20	24	6.9 d	19	6.6 h	18	15	6.1 d	16	6.1 h	17	11	5.5 d	14
x 60	8.9 h	24	45	8.3 h	23	7.7 h	21	24	7.2 h	20	6.9 h	18	16	6.4 h	18	6.4 h	18	12	5.9 d	15
x 71	9.6 h	26	47	8.9 h	24	8.3 h	23	26	7.6 h	21	7.4 h	20	17	6.9 h	19	6.8 h	19	12	6.3 h	16
x 86	10.1 h	28	49	9.4 h	26	8.7 h	24	27	8.1 h	22	7.8 h	21	17	7.4 h	20	7.2 h	20	12	6.8 h	18
254x254x 73	10.6 h	29	48	9.9 h	27	9.1 h	25	26	8.6 h	23	8.1 h	22	17	7.7 h	21	7.5 h	21	12	6.9 h	18
x 89	11.3 h	31	51	10.6 h	29	9.7 h	27	27	9.1 h	25	8.7 h	24	18	8.3 h	23	8.0 h	22	13	7.6 h	21
x107	11.8 i	32	51	10.8 e	27	10.3 h	28	29	9.7 h	27	9.2 h	25	19	8.8 h	24	8.4 h	23	13	8.1 h	22
x132	12.3 i	31	48	10.8 e	22	11.0 h	30	31	10.4 h	29	9.9 h	27	20	9.4 h	26	9.1 h	25	14	8.7 h	24
x167	12.8 i	29	44	10.8 e	17	11.9 h	33	33	10.8 h	26	10.7 h	30	22	10.2 h	28	9.8 h	27	15	9.4 h	26
305x305x 97	12.4 i	32	48	10.8 e	22	10.9 h	30	29	10.4 h	28	9.8 h	27	19	9.3 d	25	9.1 h	25	14	8.5 d	22
x118	12.8 i	30	45	10.8 e	19	11.6 h	32	31	10.8 e	28	10.4 h	29	20	10.0 h	28	9.6 h	27	14	9.2 h	25
x137	13.1 i	29	43	10.8 e	16	12.2 h	33	32	10.8 e	24	11.0 h	31	21	10.5 h	29	10.1 h	27	15	9.7 h	27
x158	13.4 i	28	41	10.8 e	14	12.8 h	36	34	10.8 e	21	11.4 h	31	22	10.8 e	28	10.6 h	29	16	10.1 h	28
x198	14.0 i	27	39	10.8 e	11	13.8 i	38	36	10.8 e	17	12.4 h	34	24	10.8 e	23	11.4 h	31	17	10.8 e	29
x240	14.4 i	26	36	10.8 e	9	14.1 i	36	35	10.8 e	14	13.2 h	36	25	10.8 e	19	12.2 h	34	19	10.8 e	21
x283	14.8 i	24	35	10.8 e	8	14.6 i	35	33	10.8 e	12	13.9 h	39	27	10.8 e	16	12.9 h	36	20	10.8 e	20
356x368x129	13.6 i	29	40	10.8 e	14	12.9 h	36	33	10.8 e	21	11.6 h	32	21	10.8 e	27	10.7 h	29	15	10.2 d	27
x153	14.1 i	28	39	10.8 e	12	13.6 h	38	34	10.8 e	18	12.3 h	34	22	10.8 e	24	11.3 h	31	16	10.8 e	30
x177	14.4 i	27	37	10.8 e	10	14.2 i	39	35	10.8 e	16	12.8 h	35	24	10.8 e	21	11.8 h	33	17	10.8 e	26
x202	14.7 i	26	36	10.8 e	9	14.4 i	37	34	10.8 e	14	13.3 h	37	24	10.8 e	18	12.3 h	34	17	10.8 e	23

44

Deck: PMF-CF60   Table 11

BEAM DATA
```
Internal beam
Uniform load
Beam spacing      3 m
Steel grade       50
Shear connectors  Welded
```

SLAB DATA
```
Fire resistance  90 mins
Slab depth       130 mm
Concrete         LW
Grade            30
```

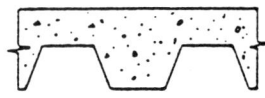

FOR FURTHER INFORMATION SEE NOTES PRECEDING TABLE 1

IMPOSED LOAD kN/m²	4.0					6.0					8.0					10.0				
SERIAL SIZE	LP	DP	DS	LE	DE	LP	DP	DS	LE	DE	LP	DP	DS	LE	DE	LP	DP	DS	LE	DE
203x133x 30	7.8 f	20	54	7.4 h	20	6.9 h	19	33	6.1 h	17	6.1 h	17	21	5.5 h	15	5.7 h	16	16	5.1 h	14
254x102x 25	7.6 f	16	41	7.6 f	16	6.8 f	16	27	6.8 f	18	6.3 f	16	19	6.0 h	16	5.8 f	14	14	5.4 d	14
x 28	8.1 f	19	47	8.1 f	19	7.3 f	18	30	7.1 h	20	6.6 f	17	21	6.2 h	17	6.2 f	17	16	5.6 d	15
254x146x 31	8.6 f	22	52	8.4 h	23	7.6 h	21	33	7.0 h	19	6.8 h	19	21	6.2 h	17	6.3 h	17	15	5.7 d	15
x 37	9.3 h	26	59	8.8 h	24	8.1 h	22	33	7.3 h	20	7.3 h	20	22	6.6 h	18	6.7 h	19	16	6.1 h	17
x 43	9.8 h	27	61	9.0 h	25	8.4 h	23	34	7.6 h	21	7.6 h	21	22	6.9 h	19	7.0 h	19	16	6.4 h	17
305x102x 28	8.6 f	18	43	8.6 f	19	7.7 f	18	28	7.7 h	21	7.0 f	17	19	6.8 h	19	6.5 f	16	14	6.1 h	16
x 33	9.3 f	21	49	9.3 f	23	8.3 f	22	32	8.0 h	22	7.6 f	20	22	7.1 h	19	7.0 f	19	16	6.4 d	17
305x127x 37	9.8 f	25	57	9.6 h	26	8.7 h	24	35	8.1 h	22	7.8 h	21	23	7.1 h	19	7.2 h	20	16	6.6 h	18
x 42	10.4 f	28	63	9.8 h	27	9.0 h	25	35	8.3 h	23	8.1 h	22	24	7.4 h	21	7.4 h	20	17	6.8 h	19
x 48	10.9 i	30	65	10.1 h	28	9.4 h	26	36	8.6 h	23	8.4 h	23	24	7.8 h	21	7.8 h	22	17	7.2 h	20
305x165x 40	10.4 h	28	60	9.9 h	27	9.0 h	25	34	8.3 h	23	8.1 h	22	22	7.4 h	20	7.4 h	20	16	6.9 d	19
x 46	10.8 i	30	61	10.1 h	28	9.4 h	26	34	8.6 h	24	8.4 h	23	23	7.8 h	21	7.8 h	21	16	7.2 h	20
x 54	11.2 i	30	60	10.4 h	29	9.8 h	27	35	9.1 h	25	8.8 h	24	23	8.1 h	22	8.1 h	22	17	7.5 h	20
356x127x 33	9.8 f	22	48	9.8 f	23	8.7 f	22	30	8.7 f	24	7.9 f	21	21	7.6 d	21	7.3 f	19	15	6.8 d	17
x 39	10.6 f	27	55	10.6 f	28	9.5 f	26	35	9.0 h	25	8.6 h	24	23	7.9 h	22	7.9 h	21	17	7.2 h	19
356x171x 45	11.3 h	30	60	10.9 h	30	9.9 h	27	36	9.3 h	26	8.9 h	25	23	8.3 h	23	8.3 h	23	17	7.6 h	20
x 51	11.6 h	29	57	11.3 h	31	10.4 h	29	36	9.6 h	26	9.3 h	26	24	8.6 h	24	8.6 h	23	17	8.0 h	22
x 57	11.9 h	30	57	11.6 h	32	10.7 h	29	36	9.9 h	27	9.6 h	26	24	8.9 h	24	8.9 h	24	17	8.3 h	22
x 67	12.3 i	29	54	12.2 h	34	11.3 h	31	38	10.5 h	29	10.2 h	28	25	9.5 h	26	9.4 h	26	18	8.8 h	24
406x140x 39	11.1 f	26	53	11.1 f	27	9.9 f	26	34	9.8 h	27	9.1 f	25	24	8.5 d	23	8.4 f	23	17	7.6 d	19
x 46	11.9 h	29	57	11.9 i	32	10.8 h	30	38	10.1 h	28	9.7 h	27	25	9.0 h	25	8.9 h	25	18	8.2 d	22
406x178x 54	12.3 i	29	55	12.3 i	34	11.3 h	31	38	10.4 h	29	10.1 h	28	25	9.4 h	26	9.3 h	26	18	8.7 h	24
x 60	12.6 i	29	53	12.6 i	35	11.6 h	32	38	10.9 h	30	10.5 h	29	26	9.8 h	27	9.7 h	27	18	9.1 h	25
x 67	12.9 i	29	51	12.8 e	33	12.1 h	33	40	11.3 h	31	10.9 h	30	26	10.1 h	28	10.0 h	28	19	9.4 h	26
x 74	13.1 i	29	50	12.8 e	30	12.4 h	34	40	11.6 h	32	11.2 h	31	26	10.5 h	29	10.3 h	28	19	9.7 h	27
457x152x 52	12.8 i	30	55	12.8 i	33	11.8 h	33	41	11.1 h	30	10.6 h	29	27	9.9 h	27	9.8 h	27	19	9.0 d	24
x 60	13.1 i	29	53	13.1 i	34	12.3 h	34	41	11.5 h	32	11.1 h	31	27	10.4 h	29	10.3 h	28	20	9.6 h	26
x 67	13.4 i	29	51	12.8 e	28	12.7 h	35	41	11.9 h	33	11.5 h	32	28	10.8 h	30	10.6 h	29	20	9.9 h	28
x 74	13.7 i	29	50	12.8 e	26	13.1 h	36	42	12.4 h	34	11.9 h	33	28	11.1 h	30	10.9 h	30	20	10.3 h	29
x 82	13.9 i	28	48	12.8 e	23	13.4 h	37	42	12.8 e	35	12.3 h	34	29	11.5 h	32	11.3 h	31	21	10.6 h	29
457x191x 67	13.4 i	29	50	12.8 e	28	12.7 h	35	40	11.9 h	33	11.5 h	32	27	10.8 h	29	10.6 h	30	20	9.9 h	27
x 74	13.7 i	29	48	12.8 e	25	13.1 h	36	41	12.4 h	34	11.9 h	33	27	11.2 h	31	10.9 h	30	20	10.3 h	28
x 82	13.9 i	29	47	12.8 e	23	13.4 h	37	41	12.8 e	35	12.3 h	34	28	11.5 h	32	11.3 h	31	21	10.6 h	29
x 89	14.2 i	28	46	12.8 e	21	13.8 h	38	42	12.8 e	32	12.5 h	34	28	11.9 h	33	11.6 h	32	21	10.9 h	30
x 98	14.4 i	28	45	12.8 e	20	14.2 h	39	42	12.8 e	30	12.9 h	36	29	12.3 h	34	11.9 h	33	21	11.3 h	31
533x210x 82	14.7 i	28	46	12.8 e	19	14.4 i	40	43	12.8 e	28	13.1 h	36	29	12.5 h	35	12.2 h	34	22	11.5 h	32
x 92	15.1 i	28	44	12.8 e	17	14.9 i	40	42	12.8 e	25	13.6 h	38	29	12.8 e	33	12.6 h	35	22	12.0 h	33
x101	15.4 i	28	43	12.8 e	15	15.1 i	40	40	12.8 e	23	14.0 h	39	30	12.8 e	30	13.0 h	36	22	12.4 h	34
x109	15.6 i	28	42	12.8 e	14	15.3 i	39	40	12.8 e	21	14.3 h	39	30	12.8 e	29	13.3 h	37	22	12.7 h	35
x122	15.9 i	27	41	12.8 e	13	15.6 i	39	38	12.8 e	19	14.8 h	41	30	12.8 e	26	13.7 h	38	23	12.8 e	32
610x229x101	16.1 i	28	42	12.8 e	13	15.8 i	39	39	12.8 e	19	14.9 h	41	31	12.8 e	25	13.8 h	38	23	12.8 e	31
x113	16.4 i	28	40	12.8 e	11	16.2 i	39	38	12.8 e	17	15.4 h	42	31	12.8 e	23	14.3 h	40	23	12.8 e	28
x125	16.8 i	27	39	12.8 e	10	16.5 i	39	37	12.8 e	15	15.8 h	44	31	12.8 e	21	14.7 h	40	23	12.8 e	26
x140	17.1 i	27	38	12.8 e	9	16.8 i	38	36	12.8 e	14	16.3 h	45	32	12.8 e	19	15.2 h	42	24	12.8 e	23
203x203x 46	8.9 h	24	60	8.0 h	22	7.6 h	21	33	6.9 h	19	6.9 h	19	22	6.2 h	17	6.3 h	17	15	5.7 h	15
x 52	9.3 h	26	62	8.3 h	23	7.9 h	22	34	7.2 h	20	7.1 h	20	22	6.4 h	17	6.6 h	18	16	5.9 h	16
x 60	9.6 h	27	64	8.7 h	24	8.3 h	23	34	7.5 h	20	7.4 h	21	23	6.8 h	19	6.8 h	19	16	6.2 h	17
x 71	10.2 h	28	65	9.3 h	26	8.8 h	24	35	8.0 h	22	7.9 h	22	23	7.2 h	20	7.2 h	20	16	6.6 h	18
x 86	10.7 i	29	64	9.8 h	27	9.3 h	25	36	8.5 h	23	8.3 h	23	24	7.6 h	21	7.6 h	21	17	7.0 h	19
254x254x 73	11.0 i	29	59	10.3 h	28	9.6 h	27	35	8.9 h	25	8.6 h	24	22	8.0 h	22	7.9 h	22	16	7.4 h	20
x 89	11.4 i	28	56	11.0 h	30	10.3 h	28	36	9.5 h	26	9.2 h	25	23	8.5 h	23	8.4 h	23	17	7.9 h	22
x107	11.8 i	28	53	11.6 h	32	10.8 h	30	38	10.1 h	28	9.7 h	27	24	9.1 h	25	8.9 h	24	17	8.3 h	23
x132	12.3 i	27	51	12.3 i	32	11.6 h	32	39	10.8 h	30	10.4 h	29	25	9.8 h	27	9.5 h	26	18	8.9 h	24
x167	12.8 i	26	47	12.8 e	30	12.4 h	34	41	11.7 h	32	11.2 h	31	27	10.6 h	29	10.3 h	28	19	9.7 h	27
305x305x 97	12.4 i	28	50	12.4 i	34	11.5 h	32	37	10.8 h	30	10.3 h	29	24	9.7 h	27	9.5 h	26	17	8.9 h	25
x118	12.8 i	28	48	12.8 e	32	12.1 h	33	38	11.4 h	32	10.9 h	30	25	10.3 h	28	10.1 h	28	18	9.5 h	26
x137	13.1 i	27	45	12.8 e	28	12.7 h	35	39	12.0 h	33	11.4 h	32	26	10.8 h	30	10.5 h	29	19	9.9 h	27
x158	13.4 i	26	43	12.8 e	24	13.2 h	37	40	12.6 h	34	11.9 h	33	27	11.4 h	32	11.0 h	30	19	10.4 h	29
x198	14.0 i	26	41	12.8 e	20	13.8 i	36	38	12.8 e	30	12.8 h	35	28	12.3 h	34	11.8 h	33	21	11.3 h	31
x240	14.4 i	24	38	12.8 e	16	14.3 i	35	36	12.8 e	25	13.5 h	37	29	12.8 e	33	12.5 h	34	21	12.1 h	33
x283	14.9 i	24	37	12.8 e	14	14.6 h	33	34	12.8 e	21	14.2 h	39	30	12.8 e	28	13.1 h	36	22	12.8 e	35
356x368x129	13.6 i	27	42	12.8 e	24	13.3 h	37	39	12.8 e	35	12.1 h	36	26	11.5 h	32	11.1 h	31	19	10.6 h	29
x153	14.0 i	26	40	12.8 e	20	13.8 i	37	38	12.8 e	31	12.6 h	35	27	12.1 h	34	11.7 h	32	20	11.1 h	30
x177	14.4 i	26	39	12.8 e	18	14.2 i	37	37	12.8 e	27	13.1 h	36	27	12.6 h	35	12.2 h	34	20	11.7 h	32
x202	14.7 i	25	38	12.8 e	16	14.4 i	36	35	12.8 e	24	13.6 h	38	28	12.8 e	32	12.6 h	35	21	12.2 h	34

45

Deck: **PMF-CF60**   Table 12

BEAM DATA
```
Internal beam
Uniform load
Beam spacing      3 m
Steel grade       50
Shear connectors  Welded
```

SLAB DATA
```
Fire resistance  90 mins
Slab depth       140 mm
Concrete         NW
Grade            30
```

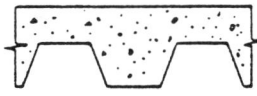

FOR FURTHER INFORMATION SEE NOTES PRECEDING TABLE 1

IMPOSED LOAD kN/m²	4.0					6.0					8.0					10.0				
SERIAL SIZE	LP	DP	DS	LE	DE	LP	DP	DS	LE	DE	LP	DP	DS	LE	DE	LP	DP	DS	LE	DE
203x133x 30	7.3 f	13	58	7.3 f	15	6.7 f	14	41	6.7 f	18	6.2 f	14	30	5.9 h	16	5.8 f	14	23	5.3 d	14
254x102x 25	7.1 f	11	43	7.1 f	11	6.5 f	12	31	6.5 f	12	6.0 f	11	22	6.0 f	13	5.6 f	11	17	5.6 d	13
x 28	7.6 f	12	48	7.6 f	12	6.9 f	13	34	6.9 f	15	6.4 f	13	25	6.4 f	16	6.0 f	13	19	5.8 d	14
254x146x 31	8.1 f	15	56	8.1 f	16	7.3 f	15	38	7.3 f	17	6.8 f	16	28	6.6 d	17	6.4 f	15	22	5.8 d	14
x 37	8.9 f	18	66	8.9 f	21	8.1 f	19	45	7.9 h	22	7.4 f	19	32	7.0 d	19	6.9 f	18	25	6.2 d	16
x 43	9.5 f	21	74	9.5 f	24	8.7 f	22	52	8.1 h	22	8.1 f	22	38	7.2 d	20	7.4 h	20	28	6.6 d	18
305x102x 28	8.0 f	12	44	8.0 f	12	7.3 f	13	31	7.3 f	13	6.8 f	13	23	6.8 f	15	6.3 f	12	17	6.2 d	14
x 33	8.7 f	15	52	8.7 f	15	7.9 f	16	36	7.9 f	17	7.3 f	15	26	7.3 f	18	6.8 f	15	20	6.5 d	15
305x127x 37	9.2 f	17	59	9.2 f	18	8.4 f	18	41	8.4 f	21	7.8 f	18	30	7.6 d	20	7.3 f	17	23	6.8 d	17
x 42	9.8 f	19	66	9.8 f	22	8.9 f	20	45	8.9 f	24	8.3 f	20	34	7.8 d	21	7.7 f	19	25	6.9 d	18
x 48	10.4 f	22	75	10.4 f	26	9.5 f	23	51	9.1 h	25	8.8 f	23	38	8.1 h	22	8.3 f	22	29	7.4 d	20
305x165x 40	9.9 f	20	66	9.9 f	22	9.0 f	21	46	8.9 d	24	8.3 f	21	33	7.8 d	20	7.8 f	20	25	6.9 d	17
x 46	10.6 f	23	75	10.6 f	26	9.6 f	25	51	9.2 h	25	8.9 f	24	37	8.1 d	22	8.3 h	23	28	7.3 d	19
x 54	10.9 i	23	73	10.9 i	28	10.4 f	29	59	9.5 h	26	9.4 h	26	40	8.4 h	23	8.6 h	24	28	7.8 d	21
356x127x 33	9.1 f	15	50	9.1 f	15	8.3 f	16	34	8.3 f	17	7.7 f	16	25	7.7 f	18	7.2 f	15	19	6.9 d	16
x 39	10.0 f	18	59	10.0 f	19	9.1 f	19	41	9.1 f	21	8.4 f	19	29	8.1 f	20	7.8 f	18	22	7.3 d	17
356x171x 45	10.9 f	22	69	10.9 f	24	9.9 f	23	47	9.7 d	25	9.1 f	23	34	8.4 d	21	8.5 f	22	26	7.5 d	18
x 51	11.4 i	24	71	11.4 i	27	10.6 f	27	53	10.2 d	28	9.8 f	26	38	8.9 d	24	9.1 c	25	29	8.1 d	21
x 57	11.7 i	24	70	11.7 i	28	11.2 f	30	59	10.4 h	29	10.2 h	28	40	9.3 d	26	9.4 h	26	30	8.4 d	22
x 67	12.1 i	23	67	12.1 i	29	11.9 i	33	63	10.9 h	30	10.8 h	30	43	9.8 h	27	9.9 h	27	30	9.1 h	25
406x140x 39	10.4 f	18	56	10.4 f	18	9.5 f	19	39	9.5 f	21	8.8 f	19	28	8.6 d	20	8.1 f	18	21	7.7 d	17
x 46	11.5 f	22	67	11.5 f	24	10.4 f	23	45	10.4 f	26	9.6 f	23	33	9.2 d	23	9.0 f	22	25	8.2 d	19
406x178x 54	12.1 i	24	68	12.1 i	27	11.3 f	28	53	11.0 d	30	10.4 f	27	38	9.6 d	25	9.7 c	26	28	8.6 d	21
x 60	12.4 i	24	66	12.4 i	28	12.0 f	31	58	11.4 h	32	11.1 h	31	42	10.1 d	27	10.2 c	28	30	9.1 d	23
x 67	12.7 i	23	65	12.7 i	29	12.5 i	33	61	11.8 h	33	11.5 h	32	44	10.6 d	29	10.6 h	29	31	9.6 d	26
x 74	12.9 i	23	63	12.4 e	25	12.8 i	33	59	12.1 h	33	11.9 h	33	45	10.9 h	30	10.9 h	30	32	10.1 d	28
457x152x 52	12.4 i	24	67	12.4 i	26	11.5 f	26	49	11.5 f	29	10.6 f	25	35	10.1 d	25	9.9 f	24	27	8.9 d	21
x 60	12.8 i	23	64	12.8 i	27	12.4 f	30	56	11.7 d	32	11.4 f	30	41	10.6 d	27	10.6 f	28	30	9.6 d	24
x 67	13.1 i	23	63	13.1 i	28	13.0 i	33	61	12.4 h	34	12.1 f	33	45	11.0 d	29	11.2 h	31	33	10.1 d	26
x 74	13.4 i	23	62	12.4 e	21	13.3 i	33	59	12.4 e	32	12.4 f	34	45	11.4 d	30	11.6 c	32	34	10.4 d	26
x 82	13.8 i	23	61	12.4 e	19	13.6 i	33	58	12.4 e	29	12.9 h	35	47	11.9 h	33	11.9 h	33	35	10.8 d	28
457x191x 67	13.1 i	23	61	13.1 i	27	13.0 i	33	59	12.5 d	35	12.1 h	34	45	11.0 d	29	11.2 h	31	32	10.1 d	26
x 74	13.4 i	23	60	12.4 e	21	13.3 i	33	58	12.4 e	31	12.5 h	34	45	11.6 h	32	11.6 h	32	33	10.6 d	28
x 82	13.8 i	23	60	12.4 e	19	13.6 i	33	56	12.4 e	29	12.9 h	36	41	11.9 h	33	11.9 h	33	34	11.0 d	30
x 89	14.0 i	23	58	12.4 e	18	13.8 i	33	55	12.4 e	26	13.2 h	36	46	12.4 h	34	12.3 h	34	34	11.3 d	30
x 98	14.3 i	23	57	12.4 e	16	14.1 i	32	54	12.4 e	24	13.6 h	37	46	12.4 e	32	12.6 h	35	35	11.8 d	32
533x210x 82	14.4 i	23	57	12.4 e	15	14.3 i	33	55	12.4 e	23	13.8 h	38	47	12.4 e	31	12.8 h	35	35	11.7 d	30
x 92	14.9 i	23	55	12.4 e	14	14.7 h	33	52	12.4 e	20	14.3 h	39	47	12.4 e	27	13.3 h	37	35	12.4 e	34
x101	15.1 i	23	53	12.4 e	12	14.9 i	32	51	12.4 e	19	14.8 h	41	48	12.4 e	25	13.7 h	38	36	12.4 e	31
x109	15.4 i	23	53	12.4 e	12	15.2 i	32	51	12.4 e	17	15.0 i	41	48	12.4 e	23	14.0 h	39	37	12.4 e	29
x122	15.7 i	22	51	12.4 e	10	15.5 i	32	49	12.4 e	16	15.3 h	40	46	12.4 e	21	14.4 h	40	37	12.4 e	26
610x229x101	15.8 i	22	52	12.4 e	10	15.6 i	32	50	12.4 e	15	15.4 i	41	47	12.4 e	20	14.6 h	40	37	12.4 e	26
x113	16.3 i	23	51	12.4 e	9	16.0 i	32	48	12.4 e	14	15.8 i	40	46	12.4 e	18	15.1 h	42	38	12.4 e	23
x125	16.6 i	22	49	12.4 e	8	16.4 i	32	47	12.4 e	12	16.2 i	41	45	12.4 e	17	15.5 h	43	38	12.4 e	21
x140	16.9 i	22	48	12.4 e	7	16.7 i	31	45	12.4 e	11	16.5 i	40	43	12.4 e	15	16.0 h	44	38	12.4 e	19
203x203x 46	9.1 a	22	88	8.4 h	23	8.2 h	22	59	7.2 h	20	7.4 h	20	39	6.5 h	18	6.8 h	19	28	6.0 h	16
x 52	9.5 i	23	93	8.6 h	24	8.6 h	24	61	7.5 h	20	7.7 h	21	40	6.8 h	18	7.1 h	19	28	6.3 h	17
x 60	9.8 i	23	92	9.1 h	25	8.9 h	25	63	7.8 h	21	8.0 h	22	41	7.1 h	20	7.4 h	20	29	6.5 h	18
x 71	10.3 i	23	88	9.7 h	27	9.5 h	26	65	8.4 h	23	8.5 h	23	42	7.6 h	21	7.8 h	21	30	7.0 h	19
x 86	10.6 i	23	84	10.3 h	28	10.1 h	28	67	8.9 h	25	9.1 h	25	44	8.0 h	21	8.3 h	23	31	7.4 h	21
254x254x 73	10.9 i	23	75	10.8 h	30	10.3 h	28	61	9.3 h	26	9.3 h	26	41	8.4 h	23	8.6 h	24	29	7.8 h	21
x 89	11.4 i	23	73	11.4 i	30	11.0 h	30	64	9.9 h	27	9.9 h	27	41	9.0 h	25	9.1 h	25	30	8.3 h	23
x107	11.8 i	23	70	11.8 h	29	11.6 i	32	66	10.6 h	29	10.5 h	29	44	9.6 h	26	9.6 h	26	31	8.8 h	24
x132	12.3 i	23	66	12.3 i	28	12.2 i	31	63	11.4 h	31	11.3 h	31	46	10.3 h	28	10.3 h	28	33	9.5 h	26
x167	12.9 i	21	62	12.4 e	23	12.8 h	31	59	12.4 e	35	12.1 h	33	48	11.2 h	31	11.2 h	31	35	10.3 h	28
305x305x 97	12.3 i	23	64	12.3 i	29	12.1 i	33	61	11.3 h	31	11.1 h	31	42	10.1 h	28	10.2 h	28	30	9.4 h	26
x118	12.8 i	22	61	12.4 e	25	12.6 h	32	58	12.0 h	33	11.8 h	33	44	10.8 h	30	10.8 h	30	32	10.0 h	28
x137	13.1 i	22	59	12.4 e	22	12.9 h	31	56	12.4 h	33	12.3 h	34	46	11.4 h	31	11.4 h	32	33	10.5 h	29
x158	13.4 i	21	56	12.4 e	19	13.3 h	31	54	12.4 e	29	12.8 h	35	46	11.9 h	33	11.9 h	33	34	11.1 h	31
x198	14.1 i	21	51	12.4 e	15	13.9 h	30	50	12.4 e	21	13.7 h	38	48	12.4 e	31	12.7 h	35	35	12.4 e	31
x240	14.6 i	20	50	12.4 e	13	14.4 h	29	48	12.4 e	19	14.3 h	37	46	12.4 e	25	13.4 h	37	36	12.4 e	32
x283	15.0 h	20	48	12.4 e	11	14.8 h	28	45	12.4 e	16	14.7 i	36	44	12.4 e	22	14.1 h	39	38	12.4 e	27
356x368x129	13.6 i	22	54	12.4 e	19	13.4 i	31	51	12.4 e	28	12.8 h	35	43	12.0 h	33	11.9 h	33	33	11.1 h	31
x153	14.0 i	22	52	12.4 e	16	13.8 h	31	50	12.4 e	24	13.4 h	37	44	12.4 e	32	12.5 h	35	33	11.8 h	32
x177	14.4 i	21	51	12.4 e	14	14.2 h	30	48	12.4 e	21	14.0 h	38	46	12.4 e	28	13.0 h	36	34	12.3 h	34
x202	14.7 i	21	49	12.4 e	12	14.5 h	30	46	12.4 e	19	14.4 h	38	45	12.4 e	25	13.5 h	37	35	12.4 e	31

Deck: PMF-CF60

Table 13

BEAM DATA
```
Internal beam
Uniform load
Beam spacing      3 m
Steel grade       43
Shear connectors  Welded
```

SLAB DATA
```
Fire resistance  90 mins
Slab depth       130 mm
Concrete         LW
Grade            30
```

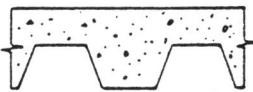

FOR FURTHER INFORMATION SEE NOTES PRECEDING TABLE 1

IMPOSED LOAD kN/m²	4.0					6.0					8.0					10.0				
SERIAL SIZE	LP	DP	DS	LE	DE	LP	DP	DS	LE	DE	LP	DP	DS	LE	DE	LP	DP	DS	LE	DE
203x133x 30	6.8 f	12	32	6.8 f	13	6.1 f	12	21	6.1 f	14	5.6 f	12	15	5.6 d	14	5.2 f	11	11	.	.
254x102x 25	6.6 f	10	24	6.6 f	10	5.9 f	10	16	5.9 f	10	5.4 f	9	11	5.4 f	10	5.1 f	9	8	5.0 d	10
x 28	7.1 f	11	28	7.1 f	11	6.4 f	11	18	6.4 f	12	5.8 f	11	12	5.8 f	12	5.4 f	10	9	5.3 d	11
254x146x 31	7.5 f	13	31	7.5 f	13	6.8 f	13	20	6.8 f	14	6.1 f	12	14	6.1 d	14	5.7 f	12	10	5.3 d	11
x 37	8.3 f	16	36	8.3 f	17	7.4 f	16	23	7.4 f	18	6.8 f	15	16	6.4 d	16	6.3 f	14	12	5.6 d	12
x 43	8.9 f	19	42	8.9 f	21	7.9 f	19	27	7.8 d	20	7.3 f	18	19	6.8 f	17	6.7 f	16	13	6.0 d	14
305x102x 28	7.5 f	11	25	7.5 f	11	6.8 f	11	17	6.8 f	11	6.2 f	11	12	6.2 f	12	5.7 f	10	8	5.6 d	11
x 33	8.1 f	13	29	8.1 f	13	7.3 f	13	19	7.3 f	13	6.6 f	12	13	6.6 f	14	6.1 f	11	9	5.8 d	11
305x127x 37	8.6 f	15	34	8.6 f	16	7.7 f	15	21	7.7 f	17	7.1 f	15	15	6.9 d	16	6.5 f	13	11	6.1 d	13
x 42	9.1 f	17	37	9.1 f	18	8.2 f	17	24	8.2 f	19	7.4 f	16	17	7.2 d	17	6.9 f	15	12	6.3 d	14
x 48	9.8 f	20	42	9.8 f	22	8.8 f	20	27	8.8 f	23	7.9 f	18	19	7.5 d	18	7.4 f	18	14	6.6 d	15
305x165x 40	9.2 f	18	37	9.2 f	19	8.3 f	18	24	8.2 d	19	7.5 f	17	16	7.1 d	16	6.9 c	16	12	6.2 d	13
x 46	9.9 f	21	42	9.9 f	22	8.8 f	21	27	8.6 d	21	8.0 f	19	18	7.4 d	17	7.4 c	18	13	6.6 d	14
x 54	10.6 f	24	48	10.6 f	26	9.4 f	23	30	9.0 d	23	8.6 f	22	21	7.8 d	19	7.9 c	21	15	7.0 d	16
356x127x 33	8.6 f	14	28	8.6 f	14	7.6 f	13	18	7.6 f	13	6.9 f	12	12	6.9 f	13	6.4 f	12	9	6.2 d	11
x 39	9.3 f	16	33	9.3 f	16	8.4 f	16	21	8.4 f	17	7.6 f	15	15	7.5 d	16	7.0 f	14	10	6.6 d	13
356x171x 45	10.1 f	20	38	10.1 f	20	9.1 f	19	25	9.0 d	21	8.3 f	18	17	7.8 d	17	7.6 f	17	12	6.9 d	14
x 51	10.8 f	22	43	10.8 f	24	9.7 f	22	28	9.5 d	23	8.8 f	21	19	8.1 d	18	8.1 c	19	14	7.3 d	15
x 57	11.4 f	25	48	11.4 f	27	10.2 f	24	30	9.8 d	24	9.3 f	23	21	8.5 d	20	8.6 c	21	15	7.6 d	17
x 67	12.3 i	29	54	12.3 i	33	11.1 f	29	36	10.4 d	28	10.1 f	28	25	9.2 d	23	9.2 c	24	17	8.3 d	20
406x140x 39	9.8 f	16	32	9.8 f	16	8.7 f	16	20	8.7 f	16	7.9 f	15	14	7.8 d	15	7.3 f	14	10	6.9 d	13
x 46	10.8 f	20	38	10.8 f	20	9.6 f	19	24	9.6 f	21	8.8 f	18	17	8.4 d	18	8.1 f	17	12	7.5 d	15
406x178x 54	11.6 f	24	44	11.6 f	25	10.4 f	23	28	10.1 d	23	9.4 f	22	19	8.8 d	20	8.7 c	20	14	7.8 d	16
x 60	12.3 f	27	48	12.3 f	28	11.0 f	26	31	10.6 d	25	10.0 f	24	21	9.2 d	21	9.1 c	22	15	8.2 d	17
x 67	12.9 f	29	51	12.9 f	32	11.6 f	29	34	11.0 d	28	10.6 f	27	23	9.6 d	23	9.7 c	24	16	8.8 d	20
x 74	13.1 i	29	50	13.1 i	32	12.3 f	32	38	11.5 d	30	11.1 f	30	26	10.1 d	25	10.1 c	26	18	9.1 d	21
457x152x 52	11.8 f	22	41	11.8 f	22	10.6 f	22	26	10.6 f	23	9.6 f	20	17	9.2 d	19	8.9 f	19	13	8.1 d	16
x 60	12.7 f	26	46	12.7 f	27	11.3 f	25	29	11.1 d	26	10.3 f	23	20	9.6 d	21	9.5 c	21	14	8.6 d	17
x 67	13.4 f	29	51	13.4 f	31	12.0 f	28	33	11.6 d	28	10.9 f	26	22	10.1 d	23	10.1 f	24	16	9.1 d	20
x 74	13.7 i	29	50	13.7 i	32	12.4 f	29	33	11.8 d	28	11.3 f	27	23	10.4 d	24	10.4 f	25	17	9.4 d	21
x 82	13.9 i	28	48	13.1 e	26	13.0 f	32	37	12.3 d	31	11.9 f	30	26	10.8 d	25	10.9 c	27	18	9.8 d	22
457x191x 67	13.4 i	29	50	13.4 i	31	12.1 f	29	33	11.6 d	28	11.0 f	27	23	10.1 d	23	10.1 c	24	16	9.1 d	20
x 74	13.7 i	29	48	13.7 i	32	12.8 f	32	36	12.0 d	30	11.6 f	30	25	10.5 d	24	10.6 c	26	17	9.6 d	21
x 82	13.9 i	29	47	12.8 e	23	13.3 f	36	39	12.4 d	32	12.2 c	33	28	11.0 d	27	11.0 c	28	18	10.0 d	23
x 89	14.2 i	28	46	12.8 e	21	13.7 f	37	40	12.8 e	32	12.4 c	33	27	11.3 d	27	11.3 c	29	18	10.2 d	23
x 98	14.4 i	28	45	12.8 e	20	14.2 h	39	42	12.8 e	30	12.9 c	36	29	11.8 d	29	11.8 c	31	20	10.8 d	26
533x210x 82	14.7 i	28	46	12.8 e	19	14.0 f	35	38	12.8 e	28	12.8 c	32	26	11.7 d	27	11.7 c	29	18	10.6 d	23
x 92	15.1 i	28	44	12.8 e	17	14.9 i	40	42	12.8 e	25	13.4 c	35	27	12.4 d	30	12.3 c	31	19	11.3 d	26
x101	15.4 i	28	43	12.8 e	15	15.1 i	40	40	12.8 e	23	13.7 c	35	27	12.8 e	30	12.6 c	31	19	11.6 d	26
x109	15.6 i	28	42	12.8 e	14	15.3 i	39	40	12.8 e	21	14.1 c	37	28	12.8 e	29	12.9 c	33	20	11.9 d	28
x122	15.9 i	27	41	12.8 e	13	15.6 i	39	38	12.8 e	19	14.8 h	41	30	12.8 e	26	13.6 c	37	22	12.6 d	31
610x229x101	16.1 i	28	42	12.8 e	13	15.8 i	39	39	12.8 e	17	14.6 c	38	28	12.8 e	25	13.3 c	33	20	12.4 d	28
x113	16.4 i	28	40	12.8 e	11	16.2 i	39	38	12.8 e	17	15.0 c	38	28	12.8 e	23	13.8 c	34	20	12.8 e	28
x125	16.8 i	27	39	12.8 e	10	16.5 i	39	37	12.8 e	15	15.6 c	41	30	12.8 e	21	14.3 c	37	21	12.8 e	26
x140	17.1 i	27	38	12.8 e	9	16.8 i	38	36	12.8 e	14	16.3 h	45	32	12.8 e	19	15.0 c	40	23	12.8 e	23
203x203x 46	8.5 f	21	51	8.3 h	23	7.6 f	21	33	6.9 h	19	6.9 h	19	22	6.2 d	17	6.3 h	17	15	5.6 d	15
x 52	9.0 f	23	56	8.4 h	23	7.9 h	22	34	7.2 h	20	7.1 h	20	22	6.4 h	17	6.6 h	18	16	5.9 d	16
x 60	9.6 f	26	62	8.7 h	24	8.3 h	23	34	7.5 h	20	7.4 h	21	23	6.8 h	19	6.8 h	19	16	6.2 d	17
x 71	10.2 h	28	65	9.3 h	26	8.8 h	24	35	8.0 h	22	7.9 h	22	23	7.2 h	20	7.2 h	20	16	6.6 h	18
x 86	10.7 i	29	64	9.8 h	27	9.3 h	25	36	8.5 h	23	8.3 h	23	24	7.6 h	21	7.6 h	21	17	7.0 h	19
254x254x 73	11.0 i	29	59	10.3 h	28	9.6 h	27	35	8.9 h	25	8.6 h	24	22	8.0 h	22	7.9 h	22	16	7.4 d	20
x 89	11.4 i	28	56	11.0 h	30	10.3 h	28	36	9.5 h	26	9.2 h	25	23	8.5 h	23	8.4 h	23	17	7.9 h	22
x107	11.8 i	28	53	11.6 h	32	10.8 h	30	38	10.1 h	28	9.7 h	27	24	9.1 h	25	8.9 h	24	17	8.3 h	23
x132	12.3 i	27	51	12.3 i	32	11.6 h	32	39	10.8 h	30	10.4 h	29	25	9.8 h	27	9.5 h	26	18	8.9 h	24
x167	12.8 i	26	47	12.8 e	30	12.4 h	34	41	11.7 h	32	11.2 h	31	27	10.6 h	29	10.3 h	28	19	9.7 h	27
305x305x 97	12.4 i	28	50	12.4 i	34	11.5 h	32	37	10.8 h	30	10.3 h	29	24	9.7 h	27	9.5 h	26	17	8.9 d	25
x118	12.8 i	28	48	12.8 e	32	12.1 h	33	38	11.4 h	32	10.9 h	30	25	10.3 h	28	10.1 h	28	18	9.5 h	26
x137	13.1 i	27	45	12.8 e	28	12.7 h	35	39	12.0 h	33	11.4 h	32	26	10.8 h	30	10.5 h	29	18	9.9 h	27
x158	13.4 i	26	43	12.8 e	24	13.2 h	37	40	12.6 h	34	11.9 h	33	27	11.4 h	32	11.0 h	30	19	10.4 h	29
x198	14.0 i	26	41	12.8 e	20	13.8 h	36	38	12.8 e	30	12.8 h	35	28	12.3 h	34	11.8 h	33	21	11.3 h	31
x240	14.4 i	24	38	12.8 e	16	14.3 h	35	36	12.8 e	25	13.5 h	37	29	12.8 e	33	12.5 h	34	21	12.1 h	33
x283	14.9 i	24	37	12.8 e	14	14.6 h	33	34	12.8 e	21	14.2 h	39	30	12.8 e	28	13.1 h	36	22	12.8 e	35
356x368x129	13.6 i	27	42	12.8 e	24	13.3 h	37	39	12.8 e	35	12.1 h	33	26	11.5 h	32	11.1 h	31	19	10.6 h	29
x153	14.0 i	26	40	12.8 e	20	13.8 h	37	38	12.8 e	31	12.6 h	35	27	12.1 h	34	11.7 h	32	20	11.1 h	30
x177	14.4 i	26	39	12.8 e	18	14.2 h	37	37	12.8 e	27	13.1 h	36	27	12.6 h	35	12.2 h	34	20	11.7 h	32
x202	14.7 i	25	38	12.8 e	16	14.4 i	36	35	12.8 e	24	13.6 h	38	28	12.8 e	32	12.6 h	35	21	12.2 h	34

Deck: PMF-CF46

Table 14

BEAM DATA
- Internal beam
- Uniform load
- Beam spacing: 3 m
- Steel grade: 50
- Shear connectors: Welded

SLAB DATA
- Fire resistance: 90 mins
- Slab depth: 120 mm
- Concrete: LW
- Grade: 30

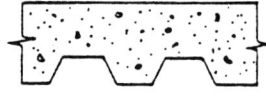

FOR FURTHER INFORMATION SEE NOTES PRECEDING TABLE 1

IMPOSED LOAD kN/m²	4.0					6.0					8.0					10.0				
SERIAL SIZE	LP		DP	DS	LE		DE	LP		DP	DS	LE		DE	LP		DP	DS	LE		DE	LP		DP	DS	LE		DE
203x133x 30	7.7 f 21 51	7.3 h 20	6.7 h 19 29	6.0 h 16	6.0 h 17 19	5.3 h 14	5.4 h 15 13	. .
254x102x 25	7.5 f 17 39	7.5 f 17	6.8 f 17 26	6.8 f 19	6.2 f 16 18	5.9 h 16	5.7 f 15 13	5.2 d 13
x 28	8.1 f 19 44	8.1 f 20	7.2 f 19 28	6.9 h 19	6.6 f 18 19	6.1 h 17	6.1 h 17 14	5.4 d 14
254x146x 31	8.5 f 23 50	8.3 h 23	7.4 h 21 29	6.9 h 19	6.7 h 18 19	6.1 h 16	6.1 h 17 13	5.5 d 15
x 37	9.1 h 25 53	8.6 h 24	7.9 h 22 30	7.2 h 20	7.0 h 19 18	6.4 h 18	6.4 h 18 13	5.9 h 16
x 43	9.6 h 26 55	8.8 h 24	8.3 h 23 30	7.5 h 21	7.3 h 20 19	6.8 h 18	6.7 h 18 13	6.3 h 17
305x102x 28	8.5 f 19 41	8.5 f 19	7.6 f 19 26	7.6 f 20	6.9 f 17 18	6.8 d 18	6.4 f 17 13	5.9 d 15
x 33	9.2 f 22 47	9.2 f 23	8.3 f 22 30	7.9 h 22	7.5 f 21 21	6.9 h 19	6.9 h 19 15	6.3 d 16
305x127x 37	9.8 h 26 54	9.4 h 26	8.5 h 23 31	7.9 h 21	7.7 h 21 21	7.0 h 19	7.0 h 19 14	6.4 d 17
x 42	10.3 h 28 58	9.6 h 26	8.8 h 24 32	8.1 h 22	7.9 h 22 21	7.3 h 20	7.2 h 20 14	6.7 h 18
x 48	10.7 h 29 60	9.9 h 27	9.2 h 25 33	8.4 h 23	8.2 h 23 21	7.6 h 21	7.6 h 21 15	7.0 h 19
305x165x 40	10.2 h 28 54	9.7 h 27	8.8 h 24 30	8.2 h 23	7.9 h 22 20	7.3 h 20	7.2 h 20 13	6.8 d 19
x 46	10.6 h 29 55	9.9 h 27	9.2 h 25 31	8.4 h 23	8.2 h 23 20	7.6 h 21	7.6 h 21 14	7.0 h 19
x 54	11.1 i 30 56	10.3 h 28	9.5 h 26 30	8.9 h 25	8.6 h 24 20	8.0 h 22	7.9 h 22 14	7.4 h 20
356x127x 33	9.7 h 23 46	9.7 f 23	8.6 f 22 29	8.6 h 24	7.9 f 21 20	7.4 h 19	7.3 f 19 14	6.6 d 16
x 39	10.6 f 27 53	10.6 f 29	9.4 h 26 33	8.8 h 24	8.4 h 23 22	7.8 h 21	7.8 h 21 15	7.0 h 18
356x171x 45	11.2 i 30 56	10.8 h 30	9.8 h 27 32	9.1 h 25	8.8 h 24 22	8.1 h 22	8.0 h 22 15	7.3 h 19
x 51	11.6 i 30 55	11.1 h 31	10.2 h 28 33	9.4 h 26	9.1 h 25 21	8.5 h 24	8.4 h 23 15	7.8 h 21
x 57	11.8 i 30 53	11.4 h 32	10.5 h 29 33	9.8 h 27	9.4 h 26 21	8.8 h 24	8.7 h 24 16	8.1 h 22
x 67	12.3 i 30 51	11.9 h 33	11.0 h 30 33	10.3 h 28	9.9 h 27 22	9.3 h 26	9.1 h 25 16	8.6 h 23
406x140x 39	11.1 f 27 51	11.1 f 28	9.9 f 27 33	9.5 h 26	8.9 f 24 22	8.3 d 22	8.3 c 22 16	7.4 d 18
x 46	11.9 i 30 55	11.8 h 33	10.6 h 29 34	9.9 h 27	9.5 h 26 23	8.9 h 25	8.8 h 24 17	8.1 d 22
406x178x 54	12.3 i 30 53	12.1 h 33	11.1 h 31 35	10.3 h 28	9.9 h 28 23	9.3 h 25	9.1 h 25 16	8.6 h 24
x 60	12.5 i 29 50	12.5 i 35	11.5 h 32 36	10.7 h 30	10.3 h 28 23	9.6 h 27	9.4 h 26 16	8.9 h 24
x 67	12.8 h 29 49	12.1 e 29	11.8 h 32 35	11.1 h 30	10.6 h 29 23	10.0 h 28	9.8 h 27 17	9.3 h 26
x 74	13.1 h 29 48	12.1 e 26	12.2 h 34 36	11.4 h 31	11.0 h 30 24	10.4 h 29	10.1 h 28 17	9.6 h 26
457x152x 52	12.7 i 30 53	12.7 i 34	11.6 h 32 37	10.9 h 30	10.5 h 29 25	9.8 h 27	9.6 h 27 18	8.8 d 23
x 60	13.1 i 30 50	13.1 i 35	12.2 h 34 38	11.4 h 31	10.9 h 30 25	10.2 h 28	10.0 h 28 17	9.4 h 26
x 67	13.3 i 29 49	12.1 e 24	12.6 h 35 39	11.8 h 33	11.2 h 30 24	10.6 h 29	10.4 h 29 18	9.8 h 27
x 74	13.6 i 29 48	12.1 e 22	12.9 h 36 39	12.1 e 33	11.6 h 32 25	10.9 h 30	10.8 h 30 19	10.1 h 28
x 82	13.9 i 29 47	12.1 e 20	13.3 h 37 39	12.1 e 30	12.0 h 33 26	11.3 h 31	11.1 h 31 19	10.4 h 29
457x191x 67	13.4 i 30 48	12.1 e 24	12.6 h 35 38	11.8 h 32	11.3 h 31 24	10.6 h 29	10.4 h 28 18	9.8 h 27
x 74	13.6 i 29 46	12.1 e 22	12.9 h 35 38	12.1 e 33	11.6 h 32 25	11.0 h 30	10.8 h 30 18	10.1 h 28
x 82	13.9 i 29 45	12.1 e 20	13.3 h 37 38	12.1 e 30	12.0 h 33 25	11.4 h 31	11.1 h 31 18	10.5 h 29
x 89	14.1 i 29 45	12.1 e 18	13.7 h 38 39	12.1 e 28	12.4 h 34 26	11.7 h 32	11.4 h 31 19	10.8 h 30
x 98	14.4 i 28 43	12.1 e 17	14.1 h 39 40	12.1 e 25	12.8 h 35 27	12.1 h 33	11.7 h 32 19	11.1 h 31
533x210x 82	14.7 i 29 45	12.1 e 16	14.3 h 39 40	12.1 e 24	13.0 h 36 27	12.1 e 32	12.0 h 33 20	11.4 h 31
x 92	15.1 i 29 43	12.1 e 14	14.8 i 40 40	12.1 e 21	13.5 h 37 28	12.1 e 28	12.6 h 35 21	11.9 h 33
x101	15.3 i 28 42	12.1 e 13	15.1 i 40 39	12.1 e 19	13.9 h 38 28	12.1 e 26	12.9 h 35 21	12.1 e 32
x109	15.5 i 28 41	12.1 e 12	15.3 i 40 38	12.1 e 18	14.1 h 39 28	12.1 e 24	13.1 h 36 21	12.1 e 30
x122	15.9 i 28 40	12.1 e 11	15.6 i 39 37	12.1 e 16	14.6 h 40 29	12.1 e 22	13.6 h 37 21	12.1 e 27
610x229x101	16.1 i 28 41	12.1 e 11	15.8 i 40 39	12.1 e 16	14.8 h 40 29	12.1 e 21	13.8 h 38 22	12.1 e 27
x113	16.4 i 28 40	12.1 e 10	16.2 i 40 37	12.1 e 14	15.3 h 42 30	12.1 e 19	14.2 h 39 22	12.1 e 24
x125	16.8 i 28 38	12.1 e 9	16.5 i 39 36	12.1 e 13	15.8 h 44 30	12.1 e 17	14.6 h 40 22	12.1 e 22
x140	17.1 i 27 37	12.1 e 8	16.8 i 39 35	12.1 e 12	16.3 h 45 31	12.1 e 16	15.1 h 41 23	12.1 e 20
203x203x 46	8.7 h 24 54	7.8 h 21	7.3 h 20 27	6.7 h 18	6.6 h 18 18	6.1 h 17	6.1 h 17 13	5.6 h 15
x 52	8.8 h 24 50	8.1 h 23	7.6 h 21 28	7.0 h 19	6.9 h 19 19	6.3 h 17	6.3 h 17 13	5.8 h 16
x 60	9.3 h 26 53	8.4 h 23	7.9 h 22 29	7.3 h 20	7.1 h 19 19	6.6 h 18	6.6 h 18 13	6.1 h 17
x 71	9.8 h 27 54	9.0 h 24	8.4 h 23 30	7.8 h 22	7.6 h 20 19	7.0 h 19	6.9 h 19 14	6.5 h 18
x 86	10.4 h 28 56	9.6 h 27	8.9 h 25 31	8.3 h 23	8.0 h 22 20	7.4 h 20	7.4 h 20 14	6.9 h 19
254x254x 73	10.8 h 30 54	10.1 h 28	9.3 h 25 29	8.7 h 24	8.4 h 23 19	7.8 h 21	7.7 h 21 14	7.2 h 20
x 89	11.3 i 30 53	10.8 h 29	9.9 h 27 31	9.3 h 25	8.9 h 25 20	8.4 h 23	8.2 h 22 14	7.7 h 21
x107	11.8 i 29 51	11.4 h 32	10.5 h 29 33	9.9 h 27	9.4 h 26 21	8.9 h 24	8.7 h 24 15	8.2 h 23
x132	12.3 i 28 48	12.1 e 32	11.3 h 31 34	10.6 h 29	10.1 h 28 23	9.6 h 26	9.3 h 25 16	8.8 h 24
x167	12.8 i 27 45	12.1 e 26	12.2 h 34 37	11.5 h 32	10.9 h 30 24	10.4 h 29	10.0 h 28 17	9.6 h 27
305x305x 97	12.3 i 29 47	12.1 e 28	11.2 h 31 33	10.6 h 29	10.1 h 28 21	9.5 h 26	9.3 h 25 15	8.8 h 24
x118	12.7 i 28 45	12.1 e 27	11.9 h 33 34	11.3 h 31	10.7 h 29 23	10.1 h 28	9.8 h 27 16	9.3 h 26
x137	13.1 i 27 43	12.1 e 24	12.5 h 34 36	11.8 h 33	11.2 h 31 23	10.6 h 29	10.3 h 28 17	9.8 h 27
x158	13.4 i 27 41	12.1 e 21	13.0 h 36 37	12.1 e 31	11.7 h 32 24	11.2 h 31	10.8 h 29 17	10.3 h 28
x198	13.9 i 26 39	12.1 e 17	13.8 i 37 37	12.1 e 25	12.6 h 35 26	12.1 h 33	11.6 h 32 19	11.1 h 31
x240	14.4 i 25 37	12.1 e 14	14.2 i 35 35	12.1 e 21	13.4 h 37 28	12.1 e 21	12.4 h 34 20	11.9 h 33
x283	14.8 i 24 35	12.1 e 12	14.6 h 34 34	12.1 e 18	14.1 h 39 29	12.1 e 24	13.1 h 36 21	12.1 e 30
356x368x129	13.6 i 27 41	12.1 e 20	13.1 h 36 36	12.1 e 30	11.9 h 33 24	11.3 h 31	10.9 h 30 17	10.4 h 29
x153	14.0 i 27 40	12.1 e 17	13.8 i 38 37	12.1 e 26	12.5 h 35 25	11.9 h 33	11.5 h 32 18	11.0 h 30
x177	14.3 i 26 38	12.1 e 15	14.1 i 37 36	12.1 e 23	13.0 h 36 26	12.1 e 31	12.0 h 33 19	11.5 h 31
x202	14.6 i 26 37	12.1 e 14	14.4 i 37 35	12.1 e 20	13.5 h 37 27	12.1 e 27	12.5 h 34 19	12.1 h 33

Deck: PMF-CF46

Table 15

BEAM DATA
- Internal beam
- Uniform load
- Beam spacing — 3 m
- Steel grade — 50
- Shear connectors — Welded

SLAB DATA
- Fire resistance — 90 mins
- Slab depth — 130 mm
- Concrete — NW
- Grade — 30

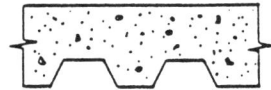

FOR FURTHER INFORMATION SEE NOTES PRECEDING TABLE 1

IMPOSED LOAD kN/m²	4.0					6.0					8.0					10.0				
SERIAL SIZE	LP	DP	DS	LE	DE	LP	DP	DS	LE	DE	LP	DP	DS	LE	DE	LP	DP	DS	LE	DE
203x133x 30	7.3	f	14	55	7.3 f 16	6.6	f	15	38	6.6 h 18	6.1	f	15	28	5.8 h 16	5.8	f	15	22	5.1 d 13
254x102x 25	7.1	f	11	41	7.1 f 12	6.4	f	12	29	6.4 f 13	5.9	f	12	21	5.9 f 14	5.6	f	11	16	5.4 d 13
x 28	7.6	f	13	47	7.6 f 13	6.9	f	14	32	6.9 f 15	6.4	f	14	23	6.4 f 16	5.9	f	13	18	5.6 d 13
254x146x 31	8.0	f	15	53	8.0 f 16	7.3	f	16	37	7.3 f 19	6.8	f	16	27	6.4 d 16	6.3	f	16	20	5.6 d 13
x 37	8.8	f	19	62	8.8 f 22	8.0	f	20	42	7.7 h 21	7.4	f	19	31	6.8 h 18	6.9	f	18	23	6.1 d 16
x 43	9.5	f	22	72	9.5 f 26	8.6	f	23	49	8.0 h 22	7.9	h	22	34	7.1 h 20	7.2	f	20	24	6.4 d 17
305x102x 28	8.0	f	13	43	8.0 f 13	7.3	f	14	30	7.3 f 15	6.8	f	14	22	6.8 f 15	6.3	f	13	17	6.0 d 13
x 33	8.7	f	16	50	8.7 f 16	7.9	f	16	34	7.9 f 18	7.3	f	16	24	7.2 d 18	6.8	f	15	19	6.4 d 15
305x127x 37	9.2	f	18	57	9.2 f 20	8.4	f	19	40	8.4 f 22	7.7	f	18	28	7.3 d 19	7.2	f	18	21	6.5 d 16
x 42	9.8	f	20	64	9.8 f 23	8.9	f	21	44	8.8 d 24	8.2	f	21	32	7.6 d 20	7.6	f	20	24	6.8 d 17
x 48	10.4	f	23	73	10.4 f 28	9.5	f	24	50	8.9 h 25	8.8	f	24	36	7.9 h 21	8.1	h	22	27	7.2 d 19
305x165x 40	9.9	f	22	64	9.9 f 24	8.9	f	22	43	8.7 d 24	8.3	f	22	31	7.6 d 20	7.6	c	20	23	6.8 d 17
x 46	10.5	i	24	71	10.5 i 27	9.6	f	25	49	9.0 h 25	8.8	h	24	34	8.0 h 22	8.1	h	22	25	7.2 d 19
x 54	10.9	i	24	70	10.9 i 29	10.2	h	28	54	9.3 h 26	9.2	h	25	36	8.3 h 23	8.3	h	23	24	7.6 d 21
356x127x 33	9.1	f	16	48	9.1 f 16	8.3	f	16	32	8.3 f 17	7.6	f	16	24	7.6 f 18	7.1	f	16	18	6.8 d 15
x 39	10.0	f	19	57	10.0 f 21	9.1	f	20	39	9.1 f 23	8.4	f	20	28	8.1 d 21	7.8	f	18	21	7.1 d 17
356x171x 45	10.8	f	23	66	10.8 f 25	9.8	f	24	45	9.5 d 25	9.1	f	23	32	8.3 d 20	8.4	c	22	24	7.3 d 17
x 51	11.3	i	24	66	11.3 i 27	10.5	f	27	50	9.9 h 27	9.7	h	27	36	8.8 d 23	8.9	c	24	26	7.9 d 20
x 57	11.6	i	24	65	11.6 i 28	11.1	h	31	56	10.3 h 29	10.0	h	27	37	9.1 d 25	9.1	h	25	25	8.3 d 21
x 67	12.1	i	24	64	12.1 i 30	11.8	h	32	58	10.8 h 30	10.4	h	28	35	9.7 h 27	9.6	h	27	26	8.9 h 24
406x140x 39	10.4	f	19	55	10.4 f 20	9.4	f	20	37	9.4 f 22	8.7	f	19	26	8.5 d 20	8.1	f	18	20	7.4 d 16
x 46	11.5	f	24	65	11.5 f 25	10.4	f	24	44	10.4 d 27	9.6	f	23	31	9.0 d 22	8.9	c	22	24	8.1 d 19
406x178x 54	11.9	i	24	64	11.9 i 27	11.3	f	28	50	10.9 d 30	10.4	f	28	36	9.5 d 25	9.6	c	25	26	8.5 d 21
x 60	12.3	i	24	62	12.3 i 28	12.0	f	33	57	11.3 h 31	10.9	h	30	38	9.9 d 27	10.1	h	28	28	9.0 d 23
x 67	12.6	i	24	61	12.6 i 28	12.4	i	34	58	11.6 h 32	11.3	h	31	39	10.4 d 29	10.3	h	28	27	9.4 d 25
x 74	12.9	i	24	60	11.9 e 22	12.7	i	34	57	11.9 e 33	11.5	h	32	38	10.8 h 30	10.6	h	29	27	9.9 h 27
457x152x 52	12.4	i	24	64	12.4 i 27	11.4	f	27	47	11.3 d 30	10.6	f	26	34	9.9 d 25	9.8	f	25	25	8.8 d 21
x 60	12.8	i	24	61	12.8 i 27	12.3	f	31	53	11.9 d 32	11.4	f	30	39	10.4 d 27	10.5	c	28	28	9.4 d 23
x 67	13.1	i	24	61	13.1 i 28	12.9	i	33	57	12.3 d 34	11.9	h	33	42	10.9 d 29	10.9	h	30	30	9.9 d 25
x 74	13.4	i	23	59	12.5 e 22	13.2	i	33	56	12.5 e 33	12.4	h	34	41	11.2 d 29	11.3	d	31	30	10.3 d 26
x 82	13.7	i	23	58	11.9 e 17	13.5	i	33	55	11.9 e 25	12.7	h	35	43	11.7 d 32	11.6	h	32	30	10.7 d 28
457x191x 67	13.1	i	24	59	13.1 i 28	12.9	i	34	57	12.3 d 34	11.9	h	33	41	10.9 d 29	10.9	h	30	29	9.9 d 25
x 74	13.4	i	23	57	11.9 e 18	13.2	i	33	54	11.9 e 28	12.2	h	33	40	11.4 d 31	11.3	h	31	29	10.4 d 27
x 82	13.7	i	24	57	11.9 e 17	13.5	i	34	54	11.9 e 25	12.7	h	35	42	11.8 d 32	11.6	h	32	30	10.9 d 30
x 89	13.9	i	23	56	11.9 e 15	13.8	h	33	53	11.9 e 23	13.1	h	36	43	11.9 e 31	11.9	h	33	30	11.1 d 29
x 98	14.2	i	23	54	11.9 e 14	14.0	h	33	52	11.9 e 21	13.4	h	37	44	11.9 e 28	12.4	h	34	31	11.6 h 32
533x210x 82	14.4	i	24	55	11.9 e 13	14.3	i	34	52	11.9 e 20	13.6	h	37	44	11.9 e 27	12.6	h	35	32	11.5 d 30
x 92	14.8	i	23	53	11.9 e 12	14.6	i	33	50	11.9 e 18	14.2	h	39	45	11.9 e 24	13.2	h	37	33	11.9 e 27
x101	15.1	i	23	51	11.9 e 11	14.9	i	33	49	11.9 e 16	14.6	h	41	46	11.9 e 22	13.6	h	38	34	11.9 e 27
x109	15.3	i	23	51	11.9 e 10	15.1	i	33	49	11.9 e 15	14.9	i	41	46	11.9 e 20	13.8	h	38	34	11.9 e 25
x122	15.7	i	23	50	11.9 e 9	15.5	i	33	48	11.9 e 14	15.3	i	41	45	11.9 e 18	14.3	h	39	35	11.9 e 23
610x229x101	15.8	i	23	51	11.9 e 9	15.6	i	33	48	11.9 e 13	15.4	i	42	46	11.9 e 18	14.4	h	40	35	11.9 e 22
x113	16.2	i	23	49	11.9 e 8	16.0	i	33	47	11.9 e 12	15.8	i	41	45	11.9 e 16	14.9	h	41	35	11.9 e 20
x125	16.5	i	22	47	11.9 e 7	16.3	i	32	45	11.9 e 11	16.1	i	41	43	11.9 e 14	15.4	h	42	36	11.9 e 18
x140	16.9	i	22	46	11.9 e 6	16.7	i	32	44	11.9 e 10	16.5	i	41	42	11.9 e 13	15.9	h	44	37	11.9 e 16
203x203x 46	9.1	f	24	86	8.3 h 23	8.0	h	22	52	7.0 h 19	6.9	h	18	29	6.3 h 17	6.5	h	18	23	5.9 h 16
x 52	9.4	i	24	86	8.4 h 23	8.1	h	22	47	7.3 h 20	7.3	h	20	31	6.6 h 18	6.8	h	19	23	6.1 h 17
x 60	9.6	i	25	83	8.8 h 24	8.4	h	23	49	7.6 h 21	7.6	h	20	32	6.9 h 19	7.0	h	19	23	6.4 h 18
x 71	10.1	i	25	80	9.4 h 26	9.0	h	25	51	8.2 h 23	8.1	h	22	33	7.4 h 20	7.4	h	20	24	6.8 h 19
x 86	10.5	i	25	78	10.1 h 28	9.5	h	26	52	8.8 h 24	8.6	h	24	35	7.9 h 22	8.0	h	22	26	7.3 h 20
254x254x 73	10.8	i	25	70	10.5 h 29	9.9	h	27	50	9.1 h 25	8.9	h	24	33	8.3 h 23	8.3	h	23	24	7.6 h 21
x 89	11.3	i	25	68	11.3 i 31	10.6	h	29	53	9.8 h 27	9.5	h	26	35	8.8 h 24	8.8	h	24	25	8.1 h 22
x107	11.7	i	24	66	11.7 h 30	11.2	h	30	55	10.4 h 29	10.1	h	27	36	9.4 h 26	9.3	h	25	26	8.6 h 23
x132	12.2	i	23	62	11.9 e 26	12.1	i	33	60	11.2 h 31	10.8	h	30	38	10.1 h 28	9.9	h	27	27	9.3 h 26
x167	12.8	i	22	59	11.9 e 20	12.6	i	31	56	11.9 e 31	11.8	h	33	42	10.9 h 30	10.8	h	29	29	10.1 h 28
305x305x 97	12.2	i	24	61	11.9 e 27	11.8	h	32	54	11.0 h 30	10.7	h	29	36	9.9 h 27	9.8	h	27	26	9.2 h 25
x118	12.6	i	23	58	11.9 e 22	12.5	h	33	55	11.8 e 32	11.4	h	31	38	10.6 h 29	10.5	h	29	28	9.8 h 27
x137	13.0	i	22	55	11.9 e 19	12.9	h	32	53	11.9 e 29	11.9	h	33	39	11.2 h 31	11.0	h	30	28	10.2 h 28
x158	13.4	i	22	54	11.9 e 17	13.2	h	31	51	11.9 e 25	12.6	h	35	42	11.8 e 32	11.5	h	32	29	10.9 h 30
x198	13.9	i	21	50	11.9 e 13	13.8	h	31	48	11.9 e 20	13.5	h	37	44	11.9 e 27	12.5	h	34	32	11.8 e 32
x240	14.4	i	20	48	11.9 e 11	14.3	h	30	46	11.9 e 17	14.1	h	37	44	11.9 e 22	13.3	h	37	34	11.9 e 28
x283	14.9	i	20	46	11.9 e 9	14.8	h	29	44	11.9 e 14	14.6	h	36	42	11.9 e 19	14.0	h	39	36	11.9 e 24
356x368x129	13.5	i	23	52	11.9 e 19	13.3	h	32	49	11.9 e 25	12.6	h	35	40	11.8 e 32	11.6	h	32	29	10.9 h 30
x153	13.9	i	22	50	11.9 e 14	13.8	h	32	48	11.9 e 21	13.3	h	37	42	11.9 e 28	12.3	h	34	30	11.6 h 32
x177	14.3	i	22	49	11.9 e 12	14.1	h	31	46	11.9 e 19	13.9	h	38	43	11.9 e 25	12.9	h	36	32	11.9 e 31
x202	14.6	i	21	47	11.9 e 11	14.4	h	30	44	11.9 e 16	14.3	i	39	43	11.9 e 22	13.4	h	37	33	11.9 e 27

Deck: PMF-CF46

Table 16

BEAM DATA

```
Internal beam
Uniform load
Beam spacing      3 m
Steel grade       43
Shear connectors  Welded
```

SLAB DATA

```
Fire resistance  90 mins
Slab depth       120 mm
Concrete         LW
Grade            30
```

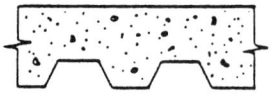

FOR FURTHER INFORMATION SEE NOTES PRECEDING TABLE 1

IMPOSED LOAD kN/m²	4.0					6.0					8.0					10.0				
SERIAL SIZE	LP	DP	DS	LE	DE	LP	DP	DS	LE	DE	LP	DP	DS	LE	DE	LP	DP	DS	LE	DE
203x133x 30	6.8	f	13	30	6.8 f 14	6.1	f	13	20	6.1 f 15	5.6	f	12	14	5.4 d 13	5.1	f	12	10	. .
254x102x 25	6.6	f	10	24	6.6 f 10	5.9	f	10	15	5.9 f 10	5.4	f	9	10	5.4 f 10	5.0	f	9	8	. .
x 28	7.1	f	12	26	7.1 f 12	6.3	f	12	17	6.3 f 12	5.8	f	11	11	5.8 f 12	5.3	f	10	8	5.1 d 10
254x146x 31	7.4	f	14	29	7.4 f 14	6.7	f	14	19	6.7 f 15	6.1	f	13	13	5.9 d 13	5.6	f	12	10	5.1 d 11
x 37	8.2	f	17	35	8.2 f 18	7.3	f	16	22	7.3 d 18	6.7	f	16	15	6.3 d 15	6.2	f	15	11	5.5 d 12
x 43	8.8	f	19	40	8.8 f 22	7.9	f	19	25	7.6 d 20	7.2	f	18	18	6.5 d 16	6.6	f	17	13	5.8 d 13
305x102x 28	7.5	f	12	25	7.5 f 12	6.7	f	11	16	6.7 f 11	6.1	f	11	11	6.1 f 12	5.6	f	10	8	5.5 d 11
x 33	8.1	f	14	28	8.1 f 14	7.2	f	13	17	7.2 f 14	6.6	f	12	12	6.5 d 13	6.1	f	12	9	5.8 d 12
305x127x 37	8.6	f	16	32	8.6 f 17	7.6	f	15	20	7.6 f 17	6.9	f	14	14	6.8 d 15	6.4	f	14	10	5.9 d 13
x 42	9.1	f	18	36	9.1 f 19	8.1	f	17	22	8.1 f 20	7.4	f	17	16	6.9 d 16	6.8	f	15	11	6.2 d 13
x 48	9.7	f	20	40	9.7 f 23	8.6	f	20	25	8.5 d 22	7.9	f	19	18	7.3 d 18	7.3	f	18	13	6.5 d 14
305x165x 40	9.1	f	19	35	9.1 f 19	8.2	f	18	23	8.1 d 19	7.4	f	17	15	6.9 d 15	6.8	c	15	10	6.1 d 12
x 46	9.8	f	22	40	9.8 f 23	8.8	f	21	25	8.3 d 20	7.9	f	20	17	7.3 d 17	7.3	c	17	12	6.4 d 14
x 54	10.6	f	25	46	10.6 f 28	9.4	f	24	29	8.8 d 23	8.6	f	23	20	7.7 d 19	7.8	c	20	14	6.9 d 16
356x127x 33	8.5	f	14	27	8.5 f 14	7.6	f	13	17	7.6 f 13	6.9	f	13	12	6.9 f 13	6.4	f	12	9	6.0 d 11
x 39	9.3	f	17	32	9.3 f 17	8.3	f	17	20	8.3 f 17	7.6	f	15	14	7.3 d 15	6.9	f	14	10	6.4 d 12
356x171x 45	10.1	f	20	37	10.1 f 20	9.0	f	20	23	8.8 f 20	8.2	f	19	16	7.6 d 16	7.5	c	17	11	6.8 d 13
x 51	10.8	f	23	41	10.8 f 24	9.6	f	23	26	9.2 d 22	8.8	f	21	18	8.0 d 18	7.9	c	18	12	7.1 d 15
x 57	11.4	f	26	46	11.4 f 28	10.1	f	25	29	9.6 d 24	9.3	f	24	20	8.3 d 19	8.4	c	20	13	7.4 d 16
x 67	12.3	f	29	51	12.3 i 33	11.1	f	30	34	10.3 d 27	10.0	c	27	23	9.0 d 22	9.0	d	24	15	8.1 d 19
406x140x 39	9.7	f	16	30	9.7 f 16	8.6	f	16	19	8.6 f 16	7.9	f	15	13	7.7 d 15	7.3	f	14	9	6.8 d 13
x 46	10.7	f	20	36	10.7 f 20	9.5	f	19	23	9.5 f 21	8.7	f	19	16	8.2 d 17	8.0	c	17	11	7.3 d 14
406x178x 54	11.6	f	24	42	11.6 f 25	10.3	f	23	27	9.9 d 23	9.4	f	22	18	8.6 d 19	8.6	c	19	13	7.7 d 16
x 60	12.3	f	27	46	12.3 f 29	10.9	f	26	29	10.4 d 25	9.9	c	24	20	9.0 d 20	9.0	c	21	13	8.1 d 17
x 67	12.8	f	29	49	12.8 i 32	11.6	f	30	33	10.8 d 27	10.5	c	27	22	9.4 d 22	9.4	d	24	15	8.6 d 19
x 74	13.1	i	29	48	13.1 i 33	12.2	f	33	36	11.3 d 29	11.0	c	30	24	9.9 d 24	9.9	d	26	16	9.0 d 21
457x152x 52	11.8	f	22	39	11.8 f 23	10.5	f	22	25	10.4 d 23	9.5	f	20	17	9.0 d 19	8.8	c	19	12	8.1 d 16
x 60	12.7	f	27	45	12.7 f 28	11.3	f	25	28	10.9 d 25	10.3	f	23	19	9.5 d 21	9.4	c	21	13	8.5 d 17
x 67	13.3	i	29	49	13.3 i 32	11.9	f	28	32	11.4 d 27	10.8	f	26	21	9.9 d 23	9.9	c	24	15	8.9 d 19
x 74	13.6	i	29	48	13.6 i 32	12.3	f	29	32	11.7 d 28	11.3	f	28	22	10.3 d 23	10.3	d	25	15	9.2 d 19
x 82	13.9	i	29	47	13.1 e 26	12.9	f	33	35	12.1 d 30	11.8	f	30	24	10.7 d 25	10.7	d	27	16	9.6 d 21
457x191x 67	13.4	i	30	48	13.4 i 32	12.0	f	29	31	11.4 d 27	10.9	c	27	21	9.9 d 23	9.9	c	24	15	8.9 d 19
x 74	13.6	i	29	46	13.6 i 32	12.7	f	33	35	11.8 d 29	11.4	c	29	23	10.4 d 24	10.3	d	25	15	9.4 d 21
x 82	13.9	i	29	45	12.5 e 22	13.3	f	36	38	12.3 d 31	12.0	c	33	25	10.8 d 26	10.8	d	27	16	9.8 d 22
x 89	14.1	i	29	45	12.1 e 18	13.6	f	37	39	12.1 e 28	12.2	d	32	25	11.1 d 26	11.0	d	28	16	10.1 d 23
x 98	14.4	i	28	43	12.1 e 17	14.1	h	39	40	12.1 e 25	12.8	c	35	27	11.6 d 29	11.5	d	30	18	10.5 d 25
533x210x 82	14.7	i	29	45	12.8 e 19	14.0	f	36	37	12.8 e 29	12.6	c	32	24	11.4 d 27	11.4	d	28	16	10.4 d 23
x 92	15.1	i	29	43	12.1 e 14	14.8	c	40	40	12.1 e 21	13.3	c	35	26	12.1 e 28	12.1	d	31	18	11.0 d 25
x101	15.3	i	28	42	12.1 e 13	15.1	i	40	39	12.1 e 19	13.6	c	36	26	12.1 e 26	12.5	c	32	18	11.4 d 25
x109	15.5	i	28	41	12.1 e 12	15.3	i	40	38	12.1 e 18	14.0	c	37	27	12.1 e 24	12.8	c	33	19	11.8 d 27
x122	15.9	i	28	40	12.1 e 11	15.6	i	39	38	12.1 e 16	14.6	h	40	29	12.1 e 22	13.4	c	36	21	12.1 e 27
610x229x101	16.1	i	28	41	12.1 e 11	15.8	i	40	39	12.1 e 16	14.4	c	37	27	12.1 e 21	13.3	c	33	19	12.1 e 27
x113	16.4	i	28	40	12.1 e 10	16.2	i	40	37	12.1 e 14	14.9	c	38	27	12.1 e 19	13.7	c	34	19	12.1 e 24
x125	16.8	i	28	38	12.1 e 9	16.5	i	39	36	12.1 e 13	15.6	c	42	29	12.1 e 17	14.3	c	36	20	12.1 e 22
x140	17.1	i	27	37	12.1 e 8	16.8	i	39	35	12.1 e 12	16.3	h	45	31	12.1 e 16	14.9	c	40	22	12.1 e 20
203x203x 46	8.4	f	22	48	8.1 h 22	7.4	h	20	29	6.8 h 18	6.7	h	18	19	6.0 d 16	6.1	h	17	13	5.4 d 14
x 52	8.9	f	24	53	8.3 h 23	7.8	h	21	30	7.0 h 19	6.9	h	19	19	6.3 h 17	6.3	h	17	13	5.8 d 15
x 60	9.4	h	26	56	8.5 h 24	7.9	h	22	29	7.3 h 20	7.1	h	19	19	6.6 h 18	6.6	h	18	13	6.1 d 17
x 71	9.9	h	27	56	9.0 h 24	8.4	h	23	30	7.8 h 22	7.6	h	20	19	7.0 h 19	6.9	h	19	14	6.5 d 18
x 86	10.4	h	28	56	9.6 h 27	8.9	h	25	31	8.3 h 23	8.0	h	22	20	7.4 h 20	7.4	h	20	14	6.9 h 19
254x254x 73	10.9	i	29	55	10.1 h 28	9.3	h	25	29	8.7 h 24	8.4	h	23	19	7.8 h 21	7.7	h	21	14	7.2 h 20
x 89	11.3	i	30	53	10.8 h 29	9.9	h	27	31	9.3 h 25	8.9	h	25	20	8.4 h 23	8.2	h	22	14	7.7 h 21
x107	11.8	i	29	51	11.4 h 32	10.5	h	29	33	9.9 h 27	9.4	h	26	21	8.9 h 24	8.7	h	24	15	8.2 h 23
x132	12.3	i	28	48	12.1 e 32	11.3	h	31	34	10.6 h 29	10.1	h	28	23	9.6 h 26	9.3	h	25	16	8.8 h 24
x167	12.8	i	27	45	12.1 e 26	12.2	h	34	37	11.5 h 32	10.9	h	30	24	10.4 h 29	10.0	h	28	17	9.6 h 27
305x305x 97	12.3	i	29	47	12.1 e 33	11.2	h	31	33	10.6 h 29	10.1	h	28	21	9.5 h 26	9.3	h	25	15	8.8 d 24
x118	12.7	i	28	45	12.1 e 27	11.9	h	33	34	11.3 h 31	10.7	h	29	23	10.1 h 28	9.8	h	27	16	9.3 h 26
x137	13.1	i	27	43	12.1 e 24	12.5	h	34	36	11.8 h 33	11.2	h	31	23	10.6 h 29	10.3	h	28	17	9.8 h 27
x158	13.4	i	27	41	12.1 e 21	13.0	h	36	37	12.1 e 31	11.7	h	32	24	11.2 h 31	10.8	h	29	17	10.3 h 28
x198	13.9	i	26	39	12.1 e 17	13.8	i	37	37	12.1 e 25	12.6	h	35	26	12.1 h 33	11.6	h	32	19	11.1 h 31
x240	14.4	i	25	37	12.1 e 14	14.2	i	35	35	12.1 e 21	13.4	h	37	28	12.1 e 28	12.4	h	34	20	11.9 h 33
x283	14.8	i	24	35	12.1 e 12	14.6	h	34	34	12.1 e 18	14.1	h	39	29	12.1 e 24	13.1	h	36	21	12.1 e 30
356x368x129	13.6	i	27	41	12.1 e 20	13.1	h	36	36	12.1 e 30	11.9	h	33	24	11.3 h 31	10.9	h	30	17	10.4 h 29
x153	14.0	i	27	40	12.1 e 17	13.8	i	38	37	12.1 e 26	12.5	h	35	25	11.9 h 33	11.5	h	32	18	11.0 h 30
x177	14.3	i	26	38	12.1 e 15	14.1	i	37	36	12.1 e 23	13.0	h	36	26	12.1 e 31	12.0	h	33	19	11.5 h 31
x202	14.6	i	26	37	12.1 e 14	14.4	i	37	35	12.1 e 20	13.5	h	37	27	12.1 e 27	12.5	h	34	19	12.1 h 33

Deck: QUIKSPAN-Q55

Table 17

BEAM DATA
- Internal beam
- Uniform load
- Beam spacing 3 m
- Steel grade 50
- Shear connectors Welded

SLAB DATA
- Fire resistance 90 mins
- Slab depth 130 mm
- Concrete LW
- Grade 30

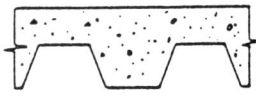

FOR FURTHER INFORMATION SEE NOTES PRECEDING TABLE 1

IMPOSED LOAD kN/m²	4.0					6.0					8.0					10.0				
SERIAL SIZE	LE	DE	DS	LA	DA	LE	DE	DS	LA	DA	LE	DE	DS	LA	DA	LE	DE	DS	LA	DA
203x133x 30	7.7	f	20 55	6.6	h 18	6.4	h	18 26	5.7	h 16	5.6	h	15 15	5.1	d 13	5.1	h	14 11	.	.
254x102x 25	7.5	f	16 42	7.1	d 19	6.8	f	16 27	5.9	d 14	6.2	f	16 19	5.1	d 12	5.6	d	15 13	.	.
x 28	8.0	f	18 46	7.4	d 19	7.2	f	18 30	6.3	d 16	6.5	h	18 20	5.4	d 13	5.9	d	16 13	.	.
254x146x 31	8.5	f	21 53	7.4	d 19	7.3	h	20 29	6.3	d 16	6.4	h	18 17	5.5	d 13	5.8	h	16 12	.	.
x 37	9.1	h	25 57	8.0	h 22	7.6	h	21 27	6.9	h 19	6.6	h	18 16	6.1	d 16	6.2	h	17 12	5.6	d 14
x 43	9.3	h	25 53	8.4	d 23	7.8	h	21 25	7.3	h 20	7.0	h	19 17	6.5	h 18	6.5	h	18 12	5.9	d 16
305x102x 28	8.5	f	18 43	7.9	d 20	7.6	f	18 28	6.6	d 16	7.0	f	18 20	5.8	d 13	6.3	d	17 13	5.2	d 11
x 33	9.1	f	20 48	8.5	d 23	8.3	f	22 32	7.1	d 18	7.3	h	20 20	6.3	d 15	6.6	d	18 13	5.6	d 13
305x127x 37	9.7	f	24 56	8.8	d 24	8.4	h	23 31	7.3	d 19	7.3	h	20 18	6.5	d 16	6.7	h	19 13	5.9	d 14
x 42	10.3	f	28 62	9.1	h 25	8.5	h	23 29	7.8	d 21	7.6	h	21 18	6.9	d 18	6.9	h	19 13	6.3	d 15
x 48	10.4	h	29 58	9.4	h 26	8.7	h	24 28	8.1	h 22	7.8	h	21 18	7.3	d 20	7.3	h	20 13	6.6	d 17
305x165x 40	10.4	f	28 62	9.1	h 25	8.6	h	24 30	7.8	d 21	7.6	h	21 18	6.9	d 18	6.9	h	19 12	6.3	d 15
x 46	10.4	h	29 55	9.5	h 26	8.8	h	24 27	8.2	h 23	7.8	h	21 17	7.3	d 19	7.3	h	20 13	6.6	d 17
x 54	10.8	h	29 53	.	.	9.1	h	25 28	.	.	8.3	h	23 18	.	.	7.6	h	21 13	.	.
356x127x 33	9.6	f	21 47	9.0	d 23	8.6	f	21 31	7.4	d 17	7.9	f	22 21	6.6	d 15	7.0	d	18 13	5.9	d 12
x 39	10.6	f	26 56	9.6	d 25	9.4	h	26 35	8.0	d 20	8.3	h	23 21	7.1	d 17	7.4	d	20 13	6.4	d 15
356x171x 45	11.3	i	30 61	9.9	d 25	9.5	h	26 31	8.3	d 20	8.4	h	23 19	7.3	d 16	7.7	h	21 13	6.6	d 14
x 51	11.6	i	31 59	.	.	9.8	h	27 30	.	.	8.7	h	23 19	.	.	8.1	h	22 14	.	.
x 57	11.8	i	32 57	.	.	10.1	h	28 30	.	.	9.1	h	25 20	.	.	8.4	h	23 14	.	.
x 67	12.3	i	33 55	.	.	10.6	h	29 31	.	.	9.6	h	27 21	.	.	8.8	h	24 15	.	.
406x140x 39	11.0	f	25 54	10.1	d 25	9.8	f	25 34	8.5	d 20	8.8	d	24 22	7.4	d 17	7.8	d	20 14	6.7	d 14
x 46	11.9	i	29 59	10.1	e 22	10.4	h	28 34	9.2	d 23	9.2	h	25 21	8.1	d 19	8.4	h	23 14	7.4	d 17
406x178x 54	12.3	i	31 56	.	.	10.7	h	29 33	.	.	9.5	h	26 20	.	.	8.8	h	24 15	.	.
x 60	12.6	i	32 54	.	.	10.9	h	30 31	.	.	9.9	h	27 21	.	.	9.1	h	25 15	.	.
x 67	12.8	i	32 52	.	.	11.3	h	31 32	.	.	10.3	h	28 22	.	.	9.4	h	26 15	.	.
x 74	13.1	i	32 51	.	.	11.8	h	32 33	.	.	10.6	h	29 22	.	.	9.8	h	27 16	.	.
457x152x 52	12.7	i	30 56	.	.	11.4	h	32 36	.	.	10.1	h	28 22	.	.	9.2	d	25 16	.	.
x 60	13.1	i	32 54	.	.	11.8	h	32 35	.	.	10.4	h	29 22	.	.	9.7	h	27 16	.	.
x 67	13.3	i	32 52	.	.	12.0	h	33 34	.	.	10.9	h	30 23	.	.	10.0	h	27 17	.	.
x 74	13.6	i	31 51	.	.	12.5	h	34 36	.	.	11.3	h	31 24	.	.	10.4	h	28 17	.	.
x 82	13.8	e	30 48	.	.	12.9	h	36 37	.	.	11.6	h	32 24	.	.	10.7	h	29 17	.	.
457x191x 67	13.3	i	32 51	.	.	12.1	h	33 34	.	.	10.9	h	30 23	.	.	10.1	h	28 17	.	.
x 74	13.6	i	31 49	.	.	12.6	h	35 36	.	.	11.3	h	31 23	.	.	10.4	h	28 17	.	.
x 82	13.8	e	30 47	.	.	12.9	h	36 36	.	.	11.6	h	32 24	.	.	10.8	h	30 17	.	.
x 89	13.8	e	28 42	.	.	13.3	h	37 37	.	.	11.9	h	33 24	.	.	11.1	h	31 18	.	.
x 98	13.8	e	25 39	.	.	13.8	e	38 39	.	.	12.4	h	34 25	.	.	11.4	h	31 18	.	.
533x210x 82	13.8	e	24 36	.	.	13.8	e	36 36	.	.	12.6	h	35 26	.	.	11.6	h	32 19	.	.
x 92	13.8	e	21 32	.	.	13.8	e	32 32	.	.	13.2	h	36 27	.	.	12.1	h	33 19	.	.
x101	13.8	e	20 29	.	.	13.8	e	29 29	.	.	13.6	h	38 28	.	.	12.5	h	34 20	.	.
x109	13.8	e	18 27	.	.	13.8	e	28 27	.	.	13.8	e	37 27	.	.	12.8	h	35 20	.	.
x122	13.8	e	17 24	.	.	13.8	e	25 24	.	.	13.8	h	33 24	.	.	13.3	h	37 21	.	.
610x229x101	13.8	e	16 23	.	.	13.8	e	24 23	.	.	13.8	e	32 23	.	.	13.4	h	37 21	.	.
x113	13.8	e	15 21	.	.	13.8	e	22 21	.	.	13.8	e	29 21	.	.	13.8	e	36 21	.	.
x125	13.8	e	13 18	.	.	13.8	e	20 18	.	.	13.8	e	27 18	.	.	13.8	e	33 18	.	.
x140	13.8	e	12 17	.	.	13.8	e	18 17	.	.	13.8	e	24 17	.	.	13.8	e	30 17	.	.
203x203x 46	8.1	h	22 43	7.4	h 20	7.0	h	19 24	6.5	h 18	6.3	h	17 15	5.8	h 16	5.8	h	16 12	5.3	d 14
x 52	8.4	h	23 45	.	.	7.3	h	20 24	.	.	6.6	h	18 16	.	.	6.0	h	16 11	.	.
x 60	8.8	h	24 45	.	.	7.6	h	21 25	.	.	6.8	h	19 17	.	.	6.3	h	17 12	.	.
x 71	9.4	h	26 48	.	.	8.1	h	22 26	.	.	7.3	h	20 17	.	.	6.7	h	18 12	.	.
x 86	10.0	h	28 51	.	.	8.6	h	24 28	.	.	7.7	h	21 18	.	.	7.1	h	20 13	.	.
254x254x 73	10.4	h	28 49	.	.	9.0	h	25 28	.	.	8.1	h	22 18	.	.	7.4	h	20 13	.	.
x 89	11.1	h	31 52	.	.	9.6	h	27 29	.	.	8.6	h	24 19	.	.	7.9	h	22 14	.	.
x107	11.8	i	33 55	.	.	10.1	h	27 30	.	.	9.1	h	25 20	.	.	8.4	h	23 14	.	.
x132	12.3	i	31 51	.	.	10.9	h	30 33	.	.	9.8	h	27 21	.	.	9.1	h	25 15	.	.
x167	12.8	i	29 48	.	.	11.8	h	32 35	.	.	10.6	h	29 23	.	.	9.8	h	27 17	.	.
305x305x 97	12.3	i	32 51	.	.	10.9	h	30 31	.	.	9.8	h	27 20	.	.	9.0	h	25 15	.	.
x118	12.8	i	31 48	.	.	11.6	h	32 33	.	.	10.4	h	28 21	.	.	9.6	h	27 16	.	.
x137	13.1	i	29 46	.	.	12.1	h	33 34	.	.	10.9	h	30 23	.	.	10.1	h	28 16	.	.
x158	13.4	i	29 45	.	.	12.7	h	35 35	.	.	11.4	h	31 23	.	.	10.6	h	29 17	.	.
x198	13.8	e	25 39	.	.	13.8	i	38 39	.	.	12.4	h	34 26	.	.	11.4	h	31 18	.	.
x240	13.8	e	21 32	.	.	13.8	e	32 32	.	.	13.2	h	36 27	.	.	12.2	h	34 20	.	.
x283	13.8	e	18 28	.	.	13.8	e	27 28	.	.	13.8	e	36 28	.	.	12.9	h	35 21	.	.
356x368x129	13.6	i	29 43	.	.	12.9	h	36 35	.	.	11.6	h	32 23	.	.	10.7	h	30 17	.	.
x153	13.8	e	26 39	.	.	13.6	h	37 37	.	.	12.2	h	33 24	.	.	11.3	h	31 17	.	.
x177	13.8	e	23 34	.	.	13.8	e	35 34	.	.	12.8	h	35 26	.	.	11.8	h	33 18	.	.
x202	13.8	e	21 30	.	.	13.8	e	31 30	.	.	13.3	h	37 26	.	.	12.3	h	34 19	.	.

Deck: **QUIKSPAN-Q55**

Table 18

BEAM DATA

```
Internal beam
Uniform load
Beam spacing      3 m
Steel grade       50
Shear connectors  Welded
```

SLAB DATA

```
Fire resistance  90 mins
Slab depth       140 mm
Concrete         NW
Grade            30
```

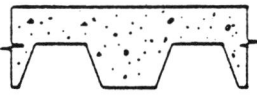

FOR FURTHER INFORMATION SEE NOTES PRECEDING TABLE 1

IMPOSED LOAD kN/m²	4.0				6.0				8.0				10.0			
SERIAL SIZE	LE	DE DS	LA	DA	LE	DE DS	LA	DA	LE	DE DS	LA	DA	LE	DE DS	LA	DA
203x133x 30	7.2 f	13 56	6.7 d	16	6.6 f	15 41	5.8 d	14	6.1 f	16 30	5.0 d	12	5.6 d	15 20	.	.
254x102x 25	7.0 f	10 43	7.0 f	16	6.4 f	11 30	5.9 d	13	5.9 f	11 22	5.1 d	10	5.6 f	11 17	.	.
x 28	7.5 f	12 48	7.3 d	16	6.9 f	13 34	6.3 d	14	6.4 f	14 25	5.5 d	12	5.9 f	14 19	.	.
254x146x 31	7.9 a	14 54	7.3 d	16	7.3 f	15 38	6.3 d	14	6.8 f	17 28	5.5 d	12	6.2 d	16 20	.	.
x 37	8.8 f	17 65	8.0 d	19	8.0 f	20 45	6.9 d	17	7.3 h	20 30	6.0 d	14	6.5 d	17 20	5.5 d	12
x 43	9.4 f	22 75	8.5 d	22	8.4 h	23 48	7.3 d	18	7.4 h	20 28	6.4 d	16	6.7 h	18 19	5.9 d	14
305x102x 28	7.9 f	12 44	7.9 d	17	7.3 f	13 31	6.6 d	14	6.8 f	13 23	5.8 d	11	6.3 f	13 18	5.2 d	9
x 33	8.6 f	14 51	8.3 d	18	7.9 f	15 36	7.1 d	16	7.3 f	15 26	6.3 d	13	6.8 f	16 20	5.6 d	11
305x127x 37	9.1 f	16 59	8.6 d	20	8.3 f	18 41	7.3 d	16	7.7 f	19 30	6.4 d	14	7.0 d	18 21	5.8 d	12
x 42	9.6 f	18 65	9.0 d	22	8.8 f	22 46	7.7 d	18	8.1 d	22 33	6.7 d	15	7.3 d	19 21	6.2 d	14
x 48	10.3 f	23 74	9.4 d	23	9.4 f	26 52	8.0 d	19	8.3 h	23 31	7.2 d	17	7.6 d	21 21	6.5 d	14
305x165x 40	9.8 f	19 65	9.0 d	21	8.9 f	22 45	7.7 d	18	8.1 d	21 30	6.7 d	14	7.2 d	18 19	6.2 d	13
x 46	10.5 f	23 75	9.4 d	22	9.5 h	26 51	8.1 d	19	8.4 h	23 31	7.2 d	17	7.6 d	20 20	6.5 d	14
x 54	10.9 f	26 74	10.0 e	25	9.8 h	27 48	8.6 d	22	8.6 h	24 29	7.7 d	19	7.9 h	22 21	7.0 d	16
356x127x 33	9.1 f	15 50	8.7 d	18	8.3 f	15 34	7.4 d	15	7.6 f	15 25	6.5 d	13	7.1 f	16 19	5.9 d	11
x 39	9.9 f	18 58	9.3 d	20	9.0 f	18 40	7.9 d	17	8.3 f	19 29	7.1 d	15	7.6 d	19 21	6.4 d	13
356x171x 45	10.8 f	21 68	9.7 d	21	9.8 f	23 46	8.3 d	17	8.8 f	23 31	7.2 d	14	7.8 d	19 18	6.6 d	12
x 51	11.3 i	24 72	10.4 e	24	10.4 f	28 52	8.9 d	21	9.2 d	25 31	7.9 d	18	8.3 d	21 20	7.2 d	15
x 57	11.6 i	25 69	.	.	10.8 h	29 52	.	.	9.5 h	26 32	.	.	8.6 d	23 22	.	.
x 67	12.1 i	27 68	.	.	11.1 h	31 50	.	.	10.0 h	28 32	.	.	9.2 h	25 23	.	.
406x140x 39	10.3 f	18 56	9.9 d	21	9.4 f	18 38	8.4 d	18	8.7 f	19 28	7.4 d	14	8.0 d	18 20	6.6 d	12
x 46	11.4 f	21 66	10.6 d	23	10.4 f	23 46	9.1 d	20	9.5 d	24 32	8.0 d	17	8.4 d	20 20	7.3 d	14
406x178x 54	11.9 i	24 68	10.0 e	17	11.3 f	29 54	9.7 d	22	10.0 d	26 33	8.6 d	19	8.9 d	23 21	7.8 d	17
x 60	12.3 i	25 66	.	.	11.8 h	33 57	.	.	10.4 d	28 34	.	.	9.3 d	24 22	.	.
x 67	12.6 i	26 65	.	.	12.0 h	33 54	.	.	10.7 h	30 34	.	.	9.8 d	27 24	.	.
x 74	12.9 i	27 64	.	.	12.3 h	34 52	.	.	11.1 h	31 35	.	.	10.2 h	28 25	.	.
457x152x 52	12.4 i	23 68	10.1 e	15	11.4 f	27 49	9.9 d	22	10.4 d	26 35	8.8 d	18	9.3 d	23 22	8.0 d	16
x 60	12.8 i	24 65	.	.	12.3 f	32 55	.	.	10.9 d	28 34	.	.	9.8 d	24 22	.	.
x 67	13.1 i	26 64	.	.	12.8 h	35 60	.	.	11.3 d	31 36	.	.	10.2 d	27 24	.	.
x 74	13.4 i	26 63	.	.	13.2 i	37 59	.	.	11.6 h	31 36	.	.	10.5 d	27 24	.	.
x 82	13.6 i	26 61	.	.	13.5 i	37 59	.	.	12.1 h	33 37	.	.	11.1 d	30 26	.	.
457x191x 67	13.1 i	25 62	.	.	12.8 h	35 58	.	.	11.3 d	31 35	.	.	10.2 d	26 23	.	.
x 74	13.4 i	26 61	.	.	13.1 h	36 56	.	.	11.7 h	32 36	.	.	10.8 d	29 25	.	.
x 82	13.6 i	26 59	.	.	13.5 i	37 57	.	.	12.1 h	34 37	.	.	11.1 h	30 26	.	.
x 89	13.6 e	24 54	.	.	13.6 e	35 57	.	.	12.5 h	35 38	.	.	11.4 d	31 27	.	.
x 98	13.6 e	22 49	.	.	13.6 e	32 49	.	.	12.9 h	36 40	.	.	11.9 h	33 28	.	.
533x210x 82	13.6 e	21 46	.	.	13.6 e	31 46	.	.	13.1 d	36 40	.	.	11.9 d	31 27	.	.
x 92	13.6 e	18 40	.	.	13.6 e	27 40	.	.	13.6 e	37 40	.	.	12.6 d	35 30	.	.
x101	13.6 e	17 36	.	.	13.6 e	25 36	.	.	13.6 e	33 36	.	.	13.0 d	35 30	.	.
x109	13.6 e	16 34	.	.	13.6 e	24 34	.	.	13.6 e	31 34	.	.	13.4 h	37 32	.	.
x122	13.6 e	14 30	.	.	13.6 e	21 30	.	.	13.6 e	28 30	.	.	13.6 e	35 30	.	.
610x229x101	13.6 e	14 30	.	.	13.6 e	21 30	.	.	13.6 e	28 30	.	.	13.6 e	35 30	.	.
x113	13.6 e	12 26	.	.	13.6 e	19 26	.	.	13.6 e	25 26	.	.	13.6 e	31 26	.	.
x125	13.6 e	11 23	.	.	13.6 e	17 23	.	.	13.6 e	23 23	.	.	13.6 e	28 23	.	.
x140	13.6 e	10 21	.	.	13.6 e	15 21	.	.	13.6 e	20 21	.	.	13.6 e	25 21	.	.
203x203x 46	8.8 h	24 82	7.7 d	21	7.3 h	20 39	6.6 d	17	6.6 h	18 26	5.8 d	14	6.1 h	17 19	5.3 d	13
x 52	9.0 h	25 77	8.1 h	22	7.6 h	21 40	7.0 h	19	6.9 h	19 26	6.3 d	17	6.3 h	17 19	5.8 d	16
x 60	9.2 h	25 73	.	.	7.9 h	22 41	.	.	7.2 h	20 27	.	.	6.6 h	18 20	.	.
x 71	9.8 h	27 77	.	.	8.5 h	23 43	.	.	7.7 h	21 29	.	.	7.1 h	19 21	.	.
x 86	10.4 h	29 81	.	.	9.1 h	25 46	.	.	8.1 h	22 30	.	.	7.6 h	21 22	.	.
254x254x 73	10.8 i	29 76	.	.	9.4 h	26 44	.	.	8.5 h	24 29	.	.	7.8 h	21 21	.	.
x 89	11.3 i	29 74	.	.	10.1 h	28 46	.	.	9.1 h	25 30	.	.	8.4 h	23 22	.	.
x107	11.8 i	28 71	.	.	10.7 h	29 49	.	.	9.7 h	27 33	.	.	8.9 h	25 24	.	.
x132	12.3 i	26 67	.	.	11.6 h	32 53	.	.	10.4 h	28 34	.	.	9.6 h	27 26	.	.
x167	12.8 i	25 62	.	.	12.6 h	35 58	.	.	11.3 h	31 38	.	.	10.4 h	28 27	.	.
305x305x 97	12.2 i	27 65	.	.	11.4 h	32 49	.	.	10.3 h	28 32	.	.	9.4 h	26 23	.	.
x118	12.7 i	26 62	.	.	12.1 h	33 52	.	.	10.9 h	30 34	.	.	10.1 h	28 25	.	.
x137	13.1 i	25 60	.	.	12.8 h	35 55	.	.	11.5 h	32 36	.	.	10.6 h	29 26	.	.
x158	13.4 i	24 57	.	.	13.3 i	35 55	.	.	12.1 h	34 38	.	.	11.1 h	30 27	.	.
x198	13.6 e	21 48	.	.	13.6 e	31 48	.	.	13.1 h	36 42	.	.	12.1 h	33 30	.	.
x240	13.6 e	17 40	.	.	13.6 e	26 40	.	.	13.6 e	35 40	.	.	12.9 h	36 32	.	.
x283	13.6 e	15 33	.	.	13.6 e	22 33	.	.	13.6 e	29 33	.	.	13.6 e	37 33	.	.
356x368x129	13.5 i	24 55	.	.	13.3 i	35 52	.	.	12.2 h	34 37	.	.	11.2 h	31 26	.	.
x153	13.6 e	22 49	.	.	13.6 e	33 49	.	.	12.9 h	35 39	.	.	11.8 h	32 27	.	.
x177	13.6 e	19 42	.	.	13.6 e	29 42	.	.	13.6 h	38 41	.	.	12.4 h	34 29	.	.
x202	13.6 e	17 37	.	.	13.6 e	25 37	.	.	13.6 e	34 37	.	.	13.0 h	36 31	.	.

Deck: QUIKSPAN-Q55

Table 19

BEAM DATA
- Internal beam
- Uniform load
- Beam spacing   3 m
- Steel grade   43
- Shear connectors   Welded

SLAB DATA
- Fire resistance   90 mins
- Slab depth   130 mm
- Concrete   LW
- Grade   30

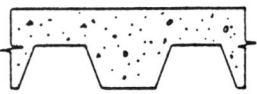

FOR FURTHER INFORMATION SEE NOTES PRECEDING TABLE 1

IMPOSED LOAD kN/m²	4.0					6.0					8.0					10.0				
SERIAL SIZE	LE	DE	DS	LA	DA	LE	DE	DS	LA	DA	LE	DE	DS	LA	DA	LE	DE	DS	LA	DA
203x133x 30	6.8 f	12	32	6.4 d	15	6.1 f	13	21	5.2 d	11	5.6 f	13	15	.	.	5.0 d	12	10	.	.
254x102x 25	6.6 f	9	24	6.5 d	12	5.9 f	10	16	5.5 d	11	5.4 f	9	11	.	.	5.0 f	9	8	.	.
x 28	7.0 f	11	27	6.9 d	14	6.3 f	11	18	5.7 d	11	5.8 f	11	13	.	.	5.4 f	11	9	.	.
254x146x 31	7.4 f	13	31	7.0 d	14	6.7 f	13	20	5.8 d	11	6.1 f	12	14	5.1 d	9	5.6 d	12	10	.	.
x 37	8.2 f	16	37	7.4 d	16	7.3 f	16	23	6.3 d	13	6.7 f	16	16	5.5 d	11	5.9 d	13	10	.	.
x 43	8.8 f	18	42	7.9 d	18	7.9 f	20	27	6.6 d	14	7.0 d	18	17	5.8 d	11	6.2 d	15	10	5.3 d	10
305x102x 28	7.4 f	11	25	7.3 d	14	6.7 f	11	17	6.2 d	11	6.1 f	10	12	5.3 d	8	5.7 f	10	9	.	.
x 33	8.1 f	13	29	7.8 d	15	7.2 f	12	19	6.4 d	12	6.6 f	12	13	5.6 d	10	6.1 f	12	10	5.1 d	8
305x127x 37	8.5 f	15	33	7.9 d	16	7.6 f	15	21	6.6 d	12	7.0 f	15	15	5.8 d	10	6.3 d	14	10	5.2 d	8
x 42	9.0 f	16	37	8.4 d	18	8.1 f	17	24	7.1 d	14	7.4 f	17	17	6.2 d	12	6.6 d	15	10	5.6 d	10
x 48	9.6 f	19	42	8.8 d	19	8.6 f	20	27	7.4 d	15	7.8 d	19	18	6.5 d	13	6.9 d	16	11	5.9 d	11
305x165x 40	9.1 f	17	37	8.4 d	17	8.2 f	18	24	7.1 d	14	7.4 d	17	16	6.2 d	12	6.6 d	15	10	5.6 d	10
x 46	9.8 f	20	42	8.8 d	18	8.8 f	21	27	7.4 d	15	7.7 d	18	16	6.5 d	12	6.8 d	15	10	5.9 d	11
x 54	10.5 f	24	48	9.3 d	21	9.4 f	25	31	7.9 d	17	8.1 d	20	17	7.0 d	14	7.3 d	17	11	6.4 d	13
356x127x 33	8.4 f	13	28	8.3 d	15	7.6 f	13	18	6.9 d	12	6.9 f	12	13	5.9 d	10	6.4 f	12	9	5.3 d	8
x 39	9.3 f	16	33	8.7 d	17	8.3 f	15	21	7.3 d	13	7.6 f	15	15	6.4 d	11	6.9 d	14	10	5.8 d	9
356x171x 45	10.0 f	19	38	9.2 d	18	8.9 f	18	24	7.8 d	15	8.1 d	18	16	6.9 d	13	7.2 d	15	10	6.2 d	11
x 51	10.8 f	22	44	9.8 d	20	9.6 f	22	27	8.3 d	17	8.4 d	20	17	7.2 d	13	7.6 d	17	11	6.5 d	11
x 57	11.3 f	24	48	10.1 d	22	10.1 f	26	31	8.6 d	18	8.8 d	21	17	7.6 d	15	7.8 d	17	10	6.9 d	13
x 67	12.3 i	30	55	.	.	10.8 d	29	32	.	.	9.4 d	24	19	.	.	8.4 d	20	12	.	.
406x140x 39	9.6 f	15	31	9.2 d	17	8.6 f	15	20	7.8 d	14	7.9 f	15	14	6.7 d	11	7.3 f	14	10	6.1 d	10
x 46	10.6 f	19	38	9.9 d	19	9.5 f	19	24	8.4 d	16	8.7 f	19	17	7.3 d	13	7.7 d	16	10	6.6 d	11
406x178x 54	11.5 f	22	44	10.5 d	21	10.3 f	23	28	8.8 d	17	9.1 d	21	17	7.8 d	14	8.1 d	17	11	7.1 d	12
x 60	12.2 f	25	48	10.1 e	17	10.9 f	27	31	9.3 d	19	9.4 d	22	17	8.3 d	16	8.4 d	19	11	7.4 d	13
x 67	12.8 i	29	52	.	.	11.4 d	30	33	.	.	9.9 d	24	19	.	.	8.8 d	20	12	.	.
x 74	13.1 i	30	51	.	.	11.8 d	31	34	.	.	10.3 d	26	19	.	.	9.3 d	22	13	.	.
457x152x 52	11.7 f	21	41	10.8 d	20	10.4 f	20	26	9.2 d	17	9.5 d	20	18	8.0 d	14	8.4 d	17	11	7.3 d	12
x 60	12.6 f	24	46	10.1 e	14	11.3 f	25	30	9.8 d	19	10.0 d	23	18	8.6 d	16	8.8 d	18	11	7.8 d	14
x 67	13.3 f	28	51	.	.	11.9 f	29	33	.	.	10.4 d	24	19	.	.	9.2 d	20	12	.	.
x 74	13.6 i	29	51	.	.	12.3 d	30	33	.	.	10.7 d	25	19	.	.	9.5 d	21	12	.	.
x 82	13.9 i	30	49	.	.	12.6 d	32	34	.	.	11.1 d	27	20	.	.	10.0 d	23	13	.	.
457x191x 67	13.3 i	28	51	.	.	11.9 d	29	33	.	.	10.4 d	24	19	.	.	9.2 d	20	11	.	.
x 74	13.6 i	29	49	.	.	12.4 d	32	34	.	.	10.8 d	26	20	.	.	9.7 d	22	13	.	.
x 82	13.9 i	30	48	.	.	12.8 d	34	35	.	.	11.2 d	28	20	.	.	10.1 d	24	14	.	.
x 89	13.8 e	28	42	.	.	13.0 d	34	34	.	.	11.4 d	28	20	.	.	10.4 d	24	14	.	.
x 98	13.8 e	25	39	.	.	13.6 d	37	37	.	.	11.9 d	30	22	.	.	10.9 d	26	15	.	.
533x210x 82	14.6 i	29	47	.	.	13.6 d	34	35	.	.	11.9 d	28	21	.	.	10.8 d	24	14	.	.
x 92	13.8 e	21	32	.	.	13.8 e	32	32	.	.	12.6 d	30	22	.	.	11.4 d	27	15	.	.
x101	13.8 e	20	29	.	.	13.8 e	29	29	.	.	12.9 d	31	22	.	.	11.8 d	27	15	.	.
x109	13.8 e	18	27	.	.	13.8 e	28	27	.	.	13.4 d	33	24	.	.	12.1 d	29	16	.	.
x122	13.8 e	17	24	.	.	13.8 e	25	24	.	.	13.8 e	33	24	.	.	12.9 d	32	18	.	.
610x229x101	13.8 e	16	23	.	.	13.8 e	24	23	.	.	13.8 e	32	23	.	.	12.6 d	29	16	.	.
x113	13.8 e	15	21	.	.	13.8 e	22	21	.	.	13.8 e	29	21	.	.	13.1 d	30	17	.	.
x125	13.8 e	13	18	.	.	13.8 e	20	18	.	.	13.8 e	27	18	.	.	13.8 e	33	18	.	.
x140	13.8 e	12	17	.	.	13.8 e	18	17	.	.	13.8 e	24	17	.	.	13.8 e	30	17	.	.
203x203x 46	8.4 f	22	50	7.3 d	18	7.1 h	19	25	6.2 d	15	6.3 h	17	15	5.5 d	13	5.7 h	15	11	.	.
x 52	8.8 h	24	52	7.7 d	20	7.3 h	20	25	6.5 d	16	6.6 h	18	16	5.8 d	14	6.0 h	16	11	5.3 d	12
x 60	8.9 h	25	49	8.1 d	22	7.6 h	21	25	7.0 d	19	6.8 h	19	17	6.2 d	16	6.3 h	17	12	5.6 d	14
x 71	9.4 h	26	48	.	.	8.1 h	22	26	.	.	7.3 h	20	17	.	.	6.7 h	18	12	.	.
x 86	10.0 h	28	51	.	.	8.6 h	24	28	.	.	7.7 h	21	18	.	.	7.1 h	20	13	.	.
254x254x 73	10.4 h	29	50	.	.	9.0 h	25	28	.	.	8.1 h	22	18	.	.	7.4 h	20	13	.	.
x 89	11.1 h	31	52	.	.	9.6 h	27	29	.	.	8.6 h	24	19	.	.	7.9 h	22	14	.	.
x107	11.8 i	33	55	.	.	10.1 h	27	30	.	.	9.1 h	25	20	.	.	8.4 h	23	14	.	.
x132	12.3 i	31	51	.	.	10.9 h	30	33	.	.	9.8 h	27	21	.	.	9.1 h	25	15	.	.
x167	12.8 i	29	48	.	.	11.8 h	32	35	.	.	10.6 h	29	23	.	.	9.8 h	27	17	.	.
305x305x 97	12.3 h	32	51	.	.	10.9 h	30	31	.	.	9.8 h	27	20	.	.	9.0 h	25	15	.	.
x118	12.8 i	31	48	.	.	11.6 h	32	33	.	.	10.4 h	28	21	.	.	9.6 h	27	16	.	.
x137	13.1 h	29	46	.	.	12.1 h	33	34	.	.	10.9 h	30	23	.	.	10.1 h	28	16	.	.
x158	13.4 h	29	45	.	.	12.7 h	35	35	.	.	11.4 h	31	23	.	.	10.6 h	29	17	.	.
x198	13.8 e	25	39	.	.	13.8 i	39	39	.	.	12.4 h	34	26	.	.	11.4 h	31	18	.	.
x240	13.8 e	21	32	.	.	13.8 e	32	32	.	.	13.2 h	36	27	.	.	12.2 h	34	20	.	.
x283	13.8 e	18	28	.	.	13.8 e	27	28	.	.	13.8 e	36	28	.	.	12.9 h	35	21	.	.
356x368x129	13.6 i	29	43	.	.	12.9 h	36	35	.	.	11.6 h	32	23	.	.	10.7 h	30	17	.	.
x153	13.8 e	26	39	.	.	13.6 h	37	37	.	.	12.2 h	33	24	.	.	11.3 h	31	17	.	.
x177	13.8 e	23	34	.	.	13.8 h	35	34	.	.	12.8 h	35	26	.	.	11.8 h	33	18	.	.
x202	13.8 e	21	30	.	.	13.8 e	31	30	.	.	13.3 h	37	26	.	.	12.3 h	34	19	.	.

Deck: **RICHARD LEES – Holodeck**

Table 20

BEAM DATA
```
Internal beam
Uniform load
Beam spacing      3.5 m
Steel grade       50
Shear connectors  Welded
```

SLAB DATA
```
Fire resistance  90 mins
Slab depth       145 mm
Concrete         LW
Grade            30
```

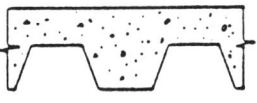

FOR FURTHER INFORMATION SEE NOTES PRECEDING TABLE 1

Note : 120 mm high studs

IMPOSED LOAD kN/m² SERIAL SIZE	4.0 LP DP DS LE DE	6.0 LP DP DS LE DE	8.0 LP DP DS LE DE	10.0 LP DP DS LE DE
203x133x 30	7.3 f 17 49 6.6 h 18	6.3 h 17 28 5.6 d 16	5.6 h 15 17 5.0 d 13	5.1 h 13 12 . .
254x102x 25	7.1 f 13 37 7.1 f 18	6.4 f 14 25 5.9 d 15	5.9 f 14 18 5.0 d 11	5.4 d 14 13 . .
x 28	7.6 f 15 42 7.4 d 20	6.8 f 16 28 6.1 d 16	6.3 f 17 20 5.4 d 13	5.6 d 15 12 . .
254x146x 31	8.0 f 18 48 7.4 d 19	7.1 h 19 30 6.1 d 15	6.3 h 17 18 5.4 d 13	5.7 d 15 12 . .
x 37	8.8 f 24 56 7.9 h 22	7.3 h 20 26 6.8 d 19	6.6 h 18 17 6.0 d 16	6.0 h 16 12 5.4 d 13
x 43	9.0 h 25 52 8.3 h 23	7.7 h 21 28 7.1 h 20	6.9 h 19 18 6.4 d 17	6.3 h 17 13 5.8 d 14
305x102x 28	8.0 f 15 39 7.9 d 20	7.2 f 15 25 6.6 d 16	6.6 f 16 18 5.7 d 13	6.0 d 15 12 5.1 d 10
x 33	8.6 f 18 44 8.4 d 22	7.8 f 19 30 6.9 d 17	7.1 f 20 21 6.1 d 14	6.3 d 16 12 5.5 d 12
305x127x 37	9.2 f 22 52 8.6 d 24	8.1 h 22 31 7.2 d 19	7.1 h 19 19 6.3 d 15	6.6 d 18 13 5.7 d 13
x 42	9.7 f 25 57 8.9 h 24	8.3 h 23 30 7.5 d 20	7.4 h 20 19 6.7 d 17	6.8 h 19 14 6.1 d 15
x 48	10.1 h 28 58 9.2 h 25	8.6 h 23 30 8.0 d 22	7.7 h 21 19 7.1 d 19	7.1 h 20 14 6.5 d 17
305x165x 40	9.8 f 25 57 8.9 h 25	8.3 h 23 29 7.5 d 19	7.4 h 20 18 6.7 d 17	6.8 h 19 13 6.1 d 14
x 46	10.2 h 28 57 9.3 h 25	8.6 h 23 28 8.0 d 22	7.7 h 21 18 7.1 d 19	7.1 h 20 14 6.4 d 15
x 54	10.4 h 29 54 9.7 h 26	9.0 h 25 30 8.4 h 23	8.1 h 22 19 7.6 d 21	7.4 h 20 14 6.9 d 18
356x127x 33	9.1 f 18 43 8.9 d 22	8.1 f 19 28 7.3 d 17	7.4 f 19 19 6.3 d 13	6.6 d 16 12 5.7 d 11
x 39	9.9 f 22 50 9.3 d 24	8.9 f 23 32 7.9 d 20	7.9 h 22 20 6.9 d 16	7.1 h 18 13 6.2 d 13
356x171x 45	10.8 f 28 58 9.7 d 25	9.2 h 25 31 8.1 d 19	8.2 h 23 20 7.2 d 16	7.4 h 20 13 6.6 d 14
x 51	11.3 h 31 61 10.3 h 24	9.5 h 26 30 8.9 d 24	8.6 h 23 20 7.9 d 20	7.9 h 22 14 7.1 d 17
x 57	11.4 h 32 57 10.6 e 28	9.8 h 27 31 9.3 h 25	8.9 h 25 21 8.3 d 22	8.1 h 22 14 7.4 d 18
x 67	12.0 h 33 57 10.6 e 24	10.4 h 28 32 9.8 h 27	9.3 h 25 21 8.9 h 25	8.6 h 24 15 8.1 d 22
406x140x 39	10.3 h 22 47 9.8 d 24	9.3 f 23 31 8.3 d 20	8.3 d 22 20 7.3 d 16	7.4 d 18 12 6.6 d 14
x 46	11.4 f 27 56 10.6 d 27	10.1 h 28 34 8.9 d 22	8.9 h 24 21 7.9 d 18	8.0 d 21 14 7.2 d 16
406x178x 54	12.0 i 31 59 10.6 e 25	10.3 h 28 31 9.6 d 25	9.3 h 25 21 8.4 d 21	8.5 d 23 15 7.7 d 18
x 60	12.3 i 32 57 10.6 e 22	10.7 h 29 32 10.1 d 27	9.6 h 26 21 8.9 d 23	8.9 h 24 15 8.1 d 20
x 67	12.6 i 33 56 10.6 e 20	11.1 h 31 34 10.5 h 29	9.9 h 27 22 9.4 d 25	9.3 h 26 16 8.6 d 22
x 74	12.9 i 33 55 10.6 e 18	11.4 h 31 34 10.6 e 27	10.4 h 29 23 9.8 h 27	9.5 h 26 16 9.0 d 24
457x152x 52	12.4 i 31 59 11.0 e 25	10.9 h 30 36 9.8 d 24	9.7 d 26 22 8.7 d 20	8.8 d 22 15 7.9 d 18
x 60	12.8 i 32 57 10.6 e 19	11.3 h 31 34 10.4 d 27	10.2 h 28 23 9.3 d 23	9.3 d 25 16 8.4 d 20
x 67	13.1 i 33 56 10.6 e 17	11.7 h 32 35 10.6 e 25	10.6 h 29 23 9.8 d 26	9.7 h 26 17 8.9 d 22
x 74	13.4 i 33 55 10.6 e 15	12.1 h 34 36 10.6 e 23	10.9 h 30 23 10.2 d 27	10.1 d 28 18 9.2 d 23
x 82	13.6 e 32 52 10.6 e 14	12.5 h 34 37 10.6 e 21	11.3 h 31 25 10.6 e 28	10.4 h 28 18 9.7 d 25
457x191x 67	13.1 i 33 54 10.6 e 17	11.8 h 33 35 10.6 e 25	10.6 h 29 23 9.8 d 25	9.8 h 27 17 8.9 d 22
x 74	13.4 i 32 53 10.6 e 15	12.2 h 34 36 10.6 e 23	11.0 h 31 24 10.4 d 28	10.1 h 28 17 9.4 d 24
x 82	13.6 e 32 51 10.6 e 14	12.5 h 34 36 10.6 e 21	11.3 h 31 24 10.6 e 28	10.4 h 28 17 9.9 d 27
x 89	13.6 e 29 46 10.6 e 13	12.9 h 35 37 10.6 e 19	11.6 h 32 25 10.6 e 26	10.7 h 29 18 10.1 d 27
x 98	13.6 e 27 42 10.6 e 12	13.3 h 36 38 10.6 e 18	12.0 h 33 25 10.6 e 23	11.1 h 31 18 10.6 e 29
533x210x 82	13.6 e 26 40 10.6 e 11	13.6 h 38 39 10.6 e 17	12.3 h 34 26 10.6 e 22	11.3 h 31 19 10.4 d 26
x 92	13.6 e 23 35 10.6 e 10	13.6 e 34 35 10.6 e 15	12.8 h 35 26 10.6 e 20	11.8 h 32 19 10.6 e 25
x101	13.6 e 21 31 10.6 e 9	13.6 e 31 31 10.6 e 14	13.1 h 36 27 10.6 e 18	12.1 h 33 19 10.6 e 23
x109	13.6 e 20 29 10.6 e 8	13.6 e 29 29 10.6 e 13	13.4 h 37 28 10.6 e 17	12.4 h 34 20 10.6 e 21
x122	13.6 e 18 26 10.6 e 8	13.6 e 27 26 10.6 e 11	13.6 e 35 26 10.6 e 15	12.8 h 35 20 10.6 e 19
610x229x101	13.6 e 17 25 10.6 e 7	13.6 e 26 25 10.6 e 11	13.6 e 35 25 10.6 e 15	12.9 h 36 21 10.6 e 19
x113	13.6 e 16 22 10.6 e 7	13.6 e 23 22 10.6 e 10	13.6 e 31 22 10.6 e 13	13.4 h 37 21 10.6 e 17
x125	13.6 e 14 20 10.6 e 6	13.6 e 21 20 10.6 e 9	13.6 e 29 20 10.6 e 12	13.6 e 36 20 10.6 e 15
x140	13.6 e 13 18 10.6 e 5	13.6 e 19 18 10.6 e 8	13.6 e 26 18 10.6 e 11	13.6 e 32 18 10.6 e 14
203x203x 46	8.1 h 22 49 7.4 h 20	6.9 h 19 27 6.4 h 17	6.3 h 17 18 5.8 h 16	5.8 h 16 13 5.3 d 14
x 52	8.3 h 22 48 7.8 h 22	7.2 h 19 27 6.6 h 18	6.5 h 18 18 6.0 h 16	6.0 h 17 13 5.6 h 15
x 60	8.7 h 24 50 8.1 h 22	7.5 h 21 28 6.9 h 19	6.7 h 18 18 6.3 h 17	6.3 h 17 13 5.8 h 16
x 71	9.3 h 25 52 8.6 h 24	8.0 h 22 29 7.4 h 20	7.2 h 20 19 6.7 h 18	6.6 h 18 14 6.2 h 17
x 86	9.9 h 27 55 9.2 h 26	8.4 h 23 29 7.9 h 21	7.6 h 21 20 7.1 h 20	6.9 h 19 13 6.6 h 18
254x254x 73	10.3 h 28 53 9.6 h 26	8.8 h 24 29 8.3 h 23	7.9 h 21 18 7.5 h 21	7.3 h 20 14 6.9 h 19
x 89	10.9 h 30 54 10.3 h 28	9.4 h 26 30 8.9 h 24	8.4 h 23 20 8.0 h 22	7.8 h 22 14 7.4 h 20
x107	11.6 h 32 58 10.6 e 27	9.9 h 27 31 9.4 h 26	8.9 h 24 21 8.4 h 23	8.3 h 23 15 7.8 h 22
x132	12.1 i 32 55 10.6 e 22	10.7 h 30 33 10.1 h 28	9.6 h 26 21 9.1 h 25	8.8 h 24 15 8.4 h 23
x167	12.7 i 30 52 10.6 e 17	11.6 h 32 36 10.6 e 26	10.4 h 29 23 9.9 h 27	9.5 h 26 16 9.1 h 25
305x305x 97	12.1 i 32 54 10.6 e 22	10.6 h 29 31 10.1 h 28	9.5 h 26 20 9.1 h 25	8.8 h 24 15 8.4 h 23
x118	12.6 i 31 51 10.6 e 19	11.3 h 31 33 10.6 e 28	10.1 h 28 22 9.6 h 26	9.3 h 26 16 8.9 h 24
x137	12.9 i 30 50 10.6 e 16	11.8 h 33 35 10.6 e 24	10.6 h 29 23 10.1 h 28	9.8 h 27 16 9.4 h 26
x158	13.3 i 30 48 10.6 e 14	12.4 h 34 36 10.6 e 21	11.1 h 31 24 10.6 e 29	10.2 h 28 17 9.8 h 27
x198	13.6 e 27 42 10.6 e 12	13.4 h 37 39 10.6 e 17	12.0 h 33 25 10.6 e 23	11.0 h 30 18 10.6 e 29
x240	13.6 e 22 35 10.6 e 10	13.6 e 34 35 10.6 e 14	12.8 h 35 27 10.6 e 19	11.8 h 32 19 10.6 e 24
x283	13.6 e 19 29 10.6 e 8	13.6 e 29 30 10.6 e 12	13.5 h 37 28 10.6 e 16	12.4 h 34 20 10.6 e 20
356x368x129	13.4 i 30 47 10.6 e 14	12.5 h 34 35 10.6 e 21	11.3 h 31 23 10.6 e 28	10.4 h 29 17 9.9 h 28
x153	13.6 e 28 42 10.6 e 11	13.2 h 37 37 10.6 e 18	11.8 h 32 24 10.6 e 24	10.9 h 30 17 10.5 h 29
x177	13.6 e 24 37 10.6 e 10	13.6 e 37 37 10.6 e 16	12.4 h 34 25 10.6 e 21	11.4 h 31 18 10.6 e 26
x202	13.6 e 22 32 10.6 e 9	13.6 e 33 32 10.6 e 14	12.9 h 35 26 10.6 e 19	11.9 h 33 19 10.6 e 23

Deck: RICHARD LEES–Holodeck

Table 21

BEAM DATA
- Internal beam
- Uniform load
- Beam spacing: 3.5 m
- Steel grade: 50
- Shear connectors: Welded

SLAB DATA
- Fire resistance: 90 mins
- Slab depth: 155 mm
- Concrete: NW
- Grade: 30

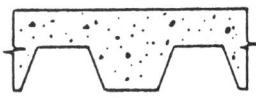

FOR FURTHER INFORMATION SEE NOTES PRECEDING TABLE 1

Note : 120 mm high studs

IMPOSED LOAD kN/m²	4.0					6.0					8.0					10.0				
SERIAL SIZE	LP	DP	DS	LE	DE	LP	DP	DS	LE	DE	LP	DP	DS	LE	DE	LP	DP	DS	LE	DE
203x133x 30	6.8	f	11	52	6.8 d 17	6.3	f	13	37	5.6 d 14	5.8	f	15	28	. .	5.3	d	14	19	. .
254x102x 25	6.6	f	9	39	6.6 f 13	6.1	f	9	27	5.9 d 13	5.6	f	10	20	5.1 d 10	5.3	f	10	15	. .
x 28	7.1	f	10	43	7.1 f 15	6.5	f	11	31	6.1 d 14	6.0	f	12	22	5.4 d 12	5.6	f	12	17	. .
254x146x 31	7.4	a	11	46	7.4 a 17	6.9	f	14	35	6.1 d 13	6.4	f	15	26	5.4 d 11	5.8	d	14	17	. .
x 37	8.3	f	15	58	7.9 d 20	7.6	f	18	41	6.7 d 16	6.9	d	19	29	5.9 d 14	6.2	d	16	18	5.4 d 12
x 43	8.9	f	19	67	8.4 d 22	8.1	f	22	47	7.1 d 18	7.2	h	20	29	6.3 d 14	6.6	d	17	20	5.7 d 13
305x102x 28	7.5	f	10	41	7.5 f 14	6.8	f	11	28	6.6 d 14	6.4	f	12	21	5.7 d 11	5.9	f	12	16	5.1 d 9
x 33	8.1	f	12	45	8.1 f 17	7.4	f	13	32	6.9 d 15	6.9	f	14	24	6.1 d 13	6.4	d	14	18	5.4 d 11
305x127x 37	8.6	f	14	53	8.5 d 20	7.9	f	17	38	7.2 d 17	7.3	f	17	27	6.3 d 13	6.6	d	16	18	5.6 d 11
x 42	9.1	f	17	58	8.9 d 21	8.3	f	19	41	7.4 d 17	7.7	f	20	30	6.6 d 15	6.8	d	17	19	6.0 d 13
x 48	9.8	f	20	67	9.3 d 23	8.9	f	22	46	7.9 d 19	8.0	d	22	31	6.9 d 16	7.2	d	18	20	6.3 d 14
305x165x 40	9.2	f	17	59	8.9 d 21	8.4	f	19	41	7.4 d 17	7.6	d	19	27	6.6 d 14	6.8	d	17	18	6.0 d 13
x 46	9.9	f	20	68	9.2 d 22	9.0	f	23	47	7.9 d 19	8.0	d	21	29	6.9 d 15	7.1	d	17	18	6.3 d 13
x 54	10.6	f	26	77	9.8 d 24	9.4	h	26	47	8.4 d 21	8.4	d	23	31	7.4 d 17	7.6	d	19	20	6.8 d 16
356x127x 33	8.5	f	12	44	8.5 f 17	7.8	f	13	31	7.3 d 15	7.2	f	14	23	6.3 d 12	6.7	f	14	17	5.7 d 10
x 39	9.3	f	15	52	9.2 d 20	8.5	f	17	36	7.8 d 17	7.9	f	18	27	6.8 d 14	7.1	d	16	18	6.1 d 12
356x171x 45	10.1	f	18	61	9.5 d 21	9.2	f	21	42	8.0 d 17	8.3	d	20	28	7.1 d 14	7.4	d	17	17	6.5 d 13
x 51	10.8	f	22	69	10.2 d 24	9.9	f	25	48	8.6 d 20	8.7	d	22	29	7.8 d 17	7.8	d	19	19	6.9 d 14
x 57	11.4	i	25	74	10.6 d 25	10.4	d	28	51	9.1 d 22	9.1	d	24	30	8.1 d 18	8.3	d	20	21	7.4 d 16
x 67	11.9	i	28	73	10.4 e 21	10.8	h	30	50	9.8 d 25	9.8	d	27	34	8.8 d 21	8.9	d	23	23	8.0 d 19
406x140x 39	9.7	f	15	50	9.7 f 20	8.8	f	16	34	8.3 d 17	8.2	f	17	25	7.2 d 14	7.5	d	16	18	6.5 d 12
x 46	10.7	f	18	59	10.3 d 22	9.8	f	21	41	8.9 d 19	8.9	d	21	29	7.8 d 16	8.0	d	18	18	7.1 d 14
406x178x 54	11.6	f	23	70	10.9 d 25	10.6	f	26	48	9.3 d 20	9.3	d	23	29	8.3 d 18	8.4	d	20	19	7.5 d 15
x 60	12.1	i	25	70	10.6 e 20	11.1	d	29	51	9.8 d 22	9.8	d	25	30	8.8 d 20	8.9	d	22	21	8.0 d 17
x 67	12.4	i	27	69	10.4 e 17	11.6	h	32	53	10.3 d 25	10.3	d	27	33	9.3 d 22	9.3	d	23	22	8.4 d 19
x 74	12.7	i	28	69	10.4 e 16	11.9	h	33	54	10.4 e 23	10.8	d	29	35	9.7 d 23	9.8	d	26	24	8.9 d 21
457x152x 52	11.8	f	21	63	11.4 d 25	10.7	f	23	43	9.6 d 20	9.7	d	23	29	8.6 d 18	8.7	d	20	19	7.8 d 16
x 60	12.6	i	25	70	10.6 e 17	11.6	f	28	50	10.3 d 23	10.2	d	25	30	9.1 d 20	9.3	d	22	21	8.4 d 18
x 67	12.9	i	26	69	10.4 e 15	12.2	f	33	56	10.4 e 22	10.8	d	28	34	9.6 d 22	9.7	d	24	22	8.8 d 19
x 74	13.2	i	26	68	10.4 e 13	12.4	d	32	52	10.4 e 20	11.1	d	28	33	9.9 d 21	10.1	d	24	23	9.1 d 19
x 82	13.5	i	27	67	10.4 e 12	12.9	d	35	56	10.4 e 18	11.6	d	30	36	10.4 d 24	10.4	d	26	24	9.5 d 21
457x191x 67	12.9	i	26	67	10.4 e 15	12.2	d	32	54	10.4 e 22	10.7	d	27	32	9.6 d 21	9.7	d	24	22	8.8 d 19
x 74	13.2	i	27	66	10.4 e 13	12.6	d	34	54	10.4 e 20	11.3	d	29	35	10.2 d 24	10.2	d	26	23	9.3 d 21
x 82	13.4	i	27	64	10.4 e 12	13.1	h	36	57	10.4 e 18	11.7	d	31	37	10.4 e 24	10.7	d	28	26	9.7 d 23
x 89	13.5	e	25	59	10.4 e 11	13.4	e	37	58	10.4 e 17	11.9	d	32	36	10.4 e 22	10.9	d	28	25	9.9 d 22
x 98	13.5	e	23	54	10.4 e 10	13.5	e	34	54	10.4 e 15	12.5	d	34	39	10.4 e 20	11.4	d	30	27	10.4 d 25
533x210x 82	13.5	e	22	51	10.4 e 10	13.5	e	33	51	10.4 e 14	12.4	d	32	36	10.4 e 19	11.3	d	28	25	10.3 d 23
x 92	13.5	e	20	44	10.4 e 8	13.5	e	29	44	10.4 e 13	13.1	d	35	39	10.4 e 17	11.9	d	31	27	10.4 e 21
x101	13.5	e	18	40	10.4 e 8	13.5	e	27	40	10.4 e 12	13.4	d	35	39	10.4 e 15	12.3	d	31	27	10.4 e 20
x109	13.5	e	17	37	10.4 e 7	13.5	e	25	37	10.4 e 11	13.5	d	33	37	10.4 e 14	12.6	d	33	28	10.4 e 18
x122	13.5	e	15	33	10.4 e 6	13.5	e	23	33	10.4 e 10	13.5	d	30	33	10.4 e 13	13.4	d	36	32	10.4 e 16
610x229x101	13.5	e	15	32	10.4 e 6	13.5	e	22	32	10.4 e 10	13.5	d	30	32	10.4 e 13	13.1	d	34	29	10.4 e 16
x113	13.5	e	13	28	10.4 e 6	13.5	e	20	28	10.4 e 9	13.5	d	27	28	10.4 e 11	13.5	e	33	28	10.4 e 14
x125	13.5	e	12	25	10.4 e 5	13.5	e	18	25	10.4 e 8	13.5	d	24	25	10.4 e 10	13.5	d	30	25	10.4 e 13
x140	13.5	e	11	23	10.4 e 5	13.5	e	16	23	10.4 e 7	13.5	d	22	23	10.4 e 9	13.5	e	27	23	10.4 e 12
203x203x 46	8.3	a	21	74	7.5 d 20	7.2	h	19	41	6.6 d 18	6.5	h	17	28	5.8 d 14	6.1	d	17	21	5.3 d 12
x 52	8.8	h	24	79	8.0 h 22	7.6	h	21	44	6.9 d 19	6.8	h	19	29	6.2 d 16	6.3	h	17	21	5.6 d 14
x 60	9.1	h	25	79	8.3 h 23	7.9	h	21	45	7.3 h 20	7.1	h	19	30	6.5 h 18	6.6	h	18	22	6.0 h 16
x 71	9.7	h	27	83	8.9 h 25	8.4	h	23	48	7.8 h 21	7.6	h	21	31	7.0 h 19	6.9	h	19	22	6.4 h 17
x 86	10.4	h	28	90	9.6 h 27	9.0	h	25	51	8.3 h 22	8.1	h	22	33	7.4 h 20	7.4	h	20	24	6.9 h 19
254x254x 73	10.7	i	29	83	9.9 d 27	9.3	h	25	47	8.6 d 24	8.4	h	23	31	7.8 h 21	7.8	h	21	23	6.9 h 17
x 89	11.1	i	28	79	10.4 e 27	9.9	h	27	49	9.3 h 26	9.0	h	25	34	8.3 h 22	8.3	h	23	24	7.7 h 21
x107	11.6	i	27	76	10.4 e 23	10.6	h	29	53	9.8 h 27	9.5	h	26	35	8.9 h 24	8.8	h	24	25	8.2 h 23
x132	12.1	i	27	73	10.4 e 18	11.3	h	31	55	10.4 e 27	10.2	h	28	36	9.6 h 26	9.4	h	26	26	8.9 h 25
x167	12.8	i	26	69	10.4 e 14	12.3	h	34	60	10.4 e 22	11.1	h	31	39	10.4 e 29	10.2	h	28	28	9.6 h 27
305x305x 97	12.0	i	27	69	10.4 e 19	11.1	h	31	51	10.4 e 28	10.1	h	28	34	9.4 h 26	9.3	h	25	24	8.6 h 23
x118	12.5	i	26	66	10.4 e 16	11.9	h	32	54	10.4 e 24	10.8	h	30	36	10.1 h 28	9.9	h	27	26	9.3 h 26
x137	12.9	i	26	65	10.4 e 14	12.5	h	34	57	10.4 e 20	11.3	h	31	37	10.4 e 27	10.4	h	29	27	9.8 h 27
x158	13.3	i	26	63	10.4 e 12	13.1	i	36	59	10.4 e 18	11.8	h	33	39	10.4 e 24	10.9	h	30	28	10.3 h 29
x198	13.5	e	22	52	10.4 e 10	13.5	e	32	52	10.4 e 14	12.8	h	36	40	10.4 e 19	11.8	h	33	30	10.4 e 24
x240	13.5	e	18	43	10.4 e 8	13.5	e	27	43	10.4 e 12	13.5	e	36	43	10.4 e 14	12.6	h	35	32	10.4 e 20
x283	13.5	e	15	36	10.4 e 7	13.5	e	23	36	10.4 e 10	13.5	e	31	36	10.4 e 13	13.3	h	37	34	10.4 e 17
356x368x129	13.4	i	26	60	10.4 e 12	13.1	h	36	56	10.4 e 18	11.9	h	33	37	10.4 e 23	10.9	h	30	27	10.4 d 29
x153	13.5	e	23	53	10.4 e 10	13.5	e	34	53	10.4 e 15	12.5	h	34	39	10.4 e 20	11.6	h	32	28	10.4 e 25
x177	13.5	e	20	46	10.4 e 9	13.5	e	30	46	10.4 e 13	13.1	h	36	41	10.4 e 17	12.1	h	33	29	10.4 e 22
x202	13.5	e	18	40	10.4 e 8	13.5	e	27	40	10.4 e 12	13.5	e	36	40	10.4 e 15	12.6	h	35	31	10.4 e 19

55

Deck: **RICHARD LEES–Holodeck**　　　　　　　　　　　　　　　　Table 22

BEAM DATA
```
Internal beam
Uniform load
Beam spacing          3.5 m
Steel grade           43
Shear connectors      Welded
```

SLAB DATA
```
Fire resistance  90 mins
Slab depth       145 mm
Concrete         LW
Grade            30
```

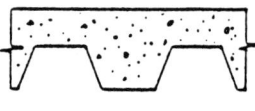

FOR FURTHER INFORMATION SEE NOTES PRECEDING TABLE 1　　　　　　　　Note : 120 mm high studs

IMPOSED LOAD kN/m²	4.0					6.0					8.0					10.0				
SERIAL SIZE	LP	DP	DS	LE	DE	LP	DP	DS	LE	DE	LP	DP	DS	LE	DE	LP	DP	DS	LE	DE
203x133x 30	6.4 f	10	30	6.3 d	14	5.8 f	11	20	5.3 d	12	5.3 f	11	14	.	.					
254x102x 25	6.2 f	8	22	6.2 f	10	5.6 f	8	14	5.4 d	10	5.1 f	8	10	.	.					
x 28	6.6 f	9	25	6.6 f	12	6.0 f	10	17	5.6 d	11	5.5 f	10	12	.	.	5.1 f	9	8	.	.
254x146x 31	7.0 f	11	28	6.9 d	14	6.3 f	11	18	5.7 d	11	5.8 f	12	13	.	.	5.3 d	11	9	.	.
x 37	7.7 f	13	33	7.4 d	16	6.9 f	15	22	6.1 d	13	6.3 d	15	15	5.4 d	10	5.6 d	12	9	.	.
x 43	8.3 f	16	38	7.9 d	18	7.4 f	17	24	6.6 d	14	6.6 d	16	15	5.7 d	11	5.9 d	13	10	5.3 d	10
305x102x 28	7.0 f	9	23	7.0 f	12	6.3 f	9	15	6.1 d	11	5.8 f	9	10	5.3 d	9	5.4 f	9	8	.	.
x 33	7.6 f	11	26	7.6 f	14	6.8 f	11	17	6.3 d	11	6.3 f	11	12	5.5 d	9	5.8 f	11	9	.	.
305x127x 37	8.1 f	13	31	7.9 d	16	7.2 f	13	19	6.6 d	13	6.6 f	14	14	5.7 d	10	6.0 d	13	9	5.1 d	9
x 42	8.5 f	14	34	8.3 d	18	7.6 f	16	22	6.8 d	13	7.0 f	16	15	6.0 d	11	6.2 d	13	9	5.4 d	10
x 48	9.1 f	17	38	8.6 d	19	8.2 f	18	25	7.3 d	15	7.4 d	17	16	6.3 d	12	6.6 d	15	10	5.8 d	11
305x165x 40	8.6 f	15	34	8.3 d	17	7.7 f	15	21	6.8 d	13	6.9 d	15	14	6.0 d	11	6.1 d	12	8	5.4 d	10
x 46	9.2 f	17	38	8.6 d	18	8.3 f	18	24	7.3 d	15	7.3 d	16	15	6.3 d	12	6.5 d	14	9	5.7 d	10
x 54	9.9 f	21	43	9.1 d	21	8.9 f	22	28	7.8 d	17	7.7 d	18	16	6.8 d	14	6.9 d	15	10	6.1 d	12
356x127x 33	7.9 f	11	25	7.9 f	14	7.1 f	11	16	6.7 d	12	6.5 f	11	11	5.9 d	10	6.1 f	11	9	5.3 d	8
x 39	8.7 f	13	29	8.6 d	16	7.8 f	14	19	7.2 d	13	7.1 f	14	13	6.2 d	10	6.5 d	13	9	5.6 d	9
356x171x 45	9.4 f	16	34	9.1 d	18	8.4 f	17	22	7.5 d	14	7.7 f	17	15	6.6 d	12	6.7 d	13	9	6.0 d	10
x 51	10.1 f	19	39	9.5 d	20	9.1 f	20	25	7.9 d	16	8.0 d	18	15	6.9 d	13	7.1 d	15	10	6.3 d	11
x 57	10.7 f	22	43	9.9 d	21	9.6 f	23	28	8.4 d	17	8.3 d	19	16	7.4 d	14	7.4 d	16	10	6.7 d	12
x 67	11.6 f	27	50	10.5 d	23	10.1 d	26	29	9.0 d	20	8.9 d	22	18	8.0 d	17	8.1 d	18	12	7.3 d	14
406x140x 39	9.1 f	13	28	9.1 f	16	8.1 f	13	18	7.5 d	13	7.4 f	13	13	6.6 d	11	6.8 d	12	9	5.9 d	9
x 46	10.0 f	16	34	9.7 d	19	8.9 f	17	21	8.1 d	15	8.1 d	16	15	7.1 d	13	7.2 d	14	9	6.3 d	10
406x178x 54	10.8 f	20	39	10.3 d	21	9.7 f	21	25	8.6 d	16	8.6 d	18	15	7.5 d	13	7.7 d	16	10	6.8 d	12
x 60	11.5 f	23	43	10.6 d	21	10.3 f	24	27	9.0 d	18	8.9 d	20	16	7.9 d	15	8.0 d	16	10	7.3 d	13
x 67	12.1 f	26	48	11.0 e	23	10.7 d	26	29	9.5 d	20	9.3 d	21	17	8.4 d	17	8.4 d	18	11	7.6 d	14
x 74	12.8 f	30	54	10.6 e	18	11.1 d	28	30	9.9 d	21	9.8 d	23	18	8.9 d	18	8.9 d	20	12	8.0 d	16
457x152x 52	11.0 f	18	36	10.5 d	20	9.8 f	18	23	8.9 d	17	8.9 f	18	16	7.8 d	14	7.9 d	15	10	7.1 d	12
x 60	11.8 f	21	41	11.3 d	23	10.6 f	22	26	9.4 d	18	9.3 d	20	16	8.3 d	15	8.4 d	17	10	7.5 d	13
x 67	12.5 f	25	46	11.0 e	19	11.2 f	26	30	9.8 d	19	9.8 d	22	17	8.7 d	16	8.8 d	19	11	7.9 d	14
x 74	12.9 f	26	47	10.6 e	15	11.6 f	27	30	10.2 d	20	10.1 d	22	18	9.1 d	17	9.1 d	19	11	8.3 d	15
x 82	13.6 f	29	51	10.6 e	14	11.9 d	29	31	10.6 e	21	10.5 d	24	18	9.5 d	19	9.5 d	20	12	8.6 d	16
457x191x 67	12.6 f	25	47	11.0 e	19	11.3 d	26	29	9.9 d	19	9.7 d	21	16	8.8 d	16	8.8 d	18	11	7.9 d	14
x 74	13.4 f	29	52	10.6 e	15	11.6 d	28	30	10.4 d	21	10.2 d	23	18	9.3 d	18	9.3 d	20	12	8.4 d	16
x 82	13.7 i	31	52	10.6 e	14	12.1 d	30	31	10.6 e	21	10.7 d	25	19	9.7 d	20	9.6 d	21	13	8.8 d	17
x 89	13.9 i	31	51	10.6 e	13	12.3 d	30	31	10.6 e	19	10.9 d	25	19	9.9 d	20	9.9 d	22	13	9.0 d	17
x 98	13.6 e	27	42	10.6 e	12	12.9 d	32	34	10.6 e	18	11.4 d	27	20	10.4 d	22	10.3 d	24	14	9.4 d	19
533x210x 82	14.4 i	30	50	10.6 e	11	12.8 d	30	31	10.6 e	17	11.3 d	25	19	10.3 d	20	10.2 d	21	12	9.3 d	17
x 92	13.6 e	23	35	10.6 e	10	13.5 d	33	33	10.6 e	15	11.9 d	28	20	10.6 e	20	10.8 d	24	14	9.9 d	19
x101	13.6 e	21	31	10.6 e	9	13.6 d	31	31	10.6 e	14	12.3 d	28	20	10.6 e	18	11.1 d	24	14	10.2 d	20
x109	13.6 e	20	29	10.6 e	8	13.6 d	29	29	10.6 e	13	12.6 d	30	22	10.6 e	17	11.4 d	26	14	10.5 d	21
x122	13.6 e	18	26	10.6 e	8	13.6 d	27	26	10.6 e	11	13.4 d	33	24	10.6 e	15	12.1 d	28	16	10.6 e	19
610x229x101	13.6 e	17	25	10.6 e	7	13.6 d	26	25	10.6 e	11	13.1 d	30	22	10.6 e	15	11.9 d	26	15	10.6 e	19
x113	13.6 e	16	22	10.6 e	7	13.6 d	23	22	10.6 e	10	13.6 d	31	22	10.6 e	13	12.3 d	27	15	10.6 e	17
x125	13.6 e	14	20	10.6 e	6	13.6 d	21	20	10.6 e	9	13.6 d	29	20	10.6 e	12	12.9 d	29	16	10.6 e	15
x140	13.6 e	13	18	10.6 e	5	13.6 d	19	18	10.6 e	8	13.6 e	26	18	10.6 e	11	13.6 d	32	18	10.6 e	14
203x203x 46	7.9 f	19	46	7.3 d	19	6.9 h	19	27	6.1 d	15	6.2 d	16	17	5.4 d	12	5.6 d	14	11	.	.
x 52	8.4 f	23	51	7.6 d	20	7.2 h	19	27	6.5 d	17	6.5 d	18	18	5.6 d	13	5.9 d	15	12	5.1 d	11
x 60	8.7 h	24	50	8.0 d	21	7.5 h	21	28	6.8 d	18	6.7 h	18	18	6.1 d	15	6.2 d	17	13	5.4 d	13
x 71	9.3 h	25	52	8.6 d	23	8.0 h	22	29	7.3 d	19	7.2 h	20	19	6.5 d	16	6.6 d	18	13	5.9 d	14
x 86	9.9 h	27	55	9.2 h	26	8.4 h	23	29	7.9 h	21	7.6 h	21	20	7.1 d	20	6.9 h	19	13	6.4 d	16
254x254x 73	10.3 h	28	53	9.5 d	25	8.8 h	24	29	8.1 d	20	7.9 h	21	18	7.2 d	18	7.2 d	19	13	6.5 d	15
x 89	10.9 h	30	54	10.3 d	28	9.4 h	26	30	8.7 d	23	8.4 h	23	20	7.8 d	20	7.8 d	21	14	7.1 d	17
x107	11.6 h	32	58	10.6 e	27	9.9 h	27	31	9.4 h	26	8.9 h	24	21	8.4 d	23	8.3 h	23	15	7.7 d	20
x132	12.1 i	32	55	10.6 e	22	10.7 h	30	33	10.1 h	28	9.6 h	26	21	9.1 h	25	8.8 h	24	15	8.4 h	23
x167	12.7 i	30	52	10.6 e	17	11.6 h	32	36	10.6 e	26	10.4 h	29	23	9.9 h	27	9.5 h	26	16	9.1 h	25
305x305x 97	12.1 i	32	54	10.6 e	22	10.6 h	29	31	9.8 d	25	9.5 h	26	20	8.6 d	21	8.7 d	23	14	7.9 d	18
x118	12.6 i	31	51	10.6 e	19	11.3 h	31	33	10.6 e	28	10.1 h	28	22	9.6 d	26	9.3 h	26	16	8.6 d	22
x137	12.9 i	30	50	10.6 e	16	11.8 h	33	35	10.6 e	24	10.6 h	29	23	10.1 h	28	9.8 h	27	16	9.3 h	25
x158	13.3 i	30	48	10.6 e	14	12.4 h	34	36	10.6 e	21	11.1 h	31	24	10.6 e	29	10.2 h	28	17	9.8 h	27
x198	13.6 e	27	42	10.6 e	12	13.4 h	37	39	10.6 e	17	12.0 h	33	25	10.6 e	23	11.0 h	30	18	10.6 e	29
x240	13.6 e	22	35	10.6 e	10	13.6 h	34	35	10.6 e	14	12.8 h	35	27	10.6 e	19	11.8 h	32	19	10.6 e	24
x283	13.6 e	19	29	10.6 e	8	13.6 h	29	29	10.6 e	12	13.5 h	37	28	10.6 e	16	12.4 h	34	20	10.6 e	20
356x368x129	13.4 i	30	47	10.6 e	14	12.5 h	34	35	10.6 e	21	11.3 h	31	25	10.4 d	26	10.3 h	28	16	9.4 d	22
x153	13.6 e	28	42	10.6 e	12	13.2 h	37	37	10.6 e	18	11.8 h	33	24	10.6 e	24	10.9 h	30	17	10.4 d	29
x177	13.6 e	24	37	10.6 e	10	13.6 h	37	37	10.6 e	16	12.4 h	34	25	10.6 e	21	11.4 h	31	18	10.6 e	26
x202	13.6 e	22	32	10.6 e	9	13.6 h	33	32	10.6 e	14	12.9 h	35	26	10.6 e	19	11.9 h	33	19	10.6 e	23

56

Deck: GENERIC PROFILE   Table 23

BEAM DATA

Internal beam	
Uniform load	
Beam spacing	3 m
Steel grade	50
Shear connectors	Welded

SLAB DATA

Fire resistance	90 mins
Slab depth	125 mm
Concrete	LW
Grade	30

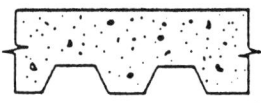

FOR FURTHER INFORMATION SEE NOTES PRECEDING TABLE 1

IMPOSED LOAD kN/m²	4.0					6.0					8.0					10.0				
SERIAL SIZE	LP	DP	DS	LE	DE	LP	DP	DS	LE	DE	LP	DP	DS	LE	DE	LP	DP	DS	LE	DE
203x133x 30	7.8 f	21	54	6.9 h	19	6.6 h	18	27	5.9 h	16	5.7 h	16	15	5.3 h	14	5.2 h	14	10	.	.
254x102x 25	7.6 f	17	40	7.6 f	20	6.8 f	17	26	6.4 d	17	6.2 f	16	18	5.6 d	14	5.8 f	15	13	.	.
x 28	8.1 f	19	45	7.8 h	21	7.3 f	19	29	6.6 h	18	6.6 h	18	19	5.9 d	16	5.9 h	16	12	5.3 d	13
254x146x 31	8.6 f	23	51	7.9 h	22	7.5 h	21	30	6.7 h	18	6.5 h	18	17	5.9 d	16	5.9 h	16	11	5.3 d	13
x 37	9.3 h	26	56	8.3 h	23	7.6 h	21	25	7.1 h	20	6.7 h	18	15	6.3 h	17	6.2 h	17	11	5.8 d	15
x 43	9.5 h	26	53	8.6 h	23	7.8 h	21	24	7.4 h	20	7.1 h	20	16	6.6 h	18	6.5 h	18	12	6.1 h	17
305x102x 28	8.6 f	19	41	8.6 f	22	7.7 f	19	27	7.3 d	20	7.0 f	18	18	6.3 d	15	6.5 f	17	14	5.6 d	13
x 33	9.3 f	22	47	9.0 h	25	8.3 f	22	31	7.6 h	21	7.5 h	21	20	6.7 d	18	6.8 h	18	13	5.9 d	15
305x127x 37	9.8 h	26	55	9.1 h	25	8.4 h	23	30	7.7 h	21	7.4 h	21	18	6.9 h	19	6.7 h	18	12	6.2 h	16
x 42	10.4 h	29	61	9.3 h	26	8.6 h	24	29	7.9 h	22	7.6 h	21	17	7.1 h	20	6.9 h	19	12	6.6 d	18
x 48	10.6 h	29	56	9.6 h	26	8.8 h	24	26	8.3 h	23	7.9 h	22	17	7.4 h	20	7.3 h	20	12	6.9 h	19
305x165x 40	10.3 h	29	56	9.4 h	26	8.7 h	24	28	8.0 h	22	7.7 h	21	17	7.1 h	19	6.9 h	19	12	6.6 d	18
x 46	10.7 h	30	56	9.7 h	27	8.9 h	24	27	8.3 h	23	7.9 h	22	17	7.5 h	21	7.3 h	20	12	6.9 d	19
x 54	10.8 h	30	51	10.1 h	28	9.2 h	25	26	8.7 h	24	8.3 h	23	18	7.9 h	22	7.7 h	21	13	7.3 h	20
356x127x 33	9.8 f	23	46	9.7 h	27	8.7 f	22	29	8.1 d	21	7.9 f	21	20	7.1 d	18	7.2 d	19	14	6.3 d	14
x 39	10.7 f	28	55	10.1 h	28	9.4 h	26	33	8.6 h	23	8.3 h	23	20	7.5 h	20	7.5 h	21	13	6.8 h	17
356x171x 45	11.3 i	30	58	10.4 h	29	9.6 h	27	30	8.9 h	25	8.4 h	23	18	7.8 d	20	7.8 h	21	13	7.1 d	17
x 51	11.6 i	31	56	10.9 h	30	9.9 h	27	29	9.3 h	25	8.8 h	24	18	8.4 h	23	8.1 h	23	13	7.7 d	21
x 57	11.9 i	32	55	11.1 e	30	10.1 h	28	28	9.6 h	27	9.1 h	25	18	8.7 h	24	8.4 h	23	13	8.0 h	22
x 67	12.4 i	34	53	10.6 e	22	10.7 h	29	29	10.2 h	28	9.6 h	27	19	9.2 h	25	8.9 h	24	14	8.5 h	24
406x140x 39	11.1 f	27	52	10.9 h	30	9.9 f	27	33	9.1 d	25	9.0 f	25	22	7.9 d	20	8.1 d	22	14	7.1 d	17
x 46	12.0 i	31	57	11.4 h	31	10.6 h	29	34	9.7 h	27	9.3 h	25	20	8.6 d	23	8.4 h	23	14	7.8 d	19
406x178x 54	12.3 i	31	53	11.7 e	31	10.8 h	29	31	10.1 h	28	9.6 h	26	19	9.1 h	25	8.8 h	24	14	8.3 d	22
x 60	12.6 i	32	52	10.6 e	20	11.1 h	30	30	10.5 h	29	9.9 h	27	20	9.5 h	26	9.2 h	25	14	8.8 d	24
x 67	12.9 i	33	51	10.6 e	18	11.4 h	32	31	10.6 h	27	10.3 h	29	21	9.9 h	27	9.5 h	26	15	9.1 h	25
x 74	13.2 i	32	49	10.6 e	16	11.8 h	33	32	10.6 h	24	10.7 h	29	21	10.2 h	28	9.8 h	27	15	9.4 h	25
457x152x 52	12.8 i	30	53	12.0 e	30	11.6 h	32	36	10.7 h	29	10.2 h	28	22	9.5 d	26	9.3 h	25	15	8.6 d	22
x 60	13.1 i	31	51	10.6 e	17	11.9 h	33	34	10.6 h	25	10.5 h	29	21	10.1 h	28	9.7 h	26	15	9.1 d	24
x 67	13.4 i	32	50	10.6 e	15	12.1 h	33	33	10.6 e	23	10.9 h	30	22	10.4 h	29	10.1 h	28	16	9.6 h	26
x 74	13.8 i	32	49	10.6 e	14	12.6 h	34	34	10.6 e	21	11.3 h	31	23	10.6 e	27	10.4 h	29	16	9.9 d	27
x 82	14.0 i	31	48	10.6 e	12	13.1 h	36	36	10.6 e	19	11.7 h	32	23	10.6 e	25	10.8 h	30	17	10.3 h	28
457x191x 67	13.4 i	32	49	10.6 e	15	12.1 h	33	32	10.6 e	23	10.9 h	30	21	10.4 h	29	10.1 h	28	16	9.6 h	26
x 74	13.8 i	32	48	10.6 e	14	12.6 h	35	34	10.6 e	20	11.4 h	32	22	10.6 e	27	10.4 h	28	16	10.1 h	28
x 82	14.0 i	31	47	10.6 e	12	13.1 h	36	35	10.6 e	19	11.7 h	32	23	10.6 e	25	10.8 h	29	16	10.4 h	29
x 89	14.3 i	31	46	10.6 e	11	13.4 h	37	36	10.6 e	17	12.0 h	33	23	10.6 e	23	11.1 h	31	17	10.6 e	28
x 98	14.5 i	30	45	10.6 e	10	13.9 h	38	37	10.6 e	16	12.4 h	35	24	10.6 e	21	11.4 h	32	17	10.6 e	26
533x210x 82	14.8 i	30	45	10.6 e	10	14.2 h	39	38	10.6 e	15	12.7 h	35	25	10.6 e	20	11.7 h	32	18	10.6 e	25
x 92	15.1 i	29	43	10.6 e	9	14.8 h	40	40	10.6 e	13	13.3 h	36	25	10.6 e	17	12.2 h	33	18	10.6 e	22
x101	15.4 i	29	43	10.6 e	8	15.2 i	41	40	10.6 e	12	13.7 h	38	26	10.6 e	16	12.6 h	34	19	10.6 e	20
x109	15.6 i	29	42	10.6 e	7	15.4 i	41	39	10.6 e	11	14.0 h	38	27	10.6 e	15	12.9 h	35	19	10.6 e	19
x122	15.9 i	28	40	10.6 e	7	15.7 i	40	38	10.6 e	10	14.6 h	40	28	10.6 e	13	13.4 h	37	20	10.6 e	17
610x229x101	16.1 i	28	41	10.6 e	7	15.9 i	40	39	10.6 e	10	14.7 h	40	28	10.6 e	13	13.5 h	37	20	10.6 e	16
x113	16.5 i	28	40	10.6 e	6	16.3 i	40	37	10.6 e	9	15.3 h	42	30	10.6 e	12	14.1 h	39	21	10.6 e	15
x125	16.8 i	28	39	10.6 e	5	16.6 i	39	36	10.6 e	8	15.8 h	44	30	10.6 e	11	14.6 h	40	22	10.6 e	13
x140	17.2 i	28	38	10.6 e	5	16.9 i	39	36	10.6 e	7	16.3 h	45	31	10.6 e	10	15.1 h	42	22	10.6 e	12
203x203x 46	8.1 h	22	41	7.6 h	21	7.0 h	19	23	6.6 h	18	6.3 h	17	15	5.9 h	16	5.9 h	16	11	5.4 h	15
x 52	8.4 h	23	42	7.9 h	22	7.3 h	19	23	6.9 h	19	6.6 h	18	15	6.2 h	17	6.1 h	17	11	5.7 h	15
x 60	8.9 h	25	45	8.3 h	23	7.7 h	21	25	7.2 h	20	6.9 h	19	16	6.5 h	18	6.3 h	17	11	5.9 h	16
x 71	9.4 h	26	45	8.9 h	24	8.1 h	22	25	7.7 h	21	7.3 h	19	16	6.9 h	19	6.7 h	18	12	6.4 h	18
x 86	10.1 h	28	49	9.4 h	26	8.6 h	23	27	8.2 h	23	7.8 h	21	17	7.4 h	20	7.1 h	19	12	6.8 h	19
254x254x 73	10.4 h	28	47	9.9 h	28	9.0 h	25	26	8.6 h	24	8.1 h	22	17	7.8 h	22	7.5 h	21	12	7.1 h	20
x 89	11.1 h	30	49	10.6 e	29	9.6 h	27	27	9.2 h	25	8.6 h	23	18	8.3 h	23	8.0 h	22	13	7.6 h	21
x107	11.9 i	33	53	10.6 e	24	10.2 h	28	29	9.7 h	26	9.2 h	25	19	8.8 h	24	8.4 h	23	13	8.1 h	22
x132	12.3 i	31	49	10.6 e	20	11.0 h	31	31	10.5 h	29	9.9 h	27	20	9.4 h	26	9.1 h	25	14	8.7 h	24
x167	12.9 i	29	46	10.6 e	16	11.9 h	33	33	10.6 e	24	10.7 h	29	22	10.3 h	28	9.8 h	27	16	9.4 h	26
305x305x 97	12.4 i	32	49	10.6 e	20	10.9 h	30	29	10.4 h	29	9.8 h	27	19	9.4 h	26	9.1 h	25	14	8.7 h	24
x118	12.8 i	31	46	10.6 e	17	11.6 h	31	31	10.6 e	25	10.4 h	29	20	10.0 h	27	9.6 h	27	15	9.3 h	25
x137	13.2 i	30	45	10.6 e	15	12.2 h	34	33	10.6 e	22	10.9 h	30	21	10.6 e	26	10.1 h	28	16	9.7 h	26
x158	13.5 i	29	43	10.6 e	13	12.8 h	36	35	10.6 e	19	11.4 h	31	22	10.6 e	26	10.6 h	29	16	10.2 h	28
x198	14.1 h	27	40	10.6 e	10	13.8 i	38	37	10.6 e	15	12.4 h	34	24	10.6 e	21	11.4 h	31	17	10.6 e	26
x240	14.5 i	26	38	10.6 e	9	14.3 i	37	36	10.6 e	13	13.3 h	37	26	10.6 e	17	12.2 h	33	19	10.6 e	21
x283	14.9 i	25	36	10.6 e	7	14.7 i	35	34	10.6 e	11	14.0 h	39	28	10.6 e	15	12.9 h	35	20	10.6 e	18
356x368x129	13.7 i	29	42	10.6 e	12	12.9 h	36	33	10.6 e	19	11.6 h	32	22	10.6 e	25	10.7 h	29	16	10.3 h	28
x153	14.1 i	28	40	10.6 e	11	13.6 h	38	36	10.6 e	16	12.3 h	34	23	10.6 e	21	11.3 h	31	17	10.6 e	27
x177	14.4 i	28	39	10.6 e	9	14.2 h	39	36	10.6 e	14	12.8 h	35	24	10.6 e	19	11.8 h	33	17	10.6 e	23
x202	14.8 i	27	38	10.6 e	8	14.5 i	38	35	10.6 e	12	13.4 h	37	25	10.6 e	17	12.3 h	34	18	10.6 e	21

Deck: GENERIC PROFILE

Table 24

BEAM DATA
```
Internal beam
Uniform load
Beam spacing      3 m
Steel grade       50
Shear connectors  Welded
```

SLAB DATA
```
Fire resistance  90 mins
Slab depth       135 mm
Concrete         NW
Grade            30
```

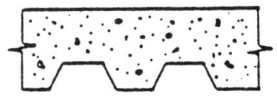

FOR FURTHER INFORMATION SEE NOTES PRECEDING TABLE 1

IMPOSED LOAD kN/m²	4.0					6.0					8.0					10.0				
SERIAL SIZE	LP	DP	DS	LE	DE	LP	DP	DS	LE	DE	LP	DP	DS	LE	DE	LP	DP	DS	LE	DE
203x133x 30	7.3	f	14	56	7.3 f 19	6.7	f	16	39	6.3 d 17	6.2	f	17	29	5.4 d 14	5.6	h	15	19	. .
254x102x 25	7.1	f	11	43	7.1 f 14	6.5	f	12	30	6.5 f 16	6.0	f	12	21	5.6 d 13	5.6	f	12	17	5.0 d 11
x 28	7.6	f	13	48	7.6 f 17	6.9	f	14	33	6.8 d 18	6.4	f	14	24	5.9 d 15	6.0	f	14	18	5.3 d 12
254x146x 31	8.1	f	15	54	8.1 f 20	7.4	f	16	38	6.8 d 17	6.8	f	17	28	6.0 d 15	6.2	d	16	19	5.3 d 12
x 37	8.9	f	19	64	8.8 d 24	8.1	f	21	43	7.4 d 20	7.2	h	20	27	6.5 d 17	6.5	h	18	18	5.8 d 14
x 43	9.6	f	23	73	9.1 h 25	8.4	h	23	43	7.7 h 21	7.4	h	20	26	6.8 d 18	6.7	h	18	18	6.2 d 16
305x102x 28	8.1	f	13	44	8.1 f 16	7.4	f	14	31	7.4 f 18	6.8	f	14	22	6.3 d 14	6.3	f	13	17	5.6 d 12
x 33	8.8	f	16	51	8.8 f 19	7.9	f	16	35	7.8 d 19	7.3	f	16	25	6.7 d 16	6.8	f	16	19	6.0 d 13
305x127x 37	9.3	f	18	58	9.3 f 23	8.4	f	20	40	7.9 d 21	7.8	f	20	29	6.9 d 17	7.1	d	19	20	6.2 d 14
x 42	9.8	f	20	65	9.8 f 26	8.9	f	22	45	8.3 d 22	8.1	h	22	30	7.3 d 19	7.3	d	20	19	6.5 d 16
x 48	10.5	f	24	74	10.2 h 28	9.5	h	26	50	8.7 d 24	8.3	h	23	29	7.6 d 20	7.5	h	20	19	6.9 d 17
305x165x 40	9.9	f	22	66	9.8 d 26	9.0	f	23	44	8.3 d 22	8.1	d	22	29	7.3 d 18	7.2	d	19	18	6.5 d 15
x 46	10.6	i	24	72	10.3 d 28	9.6	h	26	49	8.6 d 23	8.4	h	23	29	7.6 d 19	7.6	d	21	19	6.9 d 17
x 54	10.9	i	26	71	10.6 h 29	9.7	h	27	44	9.1 h 25	8.6	h	23	27	8.1 d 21	7.9	h	22	19	7.4 d 19
356x127x 33	9.2	f	16	49	9.2 f 19	8.3	f	16	33	8.3 d 20	7.7	f	16	24	7.1 d 16	7.1	f	16	18	6.3 d 13
x 39	10.1	f	19	58	10.1 f 23	9.1	f	20	39	8.6 d 21	8.4	f	20	28	7.5 d 17	7.7	d	19	20	6.8 d 15
356x171x 45	10.9	f	23	68	10.6 d 26	9.9	f	24	45	8.9 d 22	8.9	d	24	30	7.8 d 18	7.9	d	20	18	6.9 d 15
x 51	11.4	i	25	69	11.3 d 30	10.5	h	29	50	9.6 d 25	9.3	h	25	30	8.4 d 22	8.3	d	22	20	7.6 d 18
x 57	11.7	i	26	68	11.7 i 32	10.8	h	30	49	9.9 d 27	9.5	h	26	30	8.8 d 23	8.7	h	24	21	8.0 d 20
x 67	12.1	i	28	65	10.6 e 20	11.1	h	30	45	10.5 h 29	9.9	h	27	29	9.5 h 26	9.2	h	25	22	8.7 d 23
406x140x 39	10.5	f	19	56	10.5 f 23	9.5	f	20	37	9.1 d 21	8.8	f	20	27	7.9 d 18	8.1	d	19	19	7.2 d 15
x 46	11.6	f	23	66	11.6 f 29	10.5	f	24	45	9.8 d 24	9.6	f	25	32	8.6 d 20	8.6	d	21	20	7.8 d 18
406x178x 54	12.1	i	25	66	12.1 i 31	11.3	f	30	51	10.3 d 27	10.1	d	27	32	9.1 d 22	9.0	d	24	21	8.3 d 20
x 60	12.4	i	26	64	11.7 e 25	11.8	h	32	52	10.8 d 29	10.4	h	29	32	9.6 d 24	9.3	d	25	20	8.6 d 21
x 67	12.7	i	27	63	10.6 e 16	12.0	h	33	50	10.6 d 24	10.6	h	29	31	10.1 d 27	9.8	h	27	22	9.1 d 23
x 74	12.9	i	28	61	10.6 e 15	12.3	h	34	49	10.6 e 22	11.0	h	30	32	10.5 d 29	10.2	h	28	23	9.6 d 26
457x152x 52	12.4	i	24	65	12.4 i 30	11.5	f	28	48	10.8 d 27	10.5	d	27	33	9.4 d 22	9.4	d	24	21	8.5 d 19
x 60	12.9	i	25	63	11.7 e 21	12.4	f	34	55	11.4 d 29	11.0	h	29	34	9.9 d 24	9.8	d	25	21	9.1 d 21
x 67	13.2	i	26	62	10.6 e 14	12.8	h	35	55	10.6 d 21	11.3	h	31	34	10.4 d 26	10.3	d	27	23	9.6 d 24
x 74	13.5	i	27	61	10.6 e 12	13.1	h	36	54	10.6 e 19	11.7	h	32	34	10.6 e 25	10.6	d	28	23	9.8 d 23
x 82	13.8	i	27	59	10.6 e 11	13.4	h	37	54	10.6 e 17	12.0	h	33	34	10.6 e 23	11.1	d	30	25	10.3 d 26
457x191x 67	13.2	i	26	61	10.6 e 14	12.8	h	35	54	10.6 e 21	11.4	h	31	34	10.4 e 26	10.3	d	27	22	9.6 d 23
x 74	13.5	i	27	59	10.6 e 12	13.1	h	36	52	10.6 e 18	11.7	h	32	33	10.6 e 25	10.8	d	30	24	10.1 d 25
x 82	13.8	i	27	58	10.6 e 11	13.5	h	37	54	10.6 e 17	12.1	h	33	34	10.6 e 22	11.1	h	31	25	10.5 d 27
x 89	14.0	i	26	57	10.6 e 10	13.8	i	37	54	10.6 e 15	12.4	h	34	35	10.6 e 21	11.5	h	32	26	10.6 e 23
x 98	14.1	e	24	52	10.6 e 9	14.1	e	36	52	10.6 e 14	12.9	h	35	37	10.6 e 19	11.9	h	33	27	10.6 e 23
533x210x 82	14.1	e	23	49	10.6 e 9	14.1	e	35	49	10.6 e 13	13.1	h	36	37	10.6 e 18	11.9	d	32	26	10.6 e 22
x 92	14.1	e	21	43	10.6 e 8	14.1	e	31	43	10.6 e 12	13.8	h	38	39	10.6 e 16	12.6	h	35	28	10.6 e 20
x101	14.1	e	19	39	10.6 e 7	14.1	e	28	39	10.6 e 11	14.1	e	38	39	10.6 e 14	13.1	h	36	29	10.6 e 18
x109	14.1	e	18	36	10.6 e 7	14.1	e	26	36	10.6 e 10	14.1	e	35	36	10.6 e 13	13.4	h	37	30	10.6 e 17
x122	14.1	e	16	32	10.6 e 6	14.1	e	24	32	10.6 e 9	14.1	e	32	32	10.6 e 12	13.9	d	38	30	10.6 e 15
610x229x101	14.1	e	16	32	10.6 e 6	14.1	e	23	32	10.6 e 9	14.1	e	31	32	10.6 e 12	14.1	e	39	32	10.6 e 14
x113	14.1	e	14	28	10.6 e 5	14.1	e	21	28	10.6 e 8	14.1	e	28	28	10.6 e 11	14.1	e	35	28	10.6 e 13
x125	14.1	e	13	25	10.6 e 5	14.1	e	19	25	10.6 e 7	14.1	e	25	25	10.6 e 10	14.1	e	32	25	10.6 e 12
x140	14.1	e	11	22	10.6 e 4	14.1	e	17	22	10.6 e 6	14.1	e	23	22	10.6 e 9	14.1	e	29	22	10.6 e 11
203x203x 46	8.9	h	24	78	7.9 h 22	7.3	h	20	35	6.8 h 18	6.6	h	18	23	6.2 h 17	6.1	h	17	17	5.6 d 15
x 52	8.9	h	25	70	8.3 h 23	7.6	h	21	36	7.1 h 19	6.9	h	19	25	6.4 h 18	6.3	h	17	18	5.9 h 16
x 60	9.2	h	25	69	8.6 h 24	7.9	h	22	38	7.5 h 21	7.1	h	19	25	6.7 h 18	6.6	h	18	19	6.3 h 17
x 71	9.8	h	27	72	9.2 h 25	8.4	h	23	39	8.0 h 22	7.7	h	21	27	7.3 h 20	7.1	h	19	19	6.7 h 18
x 86	10.4	h	29	76	9.9 h 27	9.0	h	25	42	8.6 h 24	8.1	h	22	28	7.7 h 21	7.5	h	20	20	7.1 h 20
254x254x 73	10.8	h	30	71	10.3 h 28	9.4	h	26	40	8.9 h 24	8.4	h	23	26	8.1 h 22	7.8	h	22	19	7.4 h 20
x 89	11.4	i	30	71	10.6 e 26	10.1	h	28	43	9.6 h 26	9.1	h	25	28	8.6 h 24	8.4	h	23	21	8.0 h 22
x107	11.8	h	29	68	10.6 e 22	10.7	h	30	46	10.2 h 28	9.6	h	27	30	9.2 h 25	8.9	h	24	22	8.5 h 23
x132	12.3	h	27	64	10.6 e 17	11.5	h	32	49	10.6 e 26	10.4	h	29	32	9.9 h 28	9.6	h	26	23	9.2 h 25
x167	12.9	h	25	60	10.6 e 14	12.5	h	34	53	10.6 e 21	11.3	h	31	35	10.6 e 27	10.4	h	28	25	9.9 h 27
305x305x 97	12.3	i	28	62	10.6 e 18	11.3	h	31	45	10.6 e 27	10.2	h	28	30	9.8 h 27	9.4	h	26	22	9.1 h 25
x118	12.8	i	27	60	10.6 e 15	12.1	h	33	48	10.6 e 22	10.9	h	30	32	10.4 h 29	10.1	h	28	23	9.7 h 27
x137	13.1	i	26	57	10.6 e 13	12.8	h	36	52	10.6 e 19	11.5	h	32	34	10.6 e 26	10.6	h	29	24	10.2 h 28
x158	13.5	i	25	55	10.6 e 11	13.3	i	36	52	10.6 e 17	12.1	h	33	35	10.6 e 22	11.1	h	31	26	10.6 e 28
x198	14.1	i	23	52	10.6 e 9	13.9	i	34	49	10.6 e 13	13.1	h	36	38	10.6 e 18	12.0	h	33	27	10.6 e 22
x240	14.1	e	20	43	10.6 e 7	14.1	e	29	43	10.6 e 11	14.0	h	38	42	10.6 e 15	12.9	h	35	30	10.6 e 18
x283	14.1	e	17	36	10.6 e 6	14.1	e	25	36	10.6 e 9	14.1	h	33	36	10.6 e 13	13.7	h	38	32	10.6 e 16
356x368x129	13.6	i	25	53	10.6 e 11	13.4	i	36	51	10.6 e 16	12.1	h	34	34	10.6 e 22	11.2	h	31	24	10.6 e 27
x153	14.0	i	24	51	10.6 e 9	13.9	i	35	49	10.6 e 14	12.8	h	35	36	10.6 e 19	11.8	h	33	26	10.6 e 23
x177	14.1	e	22	45	10.6 e 8	14.1	h	33	45	10.6 e 12	13.5	h	37	38	10.6 e 16	12.4	h	34	27	10.6 e 20
x202	14.1	e	19	40	10.6 e 7	14.1	e	29	40	10.6 e 11	14.1	e	39	40	10.6 e 14	12.9	h	36	28	10.6 e 18

Deck: GENERIC PROFILE   Table 25

BEAM DATA
```
Internal beam
Uniform load
Beam spacing       3 m
Steel grade        43
Shear connectors   Welded
```

SLAB DATA
```
Fire resistance   90 mins
Slab depth        125 mm
Concrete          LW
Grade             30
```

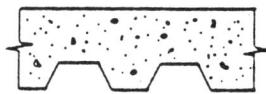

FOR FURTHER INFORMATION SEE NOTES PRECEDING TABLE 1

IMPOSED LOAD kN/m²	4.0					6.0					8.0					10.0				
SERIAL SIZE	LP	DP	DS	LE	DE	LP	DP	DS	LE	DE	LP	DP	DS	LE	DE	LP	DP	DS	LE	DE
203x133x 30	6.8 f	13	31	6.8 f	16	6.1 f	13	20	5.7 d	13	5.6 f	13	15	.	.	5.2 f	13	10	.	.
254x102x 25	6.6 f	10	23	6.6 f	12	5.9 f	10	15	5.9 f	12	5.4 f	10	11	5.3 d	11	5.1 f	9	8	.	.
x 28	7.1 f	12	27	7.1 f	13	6.4 f	12	17	6.3 d	13	5.8 f	11	12	5.4 d	11	5.4 f	10	9	.	.
254x146x 31	7.5 f	14	30	7.5 f	16	6.8 f	14	20	6.5 d	15	6.1 f	13	13	5.5 d	12	5.7 f	13	10	.	.
x 37	8.3 f	17	35	8.3 f	20	7.4 f	16	23	6.8 d	16	6.8 f	16	15	5.9 d	13	6.1 d	15	10	5.3 d	11
x 43	8.9 f	19	40	8.6 d	22	7.9 f	20	26	7.2 d	18	7.2 d	19	17	6.2 d	14	6.3 d	16	10	5.6 d	12
305x102x 28	7.6 f	12	25	7.6 f	13	6.8 f	11	16	6.8 f	14	6.1 f	11	11	5.9 d	11	5.7 f	10	8	5.1 d	8
x 33	8.1 f	14	28	8.1 f	15	7.3 f	13	18	7.1 d	15	6.6 f	13	12	6.1 d	12	6.1 f	12	9	5.4 d	10
305x127x 37	8.6 f	16	33	8.6 f	19	7.7 f	15	21	7.3 d	16	7.0 f	15	14	6.3 d	13	6.5 f	14	11	5.6 d	10
x 42	9.1 f	18	36	9.1 f	22	8.1 f	17	23	7.6 d	17	7.4 f	17	16	6.6 d	14	6.8 d	16	11	5.9 d	12
x 48	9.8 f	20	41	9.6 d	24	8.8 f	21	26	8.0 d	19	7.9 f	21	18	6.9 d	15	7.1 d	17	11	6.2 d	12
305x165x 40	9.3 f	19	36	9.1 d	21	8.3 f	18	23	7.5 d	16	7.5 f	17	16	6.6 d	14	6.7 d	15	10	5.9 d	11
x 46	9.9 f	22	41	9.6 d	24	8.8 f	21	26	7.9 d	18	7.9 d	20	17	6.9 d	15	6.9 d	16	10	6.2 d	12
x 54	10.6 f	25	47	10.1 d	26	9.4 f	25	29	8.4 d	21	8.3 d	22	18	7.3 d	16	7.4 d	18	11	6.6 d	14
356x127x 33	8.6 f	14	28	8.6 f	15	7.6 f	14	17	7.4 d	14	6.9 f	13	12	6.5 d	12	6.4 f	12	9	5.7 d	10
x 39	9.4 f	17	32	9.4 f	19	8.4 f	17	21	7.9 d	17	7.6 f	16	14	6.8 d	13	7.0 f	14	10	6.1 d	11
356x171x 45	10.1 f	20	37	9.9 d	22	9.1 f	20	24	8.4 d	18	8.2 f	18	16	7.3 d	15	7.4 f	16	10	6.5 d	12
x 51	10.9 f	23	43	10.4 d	24	9.7 f	23	27	8.8 d	20	8.7 f	21	17	7.6 d	15	7.7 f	17	11	6.8 d	13
x 57	11.5 f	26	47	10.9 d	27	10.3 f	26	30	9.1 d	21	9.0 d	23	18	8.0 d	17	8.0 f	19	11	7.3 d	15
x 67	12.4 i	30	53	11.6 d	29	11.0 h	30	33	9.8 d	24	9.6 d	25	19	8.6 d	20	8.6 d	22	13	7.8 d	17
406x140x 39	9.8 f	16	31	9.8 f	18	8.7 f	16	19	8.4 d	17	7.9 f	15	14	7.3 d	13	7.3 f	14	10	6.5 d	11
x 46	10.8 f	20	37	10.8 f	23	9.6 f	19	23	9.0 d	19	8.8 f	19	16	7.8 d	15	7.9 d	17	11	6.9 d	13
406x178x 54	11.6 f	24	42	11.4 d	26	10.4 f	23	27	9.5 d	21	9.4 d	22	18	8.3 d	17	8.3 d	18	11	7.4 d	14
x 60	12.4 f	28	48	11.9 d	28	11.0 f	26	30	9.9 d	22	9.7 d	23	18	8.6 d	18	8.6 d	20	11	7.8 d	16
x 67	12.9 f	30	51	12.0 e	27	11.6 f	30	33	10.4 d	24	10.1 d	26	19	9.1 d	20	9.0 d	21	12	8.3 d	17
x 74	13.2 i	30	49	11.0 e	19	12.1 h	33	35	10.8 e	26	10.5 d	28	20	9.6 d	22	9.5 d	24	13	8.6 d	19
457x152x 52	11.8 f	22	39	11.8 d	25	10.6 f	22	25	9.8 d	20	9.6 f	20	17	8.6 d	17	8.7 d	18	12	7.7 d	14
x 60	12.8 f	26	45	12.3 d	27	11.4 f	25	29	10.4 d	22	10.3 d	24	19	9.1 d	18	9.1 d	20	12	8.1 d	15
x 67	13.4 f	30	50	12.0 e	23	12.0 f	29	32	10.9 d	25	10.7 d	26	20	9.5 d	20	9.5 d	22	13	8.6 d	17
x 74	13.8 d	30	49	11.4 e	18	12.4 f	31	33	11.3 d	25	10.9 d	26	19	9.8 d	21	9.7 d	22	12	8.9 d	18
x 82	14.0 i	30	48	10.6 e	12	13.0 f	35	36	10.6 e	19	11.3 d	28	20	10.3 d	22	10.2 d	24	13	9.3 d	19
457x191x 67	13.4 i	30	49	12.0 e	23	12.1 f	30	32	10.9 d	24	10.6 d	25	19	9.6 d	20	9.4 d	21	12	8.6 d	17
x 74	13.8 i	30	48	11.0 e	16	12.7 d	34	35	11.0 d	23	11.1 d	28	20	9.9 d	21	9.9 d	23	13	9.1 d	19
x 82	14.0 i	30	47	10.6 e	12	13.1 f	36	36	10.6 e	19	11.4 d	30	21	10.4 d	24	10.4 d	26	14	9.5 d	21
x 89	14.3 i	31	46	10.6 e	11	13.4 d	35	35	10.6 e	17	11.7 d	30	21	10.6 e	23	10.6 d	25	14	9.8 d	21
x 98	14.5 i	30	45	10.6 e	10	13.9 h	38	37	10.6 e	16	12.3 d	32	23	10.6 e	21	11.1 d	28	15	10.3 d	23
533x210x 82	14.8 i	29	45	10.6 e	10	14.0 f	36	35	10.6 e	15	12.3 d	30	21	10.6 e	20	11.0 d	26	14	10.1 d	21
x 92	15.1 i	29	43	10.6 e	9	14.7 d	40	38	10.6 e	13	12.9 d	33	23	10.6 e	17	11.6 d	28	15	10.6 e	22
x101	15.4 i	29	43	10.6 e	8	15.2 i	41	40	10.6 e	12	13.3 d	34	23	10.6 e	16	11.9 d	29	15	10.6 e	20
x109	15.6 i	29	42	10.6 e	7	15.4 i	41	39	10.6 e	11	13.8 d	36	25	10.6 e	15	12.3 d	30	16	10.6 e	19
x122	15.9 i	28	40	10.6 e	7	15.7 i	40	38	10.6 e	10	14.6 d	40	28	10.6 e	13	13.1 d	34	19	10.6 e	17
610x229x101	16.1 i	28	41	10.6 e	7	15.9 i	40	39	10.6 e	10	14.3 d	37	26	10.6 e	13	12.8 d	31	16	10.6 e	16
x113	16.5 i	28	40	10.6 e	6	16.3 i	40	37	10.6 e	9	14.9 d	38	26	10.6 e	12	13.4 d	32	17	10.6 e	15
x125	16.8 i	28	39	10.6 e	5	16.6 i	39	36	10.6 e	8	15.6 d	42	29	10.6 e	11	14.1 d	35	19	10.6 e	13
x140	17.2 i	28	38	10.6 e	5	16.9 i	39	36	10.6 e	7	16.3 h	45	31	10.6 e	10	14.9 d	40	22	10.6 e	12
203x203x 46	8.5 f	22	49	7.8 h	21	7.2 h	20	25	6.6 d	18	6.3 h	17	15	5.9 d	15	5.9 d	16	11	5.3 d	13
x 52	8.9 h	25	52	8.0 h	22	7.4 h	20	24	6.9 h	19	6.6 h	18	15	6.1 d	16	6.1 h	17	11	5.5 d	14
x 60	9.0 h	25	47	8.3 h	23	7.7 h	21	25	7.2 h	20	6.9 h	19	16	6.5 h	18	6.3 h	17	11	5.9 d	15
x 71	9.4 h	26	45	8.9 h	24	8.1 h	22	25	7.7 h	21	7.3 h	19	16	6.9 h	19	6.7 h	18	12	6.3 d	17
x 86	10.1 h	28	49	9.4 h	26	8.6 h	23	27	8.2 h	23	7.8 h	21	17	7.4 h	20	7.1 h	19	12	6.8 h	19
254x254x 73	10.5 h	29	48	9.9 h	28	9.0 h	25	26	8.6 h	24	8.1 h	22	17	7.8 d	22	7.5 h	21	12	7.1 d	19
x 89	11.1 h	30	49	10.6 e	29	9.6 h	27	27	9.2 h	25	8.6 h	23	18	8.3 h	23	8.0 h	22	13	7.6 d	20
x107	11.9 i	33	53	10.6 e	24	10.2 h	28	29	9.7 h	26	9.2 h	25	19	8.8 h	24	8.4 h	23	13	8.1 h	22
x132	12.3 i	31	49	10.6 e	20	11.0 h	31	31	10.5 h	29	9.9 h	27	20	9.4 h	26	9.1 h	25	14	8.7 h	24
x167	12.9 i	29	46	10.6 e	16	11.9 h	33	33	10.6 e	24	10.7 h	29	22	10.3 h	28	9.8 h	27	16	9.4 h	26
305x305x 97	12.4 i	32	49	10.6 e	20	10.9 h	30	29	10.4 h	29	9.8 h	27	19	9.3 d	25	9.1 h	25	14	8.5 d	22
x118	12.8 h	31	46	10.6 e	17	11.6 h	31	31	10.6 e	25	10.4 h	29	20	10.0 h	27	9.6 h	27	15	9.3 h	25
x137	13.2 h	30	45	10.6 e	15	12.2 h	34	33	10.6 e	22	10.9 h	30	21	10.6 e	29	10.1 h	28	16	9.7 h	26
x158	13.5 h	29	43	10.6 e	13	12.8 h	36	35	10.6 e	19	11.4 h	31	22	10.6 e	26	10.6 h	29	16	10.2 h	28
x198	14.1 i	27	40	10.6 e	10	13.8 i	38	37	10.6 e	15	12.4 h	34	24	10.6 e	21	11.4 h	31	17	10.6 e	26
x240	14.5 i	26	38	10.6 e	9	14.3 i	37	36	10.6 e	13	13.2 h	37	26	10.6 e	17	12.2 h	33	19	10.6 e	23
x283	14.9 i	25	36	10.6 e	7	14.7 i	35	34	10.6 e	11	14.0 h	39	28	10.6 e	15	12.9 h	35	20	10.6 e	18
356x368x129	13.7 i	29	42	10.6 e	12	12.9 h	36	33	10.6 e	19	11.6 h	32	22	10.6 e	25	10.7 h	29	16	10.2 d	27
x153	14.1 i	28	40	10.6 e	11	13.6 h	38	35	10.6 e	16	12.3 h	34	23	10.6 e	21	11.3 h	31	17	10.6 e	27
x177	14.4 i	28	39	10.6 e	9	14.2 i	39	36	10.6 e	14	12.8 h	35	24	10.6 e	19	11.8 h	33	17	10.6 e	23
x202	14.8 i	27	38	10.6 e	8	14.5 i	38	35	10.6 e	12	13.4 h	37	25	10.6 e	17	12.3 h	34	18	10.6 e	21

Deck: GENERIC PROFILE

Table 26

BEAM DATA
```
Internal beam
Uniform load
Beam spacing        3 m
Steel grade         43
Shear connectors    Welded
```

SLAB DATA
```
Fire resistance   90 mins
Slab depth        135 mm
Concrete          NW
Grade             30
```

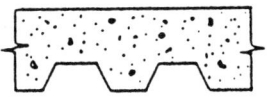

FOR FURTHER INFORMATION SEE NOTES PRECEDING TABLE 1

IMPOSED LOAD kN/m²	4.0					6.0					8.0					10.0				
SERIAL SIZE	LP	DP	DS	LE	DE	LP	DP	DS	LE	DE	LP	DP	DS	LE	DE	LP	DP	DS	LE	DE
203x133x 30	6.4 f	9	34	6.4 f	11	5.9 f	9	23	5.9 f	12	5.4 f	9	17	5.0 d	10	5.1 f	9	13	.	.
254x102x 25	6.3 f	7	25	6.3 f	8	5.7 f	7	17	5.7 f	9	5.3 f	7	13	5.3 f	9					
x 28	6.7 f	8	28	6.7 f	9	6.1 f	9	20	6.1 f	11	5.6 f	8	14	5.5 d	10	5.3 f	8	11	.	.
254x146x 31	7.1 f	9	32	7.1 f	11	6.4 f	10	22	6.4 d	12	5.9 f	10	16	5.6 d	10	5.6 f	9	12	.	.
x 37	7.8 f	12	38	7.8 f	14	7.1 f	12	26	6.8 d	14	6.6 f	12	19	6.0 d	12	6.1 d	12	14	5.3 d	10
x 43	8.4 f	13	43	8.4 f	17	7.6 f	14	30	7.3 d	16	7.1 f	15	22	6.3 d	12	6.4 d	14	14	5.6 d	10
305x102x 28	7.1 f	8	26	7.1 f	8	6.4 f	8	18	6.4 f	10	5.9 f	8	13	5.9 f	10	5.6 f	8	10	5.3 d	9
x 33	7.6 f	9	30	7.6 f	11	6.9 f	10	20	6.9 f	12	6.4 f	10	15	6.2 d	11	6.0 f	9	11	5.5 d	9
305x127x 37	8.1 f	11	35	8.1 f	13	7.4 f	11	24	7.3 d	14	6.8 f	11	17	6.3 d	11	6.4 f	11	13	5.6 d	9
x 42	8.6 f	12	39	8.6 f	15	7.8 f	13	26	7.6 d	15	7.2 f	13	19	6.6 d	12	6.8 f	13	15	5.9 d	11
x 48	9.2 f	14	43	9.2 f	17	8.4 f	15	30	8.0 d	16	7.8 f	15	22	6.9 d	13	7.1 f	15	16	6.2 d	11
305x165x 40	8.7 f	13	38	8.7 f	15	7.9 f	13	26	7.5 d	14	7.3 f	13	19	6.6 d	12	6.7 f	13	13	5.9 d	10
x 46	9.3 f	15	44	9.3 f	18	8.4 f	15	29	7.9 d	16	7.8 f	15	21	6.9 d	13	7.1 f	14	14	6.2 d	11
x 54	10.1 f	17	51	9.9 d	21	9.1 f	19	34	8.4 d	18	8.3 d	19	24	7.3 d	14	7.4 f	16	15	6.6 d	13
356x127x 33	8.1 f	10	29	8.1 f	11	7.3 f	10	20	7.3 f	12	6.8 f	10	14	6.6 d	11	6.3 f	9	11	5.9 d	9
x 39	8.8 f	12	34	8.8 f	13	8.0 f	12	23	7.9 d	14	7.4 f	12	17	6.9 d	11	6.9 f	11	13	6.2 d	10
356x171x 45	9.6 f	14	40	9.6 f	16	8.7 f	15	27	8.4 d	16	8.0 f	14	20	7.3 d	13	7.4 f	14	15	6.6 d	11
x 51	10.3 f	16	45	10.3 f	20	9.3 f	17	31	8.7 d	17	8.6 f	17	22	7.6 d	14	7.7 d	15	14	6.8 d	12
x 57	10.9 f	18	51	10.8 d	22	9.8 f	19	34	9.1 d	18	9.0 f	19	24	8.0 d	15	8.0 f	16	15	7.2 d	13
x 67	11.8 f	22	59	11.4 d	24	10.7 f	24	39	9.7 d	20	9.5 d	22	25	8.6 d	17	8.4 d	18	15	7.8 d	15
406x140x 39	9.2 f	12	33	9.2 f	12	8.3 f	12	22	8.3 f	14	7.7 f	12	16	7.3 d	12	7.1 f	11	12	6.6 d	10
x 46	10.2 f	14	40	10.2 f	17	9.2 f	15	26	9.0 d	16	8.4 f	14	19	7.8 d	13	7.9 f	14	14	6.9 d	11
406x178x 54	11.0 f	17	46	11.0 f	20	9.9 f	17	30	9.5 d	18	9.1 f	17	22	8.3 d	15	8.3 d	16	15	7.4 d	12
x 60	11.7 f	19	51	11.6 d	22	10.6 f	20	34	9.8 d	19	9.6 d	19	23	8.6 d	16	8.6 d	17	15	7.8 d	14
x 67	12.4 f	22	57	12.1 d	24	11.2 f	23	38	10.3 d	20	10.1 d	22	25	9.1 d	18	8.9 d	18	15	8.1 d	15
x 74	12.9 f	24	61	12.0 e	22	11.8 f	27	42	10.8 d	22	10.4 d	23	26	9.4 d	18	9.3 d	20	16	8.6 d	16
457x152x 52	11.2 f	16	43	11.2 f	18	10.1 f	16	29	9.8 d	17	9.3 f	16	20	8.6 d	14	8.7 f	16	16	7.8 d	13
x 60	12.1 f	19	49	12.1 f	22	10.9 f	19	32	10.3 d	19	10.0 f	19	23	9.1 d	16	9.1 d	17	16	8.1 d	14
x 67	12.7 f	21	54	12.7 f	25	11.5 f	22	36	10.8 d	21	10.6 f	22	26	9.5 d	18	9.4 d	18	16	8.5 d	15
x 74	13.2 f	22	55	12.6 e	22	11.9 f	23	37	11.1 d	21	10.8 d	22	25	9.8 d	18	9.6 d	19	16	8.8 d	15
x 82	13.8 i	24	59	11.4 e	14	12.5 f	26	40	11.4 e	22	11.3 d	24	27	10.2 d	19	10.1 d	21	17	9.2 d	16
457x191x 67	12.9 f	22	55	12.6 d	24	11.6 f	22	37	10.8 d	21	10.5 d	21	24	9.5 d	18	9.4 d	18	16	8.6 d	15
x 74	13.5 i	24	59	12.0 e	19	12.3 f	26	41	11.3 d	22	10.9 d	23	25	9.9 d	19	9.8 d	20	17	9.0 d	17
x 82	13.8 i	24	58	11.3 e	14	12.9 f	29	44	11.3 e	21	11.3 d	25	26	10.3 d	20	10.1 d	21	17	9.3 d	17
x 89	14.0 i	24	57	10.6 e	10	13.1 d	29	44	10.6 e	15	11.6 d	25	26	10.5 d	20	10.4 d	21	17	9.6 d	18
x 98	14.3 i	25	56	10.6 e	9	13.5 d	31	44	10.6 e	14	11.9 d	27	27	10.6 e	19	10.8 d	23	18	10.1 d	19
533x210x 82	14.5 i	24	56	11.3 e	11	13.5 f	28	42	11.3 e	17	12.1 d	25	27	11.0 d	20	10.8 d	21	17	9.9 d	17
x 92	14.9 i	24	54	10.6 e	8	14.3 d	32	46	10.6 e	12	12.6 d	27	27	10.6 e	16	11.3 d	23	18	10.5 d	19
x101	14.1 e	19	39	10.6 e	7	14.1 e	28	39	10.6 e	11	12.9 d	27	27	10.6 e	14	11.6 d	23	18	10.6 e	18
x109	14.1 e	18	36	10.6 e	7	14.1 e	26	36	10.6 e	10	13.3 d	29	28	10.6 e	13	12.0 d	25	19	10.6 e	17
x122	14.1 e	16	32	10.6 e	6	14.1 e	24	32	10.6 e	9	14.1 e	32	32	10.6 e	12	12.8 d	28	22	10.6 e	15
610x229x101	14.1 e	16	32	10.6 e	6	14.1 e	23	32	10.6 e	9	13.8 d	29	29	10.6 e	12	12.5 d	25	20	10.6 e	15
x113	14.1 e	14	28	10.6 e	5	14.1 e	21	28	10.6 e	8	14.1 e	28	28	10.6 e	11	12.9 d	26	20	10.6 e	13
x125	14.1 e	13	25	10.6 e	5	14.1 e	19	25	10.6 e	7	14.1 e	25	25	10.6 e	10	13.7 d	29	22	10.6 e	12
x140	14.1 e	11	22	10.6 e	4	14.1 e	17	22	10.6 e	6	14.1 e	23	22	10.6 e	9	14.1 e	29	22	10.6 e	11
203x203x 46	8.0 f	14	52	7.9 d	20	7.3 f	17	36	6.6 d	16	6.6 d	17	24	5.7 d	12	5.9 d	14	15	5.3 d	11
x 52	8.5 f	18	58	8.3 d	21	7.8 f	20	40	6.9 d	16	6.9 d	18	25	6.1 d	14	6.1 d	15	15	5.5 d	12
x 60	9.1 f	21	65	8.6 d	23	8.1 h	22	42	7.3 d	18	7.1 h	19	25	6.5 d	16	6.5 d	17	17	5.9 d	14
x 71	9.8 f	25	70	9.1 d	24	8.4 h	23	39	7.8 d	20	7.7 h	21	27	6.9 d	16	6.9 d	18	17	6.3 d	14
x 86	10.5 h	29	77	9.8 d	27	9.0 h	25	42	8.5 d	23	8.1 h	22	28	7.5 d	19	7.5 d	20	20	6.8 d	17
254x254x 73	10.9 f	27	73	10.1 d	26	9.5 h	26	43	8.6 d	21	8.4 d	23	26	7.6 d	18	7.6 d	19	17	6.9 d	16
x 89	11.4 i	29	71	10.6 e	26	10.1 h	28	43	9.3 d	23	9.0 d	24	28	8.3 d	20	8.1 d	21	18	7.5 d	17
x107	11.8 i	29	68	10.6 e	22	10.7 h	30	46	10.1 d	28	9.6 d	27	30	9.0 d	23	8.9 d	24	22	8.3 d	21
x132	12.3 i	27	64	10.6 e	17	11.5 h	32	49	10.6 e	26	10.4 h	29	32	9.9 d	28	9.6 h	26	23	9.1 d	25
x167	12.9 i	25	60	10.6 e	14	12.5 h	34	53	10.6 e	21	11.3 h	31	35	10.6 e	27	10.4 h	28	25	9.9 h	27
305x305x 97	12.3 i	28	62	10.6 e	18	11.3 d	30	44	10.3 d	25	10.1 d	26	28	9.2 d	21	9.1 d	22	18	8.4 d	19
x118	12.8 i	27	60	10.6 e	15	12.1 h	33	48	10.6 e	22	10.8 d	29	31	10.1 d	25	9.9 d	26	21	9.3 d	23
x137	13.1 i	26	57	10.6 e	13	12.8 h	36	52	10.6 e	19	11.5 h	32	34	10.6 d	26	10.6 d	29	24	9.9 d	26
x158	13.5 i	25	55	10.6 e	11	13.3 h	36	52	10.6 e	17	12.1 h	33	35	10.6 e	22	11.1 h	31	26	10.6 e	28
x198	14.1 i	23	52	10.6 e	9	13.9 i	34	49	10.6 e	13	13.1 h	36	38	10.6 e	18	12.0 h	33	27	10.6 e	22
x240	14.1 e	20	46	10.6 e	7	14.1 e	29	43	10.6 e	11	14.0 h	38	42	10.6 e	15	12.9 h	35	30	10.6 e	18
x283	14.1 e	17	36	10.6 e	6	14.1 e	25	36	10.6 e	9	14.1 e	33	36	10.6 e	13	13.7 h	38	32	10.6 e	16
356x368x129	13.6 i	25	53	10.6 e	11	13.4 d	36	50	10.6 e	16	11.9 d	31	31	10.6 e	22	10.8 d	27	21	10.1 d	23
x153	14.0 i	24	51	10.6 e	9	13.9 i	35	49	10.6 e	14	12.8 h	35	36	10.6 e	19	11.8 d	32	25	10.6 e	23
x177	14.1 e	22	45	10.6 e	8	14.1 h	33	45	10.6 e	12	13.5 h	37	38	10.6 e	16	12.4 h	34	27	10.6 e	20
x202	14.1 e	19	40	10.6 e	7	14.1 e	29	40	10.6 e	11	14.1 e	39	40	10.6 e	14	12.9 h	36	28	10.6 e	18

Deck: GENERIC PROFILE

Table 27

BEAM DATA
- Internal beam
- Uniform load
- Beam spacing: 2.5 m
- Steel grade: 50
- Shear connectors: Welded

SLAB DATA
- Fire resistance: 90 mins
- Slab depth: 125 mm
- Concrete: LW
- Grade: 30

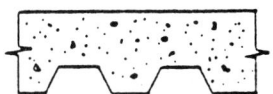

FOR FURTHER INFORMATION SEE NOTES PRECEDING TABLE 1

IMPOSED LOAD kN/m²	4.0					6.0					8.0					10.0				
SERIAL SIZE	LP	DP	DS	LE	DE	LP	DP	DS	LE	DE	LP	DP	DS	LE	DE	LP	DP	DS	LE	DE
203x133x 30	8.4	h	23	60	7.5 h 21	7.1	h	20	31	6.3 h 17	6.1	h	17	16	5.6 h 15	5.6	h	15	12	5.1 h 14
254x102x 25	8.3	f	20	49	8.3 f 22	7.4	f	19	31	6.9 f 19	6.8	f	19	22	6.1 h 17	6.2	h	17	15	5.6 d 15
x 28	8.9	f	23	54	8.6 h 24	7.9	h	22	34	7.1 h 19	7.1	h	20	23	6.3 h 17	6.3	h	17	14	5.8 d 16
254x146x 31	9.3	h	26	60	8.6 h 24	8.0	h	22	33	7.2 h 20	6.9	h	19	18	6.4 h 17	6.3	h	17	12	5.9 h 16
x 37	9.9	h	27	61	8.9 h 24	8.1	h	22	28	7.6 h 21	7.2	h	20	17	6.8 h 19	6.6	h	18	12	6.3 h 17
x 43	10.1	h	28	56	9.2 h 25	8.4	h	23	27	7.8 h 21	7.4	h	20	17	7.1 h 19	6.9	h	19	12	6.5 h 17
305x102x 28	9.4	f	22	50	9.4 f 25	8.4	f	22	33	8.0 h 22	7.7	f	21	23	7.1 h 19	7.1	f	20	17	6.3 d 16
x 33	10.1	f	26	57	9.7 h 27	9.0	h	25	36	8.3 h 23	8.0	h	22	22	7.3 h 20	7.2	h	20	15	6.6 h 18
305x127x 37	10.6	h	29	63	9.8 h 27	9.1	h	25	34	8.3 h 23	7.9	h	22	19	7.4 h 20	7.2	h	20	13	6.8 h 19
x 42	10.9	i	30	63	10.1 h 28	9.3	h	26	32	8.5 h 23	8.1	h	23	19	7.6 h 21	7.4	h	20	13	7.1 h 20
x 48	11.3	i	31	61	10.4 h 29	9.4	h	26	29	8.9 h 24	8.3	h	22	18	7.9 h 22	7.7	h	21	13	7.4 h 20
305x165x 40	10.9	h	30	60	10.1 h 28	9.3	h	26	32	8.6 h 23	8.1	h	22	18	7.7 h 21	7.4	h	21	13	7.1 h 19
x 46	11.3	i	31	58	10.4 h 29	9.5	h	26	30	8.9 h 24	8.4	h	23	18	8.0 h 22	7.7	h	21	13	7.4 h 20
x 54	11.4	h	31	54	10.8 h 30	9.8	h	27	28	9.3 h 26	8.8	h	24	18	8.4 h 23	8.1	h	22	13	7.8 h 21
356x127x 33	10.7	f	27	56	10.5 h 29	9.6	h	27	36	8.9 h 24	8.6	h	24	24	7.9 h 22	7.8	h	21	16	7.1 d 19
x 39	11.4	i	30	59	10.8 h 30	10.1	h	28	36	9.3 h 26	8.9	h	24	22	8.3 h 23	8.0	h	22	15	7.5 d 20
356x171x 45	11.8	i	30	57	11.1 h 30	10.3	h	28	33	9.6 h 26	9.1	h	25	20	8.6 h 24	8.3	h	23	14	7.8 d 21
x 51	12.1	i	31	55	11.6 h 32	10.5	h	29	31	9.9 h 27	9.3	h	26	19	8.9 h 25	8.6	h	23	14	8.3 h 23
x 57	12.3	i	32	53	11.3 e 27	10.8	h	30	31	10.3 h 28	9.6	h	27	20	9.3 h 25	8.9	h	25	15	8.6 h 24
x 67	12.8	i	31	51	11.3 e 23	11.4	h	31	32	10.9 h 30	10.2	h	28	21	9.8 h 27	9.4	h	26	15	9.1 h 25
406x140x 39	11.9	h	30	57	11.6 h 32	10.7	h	30	37	9.9 h 27	9.6	h	27	25	8.9 h 25	8.7	h	24	16	7.9 d 21
x 46	12.4	h	30	54	12.1 h 34	11.1	h	30	35	10.4 h 29	9.9	h	27	23	9.3 h 26	9.0	h	25	15	8.6 d 24
406x178x 54	12.8	i	31	52	11.7 e 27	11.4	h	31	33	10.8 h 30	10.2	h	28	21	9.7 h 26	9.3	h	25	15	9.0 h 25
x 60	13.0	i	31	49	11.3 e 21	11.8	h	33	34	11.3 e 31	10.6	h	29	21	10.1 h 28	9.7	h	27	15	9.4 h 26
x 67	13.3	i	30	48	11.3 e 19	12.3	h	34	35	11.3 e 28	11.0	h	30	23	10.5 h 29	10.1	h	28	16	9.7 h 27
x 74	13.6	i	29	47	11.3 e 17	12.7	h	35	36	11.3 e 25	11.4	h	31	23	10.9 h 30	10.4	h	29	16	10.1 h 28
457x152x 52	13.2	i	30	52	12.0 e 25	12.1	h	33	36	11.4 h 31	10.8	h	30	23	10.3 h 28	9.9	h	27	16	9.4 d 25
x 60	13.6	i	30	49	11.3 e 18	12.6	h	35	36	11.3 e 26	11.3	h	31	23	10.8 h 30	10.3	h	28	16	9.9 h 28
x 67	13.9	i	30	49	11.3 e 16	13.1	h	36	37	11.3 e 24	11.7	h	32	24	11.1 e 31	10.7	h	29	17	10.3 h 28
x 74	14.1	i	29	47	11.3 e 14	13.6	h	38	40	11.3 e 22	12.1	h	33	25	11.3 e 29	11.1	h	31	18	10.7 h 30
x 82	14.4	i	29	45	11.3 e 13	14.0	h	38	41	11.3 e 20	12.5	h	34	26	11.3 e 26	11.5	h	32	19	11.0 h 30
457x191x 67	13.9	i	30	47	11.3 e 16	13.1	h	36	37	11.3 e 24	11.7	h	32	24	11.1 e 30	10.8	h	30	17	10.3 h 29
x 74	14.1	i	29	45	11.3 e 14	13.6	h	37	38	11.3 e 21	12.1	h	34	25	11.3 e 29	11.1	h	31	17	10.7 h 29
x 82	14.4	i	29	44	11.3 e 13	14.0	h	38	40	11.3 e 20	12.5	h	34	25	11.3 e 26	11.5	h	32	18	11.1 h 31
x 89	14.6	i	28	43	11.3 e 12	14.4	h	40	40	11.3 e 18	12.9	h	35	26	11.3 e 24	11.9	h	33	19	11.3 e 30
x 98	14.9	i	28	42	11.3 e 11	14.7	i	40	40	11.3 e 17	13.3	h	37	27	11.3 e 22	12.3	h	34	19	11.3 e 28
533x210x 82	15.2	i	29	43	11.3 e 10	15.0	i	41	41	11.3 e 16	13.7	h	38	28	11.3 e 21	12.5	h	34	20	11.3 e 26
x 92	15.6	i	28	41	11.3 e 9	15.3	i	40	39	11.3 e 14	14.2	h	39	29	11.3 e 18	13.1	h	36	21	11.3 e 23
x101	15.9	i	28	41	11.3 e 8	15.6	i	40	38	11.3 e 13	14.6	h	40	29	11.3 e 17	13.4	h	37	21	11.3 e 21
x109	16.1	i	28	40	11.3 e 8	15.8	i	39	38	11.3 e 12	14.9	h	41	29	11.3 e 16	13.8	h	38	21	11.3 e 20
x122	16.4	i	27	39	11.3 e 7	16.1	i	39	36	11.3 e 11	15.4	h	43	30	11.3 e 14	14.3	h	39	22	11.3 e 18
610x229x101	16.6	i	28	40	11.3 e 7	16.4	i	40	38	11.3 e 10	15.6	h	43	31	11.3 e 14	14.4	h	40	23	11.3 e 17
x113	17.0	i	28	39	11.3 e 6	16.7	i	39	36	11.3 e 9	16.1	h	44	31	11.3 e 12	14.9	h	41	23	11.3 e 16
x125	17.3	i	27	37	11.3 e 6	17.0	i	38	35	11.3 e 9	16.6	h	46	31	11.3 e 11	15.4	h	43	23	11.3 e 14
x140	17.6	i	27	36	11.3 e 5	17.4	i	38	34	11.3 e 8	17.1	h	47	32	11.3 e 10	15.8	h	44	23	11.3 e 13
203x203x 46	8.7	h	24	45	8.1 h 22	7.4	h	20	24	7.1 h 19	6.7	h	19	16	6.3 h 17	6.2	h	17	12	5.9 h 16
x 52	8.9	h	24	44	8.5 h 24	7.8	h	21	25	7.4 h 20	6.9	h	19	16	6.6 h 18	6.4	h	17	11	6.1 h 16
x 60	9.3	h	25	46	8.9 h 25	8.1	h	22	26	7.6 h 21	7.3	h	20	17	6.9 h 19	6.7	h	18	12	6.4 h 18
x 71	9.9	h	27	48	9.5 h 26	8.6	h	24	27	8.2 h 23	7.8	h	21	18	7.4 h 20	7.1	h	19	13	6.8 h 19
x 86	10.7	h	29	53	10.1 h 28	9.1	h	25	28	8.8 h 24	8.3	h	23	19	7.9 h 22	7.6	h	21	13	7.3 h 20
254x254x 73	11.1	h	30	51	10.6 h 29	9.6	h	26	28	9.1 h 25	8.6	h	24	18	8.3 h 23	7.9	h	21	13	7.6 h 21
x 89	11.8	h	32	53	11.3 e 30	10.3	h	28	30	9.8 h 27	9.2	h	25	19	8.8 h 24	8.4	h	23	14	8.1 h 22
x107	12.1	h	30	49	11.3 e 26	10.9	h	30	32	10.4 h 28	9.8	h	27	21	9.4 h 26	8.9	h	24	15	8.6 h 24
x132	12.6	h	28	47	11.3 e 21	11.7	h	32	34	11.1 e 30	10.5	h	29	22	10.1 h 27	9.6	h	27	16	9.3 h 26
x167	13.1	i	27	43	11.3 e 17	12.6	h	35	37	11.3 e 25	11.4	h	32	24	10.9 h 30	10.4	h	29	17	10.1 h 28
305x305x 97	12.7	i	29	46	11.3 e 21	11.6	h	32	32	11.1 e 31	10.4	h	29	21	10.1 h 28	9.6	h	26	15	9.3 h 25
x118	13.1	i	28	44	11.3 e 18	12.4	h	34	35	11.3 e 27	11.1	h	31	23	10.7 h 29	10.2	h	28	16	9.9 h 27
x137	13.5	i	27	42	11.3 e 16	13.0	h	36	36	11.3 e 23	11.6	h	32	23	11.3 e 31	10.8	h	30	17	10.4 h 29
x158	13.8	i	27	41	11.3 e 14	13.6	h	37	38	11.3 e 20	12.2	h	33	25	11.3 e 27	11.3	h	31	18	10.9 h 30
x198	14.3	i	25	38	11.3 e 11	14.1	i	36	36	11.3 e 17	13.1	h	36	27	11.3 e 22	12.1	h	33	19	11.3 e 28
x240	14.8	i	24	36	11.3 e 9	14.6	i	34	34	11.3 e 14	14.0	h	39	29	11.3 e 18	12.9	h	35	21	11.3 e 23
x283	15.2	i	23	34	11.3 e 8	15.0	i	33	33	11.3 e 12	14.8	h	41	31	11.3 e 16	13.6	h	38	22	11.3 e 21
356x368x129	14.0	i	27	39	11.3 e 13	13.8	h	38	37	11.3 e 20	12.4	h	34	24	11.3 e 26	11.4	h	31	17	11.0 h 30
x153	14.4	i	27	38	11.3 e 11	14.2	h	37	36	11.3 e 17	13.0	h	36	25	11.3 e 23	12.0	h	33	18	11.3 e 28
x177	14.8	i	26	37	11.3 e 10	14.6	h	37	35	11.3 e 15	13.6	h	37	26	11.3 e 20	12.5	h	34	19	11.3 e 25
x202	15.1	i	25	36	11.3 e 9	14.8	h	35	33	11.3 e 13	14.2	h	39	28	11.3 e 18	13.1	h	36	20	11.3 e 22

Deck: **GENERIC PROFILE** Table 28

BEAM DATA

Internal beam	
Uniform load	
Beam spacing	3.5 m
Steel grade	50
Shear connectors	Welded

SLAB DATA

Fire resistance	90 mins
Slab depth	125 mm
Concrete	LW
Grade	30

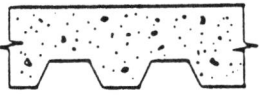

FOR FURTHER INFORMATION SEE NOTES PRECEDING TABLE 1

IMPOSED LOAD kN/m²	4.0					6.0					8.0					10.0				
SERIAL SIZE	LP	DP	DS	LE	DE	LP	DP	DS	LE	DE	LP	DP	DS	LE	DE	LP	DP	DS	LE	DE
203x133x 30	7.2 f	18	45	6.5 h	18	6.0 h	16	22	5.5 h	15	5.3 h	15	13	.	.					
254x102x 25	7.0 f	14	34	7.0 f	18	6.3 f	15	22	5.9 d	15	5.8 f	14	15	5.0 d	12	5.3 d	13	11	.	.
x 28	7.5 f	17	38	7.4 d	20	6.8 f	18	25	6.1 d	16	6.1 h	17	16	5.3 d	13	5.4 d	14	10	.	.
254x146x 31	7.9 f	20	43	7.4 d	21	6.9 h	19	25	6.1 d	16	6.1 h	17	15	5.4 d	13	5.4 d	14	10	.	.
x 37	8.6 h	24	49	7.8 h	21	7.1 h	20	23	6.6 h	18	6.3 h	17	14	5.9 d	16	5.9 h	16	10	5.4 d	14
x 43	8.8 h	24	44	8.1 h	22	7.4 h	20	22	6.9 h	19	6.6 h	18	14	6.3 h	17	6.1 h	17	11	5.7 d	15
305x102x 28	7.9 f	16	35	7.9 f	21	7.1 f	16	23	6.6 d	17	6.5 f	16	16	5.6 d	12	5.9 d	15	11	5.1 d	11
x 33	8.6 f	19	40	8.4 d	23	7.7 f	19	26	6.9 d	17	6.9 d	19	17	6.1 d	15	6.1 d	15	10	5.4 d	12
305x127x 37	9.1 f	23	47	8.5 h	23	7.9 h	22	26	7.2 d	19	6.9 h	19	16	6.3 d	15	6.3 d	17	11	5.7 d	13
x 42	9.6 f	26	52	8.8 h	24	8.1 h	22	26	7.4 d	20	7.1 h	19	16	6.6 d	17	6.6 h	18	11	6.0 d	15
x 48	9.9 h	27	50	9.1 h	25	8.3 h	23	25	7.8 h	21	7.5 h	21	17	7.1 h	19	6.9 h	19	12	6.4 d	16
305x165x 40	9.8 f	27	52	8.8 h	24	8.1 h	22	24	7.5 d	20	7.1 h	19	15	6.6 d	17	6.6 d	18	11	6.0 d	15
x 46	9.9 h	27	47	9.1 h	25	8.3 h	23	24	7.9 h	22	7.5 h	21	16	7.1 h	19	6.9 h	19	11	6.3 d	16
x 54	10.1 h	28	45	9.5 h	26	8.7 h	24	24	8.3 h	23	7.8 h	21	16	7.4 h	20	7.3 h	20	12	6.8 d	18
356x127x 33	9.0 h	20	39	8.9 d	23	8.1 f	19	25	7.3 d	18	7.3 f	19	17	6.3 d	14	6.5 d	16	11	5.7 d	12
x 39	9.9 f	24	46	9.5 d	26	8.8 h	24	29	7.9 d	20	7.8 d	21	18	6.8 d	16	6.9 d	18	11	6.2 d	14
356x171x 45	10.7 f	29	53	9.7 d	26	9.0 h	25	27	8.1 d	20	7.9 h	22	16	7.2 d	17	7.2 d	19	11	6.5 d	15
x 51	11.1 h	31	53	10.2 h	28	9.3 h	25	26	8.8 d	24	8.3 h	23	17	7.8 h	21	7.7 h	21	12	7.1 h	18
x 57	11.3 h	31	50	10.5 h	29	9.6 h	26	26	9.1 h	25	8.6 h	24	17	8.2 h	22	7.9 h	22	12	7.4 d	19
x 67	11.7 h	32	49	10.6 e	25	10.1 h	28	27	9.6 h	26	9.1 h	25	18	8.7 h	24	8.4 h	23	13	8.0 h	22
406x140x 39	10.3 f	24	45	9.9 d	25	9.2 f	23	28	8.3 d	20	8.3 d	22	18	7.3 d	17	7.3 d	18	11	6.6 d	14
x 46	11.4 h	29	53	10.6 d	28	9.9 h	27	30	8.9 d	23	8.7 d	24	18	7.9 d	19	7.8 d	20	12	7.1 d	16
406x178x 54	11.9 i	32	53	11.1 h	30	10.1 h	28	29	9.5 d	26	9.1 h	25	18	8.4 d	22	8.3 d	23	13	7.6 d	18
x 60	12.2 i	32	52	10.6 e	23	10.4 h	29	28	9.9 h	27	9.4 h	26	18	8.9 h	24	8.7 h	24	13	8.1 h	20
x 67	12.5 i	34	51	10.6 e	21	10.8 h	30	29	10.3 h	28	9.8 h	27	19	9.3 h	26	9.0 h	25	14	8.5 h	23
x 74	12.8 i	34	50	10.6 e	19	11.2 h	31	29	10.6 e	28	10.1 h	28	19	9.6 h	26	9.3 h	26	14	8.9 h	25
457x152x 52	12.3 i	30	54	11.7 d	31	10.8 h	30	32	9.8 d	25	9.6 h	26	20	8.6 d	21	8.6 d	23	13	7.9 d	18
x 60	12.8 i	32	52	10.6 e	20	11.1 h	31	30	10.4 d	28	9.9 h	27	19	9.3 d	23	9.2 d	25	14	8.4 d	21
x 67	13.0 i	33	51	10.6 e	18	11.4 h	32	30	10.6 e	27	10.3 h	29	20	9.8 d	27	9.5 h	26	14	8.9 d	23
x 74	13.3 i	33	50	10.6 e	16	11.9 h	33	31	10.6 e	24	10.7 h	29	21	10.1 d	27	9.9 h	27	15	9.2 d	23
x 82	13.5 e	33	47	10.6 e	15	12.3 h	34	32	10.6 e	22	11.1 h	31	21	10.6 e	29	10.2 h	28	15	9.6 d	25
457x191x 67	13.1 i	33	50	10.6 e	18	11.4 h	31	30	10.6 e	26	10.4 h	29	20	9.8 d	26	9.6 h	27	14	8.9 d	23
x 74	13.4 i	34	49	10.6 e	16	11.9 h	33	31	10.6 e	24	10.8 h	30	20	10.3 h	28	9.9 h	27	15	9.4 d	25
x 82	13.5 e	32	46	10.6 e	14	12.3 h	34	31	10.6 e	22	11.1 h	31	21	10.6 e	29	10.2 h	28	15	9.8 d	27
x 89	13.5 e	30	42	10.6 e	13	12.6 h	35	32	10.6 e	20	11.4 h	31	21	10.6 e	25	10.5 h	29	15	10.1 h	28
x 98	13.5 e	27	38	10.6 e	12	13.1 h	36	34	10.6 e	18	11.8 h	33	22	10.6 e	24	10.8 h	30	16	10.6 h	29
533x210x 82	13.5 e	26	36	10.6 e	11	13.3 h	36	34	10.6 e	17	12.0 h	33	23	10.6 e	23	11.1 h	30	16	10.4 d	27
x 92	13.5 e	23	31	10.6 e	10	13.5 e	35	31	10.6 e	15	12.5 h	34	23	10.6 e	20	11.6 h	32	17	10.6 e	25
x101	13.5 e	21	29	10.6 e	9	13.5 e	32	29	10.6 e	14	12.9 h	35	24	10.6 e	19	11.9 h	33	17	10.6 e	23
x109	13.5 e	20	27	10.6 e	9	13.5 h	30	27	10.6 e	13	13.2 h	36	24	10.6 e	17	12.2 h	34	18	10.6 e	22
x122	13.5 e	18	24	10.6 e	8	13.5 h	27	24	10.6 e	12	13.5 h	36	24	10.6 e	15	12.6 h	35	18	10.6 e	20
610x229x101	13.5 e	18	23	10.6 e	8	13.5 h	26	23	10.6 e	12	13.5 h	35	23	10.6 e	15	12.7 h	35	18	10.6 e	19
x113	13.5 e	16	20	10.6 e	7	13.5 h	24	20	10.6 e	10	13.5 h	31	20	10.6 e	14	13.3 h	37	19	10.6 e	17
x125	13.5 e	14	18	10.6 e	6	13.5 h	21	18	10.6 e	9	13.5 h	29	18	10.6 e	12	13.5 e	36	18	10.6 e	16
x140	13.5 e	13	16	10.6 e	6	13.5 h	19	16	10.6 e	8	13.5 h	26	16	10.6 e	11	13.5 e	32	16	10.6 e	14
203x203x 46	7.7 h	21	38	7.2 h	20	6.6 h	18	21	6.3 h	17	6.0 h	17	14	5.6 h	15	5.5 h	15	10	5.2 h	14
x 52	8.0 h	22	39	7.5 h	21	6.9 h	19	21	6.5 h	18	6.3 h	17	14	5.9 h	16	5.7 h	15	10	5.4 h	14
x 60	8.4 h	23	41	7.9 h	22	7.2 h	20	22	6.8 h	19	6.5 h	18	15	6.1 h	17	5.9 h	16	10	5.6 h	15
x 71	8.9 h	25	43	8.4 h	23	7.7 h	21	23	7.3 h	20	6.9 h	19	15	6.5 h	17	6.3 h	17	11	6.0 h	16
x 86	9.5 h	26	45	8.9 h	25	8.2 h	23	25	7.8 h	22	7.4 h	20	16	6.9 h	19	6.8 h	19	11	6.4 h	17
254x254x 73	9.9 h	27	43	9.4 h	26	8.6 h	24	24	8.1 h	22	7.7 h	21	16	7.3 h	20	7.1 h	19	11	6.8 h	19
x 89	10.6 h	29	45	10.1 h	28	9.1 h	25	25	8.7 h	24	8.2 h	23	16	7.8 h	21	7.5 h	20	12	7.2 h	20
x107	11.2 h	31	48	10.6 e	28	9.6 h	26	26	9.2 h	25	8.7 h	24	17	8.3 h	23	8.0 h	22	12	7.6 h	21
x132	11.9 i	32	49	10.6 e	23	10.4 h	29	28	9.9 h	27	9.3 h	26	18	8.9 h	25	8.6 h	23	13	8.3 h	23
x167	12.5 i	31	47	10.6 e	18	11.3 h	31	31	10.6 e	28	10.1 h	28	20	9.7 h	27	9.3 h	25	14	8.9 h	25
305x305x 97	11.9 h	33	48	10.6 e	24	10.3 h	28	26	9.9 h	27	9.3 h	25	17	8.9 h	24	8.6 h	24	13	8.2 h	22
x118	12.4 h	32	47	10.6 e	20	10.9 h	30	28	10.5 h	29	9.9 h	27	19	9.5 h	26	9.1 h	25	13	8.7 h	24
x137	12.8 h	32	45	10.6 e	17	11.5 h	32	29	10.6 e	26	10.4 h	29	19	9.9 h	27	9.5 h	26	14	9.2 h	25
x158	13.2 h	31	44	10.6 e	15	12.1 h	33	31	10.6 e	22	10.8 h	30	20	10.4 h	29	10.0 h	28	15	9.6 h	26
x198	13.5 e	27	39	10.6 e	12	13.1 h	36	34	10.6 e	18	11.7 h	32	22	10.6 e	24	10.8 h	29	15	10.4 h	29
x240	13.5 e	23	33	10.6 e	10	13.5 e	34	33	10.6 e	15	12.3 h	34	23	10.6 e	20	11.3 h	32	16	10.6 e	25
x283	13.5 e	20	27	10.6 e	8	13.5 h	29	27	10.6 e	13	13.3 h	36	25	10.6 e	17	12.3 h	34	18	10.6 e	21
356x368x129	13.3 i	31	43	10.6 e	14	12.2 h	34	30	10.6 e	22	11.0 h	31	20	10.6 e	29	10.1 h	28	14	9.8 h	27
x153	13.5 e	28	38	10.6 e	12	12.9 h	36	32	10.6 e	19	11.6 h	32	21	10.6 e	25	10.7 h	30	15	10.3 h	28
x177	13.5 e	25	34	10.6 e	11	13.4 h	37	33	10.6 e	16	12.1 h	34	22	10.6 e	22	11.1 h	30	15	10.6 e	27
x202	13.5 e	22	30	10.6 e	10	13.5 e	33	30	10.6 e	15	12.6 h	35	23	10.6 e	19	11.6 h	32	16	10.6 e	24

Deck: **GENERIC PROFILE**

Table 29

BEAM DATA

Internal beam	
Uniform load	
Beam spacing	3 m
Steel grade	50
Shear connectors	Welded

SLAB DATA

Fire resistance	60 mins
Slab depth	115 mm
Concrete	LW
Grade	30

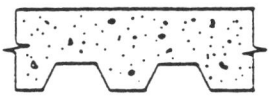

FOR FURTHER INFORMATION SEE NOTES PRECEDING TABLE 1

IMPOSED LOAD kN/m²	4.0					6.0					8.0					10.0				
SERIAL SIZE	LP	DP	DS	LE	DE	LP	DP	DS	LE	DE	LP	DP	DS	LE	DE	LP	DP	DS	LE	DE
203x133x 30	7.6	h 21	45	6.8	h 19	6.3	h 17	20	5.8	h 16	5.6	h 15	13	5.3	h 14	5.1	h 14	9	.	.
254x102x 25	7.7	f 19	39	7.5	h 21	6.8	f 18	24	6.3	h 17	6.1	h 17	15	5.5	d 15	5.4	h 15	10	.	.
x 28	8.2	f 21	43	7.7	h 21	7.2	h 20	25	6.5	h 18	6.3	h 17	14	5.8	h 16	5.6	h 15	10	5.3	d 14
254x146x 31	8.5	h 24	45	7.8	h 21	7.1	h 19	21	6.6	h 18	6.3	h 17	13	5.9	h 16	5.8	h 16	9	5.3	h 14
x 37	8.8	h 24	41	8.1	h 22	7.4	h 20	21	6.9	h 19	6.6	h 18	13	6.3	h 17	6.1	h 17	10	5.8	h 16
x 43	8.9	h 24	38	8.4	h 23	7.8	h 21	21	7.3	h 20	6.9	h 19	14	6.6	h 18	6.4	h 17	10	6.1	h 16
305x102x 28	8.7	f 21	40	8.6	h 23	7.8	f 21	25	7.2	h 20	7.0	f 19	17	6.2	d 16	6.3	d 17	11	5.6	d 13
x 33	9.4	f 25	46	8.8	h 24	8.1	h 22	26	7.4	h 20	7.1	h 20	15	6.6	d 18	6.5	h 18	11	6.0	d 15
305x127x 37	9.8	h 27	49	8.9	h 24	8.1	h 22	23	7.6	h 21	7.2	h 20	14	6.9	h 19	6.6	h 18	10	6.3	d 17
x 42	9.9	h 27	47	9.1	h 25	8.3	h 23	23	7.9	h 22	7.5	h 21	15	7.1	h 20	6.9	h 19	11	6.6	h 18
x 48	10.1	h 28	43	9.5	h 26	8.7	h 24	24	8.3	h 23	7.8	h 21	15	7.4	h 20	7.2	h 20	11	6.9	h 19
305x165x 40	10.1	h 28	47	9.2	h 25	8.3	h 23	22	7.9	h 21	7.5	h 21	14	7.1	h 19	6.9	h 18	10	6.6	h 18
x 46	10.2	h 28	42	9.6	h 27	8.7	h 24	22	8.3	h 23	7.8	h 21	15	7.4	h 20	7.2	h 20	11	6.9	h 19
x 54	10.6	h 29	42	10.1	h 28	9.1	h 25	23	8.7	h 24	8.3	h 23	16	7.8	h 21	7.6	h 21	11	7.2	h 19
356x127x 33	9.9	f 26	44	9.6	h 27	8.8	h 24	27	8.1	d 22	7.8	h 21	17	6.9	d 18	6.9	d 19	11	6.3	d 15
x 39	10.7	h 30	50	9.9	h 27	9.0	h 25	25	8.4	h 23	8.0	h 22	16	7.5	d 20	7.4	h 20	11	6.8	d 17
356x171x 45	11.1	h 30	48	10.3	h 28	9.3	h 25	24	8.8	h 24	8.3	h 22	15	7.9	d 21	7.7	h 21	11	7.2	d 19
x 51	11.4	h 32	47	10.7	h 29	9.6	h 26	24	9.2	h 25	8.7	h 24	16	8.3	h 23	8.1	h 22	12	7.7	h 21
x 57	11.6	h 32	45	11.1	h 31	10.1	h 28	25	9.6	h 26	9.0	h 25	16	8.6	h 24	8.3	h 23	12	8.0	h 22
x 67	12.3	i 34	48	11.4	e 29	10.6	h 29	26	10.1	h 28	9.6	h 26	17	9.1	h 25	8.8	h 24	12	8.4	h 23
406x140x 39	11.3	f 30	50	10.7	h 29	9.8	h 27	29	9.1	h 25	8.6	h 24	17	7.9	d 21	7.8	d 21	12	7.2	d 18
x 46	12.0	i 32	52	11.3	h 31	10.2	h 28	27	9.6	h 26	9.1	h 25	17	8.6	d 24	8.3	h 22	12	7.8	h 20
406x178x 54	12.3	i 33	49	11.7	e 32	10.5	h 29	26	10.1	h 28	9.5	h 26	17	9.1	h 25	8.8	h 24	12	8.4	d 23
x 60	12.6	i 34	47	11.4	e 26	10.9	h 30	27	10.5	h 29	9.9	h 27	18	9.4	h 26	9.1	h 25	13	8.8	h 24
x 67	12.9	i 34	47	11.4	e 24	11.3	h 31	27	10.8	h 29	10.2	h 28	18	9.8	h 27	9.4	h 26	13	9.1	h 25
x 74	13.2	i 33	45	11.4	e 22	11.8	h 33	29	11.3	h 31	10.6	h 29	19	10.1	h 28	9.7	h 26	13	9.4	h 26
457x152x 52	12.8	i 33	50	12.0	e 31	11.1	h 31	28	10.6	h 29	9.9	h 27	18	9.5	h 26	9.2	h 25	13	8.6	d 22
x 60	13.2	i 34	48	11.4	e 22	11.6	h 32	29	11.1	h 31	10.4	h 29	19	10.0	h 27	9.6	h 26	13	9.3	d 25
x 67	13.4	i 33	46	11.4	e 20	12.0	h 33	29	11.4	e 30	10.8	h 30	19	10.4	h 28	10.0	h 28	14	9.6	h 26
x 74	13.8	i 32	45	11.4	e 18	12.5	h 34	31	11.4	e 27	11.3	h 31	20	10.8	h 29	10.4	h 29	15	9.9	h 27
x 82	14.0	i 32	44	11.4	e 17	12.9	h 35	31	11.4	e 25	11.6	h 32	20	11.1	h 31	10.7	h 30	15	10.3	h 28
457x191x 67	13.4	i 33	45	11.4	e 20	12.1	h 33	29	11.4	e 30	10.8	h 29	19	10.4	h 29	10.1	h 28	14	9.6	h 27
x 74	13.8	i 32	44	11.4	e 18	12.5	h 34	30	11.4	e 27	11.3	h 31	20	10.8	h 30	10.4	h 29	14	9.9	h 27
x 82	14.0	i 32	43	11.4	e 17	12.9	h 36	31	11.4	e 25	11.6	h 31	20	11.1	h 30	10.7	h 29	15	10.3	h 28
x 89	14.3	i 31	42	11.4	e 15	13.3	h 36	31	11.4	e 23	11.9	h 33	21	11.4	e 31	11.0	h 30	15	10.6	h 29
x 98	14.5	i 31	41	11.4	e 14	13.8	h 38	33	11.4	e 21	12.3	h 34	21	11.4	e 28	11.3	h 31	15	10.9	h 30
533x210x 82	14.8	i 31	42	11.4	e 13	14.1	h 39	34	11.4	e 20	12.6	h 35	22	11.4	e 26	11.6	h 31	16	11.1	h 30
x 92	15.2	i 31	40	11.4	e 12	14.7	h 41	35	11.4	e 18	13.1	h 36	23	11.4	e 23	12.1	h 33	16	11.4	e 29
x101	15.4	i 31	39	11.4	e 11	15.1	h 41	36	11.4	e 16	13.6	h 38	23	11.4	e 21	12.5	h 35	17	11.4	e 27
x109	15.6	h 30	38	11.4	e 10	15.4	h 42	36	11.4	e 15	13.9	h 38	24	11.4	e 20	12.8	h 35	17	11.4	e 25
x122	15.9	h 30	37	11.4	e 9	15.7	h 42	35	11.4	e 14	14.4	h 40	25	11.4	e 18	13.3	h 37	18	11.4	e 23
610x229x101	16.2	i 31	39	11.4	e 9	15.9	i 43	36	11.4	e 13	14.6	h 41	26	11.4	e 18	13.4	h 37	18	11.4	e 22
x113	16.6	h 30	37	11.4	e 8	16.3	h 42	35	11.4	e 12	15.1	h 42	26	11.4	e 16	13.9	h 39	19	11.4	e 20
x125	16.9	h 30	36	11.4	e 7	16.6	h 42	34	11.4	e 11	15.6	h 43	26	11.4	e 14	14.4	h 40	19	11.4	e 18
x140	17.2	i 29	35	11.4	e 6	16.9	i 41	33	11.4	e 10	16.1	h 45	27	11.4	e 13	14.9	h 41	20	11.4	e 16
203x203x 46	8.1	h 22	36	7.6	h 21	6.9	h 19	20	6.6	h 18	6.3	h 17	13	5.9	h 16	5.8	h 16	9	5.4	h 15
x 52	8.4	h 23	37	7.9	h 21	7.2	h 20	20	6.8	h 18	6.5	h 18	13	6.2	h 17	6.0	h 17	10	5.7	h 16
x 60	8.8	h 24	39	8.3	h 23	7.5	h 20	21	7.1	h 19	6.8	h 19	14	6.4	h 17	6.3	h 17	10	5.9	h 16
x 71	9.3	h 25	40	8.8	h 24	8.1	h 22	22	7.6	h 21	7.2	h 20	14	6.9	h 19	6.6	h 18	10	6.3	h 17
x 86	9.9	h 27	42	9.4	h 26	8.6	h 24	24	8.1	h 23	7.6	h 21	15	7.3	h 20	7.1	h 19	11	6.7	h 18
254x254x 73	10.4	h 29	42	9.8	h 27	8.9	h 25	23	8.5	h 23	8.0	h 22	15	7.7	h 21	7.4	h 20	11	7.1	h 19
x 89	11.1	h 31	44	10.5	h 29	9.5	h 26	24	9.1	h 25	8.6	h 24	16	8.2	h 22	7.9	h 22	11	7.5	h 20
x107	11.7	h 32	46	11.2	h 31	10.1	h 28	25	9.6	h 26	9.1	h 25	17	8.7	h 24	8.3	h 23	12	8.0	h 22
x132	12.3	i 31	44	11.4	e 27	10.8	h 30	27	10.4	h 28	9.7	h 27	17	9.3	h 25	8.9	h 25	13	8.6	h 24
x167	12.8	i 30	41	11.4	e 21	11.7	h 32	29	11.3	h 31	10.5	h 29	19	10.1	h 28	9.6	h 26	13	9.3	h 26
305x305x 97	12.3	i 33	44	11.4	e 27	10.8	h 29	25	10.3	h 28	9.7	h 27	17	9.2	h 25	8.9	h 25	12	8.6	h 23
x118	12.8	i 31	42	11.4	e 23	11.4	h 32	27	11.0	h 30	10.3	h 28	17	9.9	h 28	9.5	h 26	13	9.2	h 25
x137	13.1	i 31	41	11.4	e 20	12.0	h 33	28	11.4	e 30	10.8	h 30	19	10.4	h 29	9.9	h 27	13	9.6	h 27
x158	13.4	i 29	39	11.4	e 17	12.6	h 34	30	11.4	e 26	11.3	h 31	20	10.9	h 30	10.4	h 29	14	10.1	h 28
x198	14.0	i 28	37	11.4	e 14	13.6	h 37	32	11.4	e 21	12.2	h 33	21	11.4	e 28	11.3	h 31	15	10.9	h 30
x240	14.4	i 26	35	11.4	e 12	14.3	i 38	33	11.4	e 17	13.0	h 36	23	11.4	e 22	12.0	h 33	17	11.4	e 29
x283	14.8	i 25	33	11.4	e 10	14.6	i 36	31	11.4	e 15	13.8	h 38	24	11.4	e 20	12.7	h 35	18	11.4	e 25
356x368x129	13.6	i 30	38	11.4	e 17	12.8	h 35	29	11.4	e 25	11.4	h 31	19	11.1	h 31	10.6	h 29	14	10.3	h 28
x153	14.1	i 29	37	11.4	e 14	13.4	h 37	31	11.4	e 22	12.1	h 33	20	11.4	e 29	11.1	h 31	14	10.8	h 30
x177	14.4	i 28	35	11.4	e 13	14.1	h 39	32	11.4	e 19	12.6	h 35	21	11.4	e 25	11.6	h 32	15	11.3	h 31
x202	14.7	i 27	34	11.4	e 11	14.4	i 39	32	11.4	e 17	13.2	h 37	22	11.4	e 23	12.1	h 33	16	11.4	e 28

Deck: **GENERIC PROFILE**

Table 30

BEAM DATA

```
Internal beam
Uniform load
Beam spacing      3 m
Steel grade       50
Shear connectors  Welded
```

SLAB DATA

```
Fire resistance  60 mins
Slab depth       125 mm
Concrete         NW
Grade            30
```

FOR FURTHER INFORMATION SEE NOTES PRECEDING TABLE 1

IMPOSED LOAD kN/m²	4.0					6.0					8.0					10.0				
SERIAL SIZE	LP		DP	DS	LE		DE	LP		DP	DS	LE		DE	LP		DP	DS	LE		DE	LP		DP	DS	LE		DE
203x133x 30	7.4 f 16 55	7.3 h 20	6.8 f 18 37	6.1 h 16	6.0 h 16 23	5.4 d 15	5.4 h 15 15	. .
254x102x 25	7.3 f 13 42	7.3 f 16	6.6 f 13 28	6.6 f 17	6.1 f 13 20	5.6 d 13	5.6 f 13 15	. .
x 28	7.8 f 15 47	7.8 f 19	7.0 f 15 31	6.8 d 18	6.4 f 15 22	5.9 d 15	6.0 f 15 17	5.3 d 12
254x146x 31	8.2 f 17 53	8.1 d 21	7.4 f 18 36	6.8 d 17	6.8 f 18 25	5.9 d 15	6.0 d 16 15	5.3 d 12
x 37	9.0 f 21 62	8.6 h 23	8.1 h 22 40	7.3 h 20	7.1 h 20 23	6.5 d 18	6.4 h 17 16	5.9 d 15
x 43	9.7 f 25 71	8.9 h 25	8.3 h 23 37	7.6 h 21	7.3 h 20 23	6.9 d 19	6.7 h 18 16	6.2 d 16
305x102x 28	8.2 f 15 43	8.2 f 18	7.4 f 15 29	7.3 h 18	6.8 f 15 21	6.3 d 14	6.4 f 15 16	5.6 d 12
x 33	8.9 f 17 50	8.9 f 21	8.0 f 18 33	7.8 d 20	7.4 f 17 24	6.7 d 16	6.8 d 17 17	6.0 d 14
305x127x 37	9.4 f 20 57	9.4 f 26	8.5 f 21 38	7.9 d 22	7.8 h 21 26	6.9 d 17	6.9 d 19 17	6.2 d 14
x 42	9.9 f 23 63	9.7 h 27	9.0 f 24 43	8.3 h 23	7.9 h 22 25	7.3 d 19	7.2 d 20 17	6.6 d 16
x 48	10.6 f 26 71	10.1 h 28	9.3 h 25 41	8.6 h 24	8.2 h 23 25	7.7 d 21	7.6 h 21 18	6.9 d 18
305x165x 40	10.1 f 24 63	9.8 d 27	9.1 f 25 42	8.3 d 22	8.0 h 22 25	7.2 d 18	7.1 d 19 16	6.6 d 16
x 46	10.6 i 26 68	10.1 h 28	9.3 h 26 40	8.6 h 23	8.1 h 22 23	7.6 d 19	7.6 d 21 17	6.9 d 17
x 54	11.0 i 28 67	10.4 h 29	9.5 h 26 37	9.0 h 25	8.6 h 23 25	8.1 d 22	7.9 h 21 18	7.4 d 19
356x127x 33	9.3 f 18 48	9.3 f 21	8.4 f 18 32	8.1 f 19	7.8 f 18 23	6.9 d 15	7.1 d 17 16	6.3 d 13
x 39	10.2 f 21 56	10.2 f 26	9.2 f 22 37	8.6 d 21	8.4 f 22 26	7.4 d 17	7.5 d 19 16	6.8 d 15
356x171x 45	11.1 f 26 66	10.6 d 27	10.0 f 27 44	8.9 d 23	8.9 d 24 27	7.8 d 19	7.8 d 20 16	7.1 d 16
x 51	11.4 i 27 64	11.3 h 31	10.3 h 28 42	9.6 d 26	9.1 h 25 25	8.4 d 22	8.3 d 22 18	7.7 d 19
x 57	11.7 i 27 62	11.6 h 32	10.5 h 29 41	9.9 h 27	9.4 h 26 27	8.9 d 25	8.7 h 24 19	8.1 d 21
x 67	12.1 i 29 60	11.3 e 25	11.1 h 30 42	10.5 h 29	9.9 h 27 27	9.5 h 26	9.2 h 25 20	8.8 d 24
406x140x 39	10.6 f 21 54	10.6 f 25	9.6 f 21 35	9.1 d 22	8.8 f 21 25	7.9 d 18	8.0 d 19 17	7.1 d 15
x 46	11.7 i 26 63	11.6 d 30	10.6 f 26 42	9.8 d 25	9.6 d 25 28	8.5 d 20	8.4 d 21 17	7.8 d 18
406x178x 54	12.1 i 26 61	12.1 i 32	11.3 h 31 47	10.3 d 28	9.9 d 28 28	9.1 d 23	9.0 d 24 19	8.3 d 20
x 60	12.4 i 27 59	11.7 e 26	11.6 h 32 45	10.8 d 30	10.3 h 28 28	9.6 d 25	9.4 d 26 20	8.7 d 21
x 67	12.7 i 28 58	11.3 e 21	11.8 h 33 43	11.3 d 31	10.7 h 30 29	10.1 h 28	9.9 h 27 21	9.2 d 24
x 74	13.0 i 28 57	11.3 e 19	12.3 h 34 45	11.3 e 28	11.1 h 31 30	10.5 h 29	10.2 h 28 22	9.7 d 26
457x152x 52	12.5 i 26 61	12.5 i 31	11.6 f 29 46	10.8 d 27	10.4 d 28 30	9.3 d 22	9.3 d 24 19	8.5 d 19
x 60	12.9 i 27 59	11.7 e 22	12.4 h 34 50	11.4 d 30	10.9 h 30 30	10.1 d 25	9.9 d 26 20	9.1 d 22
x 67	13.2 i 27 57	11.3 e 18	12.6 h 35 47	11.3 e 26	11.3 h 31 31	10.6 d 28	10.4 h 28 22	9.6 d 24
x 74	13.5 i 27 56	11.3 e 16	13.1 h 36 49	11.3 e 24	11.7 h 32 32	10.9 d 29	10.8 d 29 23	9.9 d 25
x 82	13.8 i 27 56	11.3 e 14	13.6 h 38 52	11.3 e 22	12.1 h 33 32	11.3 e 29	11.1 h 30 23	10.4 d 27
457x191x 67	13.3 i 28 57	11.3 e 17	12.6 h 35 46	11.3 e 26	11.3 h 31 30	10.6 d 28	10.4 h 29 22	9.7 d 25
x 74	13.5 i 27 54	11.3 e 16	13.1 h 36 49	11.3 e 24	11.7 h 32 31	11.1 e 30	10.8 h 30 22	10.2 d 27
x 82	13.8 i 27 54	11.3 e 14	13.6 h 38 50	11.3 e 21	12.1 h 33 32	11.3 e 29	11.1 h 30 23	10.7 d 29
x 89	14.1 i 26 53	11.3 e 13	13.9 i 37 50	11.3 e 20	12.5 h 34 33	11.3 e 26	11.5 h 32 24	10.9 d 29
x 98	14.3 i 25 52	11.3 e 12	14.1 i 37 49	11.3 e 18	12.9 h 36 34	11.3 e 24	11.9 h 33 24	11.3 e 30
533x210x 82	14.6 i 26 52	11.3 e 11	14.4 i 37 50	11.3 e 17	13.2 h 36 35	11.3 e 23	12.1 h 33 25	11.3 e 29
x 92	14.9 i 25 50	11.3 e 10	14.8 i 36 48	11.3 e 15	13.8 h 38 37	11.3 e 20	12.7 h 35 26	11.3 e 25
x101	15.3 i 25 50	11.3 e 9	15.1 i 36 47	11.3 e 14	14.3 h 40 38	11.3 e 18	13.1 h 36 27	11.3 e 23
x109	15.4 i 24 48	11.3 e 9	15.3 i 35 46	11.3 e 13	14.6 h 40 39	11.3 e 17	13.4 h 37 28	11.3 e 21
x122	15.8 i 24 47	11.3 e 8	15.6 i 34 44	11.3 e 12	15.3 h 42 41	11.3 e 15	14.0 h 39 29	11.3 e 19
610x229x101	15.9 i 25 48	11.3 e 8	15.8 i 35 46	11.3 e 11	15.4 h 42 42	11.3 e 15	14.1 h 39 29	11.3 e 19
x113	16.4 i 25 47	11.3 e 7	16.1 i 35 44	11.3 e 10	15.9 i 44 42	11.3 e 13	14.7 h 40 30	11.3 e 17
x125	16.7 i 24 46	11.3 e 6	16.4 i 34 43	11.3 e 9	16.3 i 44 41	11.3 e 12	15.3 h 42 32	11.3 e 15
x140	17.0 i 24 44	11.3 e 6	16.8 i 34 42	11.3 e 8	16.6 i 43 40	11.3 e 11	15.8 h 44 32	11.3 e 14
203x203x 46	8.6 h 23 62	7.9 h 22	7.3 h 20 33	6.8 h 19	6.6 h 18 22	6.2 h 17	6.1 h 17 16	5.7 d 15
x 52	8.8 h 24 59	8.3 h 23	7.6 h 20 33	7.1 h 20	6.9 h 19 23	6.4 h 18	6.3 h 17 16	5.9 h 16
x 60	9.2 h 25 63	8.6 h 24	8.0 h 22 36	7.4 h 20	7.2 h 20 24	6.7 h 18	6.6 h 18 17	6.3 h 17
x 71	9.9 h 27 68	9.2 h 25	8.5 h 23 37	8.0 h 22	7.7 h 21 25	7.2 h 20	7.1 h 19 18	6.6 h 18
x 86	10.5 h 29 71	9.8 h 27	9.0 h 24 38	8.5 h 23	8.1 h 22 26	7.7 h 21	7.5 h 21 19	7.1 h 19
254x254x 73	10.8 i 29 66	10.3 h 28	9.4 h 26 37	8.9 h 24	8.4 h 23 24	8.0 h 22	7.8 h 21 18	7.4 h 21
x 89	11.3 i 29 64	11.0 h 30	10.1 h 28 40	9.5 h 26	9.1 h 25 26	8.6 h 23	8.4 h 23 19	7.9 h 22
x107	11.8 i 28 62	11.3 e 28	10.7 h 30 42	10.1 h 28	9.6 h 27 28	9.1 h 25	8.9 h 24 20	8.4 h 23
x132	12.3 i 27 59	11.3 e 22	11.5 h 32 45	10.9 h 30	10.4 h 29 30	9.8 h 27	9.5 h 26 21	9.1 h 25
x167	12.9 i 26 56	11.3 e 18	12.5 h 34 49	11.3 e 27	11.3 h 31 32	10.7 h 29	10.4 h 29 23	9.9 h 27
305x305x 97	12.3 i 28 57	11.3 e 23	11.4 h 31 42	10.8 h 30	10.2 h 28 27	9.8 h 27	9.4 h 26 20	9.0 h 25
x118	12.8 i 27 55	11.3 e 19	12.1 h 33 44	11.3 e 29	10.9 h 30 29	10.4 h 28	10.1 h 28 21	9.6 h 27
x137	13.1 i 26 53	11.3 e 17	12.8 h 36 48	11.3 e 25	11.4 h 32 31	11.0 h 30	10.6 h 29 22	10.1 h 28
x158	13.4 i 25 50	11.3 e 14	13.3 i 36 49	11.3 e 22	12.0 h 33 32	11.3 e 29	11.1 h 30 23	10.6 h 29
x198	14.1 i 24 48	11.3 e 12	13.9 i 34 46	11.3 e 17	13.1 h 36 36	11.3 e 23	12.0 h 33 25	11.3 e 29
x240	14.6 i 22 46	11.3 e 10	14.4 i 32 44	11.3 e 14	13.9 h 39 38	11.3 e 19	12.8 h 35 27	11.3 e 24
x283	14.9 i 21 43	11.3 e 8	14.8 i 31 41	11.3 e 12	14.6 h 39 39	11.3 e 16	13.6 h 37 29	11.3 e 20
356x368x129	13.6 i 25 49	11.3 e 14	13.4 i 36 47	11.3 e 21	12.1 h 33 31	11.3 e 28	11.1 h 30 22	10.7 h 29
x153	14.0 i 24 47	11.3 e 12	13.8 i 35 45	11.3 e 18	12.8 h 35 33	11.3 e 24	11.8 h 32 23	11.3 e 30
x177	14.4 i 24 46	11.3 e 11	14.2 i 34 43	11.3 e 16	13.4 h 37 35	11.3 e 21	12.4 h 34 25	11.3 e 26
x202	14.7 i 23 44	11.3 e 9	14.5 i 33 42	11.3 e 14	14.1 h 39 37	11.3 e 19	12.9 h 35 26	11.3 e 23

Deck: GENERIC PROFILE

Table 31

BEAM DATA
```
Internal beam
Uniform load
Beam spacing      3 m
Steel grade       43
Shear connectors  Welded
```

SLAB DATA
```
Fire resistance  60 mins
Slab depth       115 mm
Concrete         LW
Grade            30
```

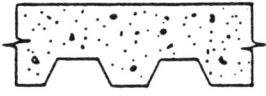

FOR FURTHER INFORMATION SEE NOTES PRECEDING TABLE 1

IMPOSED LOAD kN/m²	4.0					6.0					8.0					10.0				
SERIAL SIZE	LP	DP	DS	LE	DE	LP	DP	DS	LE	DE	LP	DP	DS	LE	DE	LP	DP	DS	LE	DE
203x133x 30	6.9 f	14	30	6.9 f	17	6.1 f	14	19	5.6 d	13	5.6 f	14	13	.	.					
254x102x 25	6.8 f	12	23	6.8 f	13	6.0 f	11	14	6.0 f	13	5.4 f	10	10	5.0 d	10	5.0 f	9	7	.	.
x 28	7.2 f	13	25	7.2 f	15	6.4 f	13	16	6.2 d	14	5.8 f	12	11	5.4 d	11	5.4 f	12	8	.	.
254x146x 31	7.6 f	16	29	7.6 f	18	6.8 f	15	18	6.3 d	14	6.1 f	14	12	5.4 d	12	5.4 d	12	8	.	.
x 37	8.4 f	19	34	8.3 d	22	7.4 f	18	21	6.8 d	17	6.6 d	17	13	5.9 d	13	5.9 d	14	8	5.3 d	11
x 43	9.0 f	22	39	8.6 d	23	7.9 h	21	23	7.2 d	19	6.9 d	18	13	6.2 d	14	6.2 d	15	9	5.6 d	12
305x102x 28	7.6 f	13	24	7.6 f	14	6.8 f	12	15	6.7 d	14	6.1 f	11	10	5.7 d	11	5.7 f	11	7	5.1 d	9
x 33	8.3 f	15	27	8.3 f	17	7.3 f	15	17	6.9 d	14	6.6 f	13	11	6.1 d	12	6.1 d	13	8	5.4 d	10
305x127x 37	8.7 f	17	31	8.7 f	21	7.8 f	17	19	7.3 d	17	7.0 f	16	13	6.2 d	13	6.3 d	14	8	5.6 d	11
x 42	9.2 f	20	34	9.1 d	23	8.2 f	20	21	7.5 d	17	7.4 f	19	15	6.6 d	14	6.5 d	15	9	5.9 d	12
x 48	9.9 f	23	39	9.6 d	26	8.8 f	23	24	7.9 d	20	7.8 d	20	15	6.9 d	16	6.9 d	16	9	6.3 d	13
305x165x 40	9.3 f	21	34	9.1 d	22	8.3 f	20	21	7.4 d	17	7.4 d	18	13	6.6 d	14	6.4 d	14	8	5.9 d	12
x 46	9.9 f	24	38	9.6 d	24	8.8 f	23	24	7.9 d	19	7.7 d	19	14	6.9 d	15	6.8 d	16	8	6.2 d	13
x 54	10.7 f	27	44	10.1 d	27	9.3 h	25	25	8.4 d	21	8.1 d	21	14	7.4 d	17	7.3 d	18	9	6.7 d	15
356x127x 33	8.6 f	15	26	8.6 f	16	7.7 f	15	16	7.4 d	15	6.9 f	13	11	6.3 d	12	6.4 d	13	8	5.6 d	10
x 39	9.4 f	18	30	9.4 f	21	8.4 f	18	19	7.9 d	17	7.6 f	17	13	6.8 d	13	6.8 d	15	8	6.1 d	11
356x171x 45	10.3 f	22	36	9.9 d	23	9.1 f	21	22	8.3 d	19	8.1 d	19	14	7.2 d	15	7.1 d	16	8	6.5 d	13
x 51	10.9 f	25	40	10.4 d	25	9.7 f	25	25	8.7 d	20	8.4 d	20	14	7.6 d	16	7.5 d	17	9	6.9 d	14
x 57	11.6 f	28	44	10.9 d	28	10.2 d	28	27	9.1 d	22	8.8 d	22	15	8.0 d	18	7.9 d	19	10	7.3 d	16
x 67	12.3 i	32	48	11.6 d	31	10.6 h	29	26	9.8 d	25	9.5 d	26	17	8.7 d	21	8.6 d	22	11	7.9 d	18
406x140x 39	9.9 f	18	30	9.9 f	20	8.8 f	17	18	8.4 d	17	7.9 f	16	12	7.3 d	14	7.2 d	15	8	6.4 d	11
x 46	10.9 f	22	35	10.8 d	25	9.6 f	21	21	8.9 d	19	8.7 d	20	14	7.8 d	15	7.7 d	17	9	6.9 d	13
406x178x 54	11.8 f	26	41	11.4 d	27	10.4 f	25	25	9.5 d	22	9.1 d	21	14	8.3 d	18	8.1 d	18	9	7.4 d	15
x 60	12.5 f	30	45	11.9 d	29	11.0 d	29	27	9.8 d	22	9.5 d	24	15	8.7 d	19	8.6 d	20	10	7.9 d	16
x 67	12.9 f	32	47	12.0 e	28	11.4 d	31	28	10.4 d	25	9.9 d	25	16	9.2 d	21	9.0 d	22	11	8.4 d	19
x 74	13.2 i	33	45	11.4 d	22	11.8 h	33	29	10.9 d	27	10.4 d	28	18	9.7 d	24	9.4 d	23	12	8.8 d	20
457x152x 52	12.0 f	25	38	11.9 d	27	10.6 f	24	24	9.8 d	21	9.5 d	21	15	8.5 d	17	8.4 d	18	9	7.8 d	15
x 60	12.9 f	29	43	12.3 d	28	11.4 f	28	27	10.4 d	23	9.9 d	23	15	9.1 d	19	8.9 d	20	10	8.3 d	16
x 67	13.4 i	31	46	12.0 e	24	12.0 d	31	29	10.9 d	26	10.4 d	26	17	9.6 d	22	9.4 d	22	11	8.7 d	18
x 74	13.8 i	32	45	11.4 e	18	12.3 d	32	29	11.3 d	26	10.8 d	26	17	9.9 d	21	9.7 d	22	11	9.0 d	19
x 82	14.0 i	32	44	11.4 e	17	12.8 d	35	31	11.4 e	25	11.3 d	29	18	10.4 d	24	10.2 d	25	12	9.5 d	21
457x191x 67	13.4 i	31	45	12.0 e	24	12.0 d	31	29	10.9 d	25	10.4 d	26	16	9.6 d	21	9.4 d	22	11	8.7 d	18
x 74	13.8 i	32	44	11.4 e	18	12.4 d	33	29	11.4 e	27	10.9 d	27	17	10.1 d	23	9.9 d	24	12	9.2 d	20
x 82	14.0 i	32	43	11.4 e	17	12.9 d	36	31	11.4 e	25	11.4 d	30	19	10.6 d	25	10.3 d	26	13	9.6 d	22
x 89	14.3 i	31	42	11.4 e	15	13.3 h	36	31	11.4 e	23	11.7 d	31	19	10.9 d	26	10.6 d	26	13	9.8 d	22
x 98	14.5 i	31	41	11.4 e	14	13.8 h	38	33	11.4 e	21	12.3 d	33	21	11.4 e	28	11.1 d	28	14	10.3 d	24
533x210x 82	14.8 i	31	42	11.4 e	13	13.9 d	37	32	11.4 e	20	12.1 d	30	18	11.3 d	25	11.0 d	26	13	10.2 d	22
x 92	15.2 i	31	40	11.4 e	12	14.7 h	41	35	11.4 e	18	12.9 d	34	21	11.4 e	23	11.6 d	29	14	10.9 d	25
x101	15.4 i	31	39	11.4 e	11	15.1 c	41	36	11.4 e	16	13.3 d	34	21	11.4 e	21	11.9 d	29	14	11.1 d	25
x109	15.6 i	30	38	11.4 e	10	15.4 i	42	36	11.4 e	15	13.8 d	37	23	11.4 e	20	12.4 d	32	15	11.4 e	25
x122	15.9 i	30	37	11.4 e	9	15.7 i	42	35	11.4 e	14	14.4 h	40	25	11.4 e	18	13.1 d	35	17	11.4 e	23
610x229x101	16.2 i	31	39	11.4 e	9	15.9 i	43	36	11.4 e	13	14.4 c	38	24	11.4 e	18	12.9 d	32	15	11.4 e	22
x113	16.6 i	30	37	11.4 e	8	16.3 i	42	35	11.4 e	12	14.9 c	39	24	11.4 e	16	13.4 d	34	16	11.4 e	20
x125	16.9 i	30	36	11.4 e	7	16.6 i	42	34	11.4 e	11	15.5 c	42	26	11.4 e	14	14.1 d	37	18	11.4 e	18
x140	17.2 i	29	35	11.4 e	6	16.9 i	41	33	11.4 e	10	16.1 h	45	27	11.4 e	13	14.9 h	41	20	11.4 e	16
203x203x 46	8.3 h	23	41	7.6 h	21	6.9 h	19	20	6.6 h	18	6.3 h	17	13	5.9 d	16	5.8 d	16	9	5.3 d	13
x 52	8.4 h	23	38	7.9 h	21	7.2 h	20	20	6.8 h	18	6.5 h	18	13	6.1 d	17	6.0 h	17	10	5.6 d	14
x 60	8.8 h	24	39	8.3 h	23	7.5 h	20	21	7.1 h	19	6.8 h	19	14	6.4 h	17	6.3 h	17	10	5.9 h	16
x 71	9.3 h	25	40	8.8 h	24	8.1 h	22	22	7.6 h	21	7.2 h	20	14	6.9 h	19	6.6 h	18	10	6.3 h	17
x 86	9.9 h	27	42	9.4 h	26	8.6 h	24	24	8.1 h	23	7.6 h	21	15	7.3 h	20	7.1 h	19	11	6.7 h	18
254x254x 73	10.4 h	29	42	9.8 h	27	8.9 h	25	23	8.5 h	23	8.0 h	22	15	7.7 h	21	7.4 h	20	11	7.1 h	19
x 89	11.1 h	31	44	10.5 h	29	9.5 h	26	24	9.1 h	25	8.6 h	24	16	8.2 h	22	7.9 h	22	11	7.5 h	20
x107	11.7 h	32	46	11.2 h	31	10.1 h	28	25	9.6 h	26	9.1 h	25	17	8.7 h	24	8.3 h	23	12	8.0 h	22
x132	12.3 i	31	44	11.4 e	27	10.8 h	30	27	10.4 h	28	9.7 h	27	17	9.3 h	25	8.9 h	25	13	8.6 h	24
x167	12.8 i	30	41	11.4 e	21	11.7 h	32	29	11.3 h	31	10.5 h	29	19	10.1 h	28	9.6 h	26	13	9.3 h	26
305x305x 97	12.3 i	33	44	11.4 e	27	10.8 h	29	25	10.4 h	29	9.7 h	27	17	9.3 h	26	8.9 h	25	12	8.6 d	23
x118	12.8 i	31	42	11.4 e	23	11.4 h	32	27	11.0 h	30	10.3 h	28	17	9.9 h	28	9.5 h	26	13	9.2 h	25
x137	13.1 i	31	41	11.4 e	20	12.0 h	33	28	11.4 e	30	10.8 h	30	19	10.4 h	29	9.9 h	27	13	9.6 h	27
x158	13.4 i	29	39	11.4 e	17	12.6 h	34	30	11.4 e	26	11.3 h	31	20	10.9 h	30	10.4 h	29	14	10.1 h	28
x198	14.0 i	28	37	11.4 e	14	13.6 h	37	32	11.4 e	21	12.2 h	33	21	11.4 e	28	11.3 h	31	15	10.9 h	30
x240	14.4 i	26	35	11.4 e	12	14.3 i	38	33	11.4 e	17	13.0 h	36	23	11.4 e	23	12.0 h	33	17	11.4 e	29
x283	14.8 i	25	33	11.4 e	10	14.6 i	36	31	11.4 e	15	13.8 h	38	24	11.4 e	20	12.7 h	35	18	11.4 e	25
356x368x129	13.6 i	30	38	11.4 e	17	12.8 h	35	29	11.4 e	25	11.4 h	31	19	11.1 h	31	10.6 h	29	14	10.3 h	28
x153	14.1 i	29	37	11.4 e	14	13.4 h	37	31	11.4 e	22	12.1 h	33	20	11.4 e	29	11.1 h	31	14	10.8 h	30
x177	14.4 i	28	35	11.4 e	13	14.1 h	39	32	11.4 e	19	12.6 h	35	21	11.4 e	25	11.6 h	32	15	11.3 h	31
x202	14.7 i	27	34	11.4 e	11	14.4 i	39	32	11.4 e	17	13.2 h	37	22	11.4 e	23	12.1 h	33	16	11.4 e	28

Deck: **GENERIC PROFILE** — Table 32

BEAM DATA
- Edge beam
- Uniform load
- Beam spacing   3 m
- Steel grade   50
- Shear connectors Welded

SLAB DATA
- Fire resistance 90 mins
- Slab depth   125 mm
- Concrete   LW
- Grade   30

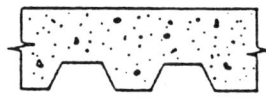

FOR FURTHER INFORMATION SEE NOTES PRECEDING TABLE 1

IMPOSED LOAD kN/m²	4.0					6.0					8.0					10.0				
SERIAL SIZE	LP	DP	DS	LE	DE	LP	DP	DS	LE	DE	LP	DP	DS	LE	DE	LP	DP	DS	LE	DE
203x133x 30	6.6 h	18	15	6.3 h	17	6.1 h	17	11	5.9 h	16	5.8 h	16	9	5.6 h	15	5.5 h	15	7	5.3 h	14
254x102x 25	6.9 h	19	15	6.6 h	18	6.5 h	18	12	6.3 h	17	6.1 h	17	9	5.9 h	16	5.9 h	16	8	5.6 h	15
x 28	7.2 h	20	15	6.9 h	19	6.8 h	19	12	6.5 h	18	6.4 h	17	9	6.2 h	17	6.1 h	17	8	5.8 h	15
254x146x 31	7.3 h	20	15	7.1 h	19	6.9 h	19	12	6.6 h	18	6.5 h	18	9	6.2 h	16	6.2 h	17	8	5.9 h	16
x 37	7.8 h	22	15	7.4 h	20	7.3 h	20	12	6.9 h	19	6.8 h	19	9	6.6 h	18	6.5 h	18	7	6.3 h	17
x 43	8.1 h	22	15	7.8 h	21	7.6 h	21	12	7.4 h	20	7.1 h	20	9	6.9 h	19	6.8 h	19	8	6.6 h	18
305x102x 28	7.9 h	22	16	7.6 h	21	7.4 h	20	12	7.1 h	20	6.9 h	19	10	6.8 h	19	6.6 h	18	8	6.4 h	17
x 33	8.2 h	22	16	8.0 h	22	7.7 h	21	12	7.5 h	21	7.3 h	20	10	7.1 h	19	6.9 h	19	8	6.7 h	18
305x127x 37	8.4 h	23	16	8.1 h	23	7.9 h	22	12	7.6 h	21	7.4 h	21	10	7.2 h	20	7.1 h	19	8	6.9 h	19
x 42	8.7 h	24	16	8.4 h	23	8.1 h	22	13	7.9 h	22	7.7 h	21	10	7.4 h	20	7.3 h	20	8	7.1 h	20
x 48	9.0 h	25	16	8.8 h	24	8.4 h	23	13	8.3 h	23	8.0 h	22	10	7.8 h	21	7.6 h	21	8	7.4 h	20
305x165x 40	8.7 h	24	16	8.4 h	23	8.1 h	22	12	7.8 h	21	7.7 h	21	10	7.4 h	20	7.3 h	20	8	7.1 h	20
x 46	9.0 h	25	16	8.8 h	24	8.4 h	23	12	8.3 h	23	8.0 h	22	10	7.8 h	22	7.6 h	21	8	7.4 h	20
x 54	9.4 h	26	17	9.2 h	25	8.8 h	24	13	8.6 h	23	8.3 h	23	10	8.1 h	22	7.9 h	22	8	7.8 h	21
356x127x 33	8.8 h	24	16	8.6 h	24	8.2 h	22	13	8.0 h	22	7.8 h	21	10	7.5 h	21	7.4 h	20	8	7.2 h	20
x 39	9.2 h	25	16	9.0 h	25	8.6 h	24	13	8.4 h	23	8.2 h	23	10	8.0 h	22	7.8 h	22	9	7.6 h	21
356x171x 45	9.6 h	27	17	9.4 h	26	9.0 h	25	13	8.8 h	24	8.5 h	23	10	8.3 h	23	8.1 h	23	9	7.9 h	22
x 51	10.0 h	28	17	9.7 h	26	9.4 h	26	13	9.1 h	25	8.9 h	25	11	8.6 h	24	8.4 h	23	9	8.3 h	23
x 57	10.3 h	28	17	10.1 h	27	9.7 h	27	14	9.5 h	26	9.1 h	25	11	8.9 h	24	8.7 h	24	9	8.5 h	24
x 67	10.9 h	30	18	10.6 h	29	10.2 h	28	14	9.9 h	27	9.6 h	27	11	9.4 h	26	9.2 h	26	9	8.9 h	24
406x140x 39	9.8 h	27	17	9.6 h	27	9.3 h	26	14	9.0 h	25	8.8 h	24	11	8.5 h	23	8.3 h	23	9	8.1 h	22
x 46	10.4 h	29	18	10.2 h	28	9.8 h	27	14	9.6 h	26	9.3 h	26	11	9.1 h	25	8.8 h	24	9	8.6 h	23
406x178x 54	10.9 h	30	18	10.6 h	29	10.2 h	28	14	9.9 h	27	9.6 h	27	11	9.4 h	26	9.2 h	25	9	8.9 h	24
x 60	11.3 h	31	19	11.1 h	31	10.6 h	29	14	10.3 h	29	10.0 h	28	12	9.8 h	27	9.5 h	26	9	9.3 h	26
x 67	11.6 h	32	19	11.4 h	31	10.9 h	30	15	10.7 h	30	10.3 h	29	12	10.1 h	27	9.8 h	27	10	9.6 h	27
x 74	11.9 h	33	19	11.8 h	32	11.3 h	31	15	11.1 h	31	10.6 h	29	12	10.4 h	29	10.1 h	28	10	9.9 h	27
457x152x 52	11.4 h	32	19	11.3 h	31	10.7 h	29	15	10.5 h	29	10.1 h	28	12	9.9 h	28	9.7 h	27	10	9.5 h	26
x 60	11.9 h	33	19	11.7 h	32	11.2 h	31	15	11.0 h	30	10.6 h	29	12	10.4 h	28	10.1 h	28	10	9.9 h	27
x 67	12.3 h	34	20	12.1 h	33	11.6 h	32	16	11.3 h	31	10.9 h	30	13	10.8 h	30	10.4 h	29	10	10.2 h	28
x 74	12.6 h	35	20	12.5 h	34	11.9 h	33	16	11.7 h	32	11.3 h	31	13	11.1 h	31	10.8 h	30	11	10.6 h	29
x 82	12.9 h	36	20	12.9 h	35	12.2 h	34	16	12.1 h	33	11.6 h	32	13	11.4 h	31	11.1 h	30	11	10.9 h	30
457x191x 67	12.3 h	34	19	12.1 h	33	11.6 h	32	15	11.3 h	31	10.9 h	30	12	10.7 h	29	10.4 h	29	10	10.2 h	28
x 74	12.6 h	35	20	12.6 h	35	11.9 h	33	15	11.7 h	32	11.3 h	31	13	11.1 h	31	10.8 h	29	10	10.6 h	29
x 82	12.9 h	36	20	12.9 h	35	12.2 h	34	16	12.1 h	33	11.6 h	32	13	11.4 h	31	11.1 h	30	11	10.9 h	30
x 89	13.3 h	37	20	13.3 h	37	12.5 h	35	16	12.4 h	34	11.9 h	33	13	11.7 h	32	11.4 h	32	11	11.1 h	30
x 98	13.6 h	37	20	13.6 h	37	12.8 h	35	16	12.8 h	35	12.2 h	34	13	12.1 h	33	11.6 h	32	11	11.5 h	32
533x210x 82	13.9 h	39	21	13.9 h	39	13.1 h	36	17	13.1 h	36	12.4 h	34	13	12.4 h	34	11.9 h	33	11	11.6 h	32
x 92	14.4 i	39	21	14.4 i	39	13.6 h	37	17	13.6 h	37	12.9 h	36	14	12.9 h	35	12.4 h	34	11	12.3 h	34
x101	14.6 i	39	21	14.6 i	39	13.9 h	39	17	13.9 h	39	13.3 h	37	14	13.3 h	37	12.7 h	35	12	12.6 h	35
x109	14.8 i	39	20	14.8 i	39	14.2 h	39	17	14.2 h	39	13.5 h	37	14	13.5 h	37	12.9 h	36	12	12.9 h	35
x122	15.1 i	38	20	15.1 i	38	14.6 h	40	17	14.6 h	40	13.9 h	39	14	13.9 h	39	13.3 h	37	12	13.3 h	37
610x229x101	15.4 i	40	21	15.4 i	40	14.8 h	41	18	14.8 h	41	14.1 h	39	15	14.1 h	39	13.5 h	37	12	13.5 h	37
x113	15.7 i	39	20	15.7 i	39	15.3 h	42	18	15.3 h	42	14.6 h	40	15	14.6 h	40	13.9 h	38	12	13.9 h	38
x125	16.0 i	39	19	16.0 i	39	15.8 i	43	18	15.8 i	43	15.0 h	41	15	15.0 h	41	14.4 h	40	13	14.4 h	40
x140	16.3 i	38	19	16.3 i	38	16.1 i	43	18	16.1 i	43	15.5 h	43	16	15.5 h	43	14.8 h	41	13	14.8 h	41
203x203x 46	7.3 h	20	15	6.9 h	19	6.8 h	19	11	6.6 h	18	6.4 h	18	9	6.1 h	17	6.1 h	17	7	5.9 h	16
x 52	7.5 h	20	15	7.2 h	20	7.0 h	19	11	6.7 h	18	6.6 h	18	9	6.4 h	17	6.3 h	17	7	6.0 h	16
x 60	7.8 h	22	15	7.6 h	21	7.3 h	20	12	7.1 h	19	6.9 h	19	9	6.6 h	18	6.6 h	18	8	6.3 h	17
x 71	8.3 h	23	16	8.0 h	22	7.7 h	21	12	7.5 h	21	7.3 h	20	9	7.1 h	19	6.9 h	19	8	6.7 h	18
x 86	8.7 h	24	16	8.4 h	23	8.1 h	22	12	7.9 h	22	7.7 h	21	10	7.4 h	20	7.3 h	20	8	7.1 h	20
254x254x 73	9.1 h	25	16	8.9 h	24	8.6 h	24	12	8.3 h	23	8.1 h	22	10	7.8 h	21	7.7 h	21	8	7.5 h	21
x 89	9.7 h	27	17	9.4 h	26	9.1 h	25	13	8.8 h	24	8.6 h	24	10	8.3 h	23	8.1 h	22	8	7.9 h	22
x107	10.2 h	28	17	9.9 h	27	9.6 h	27	14	9.3 h	26	9.0 h	25	11	8.8 h	24	8.6 h	24	9	8.4 h	23
x132	10.9 h	30	19	10.7 h	29	10.2 h	28	14	9.9 h	27	9.6 h	27	11	9.4 h	26	9.1 h	25	9	9.0 h	25
x167	11.6 h	32	20	11.5 h	32	10.9 h	30	15	10.8 h	30	10.4 h	29	12	10.2 h	28	9.9 h	27	10	9.7 h	27
305x305x 97	10.9 h	30	18	10.7 h	29	10.2 h	28	14	10.0 h	28	9.6 h	26	11	9.4 h	26	9.2 h	25	9	9.0 h	25
x118	11.5 h	32	19	11.3 h	31	10.8 h	30	15	10.6 h	29	10.2 h	28	11	10.0 h	28	9.7 h	27	9	9.6 h	26
x137	11.9 h	33	19	11.9 h	33	11.3 h	31	15	11.1 h	30	10.7 h	30	12	10.5 h	29	10.2 h	28	10	10.0 h	28
x158	12.4 h	34	20	12.4 h	34	11.7 h	32	15	11.6 h	32	11.1 h	31	13	10.9 h	30	10.6 h	29	10	10.4 h	29
x198	13.2 h	36	20	13.2 i	36	12.5 h	35	17	12.4 h	34	11.9 h	33	13	11.8 h	32	11.4 h	32	11	11.3 h	31
x240	13.7 i	35	20	13.7 h	35	13.3 h	37	18	13.3 h	37	12.6 h	35	14	12.5 h	34	12.0 h	33	12	11.9 h	33
x283	14.1 i	33	20	14.1 i	33	13.9 i	38	19	13.9 h	38	13.3 h	37	14	13.3 h	37	12.7 h	35	12	12.7 h	35
356x368x129	12.6 h	34	19	12.6 h	35	11.8 h	32	15	11.7 h	32	11.3 h	31	12	11.1 h	30	10.8 h	30	10	10.6 h	29
x153	13.2 h	37	20	13.2 h	37	12.4 h	34	15	12.3 h	34	11.8 h	32	13	11.6 h	32	11.3 h	31	11	11.1 h	31
x177	13.6 h	37	20	13.6 h	37	12.9 h	35	16	12.9 h	36	12.3 h	34	13	12.2 h	34	11.7 h	32	11	11.6 h	32
x202	13.9 i	36	20	13.9 i	36	13.4 h	37	17	13.4 h	37	12.7 h	35	14	12.6 h	35	12.1 h	33	11	12.1 h	33

Deck: GENERIC PROFILE

Table 33

BEAM DATA

Edge beam	
Uniform load	
Beam spacing	3 m
Steel grade	50
Shear connectors	Welded

SLAB DATA

Fire resistance	90 mins
Slab depth	135 mm
Concrete	NW
Grade	30

FOR FURTHER INFORMATION SEE NOTES PRECEDING TABLE 1

IMPOSED LOAD kN/m²	4.0					6.0					8.0					10.0				
SERIAL SIZE	LP	DP	DS	LE	DE	LP	DP	DS	LE	DE	LP	DP	DS	LE	DE	LP	DP	DS	LE	DE
203x133x 30	7.1	h	19 26	6.7	h 18	6.6	h	18 20	6.2	h 17	6.3	h	17 16	5.9	h 16	6.0	h	17 14	5.6	h 14
254x102x 25	7.4	h	21 27	7.1	h 19	6.9	h	19 20	6.6	h 18	6.6	h	18 16	6.3	h 17	6.3	h	18 14	5.9	h 16
x 28	7.7	h	21 26	7.4	h 20	7.3	h	20 21	6.8	h 18	6.9	h	19 17	6.5	h 18	6.6	h	18 14	6.3	h 17
254x146x 31	7.8	h	21 26	7.4	h 20	7.4	h	20 20	6.9	h 19	6.9	h	19 16	6.6	h 18	6.6	h	18 13	6.3	h 17
x 37	8.3	h	23 27	7.9	h 22	7.8	h	21 20	7.4	h 21	7.4	h	20 17	7.1	h 19	7.0	h	19 13	6.6	h 17
x 43	8.7	h	24 27	8.3	h 22	8.1	h	22 21	7.8	h 21	7.7	h	21 17	7.4	h 20	7.3	h	20 14	7.1	h 19
305x102x 28	8.4	h	23 27	8.0	h 22	7.9	h	22 21	7.5	h 21	7.4	h	20 17	7.1	h 20	7.1	h	20 14	6.8	d 18
x 33	8.8	h	24 27	8.4	h 23	8.3	h	23 22	7.9	h 22	7.8	h	22 17	7.4	h 20	7.4	h	20 14	7.1	h 19
305x127x 37	9.0	h	25 28	8.6	h 24	8.4	h	23 22	8.1	h 22	7.9	h	22 17	7.7	h 21	7.6	h	21 15	7.3	h 20
x 42	9.3	h	26 29	8.9	h 24	8.7	h	24 22	8.4	h 23	8.3	h	23 18	7.9	h 22	7.9	h	22 15	7.5	h 20
x 48	9.7	h	27 29	9.3	h 25	9.1	h	25 22	8.8	h 24	8.6	h	24 18	8.3	h 23	8.2	h	22 15	7.8	h 21
305x165x 40	9.3	h	25 27	8.9	h 24	8.7	h	24 21	8.3	h 23	8.2	h	22 17	7.9	h 22	7.8	h	21 14	7.5	h 20
x 46	9.6	h	26 27	9.3	h 26	9.1	h	25 22	8.8	h 24	8.6	h	24 17	8.3	h 22	8.2	h	23 14	7.8	h 21
x 54	10.1	h	28 29	9.8	h 27	9.4	h	26 22	9.1	h 25	8.9	h	24 18	8.6	h 24	8.6	h	24 15	8.3	h 22
356x127x 33	9.3	h	26 28	8.9	h 24	8.8	h	24 22	8.4	h 23	8.3	h	23 17	7.9	h 22	7.9	h	22 14	7.6	d 21
x 39	9.8	h	27 28	9.6	h 26	9.2	h	25 22	8.9	h 25	8.7	h	24 18	8.4	h 22	8.3	h	23 15	8.0	h 22
356x171x 45	10.3	h	28 29	9.9	h 27	9.6	h	27 23	9.3	h 26	9.1	h	25 18	8.8	h 24	8.7	h	24 15	8.3	h 23
x 51	10.7	h	30 30	10.4	h 29	10.0	h	28 23	9.6	h 26	9.4	h	26 18	9.2	h 25	9.0	h	25 15	8.8	h 24
x 57	11.1	h	31 30	10.7	h 29	10.4	h	29 23	9.9	h 27	9.8	h	27 19	9.4	h 26	9.3	h	25 15	9.0	h 25
x 67	11.6	h	32 31	11.3	h 31	10.9	h	30 24	10.6	h 29	10.3	h	28 19	9.9	h 27	9.8	h	27 16	9.5	h 26
406x140x 39	10.4	h	29 30	10.1	h 28	9.8	h	27 23	9.4	h 26	9.3	h	25 18	8.9	h 25	8.9	h	25 16	8.6	h 24
x 46	11.1	h	30 30	10.7	h 29	10.4	h	29 23	10.1	h 28	9.8	h	27 19	9.5	h 26	9.4	h	26 16	9.1	h 25
406x178x 54	11.6	h	32 31	11.2	h 31	10.8	h	30 24	10.4	h 28	10.3	h	28 19	9.9	h 26	9.8	h	27 16	9.4	h 26
x 60	11.9	h	32 31	11.7	h 32	11.3	h	31 24	10.9	h 30	10.6	h	29 19	10.4	h 29	10.1	h	28 16	9.9	h 27
x 67	12.2	i	33 30	12.1	h 34	11.6	h	32 25	11.3	h 31	11.0	h	30 20	10.7	h 29	10.5	h	29 17	10.2	h 28
x 74	12.4	h	32 29	12.4	i 34	11.9	h	33 25	11.7	h 32	11.4	h	31 21	11.0	h 30	10.8	h	30 17	10.5	h 29
457x152x 52	12.0	i	32 31	11.9	h 33	11.4	h	31 25	11.1	h 30	10.8	h	30 21	10.5	h 29	10.3	h	29 17	9.9	h 27
x 60	12.4	i	32 30	12.4	i 34	11.9	h	33 25	11.6	h 32	11.3	h	31 21	11.0	h 30	10.8	h	30 17	10.5	h 29
x 67	12.6	i	32 29	12.6	i 33	12.3	h	34 26	12.1	h 34	11.6	h	32 21	11.4	h 32	11.1	h	31 18	10.8	h 30
x 74	12.9	i	32 29	12.9	i 33	12.6	h	35 26	12.5	h 34	12.0	h	33 21	11.8	h 32	11.5	h	32 18	11.2	h 31
x 82	13.2	i	32 28	13.2	h 32	12.9	h	35 26	12.9	h 36	12.3	h	34 22	12.2	h 34	11.8	h	33 18	11.6	h 32
457x191x 67	12.7	i	33 29	12.7	h 34	12.3	h	34 26	12.0	h 33	11.6	h	32 21	11.4	h 32	11.1	h	31 17	10.8	h 30
x 74	12.9	i	32 28	12.9	h 33	12.6	h	35 26	12.5	h 34	12.0	h	33 21	11.8	h 32	11.5	h	32 18	11.2	h 31
x 82	13.2	i	32 28	13.2	h 32	12.9	h	36 26	12.9	h 35	12.3	h	34 21	12.2	h 34	11.8	h	32 18	11.6	h 32
x 89	13.4	i	32 27	13.4	h 32	13.3	i	36 26	13.3	i 36	12.6	h	35 22	12.5	h 34	12.1	h	33 18	11.9	h 33
x 98	13.6	i	32 27	13.6	i 32	13.4	i	36 25	13.4	i 36	12.9	h	36 22	12.9	h 35	12.4	h	34 18	12.3	h 34
533x210x 82	13.9	i	32 27	13.9	i 32	13.8	i	37 26	13.8	i 37	13.2	h	36 22	13.2	h 36	12.6	h	35 18	12.6	h 35
x 92	14.3	i	32 26	14.3	i 32	14.1	i	36 25	14.1	i 36	13.7	h	38 22	13.7	h 38	13.1	h	36 19	13.1	h 36
x101	14.5	i	32 26	14.5	i 32	14.3	i	36 24	14.3	i 36	14.1	h	39 23	14.1	h 39	13.4	h	37 19	13.4	h 37
x109	14.7	i	31 25	14.7	i 31	14.5	i	36 24	14.5	i 36	14.3	i	39 23	14.3	i 39	13.7	h	38 19	13.7	h 38
x122	15.0	i	31 25	15.0	i 31	14.8	i	35 23	14.8	i 35	14.6	i	39 22	14.6	i 39	14.2	h	39 20	14.2	h 39
610x229x101	15.2	i	32 25	15.2	i 32	15.0	i	36 24	15.0	i 36	14.8	i	40 23	14.8	i 40	14.3	h	40 20	14.3	h 40
x113	15.6	i	32 25	15.6	i 32	15.4	i	36 23	15.4	i 36	15.2	i	40 22	15.2	i 40	14.8	h	41 20	14.8	h 41
x125	15.9	i	31 24	15.9	i 31	15.6	i	35 23	15.6	i 35	15.4	i	39 21	15.4	i 39	15.3	h	42 20	15.3	h 42
x140	16.2	i	31 23	16.2	i 31	15.9	i	35 22	15.9	i 35	15.8	i	39 21	15.8	i 39	15.6	i	43 20	15.6	i 43
203x203x 46	7.9	h	21 27	7.5	h 21	7.4	h	20 21	6.9	h 19	7.0	h	19 17	6.6	h 18	6.7	h	19 14	6.3	h 17
x 52	8.2	h	22 28	7.8	h 21	7.7	h	21 22	7.3	h 20	7.3	h	20 17	6.9	h 19	6.9	h	19 14	6.5	h 18
x 60	8.5	h	23 28	8.1	h 22	8.0	h	22 22	7.5	h 20	7.6	h	21 18	7.1	h 20	7.2	h	20 14	6.8	h 19
x 71	9.0	h	25 29	8.6	h 23	8.4	h	23 22	8.1	h 22	8.0	h	22 18	7.6	h 21	7.6	h	21 14	7.2	h 20
x 86	9.6	h	26 31	9.2	h 25	8.9	h	25 23	8.6	h 24	8.4	h	23 19	8.1	h 22	8.0	h	22 15	7.7	h 21
254x254x 73	9.9	h	27 29	9.6	h 27	9.3	h	25 22	8.9	h 25	8.8	h	24 18	8.4	h 23	8.3	h	23 14	8.0	h 22
x 89	10.5	h	29 30	10.1	h 27	9.9	h	27 23	9.5	h 26	9.3	h	26 19	9.0	h 25	8.9	h	25 15	8.4	h 22
x107	11.1	h	30 31	10.7	h 29	10.4	h	29 24	10.1	h 28	9.8	h	27 19	9.5	h 26	9.3	h	26 16	9.0	h 25
x132	11.6	i	31 31	11.6	h 32	11.1	h	30 25	10.8	h 30	10.5	h	29 20	10.1	h 28	10.0	h	28 17	9.6	h 27
x167	12.1	i	30 29	12.1	i 31	11.8	h	32 26	11.6	h 32	11.3	h	31 22	11.0	h 30	10.8	h	30 18	10.4	h 29
305x305x 97	11.7	i	32 30	11.4	h 32	11.0	h	30 24	10.7	h 30	10.4	h	29 19	10.1	h 28	9.9	h	28 16	9.6	h 26
x118	12.1	i	31 29	12.1	i 33	11.6	h	32 25	11.3	h 31	11.0	h	30 20	10.7	h 29	10.5	h	29 17	10.2	h 28
x137	12.4	i	31 28	12.4	i 32	12.1	h	33 25	11.9	h 33	11.4	h	31 20	11.3	h 31	10.9	h	30 17	10.7	h 29
x158	12.8	i	31 27	12.8	i 31	12.6	h	35 26	12.5	h 35	11.9	h	33 21	11.8	h 32	11.4	h	31 17	11.2	h 31
x198	13.3	i	30 26	13.3	i 30	13.1	i	34 24	13.1	i 34	12.7	h	35 22	12.6	h 35	12.2	h	34 19	12.0	h 33
x240	13.7	i	29 25	13.7	i 29	13.6	i	33 24	13.6	i 33	13.4	i	36 23	13.4	i 36	12.9	h	36 19	12.8	h 35
x283	14.1	i	28 24	14.1	i 28	13.9	i	32 23	13.9	i 32	13.8	i	36 23	13.8	i 36	13.5	h	37 20	13.5	h 37
356x368x129	12.9	i	31 27	12.9	i 32	12.6	h	35 25	12.6	h 35	12.0	h	33 20	11.9	h 33	11.5	h	32 17	11.3	h 31
x153	13.3	i	31 26	13.3	i 31	13.1	h	35 25	13.1	h 35	12.6	h	35 21	12.5	h 35	12.0	h	33 17	11.9	h 33
x177	13.6	i	30 25	13.6	i 30	13.4	h	35 24	13.4	h 35	13.1	h	36 21	13.1	h 36	12.5	h	35 18	12.4	h 34
x202	13.9	i	30 25	13.9	i 30	13.8	h	34 23	13.8	h 34	13.5	h	37 22	13.5	h 37	12.9	h	36 18	12.9	h 35

Deck: **GENERIC PROFILE** — Table 34

BEAM DATA
- Edge beam
- Uniform load
- Beam spacing: 3 m
- Steel grade: 43
- Shear connectors: Welded

SLAB DATA
- Fire resistance: 90 mins
- Slab depth: 125 mm
- Concrete: LW
- Grade: 30

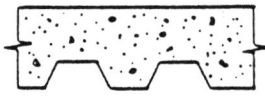

FOR FURTHER INFORMATION SEE NOTES PRECEDING TABLE 1

IMPOSED LOAD kN/m²	4.0					6.0					8.0					10.0				
SERIAL SIZE	LP		DP	DS	LE		DE	LP		DP	DS	LE		DE	LP		DP	DS	LE		DE	LP		DP	DS	LE		DE
203x133x 30	6.6 h 18 15 6.3 h 17	6.1 h 17 11 5.9 h 16	5.8 h 16 9 5.6 h 15	5.5 h 15 7 5.3 h 14
254x102x 25	6.8 f 18 14 6.6 h 18	6.4 f 17 11 6.3 h 17	6.0 f 15 8 5.9 d 16	5.7 c 14 7 5.4 d 14
x 28	7.2 h 20 15 6.9 h 19	6.8 h 19 12 6.5 h 18	6.4 f 17 9 6.1 d 17	6.0 c 16 7 5.7 d 14
254x146x 31	7.3 h 20 15 7.1 h 19	6.9 h 19 12 6.6 h 18	6.5 h 18 9 6.2 h 16	6.1 c 16 7 5.9 d 16
x 37	7.8 h 22 15 7.4 h 20	7.3 h 20 12 6.9 h 19	6.8 h 19 9 6.6 h 18	6.5 h 18 7 6.3 d 17
x 43	8.1 h 22 15 7.8 h 21	7.6 h 21 12 7.4 h 20	7.1 h 20 9 6.9 h 19	6.8 h 19 8 6.6 h 18
305x102x 28	7.7 f 20 14 7.7 f 21	7.2 f 19 11 7.1 h 20	6.8 f 17 9 6.6 d 17	6.4 c 16 7 6.1 d 15
x 33	8.2 h 22 16 8.0 h 22	7.7 f 21 12 7.5 h 21	7.3 f 20 10 6.9 d 18	6.8 c 18 8 6.6 d 17
305x127x 37	8.4 h 23 16 8.1 h 23	7.9 h 22 12 7.6 h 21	7.4 h 21 10 7.2 h 20	7.1 c 19 8 6.8 d 18
x 42	8.7 h 24 16 8.4 h 23	8.1 h 22 13 7.9 h 22	7.7 h 21 10 7.4 h 20	7.3 h 20 8 7.1 h 20
x 48	9.0 h 25 16 8.8 h 24	8.4 h 23 13 8.3 h 23	8.0 h 22 10 7.8 h 21	7.6 h 21 8 7.4 h 20
305x165x 40	8.7 h 24 16 8.4 h 23	8.1 h 22 12 7.8 h 21	7.7 h 21 10 7.4 h 20	7.3 c 20 8 6.9 d 18
x 46	9.0 h 25 16 8.8 h 24	8.4 h 23 12 8.3 h 23	8.0 h 22 10 7.8 h 22	7.6 h 21 8 7.4 h 20
x 54	9.4 h 26 17 9.2 h 25	8.8 h 24 13 8.6 h 23	8.3 h 23 10 8.1 h 22	7.9 h 22 8 7.8 h 21
356x127x 33	8.6 f 23 15 8.6 h 24	8.1 f 21 12 7.9 d 22	7.6 f 20 9 7.3 d 19	7.1 c 18 7 6.8 d 16
x 39	9.2 h 25 16 9.0 h 25	8.6 h 24 13 8.4 h 23	8.2 c 23 10 7.9 h 21	7.6 c 20 8 7.4 h 18
356x171x 45	9.6 h 27 17 9.4 h 26	9.0 h 25 13 8.8 h 24	8.5 h 23 10 8.3 h 23	8.1 c 22 8 7.8 d 21
x 51	10.0 h 28 17 9.7 h 26	9.4 h 26 13 9.1 h 25	8.9 h 25 11 8.6 h 24	8.4 h 23 9 8.3 h 23
x 57	10.3 h 28 17 10.1 h 27	9.7 h 27 14 9.5 h 26	9.1 h 25 11 8.9 h 24	8.7 h 24 9 8.5 h 24
x 67	10.9 h 30 18 10.6 h 29	10.2 h 28 14 9.9 h 27	9.6 h 27 11 9.4 h 26	9.2 h 26 9 8.9 h 24
406x140x 39	9.8 f 27 17 9.6 h 27	9.2 f 25 13 9.0 d 25	8.6 c 22 10 8.3 d 21	8.0 c 20 8 7.8 d 19
x 46	10.4 h 29 18 10.2 h 28	9.8 h 27 14 9.6 h 26	9.3 h 26 11 9.0 d 24	8.7 c 23 9 8.4 d 22
406x178x 54	10.9 h 30 18 10.6 h 29	10.2 h 28 14 9.9 h 27	9.6 h 27 11 9.4 h 26	9.2 h 25 9 8.9 d 24
x 60	11.3 h 31 19 11.1 h 31	10.6 h 29 14 10.3 h 29	10.0 h 28 12 9.8 h 27	9.5 h 26 9 9.3 h 26
x 67	11.6 h 32 19 11.4 h 31	10.9 h 30 15 10.7 h 30	10.3 h 29 12 10.1 h 27	9.8 h 27 10 9.6 h 27
x 74	11.9 h 33 19 11.8 h 32	11.3 h 31 15 11.1 h 31	10.6 h 29 12 10.4 h 29	10.1 h 28 10 9.9 h 27
457x152x 52	11.4 h 32 19 11.3 h 31	10.7 h 29 15 10.5 h 29	10.1 h 28 12 9.9 d 27	9.6 c 26 9 9.3 d 24
x 60	11.9 h 33 19 11.7 h 32	11.2 h 31 15 11.0 h 30	10.6 h 29 12 10.4 h 28	10.1 h 28 10 9.9 d 27
x 67	12.3 h 34 20 12.1 h 33	11.6 h 32 16 11.3 h 31	10.9 h 30 13 10.8 h 30	10.4 h 29 10 10.2 h 28
x 74	12.6 h 35 20 12.5 h 34	11.9 h 33 16 11.7 h 32	11.3 h 31 13 11.1 h 31	10.8 h 29 11 10.6 h 29
x 82	12.9 h 36 20 12.9 h 35	12.2 h 34 16 12.1 h 33	11.6 h 32 13 11.4 h 31	11.1 h 30 11 10.9 h 30
457x191x 67	12.3 h 34 19 12.1 h 33	11.6 h 32 15 11.3 h 31	10.9 h 30 12 10.7 h 29	10.4 h 29 10 10.2 h 28
x 74	12.6 h 35 20 12.6 h 35	11.9 h 33 15 11.7 h 32	11.3 h 31 13 11.1 h 31	10.8 h 29 10 10.6 h 29
x 82	12.9 h 36 20 12.9 h 35	12.2 h 34 16 12.1 h 33	11.6 h 32 13 11.4 h 31	11.1 h 30 11 10.9 h 30
x 89	13.3 h 37 20 13.3 h 37	12.5 h 35 16 12.4 h 34	11.9 h 33 13 11.7 h 32	11.4 h 32 11 11.1 h 30
x 98	13.6 h 37 20 13.6 h 37	12.8 h 35 16 12.8 h 35	12.2 h 34 13 12.1 h 33	11.6 h 32 11 11.5 h 32
533x210x 82	13.9 h 39 21 13.9 h 39	13.1 h 36 17 13.1 h 36	12.4 h 34 13 12.4 h 34	11.9 h 33 11 11.8 h 32
x 92	14.4 i 39 21 14.4 i 39	13.6 h 37 17 13.6 h 37	12.9 h 36 14 12.9 h 35	12.4 h 34 11 12.3 h 34
x101	14.6 i 39 21 14.6 i 39	13.9 h 39 17 13.9 h 39	13.3 h 37 14 13.3 h 37	12.7 h 35 12 12.6 h 35
x109	14.8 i 39 20 14.8 i 39	14.2 h 39 17 14.2 h 39	13.5 h 37 14 13.5 h 37	12.9 h 36 12 12.9 h 35
x122	15.1 i 38 20 15.1 i 38	14.6 h 40 17 14.6 h 40	13.9 h 39 14 13.9 h 39	13.3 h 37 12 13.3 h 37
610x229x101	15.4 i 40 21 15.4 i 40	14.8 h 41 18 14.8 h 41	14.1 h 39 15 14.1 h 39	13.5 h 37 12 13.5 h 37
x113	15.7 i 39 20 15.7 i 39	15.3 h 42 18 15.3 h 42	14.6 h 40 15 14.6 h 40	13.9 h 38 12 13.9 h 38
x125	16.0 i 39 19 16.0 i 39	15.8 i 43 18 15.8 i 43	15.0 h 41 15 15.0 h 41	14.4 h 40 13 14.4 h 40
x140	16.3 i 38 19 16.3 i 38	16.1 i 43 18 16.1 i 43	15.5 h 43 16 15.5 h 43	14.8 h 41 13 14.8 h 41
203x203x 46	7.3 h 20 15 6.9 h 19	6.8 h 19 11 6.6 h 18	6.4 h 18 9 6.1 h 17	6.1 h 17 7 5.9 h 16
x 52	7.5 h 20 15 7.2 h 20	7.0 h 19 11 6.7 h 18	6.6 h 18 9 6.4 h 17	6.3 h 17 7 6.0 h 16
x 60	7.8 h 22 15 7.6 h 21	7.3 h 20 12 7.1 h 19	6.9 h 19 9 6.6 h 18	6.6 h 18 8 6.3 h 17
x 71	8.3 h 23 16 8.0 h 22	7.7 h 21 12 7.5 h 21	7.3 h 20 9 7.1 h 19	6.9 h 19 8 6.7 h 18
x 86	8.7 h 24 16 8.4 h 23	8.1 h 22 12 7.9 h 22	7.7 h 21 10 7.4 h 20	7.3 h 20 8 7.1 h 20
254x254x 73	9.1 h 25 16 8.9 h 24	8.6 h 24 12 8.3 h 23	8.1 h 22 10 7.8 h 21	7.7 h 21 8 7.5 h 21
x 89	9.7 h 27 17 9.4 h 26	9.1 h 25 13 8.8 h 24	8.6 h 24 10 8.3 h 23	8.1 h 22 8 7.9 h 22
x107	10.2 h 28 17 9.9 h 27	9.6 h 27 14 9.3 h 26	9.0 h 25 11 8.8 h 24	8.6 h 24 9 8.4 h 23
x132	10.9 h 30 19 10.7 h 29	10.2 h 28 14 9.9 h 27	9.6 h 27 11 9.4 h 26	9.1 h 25 9 9.0 h 25
x167	11.6 h 32 20 11.5 h 32	10.9 h 30 15 10.8 h 30	10.4 h 29 12 10.2 h 28	9.9 h 27 10 9.7 h 27
305x305x 97	10.9 h 30 18 10.7 h 29	10.2 h 28 14 10.0 h 28	9.6 h 26 11 9.4 h 26	9.2 h 25 9 9.0 h 25
x118	11.5 h 32 19 11.3 h 31	10.8 h 30 15 10.6 h 29	10.2 h 28 11 10.0 h 28	9.7 h 27 9 9.6 h 26
x137	11.9 h 33 19 11.9 h 33	11.3 h 31 15 11.1 h 30	10.7 h 30 12 10.5 h 29	10.2 h 28 10 10.0 h 27
x158	12.4 h 34 20 12.4 h 34	11.7 h 32 15 11.6 h 32	11.1 h 31 13 10.9 h 30	10.6 h 29 10 10.4 h 29
x198	13.2 i 36 20 13.2 i 36	12.5 h 35 17 12.4 h 34	11.9 h 33 13 11.8 h 32	11.4 h 32 11 11.3 h 31
x240	13.7 i 35 20 13.7 i 35	13.3 h 37 18 13.3 h 37	12.6 h 35 14 12.5 h 34	12.0 h 33 12 11.9 h 33
x283	14.1 i 33 20 14.1 i 33	13.9 i 38 19 13.9 i 38	13.3 h 37 16 13.3 h 37	12.7 h 35 12 12.6 h 35
356x368x129	12.6 h 34 19 12.6 h 35	11.8 h 32 15 11.7 h 32	11.3 h 31 12 11.1 h 30	10.8 h 30 10 10.6 h 29
x153	13.2 h 37 20 13.2 h 37	12.4 h 34 15 12.3 h 34	11.8 h 32 13 11.6 h 32	11.3 h 31 11 11.1 h 31
x177	13.6 i 37 20 13.6 h 37	12.9 h 35 16 12.9 h 36	12.3 h 34 13 12.2 h 34	11.7 h 32 11 11.6 h 32
x202	13.9 i 36 20 13.9 i 36	13.4 h 37 17 13.4 h 37	12.7 h 35 14 12.6 h 35	12.1 h 33 11 12.1 h 33

Deck: **GENERIC PROFILE** — Table 35

```
BEAM DATA                          SLAB DATA
Internal beam                      Fire resistance  90 mins
Uniform load                       Slab depth       125 mm
Beam spacing        3 m            Concrete         LW
Steel grade         50             Grade            30
Shear connectors    Hilti
```

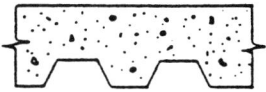

FOR FURTHER INFORMATION SEE NOTES PRECEDING TABLE 1

IMPOSED LOAD kN/m²	4.0					6.0					8.0					10.0				
SERIAL SIZE	LP	DP	DS	LE	DE	LP	DP	DS	LE	DE	LP	DP	DS	LE	DE	LP	DP	DS	LE	DE
203x133x 30	6.8 h	19	30	.	.	5.8 h	16	16	.	.	5.1 h	14	10	.	.					
254x102x 25	7.4 h	20	36	6.3 d	14	6.3 d	17	19	5.4 d	12	5.4 d	14	10	.	.					
x 28	7.6 h	21	34	6.7 d	16	6.5 h	18	19	5.7 d	13	5.6 d	14	10	5.0 d	10	5.1 d	12	7	.	.
254x146x 31	7.7 h	21	33	.	.	6.6 d	18	18	.	.	5.7 d	14	10	.	.	5.1 d	12	7	.	.
x 37	8.1 h	22	33	.	.	6.9 h	19	18	.	.	6.3 h	17	12	.	.	5.7 d	15	8	.	.
x 43	8.4 h	23	33	.	.	7.3 h	20	18	.	.	6.6 h	18	12	.	.	6.1 h	17	9	.	.
305x102x 28	8.4 h	23	39	7.3 d	16	7.1 d	19	19	6.1 d	13	6.1 d	15	10	5.4 d	11	5.4 d	12	7	.	.
x 33	8.8 h	24	38	.	.	7.4 d	20	20	.	.	6.5 d	17	12	.	.	5.8 d	13	7	.	.
305x127x 37	8.9 h	24	37	.	.	7.6 h	21	19	.	.	6.7 d	18	12	.	.	6.1 d	15	8	.	.
x 42	9.2 h	25	37	.	.	7.8 h	21	19	.	.	7.1 d	19	13	.	.	6.4 d	17	9	.	.
x 48	9.5 h	26	37	.	.	8.2 h	23	20	.	.	7.4 h	20	13	.	.	6.8 d	19	10	.	.
305x165x 40	9.3 h	26	36	.	.	7.9 h	22	19	.	.	7.1 d	19	12	.	.	6.4 d	16	8	.	.
x 46	9.6 h	26	36	.	.	8.2 h	22	19	.	.	7.4 h	21	13	.	.	6.8 d	18	9	.	.
x 54	10.0 h	28	37	.	.	8.6 h	24	20	.	.	7.8 h	22	14	.	.	7.2 h	20	10	.	.
356x127x 33	9.4 d	25	40	.	.	7.8 d	20	19	.	.	6.8 d	16	11	.	.	6.1 d	13	7	.	.
x 39	9.9 h	27	40	.	.	8.4 d	23	21	.	.	7.4 d	19	12	.	.	6.6 d	16	8	.	.
356x171x 45	10.3 h	28	39	.	.	8.7 d	23	20	.	.	7.6 d	18	12	.	.	6.9 d	16	8	.	.
x 51	10.7 h	29	40	.	.	9.2 h	25	22	.	.	8.3 h	22	14	.	.	7.5 d	20	10	.	.
x 57	10.1 e	22	28	.	.	9.4 e	25	21	.	.	8.6 h	23	15	.	.	7.9 d	22	11	.	.
x 67	10.1 e	18	23	.	.	10.1 e	28	23	.	.	9.1 h	25	15	.	.	8.4 h	23	11	.	.
406x140x 39	10.6 d	29	42	.	.	8.9 d	23	21	.	.	7.8 d	19	12	.	.	6.9 d	16	8	.	.
x 46	11.3 h	31	44	.	.	9.6 d	26	23	.	.	8.4 d	21	13	.	.	7.6 d	18	9	.	.
406x178x 54	10.3 e	20	26	.	.	10.0 h	28	23	.	.	9.0 d	25	15	.	.	8.1 d	21	10	.	.
x 60	10.1 e	17	21	.	.	10.1 e	25	21	.	.	9.4 e	26	16	.	.	8.6 d	23	11	.	.
x 67	10.1 e	15	19	.	.	10.1 e	23	19	.	.	9.8 h	27	16	.	.	9.0 h	25	12	.	.
x 74	10.1 e	14	17	.	.	10.1 e	21	17	.	.	10.1 e	27	17	.	.	9.3 h	25	12	.	.
457x152x 52	10.5 e	19	25	.	.	10.5 e	29	25	.	.	9.3 d	24	15	.	.	8.4 d	20	10	.	.
x 60	10.1 e	14	18	.	.	10.1 e	21	18	.	.	9.9 e	27	16	.	.	9.0 d	23	11	.	.
x 67	10.1 e	13	16	.	.	10.1 e	19	16	.	.	10.1 e	26	16	.	.	9.4 e	25	12	.	.
x 74	10.1 e	12	14	.	.	10.1 e	17	14	.	.	10.1 e	23	14	.	.	9.8 d	26	13	.	.
x 82	10.1 e	11	13	.	.	10.1 e	16	13	.	.	10.1 e	21	13	.	.	10.1 e	26	13	.	.
457x191x 67	10.1 e	13	15	.	.	10.1 e	19	15	.	.	10.1 e	25	15	.	.	9.4 e	24	12	.	.
x 74	10.1 e	11	14	.	.	10.1 e	17	14	.	.	10.1 e	23	14	.	.	9.9 h	27	13	.	.
x 82	10.1 e	10	12	.	.	10.1 e	16	12	.	.	10.1 e	21	12	.	.	10.1 e	26	12	.	.
x 89	10.1 e	10	11	.	.	10.1 e	14	11	.	.	10.1 e	19	11	.	.	10.1 e	24	11	.	.
x 98	10.1 e	9	10	.	.	10.1 e	13	10	.	.	10.1 e	18	10	.	.	10.1 e	22	10	.	.
533x210x 82	10.1 e	8	10	.	.	10.1 e	13	10	.	.	10.1 e	17	10	.	.	10.1 e	21	10	.	.
x 92	10.1 e	7	8	.	.	10.1 e	11	8	.	.	10.1 e	15	8	.	.	10.1 e	18	8	.	.
x101	10.1 e	7	8	.	.	10.1 e	10	8	.	.	10.1 e	13	8	.	.	10.1 e	17	8	.	.
x109	10.1 e	6	7	.	.	10.1 e	9	7	.	.	10.1 e	13	7	.	.	10.1 e	16	7	.	.
x122	10.1 e	6	6	.	.	10.1 e	9	6	.	.	10.1 e	11	6	.	.	10.1 e	14	6	.	.
610x229x101	10.1 e	6	6	.	.	10.1 e	8	6	.	.	10.1 e	11	6	.	.	10.1 e	14	6	.	.
x113	10.1 e	5	6	.	.	10.1 e	7	6	.	.	10.1 e	10	6	.	.	10.1 e	12	6	.	.
x125	10.1 e	4	5	.	.	10.1 e	7	5	.	.	10.1 e	9	5	.	.	10.1 e	11	5	.	.
x140	10.1 e	4	4	.	.	10.1 e	6	4	.	.	10.1 e	8	4	.	.	10.1 e	10	4	.	.
203x203x 46	7.5 h	21	30	.	.	6.5 h	18	17	.	.	5.9 h	16	11	.	.	5.4 h	15	8	.	.
x 52	7.8 h	21	31	.	.	6.8 h	19	18	.	.	6.1 h	17	12	.	.	5.6 h	15	8	.	.
x 60	8.2 h	22	32	.	.	7.1 h	19	18	.	.	6.3 h	17	11	.	.	5.8 e	15	8	.	.
x 71	8.8 h	24	34	.	.	7.6 e	21	19	.	.	6.8 h	18	13	.	.	6.3 e	17	9	.	.
x 86	9.3 h	25	36	.	.	8.1 h	22	20	.	.	7.3 h	20	13	.	.	6.7 e	18	10	.	.
254x254x 73	9.8 h	27	36	.	.	8.5 h	24	20	.	.	7.7 h	21	14	.	.	7.1 h	19	10	.	.
x 89	10.1 e	25	33	.	.	9.1 h	25	21	.	.	8.2 h	23	14	.	.	7.6 h	21	10	.	.
x107	10.1 e	21	27	.	.	9.6 h	26	23	.	.	8.7 h	24	15	.	.	8.0 h	22	11	.	.
x132	10.1 e	17	22	.	.	10.1 e	25	22	.	.	9.4 e	26	16	.	.	8.6 h	24	12	.	.
x167	10.1 e	13	17	.	.	10.1 e	20	17	.	.	10.1 e	27	17	.	.	9.4 e	26	13	.	.
305x305x 97	10.1 e	17	21	.	.	10.1 e	26	21	.	.	9.3 h	26	16	.	.	8.6 h	24	11	.	.
x118	10.1 e	14	18	.	.	10.1 e	21	18	.	.	9.9 h	27	17	.	.	9.2 h	25	12	.	.
x137	10.1 e	12	15	.	.	10.1 e	19	15	.	.	10.1 e	25	15	.	.	9.6 h	26	13	.	.
x158	10.1 e	11	13	.	.	10.1 e	16	13	.	.	10.1 e	22	13	.	.	10.1 e	27	13	.	.
x198	10.1 e	9	11	.	.	10.1 e	13	11	.	.	10.1 e	17	11	.	.	10.1 e	22	11	.	.
x240	10.1 e	7	9	.	.	10.1 e	11	9	.	.	10.1 e	14	9	.	.	10.1 e	18	9	.	.
x283	10.1 e	6	7	.	.	10.1 e	9	7	.	.	10.1 e	12	7	.	.	10.1 e	15	7	.	.
356x368x129	10.1 e	11	12	.	.	10.1 e	16	12	.	.	10.1 e	21	12	.	.	10.1 e	26	12	.	.
x153	10.1 e	9	10	.	.	10.1 e	14	10	.	.	10.1 e	18	10	.	.	10.1 e	23	10	.	.
x177	10.1 e	8	9	.	.	10.1 e	12	9	.	.	10.1 e	16	9	.	.	10.1 e	20	9	.	.
x202	10.1 e	7	8	.	.	10.1 e	11	8	.	.	10.1 e	14	8	.	.	10.1 e	18	8	.	.

Deck: GENERIC PROFILE

Table 36

```
BEAM DATA                          SLAB DATA
Internal beam                      Fire resistance  90 mins
Uniform load                       Slab depth       135 mm
Beam spacing       3 m             Concrete         NW
Steel grade        50              Grade            30
Shear connectors   Hilti
```

FOR FURTHER INFORMATION SEE NOTES PRECEDING TABLE 1

IMPOSED LOAD kN/m²	4.0					6.0					8.0					10.0				
SERIAL SIZE	LP	DP	DS	LE	DE	LP	DP	DS	LE	DE	LP	DP	DS	LE	DE	LP	DP	DS	LE	DE
203x133x 30	7.1	d 20	49	.	.	5.9	d 15	23	.	.	5.1	d 13	14	.	.					
254x102x 25	7.1	f 16	43	6.1 d	11	6.1	d 14	22	5.1 d	9	5.3	d 12	13	.	.					
x 28	7.6	d 19	46	6.4 d	12	6.3	d 15	22	5.5 d	10	5.6	d 13	14	.	.	5.0	d 11	9	.	.
254x146x 31	7.6	d 18	42	.	.	6.3	d 14	20	.	.	5.6	d 12	12	.	.	5.0	d 10	8	.	.
x 37	8.3	d 22	48	.	.	6.9	d 17	24	.	.	6.2	d 15	15	.	.	5.6	d 13	10	.	.
x 43	8.7	d 24	50	.	.	7.4	d 20	27	.	.	6.6	d 17	16	.	.	5.9	d 14	11	.	.
305x102x 28	8.1	f 18	44	6.9 d	12	6.8	d 15	22	5.9 d	11	5.9	d 12	13	5.3 d	9	5.4	d 11	9	.	.
x 33	8.6	d 20	47	.	.	7.2	d 16	23	.	.	6.3	d 14	14	.	.	5.7	d 12	9	.	.
305x127x 37	8.9	d 22	50	.	.	7.4	d 18	24	.	.	6.6	d 15	15	.	.	5.9	d 13	10	.	.
x 42	9.2	d 23	50	.	.	7.8	d 20	26	.	.	6.9	d 16	16	.	.	6.3	d 14	11	.	.
x 48	9.7	d 26	54	.	.	8.3	d 21	28	.	.	7.3	d 18	17	.	.	6.6	d 16	12	.	.
305x165x 40	9.2	d 23	48	.	.	7.8	d 19	25	.	.	6.9	d 16	15	.	.	6.2	d 13	10	.	.
x 46	9.6	d 25	50	.	.	8.3	d 21	27	.	.	7.3	d 17	16	.	.	6.6	d 15	11	.	.
x 54	10.3	e 28	55	.	.	8.8	d 23	29	.	.	7.8	d 20	19	.	.	7.1	d 18	13	.	.
356x127x 33	9.0	d 20	46	.	.	7.6	d 16	23	.	.	6.6	d 14	13	.	.	6.0	d 12	9	.	.
x 39	9.6	d 22	47	.	.	8.1	d 19	25	.	.	7.2	d 16	15	.	.	6.4	d 13	10	.	.
356x171x 45	9.9	d 22	45	.	.	8.4	d 19	23	.	.	7.4	d 15	14	.	.	6.7	d 13	10	.	.
x 51	10.7	d 27	53	.	.	9.1	d 22	28	.	.	8.1	d 19	17	.	.	7.4	d 17	12	.	.
x 57	10.1	e 20	37	.	.	9.6	d 25	30	.	.	8.4	d 21	18	.	.	7.8	d 18	13	.	.
x 67																				
406x140x 39	10.1	d 23	48	.	.	8.6	d 19	25	.	.	7.6	d 16	15	.	.	6.8	d 13	10	.	.
x 46	10.8	d 25	50	.	.	9.3	d 21	27	.	.	8.1	d 18	16	.	.	7.4	d 15	11	.	.
406x178x 54	10.3	e 18	34	.	.	9.8	d 24	29	.	.	8.7	d 20	18	.	.	7.9	d 17	12	.	.
x 60																				
x 67																				
x 74																				
457x152x 52	10.5	e 18	33	.	.	10.2	d 24	29	.	.	9.0	d 20	18	.	.	8.1	d 17	12	.	.
x 60																				
x 67																				
x 74																				
x 82																				
457x191x 67																				
x 74																				
x 82																				
x 89																				
x 98																				
533x210x 82																				
x 92																				
x101																				
x109																				
x122																				
610x229x101																				
x113																				
x125																				
x140																				
203x203x 46	7.8	h 21	46	.	.	6.7	d 18	25	.	.	5.9	d 15	16	.	.	5.4	d 14	11	.	.
x 52	8.1	h 22	47	.	.	7.0	h 19	26	.	.	6.3	h 17	18	.	.	5.8	h 16	13	.	.
x 60																				
x 71																				
x 86																				
254x254x 73																				
x 89																				
x107																				
x132																				
x167																				
305x305x 97																				
x118																				
x137																				
x158																				
x198																				
x240																				
x283																				
356x368x129																				
x153																				
x177																				
x202																				

Deck: GENERIC PROFILE

Table 37

```
BEAM DATA                          SLAB DATA
Internal beam                      Fire resistance  90 mins
Uniform load                       Slab depth       125 mm
Beam spacing        3 m            Concrete         LW
Steel grade         43             Grade            30
Shear connectors    Hilti
```

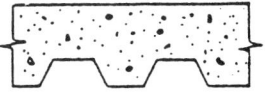

FOR FURTHER INFORMATION SEE NOTES PRECEDING TABLE 1

IMPOSED LOAD kN/m²	4.0					6.0					8.0					10.0				
SERIAL SIZE	LP	DP	DS	LE	DE	LP	DP	DS	LE	DE	LP	DP	DS	LE	DE	LP	DP	DS	LE	DE
203x133x 30	6.8	f 17	31	5.6 d	11	5.6	d 13	14	.	.										
254x102x 25	6.6	f 12	23	5.7 d	9	5.8	d 12	13	.	.										
x 28	7.1	f 15	27	6.1 d	10	6.0	d 13	13	5.1 d	8	5.3	d 10	8	.	.					
254x146x 31	7.4	d 17	29	6.3 d	11	6.2	d 13	14	5.3 d	9	5.3	d 11	8	.	.					
x 37	7.9	d 19	29	.	.	6.6	d 15	14	.	.	5.7	d 12	8	.	.	5.1	d 10	5	.	.
x 43	8.4	d 21	32	.	.	6.9	d 16	15	.	.	6.1	d 13	9	.	.	5.4	d 11	6	.	.
305x102x 28	7.6	f 14	25	6.6 d	11	6.5	d 13	14	5.5 d	8	5.6	d 10	8	.	.	5.0	d 9	5	.	.
x 33	8.1	f 17	28	6.9 d	11	6.8	d 14	14	5.9 d	10	5.9	d 11	8	5.1 d	7	5.3	d 9	5	.	.
305x127x 37	8.4	d 19	30	.	.	7.1	d 15	15	.	.	6.1	d 12	8	.	.	5.4	d 10	5	.	.
x 42	8.9	d 21	32	.	.	7.4	d 16	15	.	.	6.4	d 13	9	.	.	5.7	d 11	5	.	.
x 48	9.3	d 22	33	.	.	7.8	d 18	16	.	.	6.7	d 14	9	.	.	6.1	d 12	6	.	.
305x165x 40	8.8	d 19	29	.	.	7.4	d 16	15	.	.	6.4	d 13	8	.	.	5.7	d 10	5	.	.
x 46	9.3	d 22	32	.	.	7.8	d 17	16	.	.	6.7	d 14	9	.	.	6.1	d 12	6	.	.
x 54	9.7	d 23	33	.	.	8.2	d 19	17	.	.	7.2	d 16	10	.	.	6.5	d 13	7	.	.
356x127x 33	8.6	f 17	28	7.3 d	12	7.2	d 14	14	6.2 d	9	6.3	d 11	8	5.5 d	8	5.6	d 9	5	.	.
x 39	9.2	d 19	30	.	.	7.7	d 15	15	.	.	6.6	d 12	8	.	.	5.9	d 10	6	.	.
356x171x 45	9.6	d 21	30	.	.	8.1	d 17	15	.	.	7.1	d 14	9	.	.	6.3	d 11	6	.	.
x 51	10.1	d 23	32	.	.	8.6	d 19	16	.	.	7.4	d 15	9	.	.	6.7	d 13	6	.	.
x 57	10.6	d 25	34	.	.	8.9	d 20	17	.	.	7.8	d 16	10	.	.	7.1	d 14	7	.	.
x 67	10.7	e 22	29	.	.	9.6	d 23	19	.	.	8.4	d 19	11	.	.	7.7	d 16	8	.	.
406x140x 39	9.7	d 19	30	.	.	8.1	d 15	14	.	.	7.1	d 13	8	.	.	6.3	d 10	5	.	.
x 46	10.4	d 22	32	.	.	8.7	d 17	16	.	.	7.6	d 14	9	.	.	6.8	d 12	6	.	.
406x178x 54	10.9	d 24	33	.	.	9.2	d 19	17	.	.	8.1	d 16	10	.	.	7.3	d 13	6	.	.
x 60	11.4	d 26	35	.	.	9.6	d 21	17	.	.	8.4	d 17	10	.	.	7.7	d 15	7	.	.
x 67	10.7	e 19	24	.	.	10.1	d 23	19	.	.	8.9	d 19	12	.	.	8.1	d 16	8	.	.
x 74	10.1	e 14	17	.	.	10.1	e 21	17	.	.	9.4	d 21	13	.	.	8.6	d 18	9	.	.
457x152x 52	11.4	d 24	34	.	.	9.6	d 19	17	.	.	8.4	d 16	10	.	.	7.5	d 13	6	.	.
x 60	11.7	e 24	32	.	.	10.1	d 21	18	.	.	8.9	d 17	11	.	.	8.0	d 15	7	.	.
x 67	10.7	e 16	20	.	.	10.6	e 23	19	.	.	9.3	d 19	11	.	.	8.4	d 16	8	.	.
x 74	10.1	e 12	14	.	.	10.1	e 18	14	.	.	9.6	d 20	12	.	.	8.8	d 17	8	.	.
x 82	10.1	e 11	13	.	.	10.1	e 16	13	.	.	10.1	e 21	13	.	.	9.2	d 19	9	.	.
457x191x 67	10.7	e 16	20	.	.	10.6	e 23	19	.	.	9.3	d 19	11	.	.	8.4	d 16	8	.	.
x 74	10.1	e 11	14	.	.	10.1	e 17	14	.	.	9.8	d 21	12	.	.	8.9	d 18	9	.	.
x 82	10.1	e 10	12	.	.	10.1	e 16	12	.	.	10.1	e 21	12	.	.	9.3	d 20	9	.	.
x 89	10.1	e 10	11	.	.	10.1	e 14	11	.	.	10.1	e 19	11	.	.	9.6	d 20	9	.	.
x 98	10.1	e 9	10	.	.	10.1	e 13	10	.	.	10.1	e 18	10	.	.	10.1	e 22	10	.	.
533x210x 82	10.1	e 8	10	.	.	10.1	e 13	10	.	.	10.1	e 17	10	.	.	9.9	d 19	9	.	.
x 92	10.1	e 7	8	.	.	10.1	e 11	8	.	.	10.1	e 15	8	.	.	10.1	e 18	8	.	.
x101	10.1	e 7	8	.	.	10.1	e 10	8	.	.	10.1	e 13	8	.	.	10.1	e 17	8	.	.
x109	10.1	e 6	7	.	.	10.1	e 9	7	.	.	10.1	e 13	7	.	.	10.1	e 16	7	.	.
x122	10.1	e 6	6	.	.	10.1	e 9	6	.	.	10.1	e 11	6	.	.	10.1	e 14	6	.	.
610x229x101	10.1	e 6	6	.	.	10.1	e 8	6	.	.	10.1	e 11	6	.	.	10.1	e 14	6	.	.
x113	10.1	e 5	6	.	.	10.1	e 7	6	.	.	10.1	e 10	6	.	.	10.1	e 12	6	.	.
x125	10.1	e 4	5	.	.	10.1	e 7	5	.	.	10.1	e 9	5	.	.	10.1	e 11	5	.	.
x140	10.1	e 4	4	.	.	10.1	e 6	4	.	.	10.1	e 8	4	.	.	10.1	e 10	4	.	.
203x203x 46	7.6	h 21	32	.	.	6.4	d 17	15	.	.	5.6	d 14	9	.	.	5.1	d 12	6	.	.
x 52	7.9	h 21	32	.	.	6.8	d 19	18	.	.	6.0	d 15	11	.	.	5.4	d 13	7	.	.
x 60	8.2	h 22	32	.	.	7.1	h 19	18	.	.	6.3	d 17	11	.	.	5.8	d 15	8	.	.
x 71	8.8	h 24	34	.	.	7.6	h 21	19	.	.	6.8	h 18	13	.	.	6.2	d 16	9	.	.
x 86	9.3	h 25	36	.	.	8.1	h 22	20	.	.	7.3	h 20	13	.	.	6.7	e 18	10	.	.
254x254x 73	9.8	h 27	36	.	.	8.5	h 24	20	.	.	7.6	e 20	13	.	.	6.9	d 18	9	.	.
x 89	10.1	e 25	33	.	.	9.1	h 25	21	.	.	8.2	h 23	14	.	.	7.5	d 20	10	.	.
x107	10.1	e 21	27	.	.	9.6	h 26	23	.	.	8.7	h 24	15	.	.	8.0	h 22	11	.	.
x132	10.1	e 17	22	.	.	10.1	e 25	22	.	.	9.4	e 26	16	.	.	8.6	h 24	12	.	.
x167	10.1	e 13	17	.	.	10.1	e 20	17	.	.	10.1	e 27	17	.	.	9.4	e 26	13	.	.
305x305x 97	10.1	e 17	21	.	.	10.1	e 26	21	.	.	9.2	d 24	15	.	.	8.3	d 21	10	.	.
x118	10.1	e 14	18	.	.	10.1	e 21	18	.	.	9.9	h 27	17	.	.	9.2	h 25	12	.	.
x137	10.1	e 12	15	.	.	10.1	e 19	15	.	.	10.1	e 25	15	.	.	9.6	h 26	13	.	.
x158	10.1	e 11	13	.	.	10.1	e 16	13	.	.	10.1	e 22	13	.	.	10.1	e 27	13	.	.
x198	10.1	e 9	11	.	.	10.1	e 13	11	.	.	10.1	e 17	11	.	.	10.1	e 22	11	.	.
x240	10.1	e 7	9	.	.	10.1	e 11	9	.	.	10.1	e 14	9	.	.	10.1	e 18	9	.	.
x283	10.1	e 6	7	.	.	10.1	e 9	7	.	.	10.1	e 12	7	.	.	10.1	e 15	7	.	.
356x368x129	10.1	e 11	12	.	.	10.1	e 16	12	.	.	10.1	e 21	12	.	.	10.1	e 26	12	.	.
x153	10.1	e 9	10	.	.	10.1	e 14	10	.	.	10.1	e 18	10	.	.	10.1	e 23	10	.	.
x177	10.1	e 8	9	.	.	10.1	e 12	9	.	.	10.1	e 16	9	.	.	10.1	e 20	9	.	.
x202	10.1	e 7	8	.	.	10.1	e 11	8	.	.	10.1	e 14	8	.	.	10.1	e 18	8	.	.

Deck: RICHARD LEES–Super Holorib SMD–R51 QUIKSPAN–Q51   Table 38

BEAM DATA
- Internal beam
- Single point load
- Steel grade 50
- Shear connectors Welded

SLAB DATA
- Fire resistance 90 mins
- Slab depth 120 mm
- Concrete LW
- Grade 30

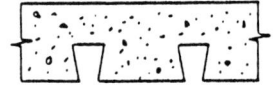

FOR FURTHER INFORMATION SEE NOTES PRECEDING TABLE 1   L = maximum spacing of beams

BEAM SPAN	6.0m				7.0m				8.0m			
IMPOSED LOAD kN/m²	4	6	8	10	4	6	8	10	4	6	8	10
SERIAL SIZE	L N	L N	L N	L N	L N	L N	L N	L N	L N	L N	L N	L N
254x146x 37	6.9f36	5.5c38			5.1f38							
x 43	8.0f40	6.1c38	5.0c40		5.9f40							
305x102x 28												
x 33	6.0a24	5.4f34										
305x127x 37	7.5f34	6.0f36	5.0c38		5.4a32							
x 42	8.4f36	6.8c40	5.5c40		6.1f36	5.0f42						
x 48	9.5f38	7.4c38	6.0c38	5.1c40	7.1f42	5.8f46			5.1a36			
305x165x 40	8.5c38	6.5c38	5.3c38		6.4f42	5.0c44			5.6f48			
x 46	9.5c40	7.3c40	5.9c40		7.3f46	5.6c46			6.4f50	5.0c52		
x 54	10.6c40	8.1c40	6.6c40	5.5c38	8.1c46	6.3c46	5.0c44					
356x127x 33	7.4f32	6.0f36	5.0f38									
x 39	8.8f34	7.0c38	5.8c40		6.1a32	5.3f42						
356x171x 45	10.3c40	7.8c38	6.4c40	5.4c40	7.6f44	6.0c46			5.9f46			
x 51	11.3c40	8.6c40	7.0c40	5.9c38	8.6c46	6.6c46	5.4c46		6.8c50	5.3c52		
x 57	12.4c40	9.4c40	7.6c38	6.4c38	9.4c46	7.3c46	5.9c46		7.5c52	5.8c52		
x 67	14.3c40	10.9c40	8.8c38	7.4c38	10.8c46	8.3c46	6.6c44	5.6c46	8.5c52	6.5c52	5.3c50	
406x140x 39	9.6f36	7.8f40	6.3c40	5.3f38	7.0n36	5.8f42						
x 46	11.6c40	8.9c40	7.1c38	6.0c38	8.6f42	6.8c46	5.5c46		6.0a36	5.4f52		
406x178x 54	13.0c40	9.9c38	8.0c38	6.8c38	9.9c46	7.6c46	6.1c46	5.1c44	7.8f50	6.0c52		
x 60	14.3c40	10.9c40	8.8c38	7.4c38	10.8c46	8.3c46	6.6c44	5.6c46	8.5c52	6.5c52	5.3c50	
x 67	15.8c40	12.0c40	9.8c40	8.1c38	11.9c46	9.1c46	7.4c46	6.3c46	9.4c52	7.1c52	5.8c50	
x 74	17.3c40	13.1c40	10.6c40	9.0c40	13.0c46	9.9c44	8.0c44	6.8c44	10.3c52	7.9c52	6.4c52	5.4c52
457x152x 52	13.9c40	10.6c40	8.6c40	7.3c40	10.4f44	8.1c46	6.5c44	5.5c46	7.6a42	6.4c52	5.1c50	
x 60	15.6c40	11.9c40	9.6c40	8.1c40	11.8c46	9.0c44	7.3c44	6.1c44	9.3f52	7.1c52	5.8c52	
x 67	17.3c40	13.1c40	10.6c40	9.0c40	13.0c46	9.9c44	8.0c44	6.8c46	10.3c52	7.9c52	6.4c52	5.4c52
x 74	18.3c40	13.9c40	11.3c40	9.5c40	13.8c46	10.5c46	8.5c46	7.1c44	10.8c52	8.3c52	6.8c52	5.6c52
x 82	19.8c40	15.1c40	12.3c40	10.3c38	15.0c46	11.4c46	9.3c46	7.8c44	11.8c52	9.0c52	7.3c52	6.1c52
457x191x 67	17.1c40	13.1c40	10.6c40	8.9c40	12.9c46	9.9c46	8.0c46	6.8c46	10.1c52	7.8c52	6.3c50	5.3c50
x 74	18.9c40	14.4c40	11.6c40	9.8c38	14.1c46	10.9c46	8.8c44	7.4c46	11.1c52	8.5c52	6.9c52	5.8c50
x 82	. .	15.6c40	12.6c40	10.6c40	15.4c46	11.8c46	9.5c44	8.0c46	12.1c52	9.3c52	7.5c52	6.3c50
x 89	. .	16.3c40	13.1c38	11.1c40	16.0c46	12.3c46	9.9c44	8.4c46	12.5c52	9.6c52	7.8c52	6.5c50
x 98	. .	17.8c40	14.4c40	12.0c38	17.5c46	13.4c46	10.8c44	9.1c46	13.6c52	10.5c52	8.5c52	7.1c52
533x210x 82	. .	17.6c40	14.3c40	12.0c40	17.4c46	13.3c46	10.8c46	9.0c44	13.6c52	10.4c52	8.4c52	7.1c52
x 92	. .	19.6c40	15.9c40	13.4c40	19.4c46	14.8c46	12.0c46	10.1c46	15.1c52	11.6c52	9.4c52	7.9c52
x101	. .	. .	16.6c40	14.0c40	. .	15.5c46	12.5c46	10.5c44	15.9c52	12.1c52	9.9c52	8.3c52
x109	. .	. .	17.6c40	14.9c40	. .	16.5c46	13.4c46	11.3c46	16.9c52	12.9c52	10.5c52	8.8c52
x122	. .	. .	19.5c40	16.4c40	. .	18.3c46	14.8c46	12.4c46	18.8c52	14.3c52	11.6c52	9.8c52
610x229x101	. .	. .	19.0c40	15.9c38	. .	17.8c46	14.4c46	12.1c46	18.3c52	13.9c52	11.3c52	9.5c52
x113	. .	. .	. .	17.0c40	. .	19.0c46	15.4c46	12.9c46	19.5c52	14.9c52	12.0c52	10.1c52
x125	. .	. .	. .	18.6c40	. .	. .	16.8c46	14.1c46	. .	16.3c52	13.1c52	11.0c52
x140	. .	. .	. .	. .	. .	. .	18.5c46	15.5c46	. .	17.9c52	14.5c52	12.1c52
610x305x149	. .	. .	. .	. .	. .	. .	19.6c46	16.5c46	. .	19.0c52	15.4c52	12.9c52
x179	. .	. .	. .	. .	. .	. .	. .	19.4c46	. .	. .	18.0c52	15.1c52
x238	. .	. .	. .	. .	. .	. .	. .	. .	. .	. .	. .	19.6c52
686x254x125	. .	. .	. .	. .	. .	. .	18.3c46	15.4c46	. .	17.8c52	14.4c52	12.1c52
x140	. .	. .	. .	. .	. .	. .	. .	17.0c46	. .	19.6c52	15.9c52	13.4c52
x152	. .	. .	. .	. .	. .	. .	. .	18.4c46	. .	. .	17.1c52	14.4c52
x170	. .	. .	. .	. .	. .	. .	. .	. .	. .	. .	18.9c52	15.9c52
203x203x 46	7.0c40	5.4c40			5.3f42							
x 52	7.6c40	5.9c40			5.9f46							
x 60	8.4c40	6.4c38	5.3c40		6.5c46	5.0c46			5.1f50			
x 71	9.4c40	7.1c38	5.9c40		7.3c46	5.5c44			5.8c52			
x 86	10.9c40	8.4c40	6.8c38	5.8c40	8.4c46	6.4c44	5.3c46		6.6c52	5.1c52		
254x254x 73	11.1c40	8.5c38	7.0c40	5.9c40	8.5c46	6.5c44	5.4c46		6.8c52	5.3c52		
x 89	12.8c40	9.8c40	8.0c40	6.8c40	9.8c46	7.5c46	6.0c44	5.1c46	7.6c50	5.9c50		
x107	14.9c40	11.4c38	9.3c38	7.9c40	11.3c46	8.6c46	7.0c44	5.9c44	8.9c52	6.9c52	5.6c52	
x132	18.0c40	13.9c40	11.3c40	9.5c40	13.6c46	10.5c46	8.5c46	7.1c44	10.8c52	8.3c52	6.6c52	5.6c50
x167	. .	17.3c40	14.0c40	11.8c40	16.9c46	12.9c46	10.5c46	8.9c46	13.1c52	10.1c52	8.3c52	6.9c50
305x305x 97	16.3c40	12.5c40	10.1c40	8.5c38	12.3c46	9.4c44	7.6c44	6.5c46	9.6c52	7.4c50	6.0c50	5.1c52
x118	18.6c40	14.3c38	11.6c40	9.8c38	14.0c46	10.8c46	8.8c46	7.4c44	11.0c52	8.5c52	6.9c52	5.8c50
x137	. .	16.5c40	13.4c40	11.3c40	16.1c46	10.0c46	4.8c46	8.5c46	12.6c52	9.6c52	7.9c52	6.6c52
x158	. .	18.8c38	15.3c40	12.9c40	18.4c46	14.1c46	11.5c46	9.6c44	14.4c52	11.0c52	9.0c52	7.5c50
x198	. .	. .	18.9c38	15.9c38	. .	17.5c46	14.3c46	12.0c46	17.8c52	13.6c52	11.1c52	9.4c52
x240	. .	. .	. .	19.1c40	. .	. .	17.0c44	14.4c46	. .	16.4c52	13.3c50	11.3c52
x283	. .	. .	. .	. .	. .	. .	20.0c46	16.9c46	. .	19.3c52	15.6c52	13.1c52
356x368x129	. .	17.4c40	14.1c40	11.9c38	17.0c46	13.1c46	10.6c46	8.9c46	13.3c52	10.3c52	8.3c52	7.0c52
x153	. .	. .	16.5c38	14.0c40	19.9c46	15.3c46	12.4c46	10.4c44	15.5c52	11.9c52	9.6c52	8.1c52
x177	. .	. .	19.0c40	16.0c40	. .	17.5c46	14.3c46	12.0c46	17.8c52	13.6c52	11.0c50	9.3c52
x202	. .	. .	. .	18.1c40	. .	19.9c46	16.1c46	13.5c44	. .	15.4c52	12.5c52	10.5c50

Deck: RICHARD LEES–Super Holorib SMD–R51 QUIKSPAN–Q51   Table 39

BEAM DATA
- Internal beam
- Single point load
- Steel grade   50
- Shear connectors   Welded

SLAB DATA
- Fire resistance   90 mins
- Slab depth   130 mm
- Concrete   NW
- Grade   30

FOR FURTHER INFORMATION SEE NOTES PRECEDING TABLE 1   L = maximum spacing of beams

BEAM SPAN	6.0m				7.0m				8.0m			
IMPOSED LOAD kN/m²	4	6	8	10	4	6	8	10	4	6	8	10
SERIAL SIZE	L N	L N	L N	L N	L N	L N	L N	L N	L N	L N	L N	L N
254x146x 37	6.1f30	5.1f34										
x 43	7.1f34	6.0f40	5.0c40		5.3f34							
305x102x 28												
x 33												
305x127x 37	6.6f28	5.6f34										
x 42	7.5f32	6.3f36	5.4f40		5.0a26							
x 48	8.5f34	7.1f38	6.0c40	5.1c40	6.0a32	5.3f40						
305x165x 40	7.6f34	6.4f40	5.3c40		5.6f36							
x 46	8.8f38	7.1c40	5.9c40	5.0c40	6.5f40	5.4c44			5.0f40			
x 54	10.1c40	7.9c40	6.5c40	5.5c40	7.5f44	6.1c48	5.0c46		5.8f44			
356x127x 33	6.0a22	5.5c30										
x 39	7.9f32	6.5f36	5.6f40									
356x171x 45	9.3f36	7.6c40	6.3c40	5.4c40	6.9f40	5.6c44			5.3f40			
x 51	10.6f40	8.4c40	6.9c40	5.9c40	7.9f42	6.5c48	5.3c46		6.0f44	5.0f50		
x 57	11.6c40	9.1c40	7.5c40	6.4c40	8.8f44	7.0c46	5.8c46		6.8f48	5.6c54		
x 67	13.4c40	10.5c40	8.6c40	7.3c40	10.3c48	8.0c48	6.5c46	5.6c48	8.0f52	6.4c54	5.3c54	
406x140x 39	8.5f30	7.1f36	6.1f40	5.3c40	5.5a22	5.3f36						
x 46	10.4f36	8.6c40	7.1c40	6.0c40	7.3a32	6.4f44	5.4c46					
406x178x 54	12.3f40	9.6c40	7.9c40	6.8c40	9.0f42	7.4c48	6.0c46	5.1c46	6.9f44	5.8f52		
x 60	13.4c40	10.5c40	8.6c40	7.3c40	10.3c48	8.0c48	6.5c46	5.6c46	7.9f50	6.4c54	5.3c54	
x 67	14.8c40	11.5c40	9.5c40	8.0c40	11.3c48	8.8c46	7.3c46	6.1c46	8.8f52	6.9c52	5.8c54	
x 74	16.1c40	12.6c40	10.4c40	8.8c40	12.3c48	9.5c46	7.9c48	6.6c46	9.6c54	7.5c52	6.3c54	5.3c52
457x152x 52	12.6f38	10.3c40	8.4c40	7.1c40	9.3a40	7.8c46	6.4c46	5.5c48	6.0a26	5.9f48	5.0f50	
x 60	14.6c40	11.4c40	9.4c40	8.0c40	10.9c44	8.8c48	7.1c46	6.1c48	7.4a34	6.9f54	5.6c52	
x 67	16.1c40	12.6c40	10.4c40	8.8c40	12.1f46	9.5c46	7.9c48	6.6c46	8.6a40	7.5c52	6.3c54	5.3c52
x 74	17.0c40	13.4c42	11.0c42	9.3c40	12.9c46	10.1c48	8.3c46	7.0c46	9.9f50	8.0c54	6.5c52	5.5c52
x 82	18.5c40	14.5c40	11.9c40	10.1c40	14.0c48	11.0c48	9.0c48	7.6c46	11.0f54	8.6c54	7.1c54	6.0c52
457x191x 67	16.0c40	12.5c40	10.3c40	8.8c40	12.1c46	9.5c46	7.8c46	6.6c46	9.5f52	7.5c54	6.1c52	5.3c54
x 74	17.5c40	13.8c40	11.3c40	9.6c40	13.3c46	10.4c46	8.5c46	7.3c46	10.5c54	8.1c52	6.8c54	5.8c54
x 82	19.0c40	14.9c40	12.3c40	10.4c40	14.4c48	11.3c46	9.3c46	7.9c48	11.3c52	8.9c54	7.3c52	6.1c52
x 89	19.9c40	15.5c40	12.8c40	10.9c42	15.0c48	11.8c48	9.6c46	8.1c46	11.8c54	9.3c54	7.6c54	6.4c52
x 98	. .	16.9c40	13.9c40	11.8c40	16.3c48	12.8c48	10.5c48	8.9c46	12.8c54	10.0c54	8.3c54	7.0c54
533x210x 82	. .	16.8c40	13.8c40	11.8c40	16.3c48	12.6c46	10.4c46	8.9c48	12.8c54	9.9c52	8.1c52	6.9c52
x 92	. .	18.8c42	15.4c40	13.0c40	18.0c48	14.1c48	11.6c48	9.9c48	14.1c54	11.0c54	9.1c54	7.8c54
x101	. .	19.6c40	16.1c40	13.6c40	18.9c48	14.8c46	12.1c46	10.3c48	14.8c54	11.5c54	9.5c54	8.0c52
x109	. .	. .	17.1c40	14.5c40	. .	15.8c48	12.9c46	11.0c48	15.8c54	12.3c54	10.1c54	8.5c52
x122	. .	. .	18.9c40	16.0c40	. .	17.4c48	14.3c46	12.1c46	17.4c54	13.6c54	11.3c54	9.5c54
610x229x101	. .	. .	18.4c40	15.6c40	. .	17.0c48	13.9c46	11.8c46	17.0c54	13.3c54	10.9c54	9.3c54
x113	. .	. .	19.6c40	16.6c40	. .	18.1c48	14.9c46	12.6c46	18.1c54	14.1c54	11.6c54	9.9c54
x125	. .	. .	. .	18.3c42	. .	19.8c48	16.3c48	13.8c48	19.8c54	15.5c54	12.8c54	10.8c54
x140	. .	. .	. .	20.0c40	. .	. .	17.9c48	15.1c46	. .	17.0c54	14.0c54	11.9c54
610x305x149	. .	. .	. .	. .	. .	. .	18.9c46	16.0c46	. .	18.0c54	14.8c54	12.5c52
x179	. .	. .	. .	. .	. .	. .	. .	18.9c48	. .	. .	17.4c54	14.8c54
x238	. .	. .	. .	. .	. .	. .	. .	. .	. .	. .	. .	19.0c54
686x254x125	. .	. .	. .	19.9c42	. .	17.8c48	15.0c48	. .	16.9c54	13.9c54	11.8c54	
x140	. .	. .	. .	. .	. .	19.6c48	16.6c48	. .	18.8c54	15.4c54	13.0c52	
x152	. .	. .	. .	. .	. .	. .	17.9c48	. .	. .	16.5c54	14.0c54	
x170	. .	. .	. .	. .	. .	. .	19.8c48	. .	. .	18.3c54	15.5c54	
203x203x 46	6.3a34	5.4f40										
x 52	7.1f38	5.8c40			5.3f38							
x 60	8.1c42	6.4c40	5.3c40		6.0f42	5.0c48						
x 71	9.0c40	7.0c40	5.9c42	5.0c40	6.9f46	5.5c48			5.3f46			
x 86	10.4c40	8.1c40	6.8c40	5.8c40	8.0c46	6.3c46	5.1c46		6.4f52	5.0c52		
254x254x 73	10.6c40	8.4c42	6.9c40	5.9c40	8.1c46	6.4c46	5.3c46		6.5c54	5.1c54		
x 89	12.1c42	9.5c40	7.9c42	6.6c40	9.3c48	7.3c46	6.0c46	5.1c46	7.4c54	5.8c52		
x107	14.0c40	11.0c40	9.1c40	7.8c40	10.6c48	8.4c46	6.9c46	5.9c46	8.5c54	6.6c52	5.5c54	
x132	16.9c40	13.3c40	10.9c40	9.3c40	12.9c48	10.1c48	8.3c46	7.0c46	10.1c54	7.9c54	6.5c52	5.6c54
x167	. .	16.4c40	13.5c40	11.5c40	15.8c48	12.4c46	10.3c48	8.6c46	12.4c54	9.8c54	8.0c52	6.9c54
305x305x 97	15.3c40	12.0c40	9.9c40	8.4c40	11.6c48	9.1c48	7.5c46	6.4c46	9.1c54	7.1c52	5.9c52	5.0c52
x118	17.4c40	13.6c40	11.3c40	9.6c40	13.1c46	10.4c48	8.5c46	7.3c46	10.4c54	8.1c52	6.8c54	5.8c54
x137	20.0c40	15.6c40	12.9c40	11.0c40	15.0c46	11.9c46	9.8c46	8.3c46	11.9c54	9.3c52	7.6c52	6.5c52
x158	. .	17.9c40	14.8c40	12.5c40	17.1c48	13.5c48	11.1c48	9.4c48	13.5c54	10.5c52	8.6c52	7.3c52
x198	. .	. .	18.3c40	15.5c40	. .	16.6c48	13.6c46	11.6c46	16.5c54	13.0c54	10.6c52	9.1c54
x240	. .	. .	. .	17.3c26	. .	20.0c48	16.4c48	14.0c48	19.9c54	15.6c54	12.9c54	10.9c52
x283	. .	. .	. .	19.0g20	. .	. .	18.9g42	15.3g30	. .	18.3c54	15.0c52	12.6g50
356x368x129	. .	16.6c42	13.6c40	11.6c40	15.9c48	12.5c48	10.3c48	8.8c48	12.4c52	9.8c54	8.0c54	6.9c54
x153	. .	19.4c42	15.9c40	13.5c40	18.5c48	14.5c48	12.0c48	10.1c48	14.4c54	11.4c54	9.4c54	7.9c54
x177	. .	. .	18.3c40	15.5c40	. .	16.6c48	13.6c46	11.6c46	16.5c54	12.9c52	10.6c54	9.0c54
x202	. .	. .	. .	17.5c40	. .	18.8c46	15.5c46	13.1c46	18.6c54	14.6c54	12.0c52	10.3c54

73

Deck: RICHARD LEES-Super Holorib SMD-R51 QUIKSPAN-Q51   Table 40

BEAM DATA
```
Internal beam
Single point load
Steel grade            43
Shear connectors   Welded
```

SLAB DATA
```
Fire resistance  90 mins
Slab depth       120 mm
Concrete         LW
Grade            30
```

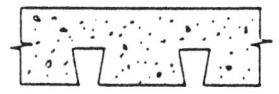

FOR FURTHER INFORMATION SEE NOTES PRECEDING TABLE 1   L - maximum spacing of beams

BEAM SPAN	6.0m				7.0m				8.0m			
IMPOSED LOAD kN/m²	4	6	8	10	4	6	8	10	4	6	8	10
SERIAL SIZE	L N	L N	L N	L N	L N	L N	L N	L N	L N	L N	L N	L N
254x146x 37	5.4f28											
x 43	6.1f32	5.0f36										
305x102x 28												
x 33	5.1f22											
305x127x 37	5.8f26											
x 42	6.5f30	5.3f34										
x 48	7.4f32	6.0f36	5.0f38		5.5f34							
305x165x 40	6.6f32	5.4f36										
x 46	7.6f36	6.1f36			5.6f38							
x 54	8.8f38	6.8c38	5.5c40		6.5f40	5.3f46			5.0f42			
356x127x 33	5.8f24											
x 39	6.9f30	5.5f32			5.0f28							
356x171x 45	8.0f34	6.4f38	5.3f38		5.9f34							
x 51	9.1f38	7.1c38	5.8f38		6.8f40	5.4f42			5.3f42			
x 57	10.1c38	7.8c38	6.3c38	5.3c38	7.6f44	6.0c46			5.9f46			
x 67	11.6c40	8.9c38	7.3c40	6.1c40	8.9c46	6.8c44	5.5c44		6.9f48	5.4c50		
406x140x 39	7.4f30	6.0f34	5.0f36		5.5f30							
x 46	9.0f34	7.3f38	6.0c40	5.0c38	6.6f36	5.4f40			5.1f36			
406x178x 54	10.5f38	8.1c38	6.6c40	5.6c40	7.8f40	6.3f46	5.1c46		6.0f44			
x 60	11.6c40	8.9c38	7.3c40	6.1c40	8.8f44	6.8c44	5.5c44		6.8f46	5.4c50		
x 67	12.8c38	9.8c38	7.9c38	6.6c38	9.8c46	7.5c46	6.0c44	5.1c46	7.5f48	5.9c50		
x 74	14.0c40	10.8c40	8.6c38	7.3c38	10.6c46	8.1c46	6.6c46	5.5c44	8.4f52	6.4c50	5.3c52	
457x152x 52	10.9f36	8.8f40	7.0c38	5.9c38	8.0f38	6.5f44	5.4f44		6.3f42	5.0f46		
x 60	12.6f38	9.8c40	7.9c40	6.6c40	9.4f42	7.4c46	6.0c46	5.0c44	7.1f44	5.8f50		
x 67	14.0c40	10.8c40	8.6c38	7.3c38	10.4f44	8.1c46	6.6c46	5.5c44	8.0f46	6.4f50	5.3c52	
x 74	14.9c40	11.4c40	9.3c40	7.8c40	11.1f44	8.6c46	7.0c46	5.9c46	8.6f48	6.8c50	5.5c52	
x 82	16.1c40	12.4c40	10.0c40	8.4c38	12.3c46	9.4c46	7.6c46	6.4c46	9.5f50	7.4c52	6.0c52	5.0c50
457x191x 67	13.9c40	10.6c40	8.6c40	7.3c40	10.5c46	8.1c46	6.5c44	5.5c44	8.1f48	6.4c52	5.1c50	
x 74	15.3c40	11.6c40	9.4c38	7.9c38	11.5c46	8.9c46	7.1c44	6.0c44	9.1c52	7.0c52	5.6c52	
x 82	16.5c40	12.6c40	10.3c40	8.6c40	12.5c46	9.5c44	7.8c46	6.5c46	9.9c52	7.5c52	6.1c52	5.1c52
x 89	17.3c40	13.3c40	10.8c40	9.0c40	13.1c46	10.0c46	8.1c46	6.8c44	10.3c52	7.9c52	6.4c52	5.4c52
x 98	18.9c40	14.4c40	11.6c40	9.8c38	14.1c46	10.9c46	8.8c44	7.4c46	11.1c52	8.5c52	6.9c52	5.8c50
533x210x 82	18.6c40	14.3c40	11.5c38	9.8c40	14.0c46	10.8c46	8.8c46	7.3c44	11.0c52	8.4c52	6.9c52	5.8c52
x 92	. .	15.9c40	12.9c40	10.8c38	15.6c46	12.0c46	9.6c44	8.1c46	12.3c52	9.4c52	7.6c52	6.4c52
x101	. .	16.8c40	13.5c40	11.4c40	16.5c46	12.6c46	10.1c44	8.5c44	12.9c52	9.9c52	8.0c52	6.8c52
x109	. .	17.8c40	14.4c40	12.1c40	17.5c46	13.4c46	10.9c46	9.1c46	13.6c52	10.5c52	8.5c52	7.1c52
x122	. .	19.8c40	16.0c40	13.4c40	19.4c46	14.9c46	12.0c46	10.1c46	15.1c52	11.6c52	9.4c52	7.9c52
610x229x101	. .	19.1c40	15.5c40	13.0c40	18.8c46	14.4c46	11.6c46	9.8c46	14.6c52	11.3c52	9.1c52	7.6c52
x113	. .	. .	16.6c40	13.9c38	. .	15.4c46	12.5c46	10.5c46	15.8c52	12.0c52	9.8c52	8.1c50
x125	. .	. .	18.1c40	15.3c40	. .	16.9c46	13.6c46	11.5c46	17.3c52	13.1c52	10.6c52	9.0c52
x140	. .	. .	20.0c40	16.8c40	. .	18.6c46	15.0c46	12.6c46	19.0c52	14.5c52	11.8c52	9.9c52
610x305x149	. .	. .	. .	17.8c40	. .	19.6c46	15.9c46	13.4c46	20.0c52	15.3c52	12.4c52	10.4c52
x179	. .	. .	. .	. .	. .	. .	18.8c46	15.8c46	. .	18.0c52	14.6c52	12.3c52
x238	. .	. .	. .	. .	. .	. .	. .	. .	. .	. .	18.9c52	15.9c52
686x254x125	. .	. .	19.8c40	16.6c40	. .	18.5c46	15.0c46	12.5c46	18.9c52	14.5c52	11.8c52	9.9c52
x140	. .	. .	. .	18.4c40	. .	. .	16.5c46	13.9c46	. .	16.0c52	13.0c52	10.9c52
x152	. .	. .	. .	19.8c40	. .	. .	17.8c46	15.0c46	. .	17.3c52	13.9c52	11.8c52
x170	. .	. .	. .	. .	. .	. .	19.6c46	16.5c46	. .	19.0c52	15.4c52	12.9c52
203x203x 46	5.5f34											
x 52	6.1f34	5.0c40			5.1f38							
x 60	6.9f36	5.5c40			5.9f42							
x 71	7.9f40	6.1c40			7.0c46	5.4c44			5.5f50			
x 86	9.1c40	7.0c40	5.6f38		7.1c46	5.5c46			5.8c52			
254x254x 73	9.3c40	7.1c40	5.8f38		8.1c46	6.3c46	5.0c44		6.5c52	5.0c52		
x 89	10.5c38	8.1c40	6.6c40	5.5c38	9.4c46	7.1c44	5.9c46		7.4c52	5.8c52		
x107	12.3c40	9.4c38	7.6c38	6.5c40	11.1c44	8.6c46	7.0c46	5.9c44	8.9c52	6.8c50	5.5c50	
x132	14.8c40	11.4c40	9.3c40	7.8c38	13.8c46	10.5c44	8.6c46	7.3c46	10.8c52	8.3c50	6.8c52	5.6c50
x167	18.1c38	14.0c40	11.4c40	9.5c38								
305x305x 97	13.3c40	10.1c38	8.3c40	7.0c40	10.0c46	7.8c46	6.3c44	5.3c44	7.9c50	6.1c52	5.0c52	
x118	15.1c38	11.6c38	9.5c40	8.0c40	11.5c46	8.9c46	7.1c44	6.0c44	9.0c52	7.0c52	5.6c50	
x137	17.4c40	13.4c40	10.9c40	9.1c40	13.3c46	10.1c46	8.1c46	6.9c44	10.3c52	7.9c50	6.4c50	5.4c50
x158	19.8c40	15.3c40	12.4c40	10.4c40	14.9c46	11.5c46	9.3c44	7.9c46	11.6c52	9.0c52	7.3c50	6.1c50
x198	. .	18.9c40	15.3c38	12.9c40	18.4c46	14.1c46	11.5c46	9.6c44	14.4c52	11.0c52	9.0c52	7.5c50
x240	. .	. .	18.4c40	15.5c40	. .	17.0c46	13.8c46	11.6c46	17.3c52	13.3c52	10.8c52	9.0c50
x283	. .	. .	. .	17.0c40	. .	18.6c46	15.1c46	12.8c46	18.9c52	14.5c52	11.8c52	9.9c52
356x368x129	18.4c40	14.1c40	11.4c38	9.6c40	13.8c46	10.6c46	8.6c46	7.3c46	10.9c52	8.3c50	6.8c52	5.8c52
x153	. .	16.4c38	13.4c40	11.3c40	16.0c46	12.4c46	10.0c46	8.4c44	12.5c52	9.6c52	7.9c52	6.6c52
x177	. .	18.8c40	15.3c40	12.9c40	18.4c46	14.1c46	11.4c46	9.6c46	14.3c52	11.0c52	8.9c50	7.5c52
x202	. .	. .	17.3c38	14.5c38	. .	15.9c44	12.9c44	10.9c46	16.1c52	12.4c52	10.1c52	8.5c52

Deck: RICHARD LEES–Super Holorib SMD–R51 QUIKSPAN–Q51   Table 41

BEAM DATA
- Internal beam
- Two point loads
- Steel grade   50
- Shear connectors   Welded

SLAB DATA
- Fire resistance   90 mins
- Slab depth   120 mm
- Concrete   LW
- Grade   30

FOR FURTHER INFORMATION SEE NOTES PRECEDING TABLE 1   L = maximum spacing of beams

BEAM SPAN	7.5m				9.0m				10.5m			
IMPOSED LOAD kN/m²	4	6	8	10	4	6	8	10	4	6	8	10
SERIAL SIZE	L N	L N	L N	L N	L N	L N	L N	L N	L N	L N	L N	L N
254x146x 37												
x 43	5.1a32											
305x102x 28												
x 33												
305x127x 37												
x 42												
x 48	5.8a26	5.3d42										
305x165x 40	6.1a40											
x 46	6.9d42	5.3d42										
x 54	7.6d42	5.9d42										
356x127x 33												
x 39	5.0a20	5.0a40										
356x171x 45	7.3d42	5.6d42										
x 51	8.1d42	6.3d42	5.0d42		5.3a36							
x 57	8.9d42	6.8d42	5.5d42		6.4a48							
x 67	10.1d42	7.8d42	6.3d40	5.3d40	7.3a48	5.5d50						
406x140x 39	5.9a24	5.5d42										
x 46	7.5a32	6.4d42	5.1d42									
406x178x 54	9.3d42	7.1d42	5.8d42		6.5a46	5.3d52						
x 60	10.1d42	7.8d42	6.3d40	5.3d40	7.5d52	5.8d52						
x 67	11.3d42	8.6d42	7.0d42	5.9d42	8.1d52	6.3d52	5.0d50		5.3i36			
x 74	12.3d42	9.4d42	7.6d42	6.4d42	8.9d52	6.9d52	5.5d52		5.8i36			
457x152x 52	9.1a34	7.6d42	6.1d42	5.1d40	5.4a30	5.4a48						
x 60	11.0d42	8.5d42	6.9d42	5.8d42	6.6a28	6.3d52	5.0d50					
x 67	12.3d42	9.4d42	7.6d42	6.4d42	7.6a32	6.8d50	5.5d50					
x 74	13.0d42	9.9d42	8.0d42	6.8d42	8.8a42	7.3d52	5.9d52		5.4a34	5.4a58		
x 82	14.1d42	10.8d42	8.8d42	7.4d42	8.6a30	7.9d52	6.4d52	5.4d52	6.1a34	5.9d58		
457x191x 67	12.3d42	9.4d42	7.5d42	6.4d42	8.9d52	6.8d50	5.5d52		6.0a44	5.1d58		
x 74	13.4d42	10.3d42	8.3d42	7.0d42	9.8d52	7.4d50	6.0d52	5.0d50	6.9i50	5.6d60		
x 82	14.5d42	11.1d42	9.0d42	7.6d42	10.5d52	8.0d52	6.5d50	5.5d52	7.4i48	6.1d60		
x 89	15.1d42	11.6d42	9.4d42	7.9d42	11.0d52	8.4d52	6.8d50	5.8d52	7.9i52	6.3d58	5.0d58	
x 98	16.5d42	12.6d42	10.3d42	8.6d42	11.9d52	9.1d52	7.4d52	6.3d52	8.5i50	6.9d60	5.5d60	
533x210x 82	16.4d42	12.5d42	10.1d42	8.5d42	11.9d52	9.0d52	7.4d52	6.1d50	8.9d60	6.8d58	5.5d58	
x 92	18.4d42	14.0d42	11.4d42	9.5d42	13.3d52	10.1d52	8.1d50	6.9d52	9.9d60	7.5d58	6.1d60	5.1d58
x101	19.3d42	14.8d42	11.9d42	10.0d42	13.9d52	10.6d52	8.5d50	7.3d52	10.4d60	7.9d58	6.4d58	5.4d58
x109	. .	15.6d42	12.6d42	10.6d42	14.8d52	11.3d52	9.1d52	7.6d50	11.0d60	8.4d58	6.9d60	5.8d60
x122	. .	17.4d42	14.1d42	11.9d42	16.4d52	12.5d52	10.1d52	8.5d52	12.3d60	9.4d60	7.6d60	6.4d60
610x229x101	. .	16.9d42	13.6d42	11.5d42	15.9d52	12.1d52	9.9d52	8.3d52	11.9d60	9.1d60	7.4d60	6.1d58
x113	. .	18.0d42	14.6d42	12.3d42	17.0d52	13.0d52	10.5d52	8.9d52	12.6d60	9.8d60	7.9d60	6.6d60
x125	. .	19.8d42	16.0d42	13.4d42	18.6d52	14.3d52	11.5d52	9.6d50	13.9d60	10.6d60	8.6d60	7.3d60
x140	. .	. .	17.6d42	14.9d42	. .	15.8d52	12.8d52	10.8d52	15.4d60	11.8d60	9.5d58	8.0d60
610x305x149	. .	. .	18.8d42	15.8d42	. .	16.6d52	13.5d52	11.4d52	16.3d60	12.4d60	10.0d58	8.5d60
x179	. .	. .	. .	18.6d42	. .	19.6d52	15.9d52	13.4d52	19.3d60	14.6d60	11.9d60	10.0d60
x238	. .	. .	. .	. .	. .	. .	. .	17.4d52	. .	19.0d60	15.4c58	13.0d60
686x254x125	. .	. .	17.5d42	14.6d42	. .	15.5d52	12.6d52	10.6d52	15.3d60	11.6d60	9.5d60	7.9d58
x140	. .	. .	19.4d42	16.3d42	. .	17.3d52	14.0d52	11.8d52	16.9d60	13.0d60	10.5d60	8.8d58
x152	. .	. .	. .	17.5d42	. .	18.6d52	15.1d52	12.6d52	18.3d60	14.0d60	11.3d58	9.5d60
x170	. .	. .	. .	19.4d42	. .	. .	16.6d52	14.0d52	. .	15.4d60	12.5d60	10.5d60
203x203x 46												
x 52												
x 60	5.4d42											
x 71	6.4d42											
x 86	7.5d42	5.0d42										
254x254x 73	8.0d42	5.6d42										
x 89	9.3d42	6.6d42	5.0d42		5.4i32							
x107	10.8d42	7.8d42	5.9d42		6.1i30							
x132	13.0d42	9.3d42	7.0d42	5.6d42	7.3i30	5.8d50						
x167	16.1d42	11.4d42	8.5d40	6.9d42	8.9i30	7.1d52	5.4d52					
305x305x 97	11.6d42	8.9d42	7.0d42	5.6d42	7.6i38	5.8d52						
x118	13.4d42	10.3d42	8.1d40	6.5d40	8.8i34	6.8d52	5.1d52					
x137	15.4d42	11.9d42	9.3d42	7.5d42	9.9i30	7.6d50	5.8d50		5.1i34			
x158	17.6d42	13.5d42	10.5d42	8.4d42	11.1i28	8.6d50	6.5d50	5.3d52	5.8i34	5.4a44		
x198	. .	16.8d42	12.9d42	10.3d42	13.5i30	10.6d52	8.0d52	6.4d52	6.9i34	6.5i40	5.3h56	
x240	. .	. .	15.3d42	12.3d42	15.9i30	12.6d52	9.5d52	7.6d52	8.1i34	7.6i34	6.3h56	5.0h56
x283	. .	. .	17.9d42	14.4d42	18.5i30	14.8d52	11.0h50	8.9d52	9.4i34	8.9i34	7.4d60	5.9d58
356x368x129	16.1d42	12.4d42	10.0d42	8.5d42	11.6d52	8.9d52	6.8d50	5.4d50	6.3i34	5.9i56		
x153	18.9d42	14.5d42	11.8d42	9.9d42	13.5d52	10.4d52	7.8d52	6.3d52	7.1i34	6.8i56	5.1h56	
x177	. .	16.8d42	13.6d42	11.4d42	15.1i46	11.6d52	8.8d52	7.0d50	8.0i34	7.5i52	5.9d60	
x202	. .	19.0d42	15.5d42	12.8d42	16.9i40	13.0d52	9.8d52	7.9d52	8.9i34	8.3i46	6.5d58	5.3d60

Deck: RICHARD LEES–Super Holorib SMD–R51 QUIKSPAN–Q51   Table 42

BEAM DATA
- Internal beam
- Two point loads
- Steel grade 50
- Shear connectors Welded

SLAB DATA
- Fire resistance 90 mins
- Slab depth 130 mm
- Concrete NW
- Grade 30

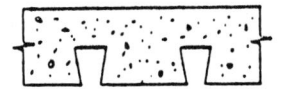

FOR FURTHER INFORMATION SEE NOTES PRECEDING TABLE 1   L = maximum spacing of beams

BEAM SPAN	7.5m								9.0m								10.5m							
IMPOSED LOAD kN/m²	4		6		8		10		4		6		8		10		4		6		8		10	
SERIAL SIZE	L	N	L	N	L	N	L	N	L	N	L	N	L	N	L	N	L	N	L	N	L	N	L	N
254x146x 37																								
x 43																								
305x102x 28																								
x 33																								
305x127x 37																								
x 42																								
x 48																								
305x165x 40																								
x 46	5.6a30		5.1d42																					
x 54	6.6a34		5.6d42																					
356x127x 33																								
x 39																								
356x171x 45	6.0a32		5.4d42																					
x 51	7.3a38		6.0d42																					
x 57	7.9a36		6.5d42		5.4d42				5.0a30															
x 67	9.5d42		7.5d42		6.1d42		5.3d42		6.3a38		5.5d52													
406x140x 39																								
x 46	5.9a26		5.9a38		5.0d42																			
406x178x 54	8.5d40		6.8d42		5.6d42				5.1a28		5.0a50													
x 60	9.5d42		7.4d42		6.1d42		5.1d40		6.0a34		5.5d52													
x 67	10.4d42		8.1d42		6.8d42		5.8d42		6.8a36		6.0d52													
x 74	11.4d42		8.9d42		7.4d42		6.3d42		7.6a40		6.5d52		5.4d52											
457x152x 52	7.5a24		7.3d42		6.0d42		5.0d40																	
x 60	9.0a28		8.1d42		6.6d42		5.6d42		5.3a30		5.3a38													
x 67	9.6a26		8.9d42		7.3d42		6.3d42		6.0a30		6.0d42		5.4d52											
x 74	10.9a32		9.4d42		7.8d42		6.5d42		6.9a24		6.9d52		5.6d52											
x 82	12.9a40		10.3d42		8.4d42		7.1d42		7.6a26		7.4d52		6.1d52		5.1d50									
457x191x 67	11.3d42		8.9d42		7.3d42		6.1d40		7.5a40		6.5d52		5.4d52											
x 74	12.4d42		9.8d42		8.0d42		6.8d42		8.6a46		7.1d52		5.8d50				5.5a36		5.4d60					
x 82	13.5d42		10.5d42		8.6d42		7.4d42		9.1a42		7.6d52		6.3d50		5.4d52		6.1a32		5.8d58					
x 89	14.0d42		11.0d42		9.0d42		7.6d42		9.9a48		8.0d52		6.5d50		5.5d50		6.8a40		6.0d60		5.0d60			
x 98	15.3d42		11.9d42		9.8d42		8.4d42		11.0d52		8.6d52		7.1d52		6.0d50		7.6a46		6.5d60		5.4d60			
533x210x 82	15.1d42		11.9d42		9.8d42		8.3d42		10.8a50		8.5d50		7.0d52		6.0d52		7.1a38		6.5d60		5.3d58			
x 92	16.9d42		13.3d42		10.9d42		9.3d42		12.1d52		9.5d52		7.9d52		6.6d52		8.4a46		7.1d58		5.9d58		5.0d58	
x101	17.6d42		13.9d42		11.4d42		9.6d42		12.8d52		10.0d52		8.3d52		7.0d52		8.8a44		7.5d60		6.1d58		5.3d60	
x109	18.9d42		14.8d42		12.1d42		10.3d42		13.5d52		10.6d52		8.8d52		7.4d52		9.4a46		8.0d60		6.5d58		5.5d58	
x122	. .		16.4d42		13.5d42		11.4d42		15.0d52		11.8d52		9.6d52		8.3d52		11.3d60		8.9d60		7.3d60		6.1d58	
610x229x101	. .		15.9d42		13.0d42		11.1d42		14.6d52		11.4d52		9.4d52		8.0d52		10.6a56		8.5d58		7.0d58		6.0d60	
x113	. .		17.0d42		14.0d42		11.9d42		15.6d52		12.3d52		10.0d52		8.5d52		11.6d60		9.1d60		7.5d60		6.4d60	
x125	. .		18.6d42		15.3d42		13.0d42		17.1d52		13.4d52		11.0d52		9.4d52		12.8d60		10.0d60		8.3d60		7.0d60	
x140	. .		. .		16.9d42		14.4d42		18.9d52		14.8d52		12.1d52		10.4d52		14.1d60		11.0d58		9.1d60		7.8d60	
610x305x149	. .		. .		17.9d42		15.3d42		20.0d52		15.6d52		12.9d52		10.9d52		14.9d60		11.6d60		9.5d58		8.1d60	
x179	. .		. .		. .		17.9d42		. .		18.5d52		15.1d52		12.9d52		17.6d60		13.8d60		11.3d58		9.6d60	
x238	. .		. .		. .		. .		. .		. .		19.6d52		16.8d52		. .		17.9d60		14.8d60		12.5d60	
686x254x125	. .		. .		16.8d42		14.1d42		18.8d52		14.6d52		12.0d52		10.3d52		14.0d60		10.9d58		9.0d60		7.6d60	
x140	. .		. .		18.5d42		15.8d42		. .		16.3d52		13.4d52		11.4d52		15.5d60		12.1d60		10.0d60		8.5d60	
x152	. .		. .		20.0d42		17.0d42		. .		17.5d52		14.4d52		12.3d52		16.8d60		13.1d60		10.8d60		9.1d60	
x170	. .		. .		. .		18.8d42		. .		19.4d52		15.9d52		13.5d52		18.5d60		14.5d60		11.9d60		10.1d60	
203x203x 46																								
x 52	5.1a38																							
x 60	5.9d42																							
x 71	6.5d42		5.1d42																					
x 86	7.5d42		5.9d42																					
254x254x 73	7.5d42		5.9d42																					
x 89	8.6d42		6.9d42		5.6d42				5.5i32		5.0d52													
x107	10.0d42		7.9d42		6.5d42		5.5d40		6.4i32		5.8i50													
x132	12.1d42		9.5d42		7.9d42		6.6d40		7.6i30		6.9i50		5.3d50												
x167	14.9d42		11.8d42		9.6d42		8.3d42		9.3i26		8.5d52		6.5d50		5.3d52									
305x305x 97	10.8d42		8.5d42		7.0d42		6.0d42		7.6i48		6.3d52		5.1d52												
x118	12.5d42		9.8d42		8.0d40		6.9d42		8.9i48		7.1d52		5.9d52												
x137	14.3d42		11.3d42		9.3d42		7.9d42		10.0i48		8.1d52		6.6d50		5.6d52		5.3i36		5.0i36					
x158	16.3d42		12.8d42		10.5d42		8.9d40		11.3i44		9.3d52		7.6d52		6.3d50		6.0i36		5.6i36		5.1i58			
x198	. .		15.8d42		13.0d42		11.1d42		13.8i42		11.4d52		9.4d52		7.8d52		7.3i36		6.9i36		6.4d60		5.1d60	
x240	. .		19.0d42		15.8d42		13.4d42		16.3i38		13.6d52		11.3d52		9.1d50		8.5i36		8.1i36		7.6d60		6.1d60	
x283	. .		. .		18.5d42		15.5g40		18.8i32		16.0d52		13.1c50		10.8d52		9.9i36		9.4i36		8.9d60		7.1d60	
356x368x129	14.9d42		11.6d42		9.6d42		8.1d42		10.8d52		8.5d52		7.0d52		5.9d52		6.3i36		6.0i50		5.0d60			
x153	17.3d42		13.6d42		11.3d42		9.5d42		12.5d52		9.8d52		8.1d52		6.9d52		7.1i36		6.9i48		6.0d58			
x177	. .		15.8d42		13.0d42		11.0d42		14.4d52		11.3d50		9.3d50		7.9d50		8.1i36		7.8i40		6.9i58		5.5d58	
x202	. .		17.9d42		14.8d42		12.5d42		16.3d52		12.8d52		10.5d52		9.0d52		9.0i36		8.5i32		7.8d60		6.3d60	

Deck: RICHARD LEES–Super Holorib SMD–R51 QUIKSPAN–Q51   Table 43

BEAM DATA
- Internal beam
- Two point loads
- Steel grade: 43
- Shear connectors: Welded

SLAB DATA
- Fire resistance: 90 mins
- Slab depth: 120 mm
- Concrete: LW
- Grade: 30

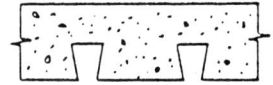

FOR FURTHER INFORMATION SEE NOTES PRECEDING TABLE 1   L = maximum spacing of beams

BEAM SPAN	7.5m				9.0m				10.5m			
IMPOSED LOAD kN/m²	4	6	8	10	4	6	8	10	4	6	8	10
SERIAL SIZE	L N	L N	L N	L N	L N	L N	L N	L N	L N	L N	L N	L N
254x146x 37												
x 43												
305x102x 28												
x 33												
305x127x 37												
x 42												
x 48												
305x165x 40												
x 46	5.5f36											
x 54	6.4d42											
356x127x 33												
x 39												
356x171x 45	5.8f34											
x 51	6.6f40	5.1d42										
x 57	7.4d42	5.6d42			5.0a42							
x 67	8.4d42	6.4d42	5.3d42		6.1a50							
406x140x 39	5.0a24											
x 46	6.0a28	5.3f40										
406x178x 54	7.6d42	5.9d42			5.3a40							
x 60	8.4d42	6.4d42	5.1d40		6.0f48							
x 67	9.1d42	7.0d42	5.6d40		6.8d52	5.1d50						
x 74	10.0d42	7.6d42	6.3d42	5.3d42	7.4d52	5.6d52						
457x152x 52	7.9f40	6.3d42	5.0d40									
x 60	9.1d42	7.0d42	5.6d42		5.3a26	5.1d52						
x 67	10.0d42	7.6d42	6.1d40	5.3d42	6.5a38	5.6d52						
x 74	10.6d42	8.1d42	6.6d42	5.5d42	7.4a46	5.9d50						
x 82	11.5d42	8.8d42	7.1d42	6.0d42	8.4a52	6.4d50	5.3d52		5.4a38			
457x191x 67	9.9d42	7.6d42	6.1d42	5.1d40	7.3d52	5.6d52						
x 74	10.9d42	8.4d42	6.8d42	5.6d40	7.9d50	6.1d52			5.6a50			
x 82	11.8d42	9.0d42	7.3d42	6.1d42	8.6d52	6.6d52	5.4d52		6.5d60	5.0d60		
x 89	12.4d42	9.4d42	7.6d42	6.4d40	9.0d52	6.9d52	5.5d50		6.8d60	5.1d58		
x 98	13.4d42	10.3d42	8.3d42	7.0d42	9.8d52	7.4d50	6.0d50	5.1d52	7.4d60	5.6d50		
533x210x 82	13.3d42	10.1d42	8.3d42	6.9d42	9.6d52	7.4d52	6.0d52	5.0d52	7.3d60	5.5d58		
x 92	14.8d42	11.3d42	9.1d42	7.6d42	10.6d52	8.1d52	6.6d52	5.5d50	8.0d60	6.1d60	5.0d60	
x101	15.5d42	11.9d42	9.6d42	8.1d42	11.3d52	8.6d52	7.0d52	5.9d52	8.4d58	6.5d60	5.3d60	
x109	16.5d42	12.6d42	10.3d42	8.6d42	11.9d52	9.1d52	7.4d52	6.3d52	8.9d58	6.9d60	5.5d58	
x122	18.4d42	14.0d42	11.4d42	9.6d42	13.3d52	10.1d52	8.1d50	6.9d52	9.9d60	7.6d60	6.1d58	5.1d58
610x229x101	17.8d42	13.5d42	11.0d42	9.3d42	12.8d52	9.8d52	7.9d52	6.6d52	9.5d60	7.3d58	5.9d58	5.0d60
x113	19.1d42	14.6d42	11.8d42	9.9d42	13.6d52	10.5d52	8.5d52	7.1d52	10.3d60	7.9d60	6.4d60	5.4d60
x125	. .	16.0d42	13.0d42	10.9d42	15.0d52	11.5d52	9.3d52	7.8d50	11.3d60	8.5d58	6.9d58	5.9d60
x140	. .	17.8d42	14.4d42	12.0d42	16.6d52	12.6d52	10.3d52	8.6d52	12.4d60	9.5d60	7.6d58	6.5d60
610x305x149	. .	18.6d42	15.1d42	12.8d42	17.5d52	13.4d52	10.8d50	9.1d52	13.0d60	10.0d60	8.0d58	6.8d58
x179	. .	. .	17.9d42	15.0d42	. .	15.8d52	12.8d52	10.8d52	15.4d60	11.8d60	9.5d60	8.0d60
x238	. .	. .	. .	19.5d42	. .	. .	16.6d52	14.0d52	. .	15.4d60	12.4d58	10.5d60
686x254x125	. .	17.5d42	14.1d42	11.9d42	16.5d52	12.6d52	10.1d52	8.5d50	12.3d60	9.4d60	7.6d60	6.4d58
x140	. .	19.5d42	15.8d42	13.3d42	18.3d52	14.0d52	11.3d52	9.5d52	13.6d60	10.4d60	8.4d58	7.1d60
x152	. .	. .	17.0d42	14.3d42	19.8d52	15.0d52	12.3d52	10.3d52	14.6d60	11.3d60	9.1d60	7.6d60
x170	. .	. .	18.8d42	15.8d42	. .	16.6d52	13.5d52	11.4d52	16.3d60	12.4d58	10.1d60	8.5d60
203x203x 46												
x 52												
x 60	5.0f38											
x 71	5.8d42											
x 86	6.6d42	5.0d42										
254x254x 73	6.8d42	5.1d40										
x 89	7.6d42	5.9d42			5.4i44							
x107	8.9d42	6.8d40	5.5d40		6.1i44							
x132	10.6d42	8.1d42	6.6d42	5.6d42	7.3i42	5.8d50						
x167	13.1d42	10.0d42	8.1d40	6.9d42	8.9i40	7.1d52	5.4d52					
305x305x 97	9.5d42	7.3d42	5.9d42	5.0d42	6.9d50	5.4d52						
x118	10.9d42	8.4d42	6.9d42	5.8d42	8.0d52	6.1d52	5.0d52					
x137	12.5d42	9.6d42	7.8d40	6.6d42	9.0d52	7.0d52	5.6d50		5.1i34			
x158	14.3d42	10.9d42	8.9d42	7.5d42	10.3d52	7.9d52	6.4d50	5.3d52	5.8i34	5.4i44		
x198	17.6d42	13.5d42	11.0d42	9.3d42	12.6d52	9.8d52	7.9d52	6.4d52	6.9i34	6.5i40	5.3h56	
x240	. .	16.3d42	13.3d42	11.1d42	15.2d52	11.6d52	9.5d52	7.6d52	8.1i34	7.6i34	6.3h56	5.0h56
x283	. .	17.9d42	14.5d42	12.3d42	16.6d52	12.8d52	10.4d52	8.8d52	9.4i34	8.9i42	7.4d60	5.9d58
356x368x129	13.0d42	10.0d42	8.1d42	6.9d42	9.5d52	7.3d52	5.9d50	5.0d52	6.3i40	5.0d60		
x153	15.3d42	11.8d42	9.5d42	8.0c40	11.0d52	8.5d52	6.9d52	5.8d50	7.1i34	6.4d60	5.1c56	
x177	17.5d42	13.5d42	10.9d42	9.3d42	12.5d52	9.6d52	7.9d52	6.6d52	8.0i34	7.3d60	5.9d60	
x202	19.9d42	15.3d42	12.4d42	10.4c40	14.3d52	10.9d52	8.9d52	7.5d52	8.9i34	8.1i58	6.5d58	5.3d60

77

Deck: **RICHARD LEES–Super Holorib SMD–R51 QUIKSPAN–Q51**   Table 44

BEAM DATA
```
Internal beam
Single point load
Steel grade          50
Shear connectors     Hilti
```

SLAB DATA
```
Fire resistance  90 mins
Slab depth       120 mm
Concrete         LW
Grade            30
```

Hilti shear connectors are in pairs (N = number of pairs)
FOR FURTHER INFORMATION SEE NOTES PRECEDING TABLE 1

L = maximum spacing of beams

BEAM SPAN	6.0m								7.0m								8.0m							
IMPOSED LOAD kN/m²	4		6		8		10		4		6		8		10		4		6		8		10	
SERIAL SIZE	L	N	L	N	L	N	L	N	L	N	L	N	L	N	L	N	L	N	L	N	L	N	L	N
254x146x 37	6.9f42		5.5c46						5.1f44															
x 43	8.0f46		6.1c46		5.0c46				5.9f48															
305x102x 28																								
x 33	6.0a28		5.4f40																					
305x127x 37	7.5f40		6.0f44		5.0c46				5.4a40															
x 42	8.4f42		6.8c46		5.5c48				6.1f44		5.0f50													
x 48	9.5f44		7.4c46		6.0c48		5.1c48		7.1f48		5.8f54						5.1a44							
305x165x 40	8.5c46		6.5c46		5.3c46				6.4f50		5.0c52													
x 46	9.5c48		7.3c46		5.9c46				7.3f54		5.6c54						5.6f56							
x 54	10.6c46		8.1c46		6.6c48		5.5c46		8.1c54		6.3c54		5.0c52				6.4f58		5.0c62					
356x127x 33	7.4f38		6.0f42		5.0f44																			
x 39	8.8f42		7.0c46		5.8c46				6.1a38		5.3f50													
356x171x 45	10.3c48		7.8c46		6.4c46		5.4c48		7.6f52		6.0c54						5.9f54							
x 51	11.3c46		8.6c46		7.0c46		5.9c46		8.6c54		6.6c54		5.4c54				6.8f58		5.3c60					
x 57	12.4c46		9.4c46		7.6c46		6.4c46		9.4c54		7.3c54		5.9c54				7.5c62		5.8c62					
x 67	14.3c48		10.9c46		8.8c46		7.4c46		10.8c54		8.3c54		6.6c52		5.6c54		8.5c60		6.5c60		5.3c60			
406x140x 39	9.6f42		7.8f46		6.3c46		5.3c46		7.0a44		5.8f50													
x 46	11.6c46		8.9c46		7.1c46		6.0c46		8.6f50		6.8c54		5.5c54				6.0a42		5.4f60					
406x178x 54	13.0c46		9.9c46		8.0c46		6.8c46		9.9c54		7.6c54		6.1c54		5.1c52		7.8f60		6.0c62					
x 60	14.3c46		10.9c46		8.8c46		7.4c46		10.8c54		8.3c54		6.6c52		5.6c54		8.5c60		6.5c60		5.3c60			
x 67	15.8c48		12.0c46		9.8c46		8.1c46		11.9c54		9.1c54		7.4c54		6.3c54		9.4c62		7.1c60		5.8c60			
x 74	17.3c48		13.1c46		10.6c46		9.0c48		13.0c54		9.9c52		8.0c52		6.8c54		10.3c62		7.9c62		6.4c62		5.4c62	
457x152x 52	13.9c46		10.6c46		8.6c46		7.3c46		10.4f52		8.1c54		6.5c52		5.5c54		7.6a50		6.4c60		5.1c60			
x 60	15.6c48		11.9c46		9.6c46		8.1c46		11.8c54		9.0c54		7.3c52		6.1c52		9.3f60		7.1c62		5.8c60			
x 67	17.3c48		13.1c46		10.6c46		9.0c48		13.0c54		9.9c52		8.0c52		6.8c54		10.3c62		7.9c62		6.4c62		5.4c62	
x 74	18.3c46		13.9c46		11.3c46		9.5c46		13.8c54		10.5c54		8.5c54		7.1c52		10.8c62		8.3c60		6.8c62		5.6c60	
x 82	19.8c46		15.1c46		12.3c46		10.3c46		15.0c54		11.4c54		9.3c54		7.8c54		11.8c62		9.0c62		7.3c60		6.1c62	
457x191x 67	17.1c46		13.1c46		10.6c46		8.9c46		12.9c54		9.9c54		8.0c54		6.8c54		10.1c60		7.8c60		6.3c60		5.3c58	
x 74	18.9c48		14.4c46		11.6c46		9.8c46		14.1c54		10.9c54		8.8c54		7.4c54		11.1c62		8.5c60		6.9c60		5.8c60	
x 82	.	.	15.6c46		12.6c46		10.6c46		15.4c54		11.8c54		9.5c54		8.0c54		12.1c62		9.3c62		7.5c62		6.3c60	
x 89	.	.	16.3c46		13.1c46		11.1c48		16.0c54		12.3c54		9.9c52		8.0c54		12.4c62		9.6c62		7.8c62		6.5c60	
x 98	.	.	17.8c48		14.4c48		12.0c46		17.5c54		13.4c54		10.8c52		9.1c54		13.6c62		10.5c62		8.5c62		7.1c62	
533x210x 82	.	.	17.6c46		14.3c46		12.0c46		17.4c54		13.3c54		10.8c54		9.0c52		13.6c62		10.4c60		8.4c60		7.1c62	
x 92	.	.	19.6c48		15.9c46		13.4c48		19.4c54		14.8c54		12.0c54		10.1c54		15.1c62		11.6c62		9.4c62		7.9c60	
x101	.	.	.	.	16.6c46		14.0c48		.	.	15.5c54		12.5c54		10.5c52		15.9c62		12.1c62		9.9c62		8.3c60	
x109	.	.	.	.	17.6c46		14.9c46		.	.	16.5c54		13.4c54		11.3c54		16.9c62		12.9c60		10.5c62		8.8c60	
x122	.	.	.	.	19.5c46		16.4c46		.	.	18.3c54		14.8c54		12.4c54		18.8c62		14.3c60		11.6c62		9.8c62	
610x229x101	.	.	.	.	19.0c46		15.9c46		.	.	17.8c54		14.4c54		12.1c54		18.3c62		13.9c60		11.3c60		9.5c62	
x113	.	.	.	.	.	.	17.0c46		.	.	19.0c54		15.4c54		12.9c54		19.5c62		14.9c62		12.0c60		10.1c62	
x125	.	.	.	.	.	.	18.6c46		.	.	.	.	16.8c54		14.1c54		.	.	16.3c62		13.1c62		11.0c60	
x140	.	.	.	.	.	.	.	.	.	.	.	.	18.5c54		15.5c54		.	.	17.9c62		14.5c62		12.1c60	
610x305x149	.	.	.	.	.	.	.	.	.	.	.	.	19.6c54		16.5c54		.	.	19.0c62		15.4c62		12.9c60	
x179	.	.	.	.	.	.	.	.	.	.	.	.	.	.	19.4c54		.	.	.	.	18.0c60		15.1c60	
x238	.	.	.	.	.	.	.	.	.	.	.	.	.	.	.	.	.	.	.	.	.	.	19.6c62	
686x254x125	.	.	.	.	.	.	.	.	.	.	.	.	18.3c54		15.4c54		.	.	17.8c62		14.4c62		12.1c62	
x140	.	.	.	.	.	.	.	.	.	.	.	.	17.0c54		.	.	.	.	19.6c62		15.9c62		13.4c62	
x152	.	.	.	.	.	.	.	.	.	.	.	.	.	.	18.4c54		.	.	.	.	17.1c62		14.4c62	
x170	.	.	.	.	.	.	.	.	.	.	.	.	.	.	.	.	.	.	.	.	18.9c62		15.9c62	
203x203x 46	7.0c46		5.4c46						5.3f50															
x 52	7.6c48		5.9c46						5.9f54															
x 60	8.4c46		6.4c46		5.3c46				6.5c54		5.0c54						5.1f60							
x 71	9.4c48		7.1c46		5.9c46				7.3c54		5.5c52						5.8c60							
x 86	10.9c46		8.4c46		6.8c46		5.8c46		8.4c54		6.4c52		5.3c54				6.6c60		5.1c62					
254x254x 73	11.1c46		8.5c46		7.0c48		5.9c46		8.5c54		6.5c52		5.4c54				6.8c60		5.3c62					
x 89	12.8c46		9.8c46		8.0c46		6.8c46		9.8c54		7.5c54		6.0c52		5.1c54		7.6c60		5.9c60					
x107	14.9c46		11.4c46		9.3c46		7.9c48		11.3c54		8.6c54		7.0c52		5.9c52		8.9c60		6.9c62		5.6c62			
x132	18.0c46		13.9c46		11.3c46		9.5c46		13.6c54		10.5c54		8.5c54		7.1c52		10.8c62		8.3c62		6.6c58		5.6c60	
x167	.	.	17.3c48		14.0c48		11.8c46		16.9c54		12.9c54		10.5c54		8.9c54		13.1c60		10.1c62		8.3c62		6.9c60	
305x305x 97	16.3c46		12.5c46		10.1c46		8.5c46		12.3c54		9.4c52		7.6c52		6.5c54		9.6c60		7.4c60		6.0c60		5.1c62	
x118	18.6c46		14.3c46		11.6c46		9.8c46		14.0c54		10.8c54		8.8c54		7.4c54		11.0c62		8.5c60		6.9c60		5.8c58	
x137	.	.	16.5c46		13.4c46		11.4c46		16.1c54		12.4c54		10.0c52		8.5c54		12.6c62		9.6c60		7.9c60		6.6c62	
x158	.	.	18.8c46		15.3c46		12.9c46		18.4c54		14.1c54		11.5c54		9.6c52		14.4c62		11.0c60		9.0c62		7.5c60	
x198	.	.	.	.	18.9c46		15.9c46		.	.	17.5c54		14.3c54		12.0c54		17.8c62		13.6c62		11.1c62		9.4c62	
x240	.	.	.	.	.	.	19.1c46		.	.	.	.	17.0c52		14.4c54		.	.	16.4c62		13.3c60		11.3c62	
x283	.	.	.	.	.	.	.	.	.	.	.	.	20.0c54		16.9c54		.	.	19.3c62		15.8c62		13.1c60	
356x368x129	.	.	17.4c46		14.1c46		11.9c46		17.0c54		13.1c54		10.6c54		8.9c52		13.3c60		10.3c62		8.3c60		7.0c62	
x153	.	.	.	.	16.5c46		14.0c48		19.9c54		15.3c54		12.4c54		10.4c52		15.5c60		11.9c62		9.6c62		8.1c60	
x177	.	.	.	.	19.0c46		16.0c46		.	.	17.5c54		14.3c54		12.0c54		17.8c62		13.6c62		11.0c60		9.3c60	
x202	.	.	.	.	.	.	18.1c46		.	.	19.9c54		16.1c54		13.5c52		.	.	15.4c60		12.5c60		10.5c60	

78

Deck: RICHARD LEES–Super Holorib SMD–R51 QUIKSPAN–Q51   Table 45

BEAM DATA
```
Internal beam
Two point loads
Steel grade            50
Shear connectors    Hilti
```

SLAB DATA
```
Fire resistance  90 mins
Slab depth       120 mm
Concrete         LW
Grade            30
```

Hilti shear connectors are in pairs (N = number of pairs)
FOR FURTHER INFORMATION SEE NOTES PRECEDING TABLE 1

L = maximum spacing of beams

BEAM SPAN	7.5m				9.0m				10.5m			
IMPOSED LOAD kN/m²	4	6	8	10	4	6	8	10	4	6	8	10
SERIAL SIZE	L N	L N	L N	L N	L N	L N	L N	L N	L N	L N	L N	L N
254x146x 37												
x 43	5.1a36											
305x102x 28												
x 33												
305x127x 37												
x 42												
x 48	5.8a30	5.0d42										
305x165x 40	5.8d42											
x 46	6.4d42											
x 54	7.1d42	5.5d42										
356x127x 33												
x 39	5.0a24											
356x171x 45	6.8d42	5.1d42										
x 51	7.6d42	5.9d42			5.3a44							
x 57	8.4d42	6.4d42	5.1d40		6.1d52							
x 67	9.6d42	7.4d42	6.0d42	5.0d42	7.0d52	5.3d50						
406x140x 39	5.9a30	5.1d42										
x 46	7.5a38	5.9d40										
406x178x 54	8.8d42	6.6d40	5.4d40		6.4d52							
x 60	9.6d42	7.4d42	6.0d42	5.0d42	7.0d52	5.4d52						
x 67	10.6d42	8.1d42	6.6d42	5.5d40	7.8d52	5.9d50			5.3i42			
x 74	11.6d42	8.9d42	7.3d42	6.0d40	8.4d50	6.5d52	5.3d52		5.8i42			
457x152x 52	9.1a40	7.1d42	5.8d42		5.4a36	5.3d52						
x 60	10.5d42	8.0d42	6.5d42	5.5d42	6.6a34	5.9d52						
x 67	11.5d42	8.9d42	7.1d42	6.0d42	7.6a38	6.4d50	5.3d52					
x 74	12.3d42	9.4d42	7.6d42	6.4d42	8.8a50	6.8d52	5.5d52		5.4a42	5.1d60		
x 82	13.4d42	10.3d42	8.3d42	7.0d42	9.6d52	7.4d52	6.0d52	5.0d50	6.1a42	5.5d58		
457x191x 67	11.5d42	8.9d42	7.1d42	6.0d42	8.4d52	6.4d50	5.1d50		6.0a52			
x 74	12.8d42	9.8d42	7.9d42	6.6d42	9.1d52	7.0d52	5.8d52		6.9i58	5.3d58		
x 82	13.9d42	10.6d42	8.6d42	7.3d42	10.0d52	7.6d52	6.1d50	5.3d52	7.4i56	5.8d60		
x 89	14.4d42	11.0d42	8.9d40	7.5d42	10.4d52	8.0d52	6.5d52	5.4d50	7.8i58	6.0d60		
x 98	15.8d42	12.0d42	9.8d42	8.3d42	11.4d52	8.6d52	7.0d52	5.9d50	8.5d60	6.5d60	5.3d60	
533x210x 82	15.6d42	11.9d42	9.6d42	8.1d42	11.3d52	8.6d52	7.0d52	5.9d52	8.4d60	6.4d58	5.3d60	
x 92	17.5d42	13.4d42	10.9d42	9.1d42	12.5d52	9.6d52	7.8d52	6.5d50	9.4d60	7.1d58	5.9d60	
x101	18.4d42	14.0d42	11.4d42	9.5d42	13.1d52	10.0d50	8.1d52	6.9d52	9.9d60	7.5d58	6.1d60	5.1d58
x109	19.6d42	15.0d42	12.1d42	10.1d42	14.0d52	10.8d52	8.6d50	7.3d50	10.5d60	8.0d60	6.5d60	5.5d60
x122	. .	16.6d42	13.5d42	11.4d42	15.6d52	12.0d52	9.6d50	8.1d52	11.6d60	8.9d58	7.3d60	6.1d60
610x229x101	. .	16.1d42	13.0d42	11.0d42	15.1d52	11.6d52	9.4d52	7.9d52	11.3d60	8.6d60	7.0d60	5.9d58
x113	. .	17.3d42	14.0d42	11.8d42	16.3d52	12.4d52	10.0d52	8.4d50	12.1d60	9.3d60	7.5d60	6.3d58
x125	. .	19.0d42	15.4d42	12.9d42	17.8d52	13.6d52	11.0d52	9.3d52	13.3d60	10.1d60	8.3d60	6.9d58
x140	. .	. .	17.0d42	14.3d42	19.8d52	15.1d52	12.3d52	10.3d52	14.8d60	11.3d60	9.1d60	7.6d58
610x305x149	. .	. .	18.3d42	15.3d42	. .	16.0d52	13.0d52	10.9d50	15.6d60	11.9d58	9.6d58	8.1d60
x179	. .	. .	. .	18.0d42	. .	19.0d52	15.4d52	12.9d52	18.5d60	14.1d60	11.5d60	9.6d60
x238	. .	. .	. .	. .	. .	20.0d52	16.8d50	. .	18.5d60	14.9d58	12.5d58	
686x254x125	. .	. .	16.8d42	14.0d42	19.5d52	14.9d52	12.0d52	10.1d52	14.5d60	11.1d60	9.0d60	7.6d60
x140	. .	. .	18.6d42	15.6d42	. .	16.5d52	13.4d52	11.3d52	16.3d60	12.4d60	10.0d58	8.4d58
x152	. .	. .	. .	16.9d42	. .	17.9d52	14.5d52	12.1d52	17.5d60	13.4d60	10.9d60	9.1d60
x170	. .	. .	. .	18.8d42	. .	19.8d52	16.0d52	13.5d52	19.4d60	14.8d60	12.0d60	10.1d60
203x203x 46												
x 52												
x 60	5.1d42											
x 71	6.0d42											
x 86	7.1d42											
254x254x 73	7.5d42	5.4d42										
x 89	8.8d42	6.4d42			5.4i36							
x107	10.3d42	7.4d40	5.6d42		6.1i36							
x132	12.5d42	9.0d42	6.8d42	5.4d40	7.3i36	5.6d52						
x167	15.5d42	11.0d42	8.3d40	6.6d40	8.9i36	6.9d52	5.1d50					
305x305x 97	11.0d42	8.4d42	6.8d42	5.4d40	7.6i46	5.5d50						
x118	12.9d42	9.7d42	7.9d40	6.4d42	8.8i40	6.5d50						
x137	14.8d42	11.4d42	9.0d42	7.3d42	9.9i36	7.4d50	5.6d52		5.1i42			
x158	17.0d42	13.0d42	10.3d42	8.1d40	11.1i32	8.4d50	6.3d48	5.0d48	5.8i42	5.4i50		
x198	. .	16.3d42	12.5d42	10.0d40	13.5i36	10.3d50	7.8d52	6.3d52	6.9i42	6.5i46	5.1d58	
x240	. .	19.6d42	15.0d42	12.0d42	15.9i36	12.3d50	9.3d52	7.4d50	8.1i42	7.6i42	6.1d60	
x283	. .	. .	17.6d42	14.1d42	18.5i36	14.4d52	10.8d50	8.5d50	9.4i42	8.9i42	7.1d58	5.8d58
356x368x129	15.4d42	11.9d42	9.6d42	8.1d42	11.0d52	8.5d52	6.5d50	5.3d50	6.3i42	5.8i58		
x153	18.0d42	13.9d42	11.3d42	9.5d42	12.9d52	9.9d52	7.5d50	6.0d48	7.1i42	6.6d60	5.0d60	
x177	. .	16.3d42	13.3d42	11.1d42	15.0d52	11.4d52	8.5d50	6.9d52	8.0i42	7.5d60	5.6d58	
x202	. .	18.5d42	15.0d42	12.5d42	16.9d48	12.8d52	9.5d50	7.6d50	8.9i42	8.3i54	6.3d56	5.0h54

Deck: **GENERIC PROFILE**   Table 46

BEAM DATA
```
Internal beam
Single point load
Steel grade              50
Shear connectors     Welded
```

SLAB DATA
```
Fire resistance   90 mins
Slab depth        125 mm
Concrete          LW
Grade             30
```

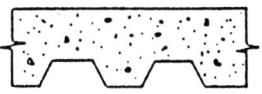

FOR FURTHER INFORMATION SEE NOTES PRECEDING TABLE 1

L = maximum spacing of beams

BEAM SPAN	6.0m				7.0m				8.0m			
IMPOSED LOAD kN/m²	4	6	8	10	4	6	8	10	4	6	8	10
SERIAL SIZE	L N	L N	L N	L N	L N	L N	L N	L N	L N	L N	L N	L N
254x146x 37	7.3f38	5.9f42			5.4f38							
x 43	8.4f40	6.5c42	5.3c42		6.1f42	5.0f48						
305x102x 28	5.0a16											
x 33	6.5a26	5.6f36										
305x127x 37	7.9f36	6.4f40	5.3f42		5.8a36							
x 42	8.8f38	7.0f42	5.8c42		6.5f40	5.3f44						
x 48	10.0f40	7.9f44	6.4c44	5.3c42	7.4f42	6.0f48			5.5a42			
305x165x 40	9.0f42	6.9f42	5.6c44		6.6f44	5.4f50			5.1f44			
x 46	10.0f42	7.6c42	6.1c42	5.1c42	7.6f48	5.9c50			5.9f50			
x 54	11.3c44	8.5c42	6.9c42	5.8c42	8.6c50	6.5c48	5.3c48		6.8f54	5.3c56		
356x127x 33	7.8f34	6.3f38	5.1f38		5.0a24							
x 39	9.3f38	7.4f42	6.0c42	5.0c42	6.6a38	5.5f44						
356x171x 45	10.8c42	8.3c44	6.6c42	5.5c42	8.0f46	6.4c50	5.1c50		6.1f48			
x 51	11.9c42	9.0c42	7.3c42	6.1c42	9.1c50	6.9c48	5.6c50		7.0f52	5.5c56		
x 57	13.0c42	9.9c42	8.0c42	6.6c42	9.9c48	7.5c48	6.1c50	5.1c50	7.9f56	6.0c56		
x 67	14.9c42	11.4c44	9.1c42	7.6c42	11.4c50	8.6c50	7.0c50	5.9c50	9.0c56	6.9c56	5.5c56	
406x140x 39	10.0f38	8.0f42	6.5c42	5.5c42	7.4f44	5.9f44	5.0f48					
x 46	12.3f42	9.3c42	7.5c42	6.3c42	9.0f46	7.1c50	5.8c50		6.4a40	5.5f52		
406x178x 54	13.6c42	10.4c42	8.4c42	7.0c42	10.4c50	7.9c48	6.4c48	5.4c50	8.1f54	6.3c56	5.1c58	
x 60	14.9c42	11.4c44	9.1c42	7.6c42	11.4c50	8.6c50	7.0c50	5.9c50	9.0c56	6.9c58	5.5c56	
x 67	16.5c44	12.5c42	10.1c44	8.5c44	12.5c50	9.5c50	7.6c48	6.4c48	9.9c56	7.5c56	6.0c54	5.1c58
x 74	18.0c42	13.6c42	11.0c42	9.3c42	13.6c50	10.4c50	8.4c50	7.0c50	10.8c56	8.1c56	6.6c56	5.5c56
457x152x 52	14.6c42	11.1c42	9.0c44	7.5c42	10.9f48	8.5c50	6.9c50	5.8c50	8.1n46	6.6f56	5.4c56	
x 60	16.4c44	12.4c42	10.0c42	8.4c42	12.4c50	9.4c48	7.6c50	6.4c50	9.8f56	7.4c56	6.0c56	5.0c54
x 67	18.0c42	13.6c42	11.0c42	9.3c42	13.6c50	10.4c50	8.4c50	7.0c50	10.8c56	8.1c56	6.6c56	5.5c56
x 74	19.1c44	14.5c42	11.6c42	9.8c42	14.4c50	11.0c50	8.9c50	7.4c48	11.4c56	8.6c56	7.0c56	5.9c56
x 82	. .	15.8c42	12.8c44	10.6c42	15.6c50	11.9c50	9.6c50	8.0c48	12.3c56	9.4c56	7.5c56	6.4c58
457x191x 67	17.9c42	13.6c42	11.0c42	9.3c44	13.6c50	10.3c48	8.4c50	7.0c50	10.6c56	8.1c56	6.5c54	5.5c56
x 74	19.6c42	15.0c44	12.0c42	10.1c42	14.9c50	11.3c50	9.1c50	7.6c50	11.6c56	8.9c56	7.1c56	6.0c56
x 82	. .	16.3c42	13.1c44	11.0c42	16.1c50	12.3c50	9.9c50	8.3c48	12.6c56	9.6c56	7.8c56	6.5c56
x 89	. .	16.9c42	13.6c42	11.4c42	16.8c50	12.8c50	10.3c50	8.6c50	13.1c56	10.0c56	8.1c58	6.8c56
x 98	. .	18.4c42	14.9c44	12.4c42	18.3c50	13.9c50	11.1c48	9.4c50	14.3c56	10.9c56	8.8c56	7.4c56
533x210x 82	. .	18.3c42	14.8c42	12.4c42	18.1c50	13.8c50	11.1c50	9.4c50	14.3c58	10.8c56	8.8c56	7.3c54
x 92	. .	. .	16.4c42	13.8c42	. .	15.4c50	12.4c50	10.4c50	15.9c58	12.0c56	9.8c58	8.1c56
x101	. .	. .	17.3c44	14.4c42	. .	16.1c50	13.0c50	10.9c50	16.6c58	12.6c58	10.1c56	8.5c50
x109	. .	. .	18.3c42	15.3c42	. .	17.1c50	13.8c50	11.6c50	17.6c56	13.4c56	10.8c56	9.0c56
x122	. .	. .	. .	17.0c44	. .	19.0c50	15.3c50	12.8c48	19.5c56	14.9c56	12.0c56	10.0c56
610x229x101	. .	. .	19.6c42	16.5c44	. .	18.5c50	14.9c50	12.5c50	19.0c56	14.5c58	11.6c56	9.8c56
x113	. .	. .	. .	17.6c44	. .	19.8c50	15.9c50	13.3c48	. .	15.4c56	12.4c56	10.4c56
x125	. .	. .	. .	19.3c44	. .	. .	17.4c50	14.5c50	. .	16.9c56	13.6c58	11.4c56
x140	. .	. .	. .	. .	. .	. .	19.1c50	16.0c50	. .	18.6c58	15.0c56	12.5c56
610x305x149	. .	. .	. .	. .	. .	. .	17.0c50		. .	19.6c56	15.9c56	13.3c56
x179	. .	. .	. .	. .	. .	. .	20.0c50		. .	. .	18.6c56	15.6c56
x238	. .	. .	. .	. .	. .	. .	. .		. .	. .	. .	. .
686x254x125	. .	. .	. .	. .	. .	18.9c50	15.9c50		18.5c58	14.9c56	12.5c58	
x140	. .	. .	. .	. .	. .	. .	17.6c50		. .	16.5c58	13.8c56	
x152	. .	. .	. .	. .	. .	. .	18.9c50		. .	17.8c58	14.9c58	
x170	. .	. .	. .	. .	. .	. .	. .		. .	19.5c56	16.4c58	
203x203x 46	7.4f42	5.8c44			5.5f44							
x 52	8.1c42	6.1c42	5.0c42		6.1f46							
x 60	8.9c42	6.8c42	5.5c42		6.9c50	5.3c48			5.4f52			
x 71	9.9c42	7.6c44	6.1c42	5.1c42	7.6c48	5.9c50			6.1c56			
x 86	11.5c44	8.8c42	7.1c42	6.0c42	8.9c50	6.8c50	5.5c50		7.0c56	5.4c56		
254x254x 73	11.8c42	9.0c44	7.3c42	6.1c42	9.0c50	6.9c50	5.6c50		7.1c56	5.5c56		
x 89	13.4c42	10.3c42	8.3c42	7.0c42	10.3c50	7.9c50	6.4c50	5.4c50	8.1c56	6.3c56	5.0c54	
x107	15.6c42	11.9c42	9.6c42	8.1c42	11.9c50	9.1c50	7.4c50	6.1c48	9.4c56	7.1c56	5.8c54	
x132	18.9c42	14.4c42	11.6c42	9.8c42	14.3c50	10.9c48	8.9c50	7.4c48	11.3c56	8.6c56	7.0c58	5.9c56
x167	. .	17.9c44	14.4c42	12.1c42	17.6c50	13.5c50	10.9c50	9.1c48	13.8c56	10.5c56	8.5c56	7.1c56
305x305x 97	17.0c42	13.0c42	10.5c42	8.9c44	12.9c50	9.9c50	8.0c50	6.6c48	10.1c56	7.8c56	6.3c56	5.3c56
x118	19.5c44	14.9c42	12.0c42	10.1c42	14.8c50	11.3c50	9.1c50	7.6c50	11.5c56	8.9c58	7.1c56	6.0c56
x137	. .	17.1c44	13.8c42	11.6c42	16.9c50	12.9c50	10.4c48	8.8c50	13.3c58	10.1c58	8.1c56	6.9c56
x158	. .	19.5c42	15.8c42	13.3c42	19.1c50	14.6c50	11.9c50	9.9c48	15.0c56	11.5c56	9.3c56	7.8c56
x198	. .	. .	19.5c42	16.4c42	. .	18.1c50	14.6c50	12.3c48	18.5c56	14.1c56	11.4c56	9.6c56
x240	. .	. .	. .	19.6c42	. .	. .	17.6c50	14.8c50	. .	17.0c58	13.8c56	11.5c56
x283	. .	. .	. .	. .	. .	. .	17.4c50		. .	19.9c56	16.1c56	13.5c56
356x368x129	. .	18.0c42	14.6c44	12.3c42	17.8c50	13.5c50	11.0c50	9.3c50	13.9c58	10.6c56	8.6c58	7.3c56
x153	. .	. .	17.0c42	14.4c44	. .	15.8c50	12.8c50	10.8c50	16.1c56	12.4c58	10.1c56	8.4c58
x177	. .	. .	19.5c42	16.4c42	. .	18.1c50	14.6c50	12.3c48	18.5c58	14.1c56	11.4c56	9.5c54
x202	. .	. .	. .	18.6c44	. .	. .	16.6c50	13.9c48	. .	16.0c58	12.9c56	10.9c58

Deck: GENERIC PROFILE

Table 47

BEAM DATA
- Internal beam
- Single point load
- Steel grade   50
- Shear connectors   Welded

SLAB DATA
- Fire resistance   90 mins
- Slab depth   135 mm
- Concrete   NW
- Grade   30

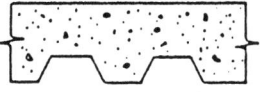

FOR FURTHER INFORMATION SEE NOTES PRECEDING TABLE 1

L = maximum spacing of beams

BEAM SPAN	6.0m				7.0m				8.0m			
IMPOSED LOAD kN/m²	4	6	8	10	4	6	8	10	4	6	8	10
SERIAL SIZE	L N	L N	L N	L N	L N	L N	L N	L N	L N	L N	L N	L N
254x146x 37	6.5f32	5.4f36										
x 43	7.5f36	6.3f40	5.3c42		5.5f36							
305x102x 28												
x 33	5.1a16	5.1a28										
305x127x 37	7.0f30	5.9f36	5.0f38									
x 42	7.9f32	6.5f38	5.6f42		5.4a28							
x 48	9.0f36	7.5f42	6.3f42	5.4c44	6.5a36	5.5f42						
305x165x 40	8.1f36	6.6f40	5.6c44		6.0f36							
x 46	9.3f40	7.5c44	6.1c44	5.3c44	6.9f42	5.6f46			5.3f40			
x 54	10.8f44	8.4c44	6.9c44	5.8c42	7.9f46	6.5c52	5.3c50		6.1f48	5.0f54		
356x127x 33	6.5a24	5.8f30										
x 39	8.3f32	6.9f38	5.9f42	5.1c44	5.1a20	5.0f36						
356x171x 45	9.8f38	8.0f44	6.6c44	5.6c44	7.3f42	5.9f46	5.0f48		5.5f40			
x 51	11.1f42	8.9c44	7.3c44	6.1c44	8.3f44	6.8f50	5.6c52		6.4f46	5.3f52		
x 57	12.4c44	9.6c44	7.9c44	6.6c42	9.3f48	7.4c50	6.0c50	5.1c50	7.1f50	5.9f56		
x 67	14.1c44	11.0c44	9.0c44	7.6c44	10.8c50	8.4c50	6.9c50	5.9c52	8.4f54	6.6c56	5.5c58	
406x140x 39	9.0f34	7.4f38	6.4f42	5.5c44	6.0a26	5.5f38						
x 46	10.8f38	9.0f42	7.4c42	6.3c42	7.9a38	6.6f46	5.6f48		5.0a22	5.0a42		
406x178x 54	12.9f42	10.1c44	8.3c44	7.0c44	9.5f46	7.8c50	6.4c52	5.4c50	7.3f48	6.0f54	5.0c56	
x 60	14.1c44	11.0c44	9.0c44	7.6c44	10.8f50	8.4c50	6.9c50	5.8c48	8.3f52	6.6c56	5.5c58	
x 67	15.5c44	12.0c44	9.9c44	8.4c44	11.9c52	9.3c52	7.5c50	6.4c50	9.3f56	7.3c56	6.0c58	5.0c56
x 74	16.9c44	13.1c44	10.8c44	9.1c44	12.9c50	10.0c50	8.1c50	6.9c50	10.1c56	7.9c56	6.5c58	5.5c58
457x152x 52	13.3f40	10.8c44	8.8c44	7.4c42	9.8f42	8.0f48	6.8c50	5.8c52	6.4a28	6.1f50	5.3f54	
x 60	15.4c44	12.0c44	9.8c44	8.3c42	11.4f48	9.1c50	7.5c50	6.4c52	8.0a40	7.1f56	5.9c56	5.0c56
x 67	16.9c44	13.1c44	10.8c44	9.1c44	12.8f50	10.0c50	8.1c50	6.9c50	9.3a46	7.9c56	6.5c58	5.5c58
x 74	17.9c44	13.9c44	11.4c44	9.6c44	13.6f52	10.6c52	8.6c50	7.4c52	10.5c54	8.4c58	6.9c58	5.8c56
x 82	19.4c44	15.1c44	12.4c44	10.4c42	14.8c52	11.5c52	9.4c50	7.9c50	11.5c56	9.0c58	7.4c58	6.3c58
457x191x 67	16.9c44	13.1c44	10.8c44	9.0c42	12.8c50	10.0c52	8.1c50	6.9c50	10.0f56	7.9c58	6.5c58	5.5c58
x 74	18.5c44	14.4c44	11.8c44	9.9c42	14.0c50	10.9c50	8.9c50	7.5c50	11.0c58	8.6c58	7.0c56	6.0c58
x 82	20.0c44	15.5c44	12.8c44	10.8c44	15.1c50	11.8c50	9.6c50	8.1c50	11.9c58	9.3c58	7.6c58	6.4c56
x 89	. .	16.1c44	13.3c44	11.1c42	15.8c50	12.3c50	10.0c50	8.5c50	12.4c58	9.6c58	7.9c58	6.6c56
x 98	. .	17.6c44	14.4c44	12.1c44	17.1c52	13.3c50	10.9c50	9.1c50	13.4c58	10.4c56	8.5c56	7.3c58
533x210x 82	. .	17.5c44	14.4c44	12.1c44	17.0c50	13.3c52	10.8c50	9.1c50	13.4c58	10.4c58	8.5c58	7.1c56
x 92	. .	19.5c44	15.9c44	13.5c44	18.9c50	14.6c50	12.0c50	10.1c50	14.8c58	11.5c58	9.4c56	8.0c58
x101	. .	. .	16.6c44	14.1c44	19.8c50	15.4c50	12.6c50	10.6c50	15.5c58	12.0c58	9.9c58	8.4c58
x109	. .	. .	17.8c44	15.0c44	. .	16.4c52	13.4c50	11.3c50	16.5c58	12.8c58	10.5c58	8.9c58
x122	. .	. .	19.6c44	16.6c44	. .	18.1c50	14.9c52	12.5c50	18.3c58	14.1c58	11.6c58	9.8c56
610x229x101	. .	. .	19.1c44	16.1c44	. .	17.6c50	14.4c50	12.3c52	17.8c58	13.8c58	11.3c58	9.5c56
x113	. .	. .	. .	17.3c44	. .	18.9c52	15.4c50	13.0c50	18.9c58	14.8c58	12.0c58	10.1c56
x125	. .	. .	. .	18.8c44	. .	. .	16.8c50	14.3c52	. .	16.1c58	13.1c58	11.1c58
x140	. .	. .	. .	. .	. .	. .	18.5c50	15.6c50	. .	17.8c58	14.5c58	12.3c58
610x305x149	. .	. .	. .	. .	. .	. .	19.6c52	16.5c50	. .	18.6c58	15.3c58	12.9c56
x179	. .	. .	. .	. .	. .	. .	. .	19.5c52	. .	. .	18.0c58	15.3c58
x238	. .	. .	. .	. .	. .	. .	. .	. .	. .	. .	. .	19.6c58
686x254x125	. .	. .	. .	. .	. .	. .	18.4c50	15.5c50	. .	17.6c58	14.4c58	12.1c56
x140	. .	. .	. .	. .	. .	. .	. .	17.1c50	. .	19.5c58	15.9c58	13.5c58
x152	. .	. .	. .	. .	. .	. .	. .	18.5c50	. .	. .	17.1c58	14.5c58
x170	. .	. .	. .	. .	. .	. .	. .	. .	. .	. .	18.9c58	16.0c58
203x203x 46	6.6f36	5.6f42										
x 52	7.5f40	6.1c42	5.1c44		5.5f40							
x 60	8.5f42	6.8c44	5.5c42		6.3f44	5.3c50						
x 71	9.6c44	7.5c44	6.1c44	5.3c44	7.3f48	5.9c52			5.6f50			
x 86	11.0c44	8.6c44	7.0c42	6.0c44	8.5c50	6.6c50	5.5c50		6.6f54	5.4c58		
254x254x 73	11.3c44	8.8c44	7.3c44	6.1c44	8.6c50	6.8c50	5.5c50		7.0c58	5.4c56		
x 89	12.8c44	10.0c44	8.1c42	6.9c44	9.8c50	7.6c50	6.3c50	5.4c50	7.9c58	6.1c58	5.0c56	
x107	14.8c44	11.5c42	9.5c44	8.0c42	11.3c50	8.9c52	7.3c50	6.1c50	9.0c58	7.0c58	5.8c56	
x132	17.8c44	13.9c44	11.4c44	9.6c44	13.5c50	10.5c50	8.6c50	7.4c50	10.6c58	8.4c58	6.9c58	5.8c58
x167	. .	17.1c44	14.0c44	11.9c44	16.6c52	12.9c50	10.6c50	9.0c50	13.0c58	10.1c58	8.4c58	7.1c58
305x305x 97	16.0c44	12.5c44	10.3c44	8.8c44	12.3c52	9.5c50	7.8c50	6.6c50	9.6c58	7.5c56	6.1c56	5.3c56
x118	18.3c44	14.3c44	11.8c44	9.9c42	13.9c50	10.9c52	8.9c50	7.5c50	11.0c58	8.5c58	7.0c56	6.0c58
x137	. .	16.4c44	13.4c44	11.4c44	15.9c52	12.4c50	10.1c50	8.6c50	12.5c58	9.8c58	8.0c58	6.8c56
x158	. .	18.6c44	15.3c44	12.9c44	18.0c50	14.0c50	11.5c50	9.8c50	14.1c58	11.0c58	9.0c58	7.6c56
x198	. .	. .	18.9c44	16.0c44	. .	17.3c50	14.1c50	12.0c50	17.4c58	13.5c58	11.1c58	9.4c56
x240	. .	. .	. .	17.9g30	. .	. .	17.0c50	14.4c50	. .	16.1c58	13.3c58	11.3c58
x283	. .	. .	. .	19.6g22	. .	. .	19.4g44	15.8g34	. .	19.0c58	15.5c58	13.1g56
356x368x129	. .	17.3c44	14.1c44	12.0c44	16.6c50	13.0c50	10.6c50	9.0c50	13.1c58	10.3c58	8.4c58	7.1c58
x153	. .	. .	16.5c44	14.0c44	19.4c52	15.1c52	12.4c50	10.5c50	15.1c58	11.8c58	9.6c58	8.3c58
x177	. .	. .	18.9c44	16.0c44	. .	17.3c50	14.1c50	12.0c50	17.3c58	13.5c58	11.0c58	9.4c58
x202	. .	. .	. .	18.1c44	. .	19.5c50	16.0c50	13.5c50	19.5c58	15.1c56	12.5c58	10.5c58

81

Deck: GENERIC PROFILE

Table 48

BEAM DATA
```
Internal beam
Single point load
Steel grade           43
Shear connectors    Welded
```

SLAB DATA
```
Fire resistance  90 mins
Slab depth       125 mm
Concrete         LW
Grade            30
```

FOR FURTHER INFORMATION SEE NOTES PRECEDING TABLE 1

L = maximum spacing of beams

BEAM SPAN	6.0m				7.0m				8.0m			
IMPOSED LOAD kN/m²	4	6	8	10	4	6	8	10	4	6	8	10
SERIAL SIZE	L N	L N	L N	L N	L N	L N	L N	L N	L N	L N	L N	L N
254x146x 37	5.6f28											
x 43	6.5f34	5.3f38										
305x102x 28												
x 33	5.4f22											
305x127x 37	6.1f28											
x 42	6.8f30	5.5f34			5.0f30							
x 48	7.8f34	6.3f38	5.3f42		5.8f34							
305x165x 40	7.0f34	5.5f36			5.1f32							
x 46	8.0f38	6.4f42	5.1c42		5.9f38							
x 54	9.1f40	7.1c42	5.8c42		6.8f42	5.4f46			5.3f44			
356x127x 33	6.0f24											
x 39	7.1f30	5.8f34			5.3f28							
356x171x 45	8.4f36	6.8f40	5.5f42		6.3f36	5.0f40						
x 51	9.6f40	7.5f42	6.1c42	5.1c42	7.1f42	5.6f46			5.5f42			
x 57	10.8f42	8.3c44	6.6c42	5.5c42	7.9f44	6.3c48	5.1c50		6.1f46			
x 67	12.3c42	9.4c44	7.5c42	6.4c44	9.4f50	7.1c48	5.8c48		7.3f52	5.8c58		
406x140x 39	7.8f30	6.3f34	5.1f34		5.8f30							
x 46	9.4f36	7.5f40	6.3c42	5.3c42	7.0f36	5.6f42			5.4f36			
406x178x 54	11.0f40	8.6c44	6.9c42	5.8c42	8.1f42	6.5f48	5.4c50		6.3f44	5.0f48		
x 60	12.3c42	9.4c44	7.5c42	6.3c42	9.3f48	7.1c50	5.8c48		7.1f50	5.6f54		
x 67	13.5c42	10.3c42	8.3c42	6.9c42	10.3f50	7.9c50	6.3c48	5.3c48	7.9f52	6.3c58	5.0c56	
x 74	14.8c44	11.1c42	9.0c42	7.5c42	11.3c50	8.5c50	6.9c50	5.8c48	8.8f54	6.8c56	5.4c54	
457x152x 52	11.4f38	9.0f42	7.4c42	6.1c42	8.4f40	6.8f46	5.6f48		6.5f40	5.1f44		
x 60	13.3f42	10.1c42	8.3c44	6.9c42	9.8f44	7.8f50	6.3c50	5.3c48	7.5f48	6.0f54	5.0f56	
x 67	14.6f42	11.1c42	9.0c42	7.5c42	10.9f46	8.5c50	6.9c50	5.8c50	8.4f50	6.6f54	5.4c54	
x 74	15.6c42	11.9c42	9.6c44	8.0c42	11.6f48	9.0f42	7.3c48	6.1c50	9.0f52	7.1c56	5.8c56	
x 82	16.9c42	12.9c42	10.4c42	8.8c44	12.9c50	9.8c50	7.9c50	6.6c50	9.9f54	7.8c58	6.3c56	5.3c56
457x191x 67	14.6c42	11.1c42	9.0c44	7.5c42	11.1f50	8.5c50	6.9c50	5.8c50	8.5f52	6.8c58	5.4c56	
x 74	16.0c42	12.1c42	9.8c42	8.3c42	12.1c50	9.3c50	7.5c50	6.3c50	9.5f56	7.3c56	5.9c56	
x 82	17.4c44	13.1c42	10.6c42	8.9c42	13.1c50	10.0c50	8.0c48	6.8c50	10.4c56	7.9c56	6.4c56	5.4c58
x 89	18.1c42	13.8c42	11.1c42	9.3c42	13.8c50	10.4c50	8.4c48	7.0c48	10.8c56	8.3c58	6.6c56	5.5c54
x 98	19.6c42	15.0c44	12.0c42	10.1c42	14.9c50	11.3c50	9.1c50	7.6c48	11.8c58	8.9c56	7.1c56	6.0c56
533x210x 82	19.5c42	14.8c42	11.9c42	10.0c42	14.8c50	11.1c50	9.0c50	7.5c48	11.5c56	8.8c56	7.1c56	6.0c58
x 92	. .	16.5c44	13.3c42	11.1c42	16.4c50	12.4c50	10.0c50	8.4c50	12.8c56	9.8c56	7.9c56	6.6c56
x101	. .	17.4c42	14.0c42	11.8c42	17.3c50	13.0c50	10.5c50	8.9c50	13.5c58	10.3c56	8.3c56	6.9c56
x109	. .	18.5c44	14.9c42	12.5c44	18.3c50	13.9c50	11.3c50	9.4c50	14.3c56	10.9c56	8.8c56	7.4c56
x122	. .	. .	16.5c42	13.9c44	. .	15.4c50	12.4c50	10.4c48	15.9c58	12.0c56	9.8c58	8.1c56
610x229x101	. .	19.9c44	16.0c42	13.4c42	19.6c50	14.9c50	12.0c50	10.1c50	15.4c58	11.6c56	9.4c56	7.9c56
x113	. .	. .	17.1c42	14.4c42	. .	16.0c50	12.9c50	10.8c48	16.4c56	12.5c58	10.0c56	8.4c56
x125	. .	. .	18.8c44	15.8c44	. .	17.5c50	14.1c50	11.9c50	18.0c58	13.6c56	11.0c56	9.3c56
x140	. .	. .	. .	17.3c42	. .	19.4c50	15.6c50	13.0c50	19.9c58	15.1c58	12.1c56	10.1c56
610x305x149	. .	. .	. .	18.3c42	. .	. .	16.4c50	13.8c50	. .	15.8c56	12.8c56	10.6c56
x179	. .	. .	. .	. .	. .	. .	19.3c50	16.1c50	. .	18.6c56	15.0c56	12.6c56
x238	. .	. .	. .	. .	. .	. .	. .	. .	. .	. .	19.5c56	16.4c58
686x254x125	. .	. .	. .	17.1c42	. .	19.1c50	15.5c50	13.0c50	19.8c58	15.0c58	12.1c58	10.1c56
x140	. .	. .	. .	19.0c42	. .	. .	17.1c50	14.4c50	. .	16.6c58	13.4c56	11.3c58
x152	. .	. .	. .	. .	. .	. .	18.4c50	15.4c50	. .	17.9c56	14.4c56	12.1c58
x170	. .	. .	. .	. .	. .	. .	. .	17.0c50	. .	19.8c58	15.9c56	13.3c56
203x203x 46	5.8f34											
x 52	6.5f38	5.3f42										
x 60	7.3f38	5.8c42			5.4f40							
x 71	8.4c42	6.4c42	5.3c42		6.3f44	5.0c48						
x 86	9.6c42	7.4c42	6.0c42	5.0c42	7.5f50	5.8c50			5.8f50			
254x254x 73	9.8c42	7.5c42	6.0c42	5.1c42	7.6c50	5.8c48			6.0f54			
x 89	11.1c42	8.5c42	6.9c42	5.8c42	8.6c50	6.5c48	5.3c48		6.9c56	5.3c56		
x107	12.9c42	9.9c42	8.0c42	6.8c44	9.9c50	7.5c48	6.1c50	5.1c48	7.9c56	6.0c56		
x132	15.5c42	11.9c44	9.6c44	8.0c42	11.8c50	9.0c50	7.3c48	6.1c50	9.4c58	7.1c56	5.8c56	
x167	19.0c42	14.5c42	11.8c42	9.9c42	14.4c50	11.0c50	8.9c48	7.5c50	11.4c56	8.6c56	7.0c56	5.9c54
305x305x 97	13.9c42	10.6c42	8.6c44	7.3c42	10.6c50	8.1c50	6.5c48	5.5c48	8.4c56	6.4c56	5.3c58	
x118	15.9c42	12.1c42	9.9c44	8.3c42	12.1c50	9.3c50	7.5c50	6.3c48	9.5c58	7.3c56	5.9c56	5.0c56
x137	18.3c44	13.9c42	11.3c42	9.4c42	13.8c50	10.5c50	8.5c50	7.1c48	10.9c58	8.3c56	6.8c58	5.6c56
x158	. .	15.8c42	12.8c42	10.8c42	15.6c50	11.9c50	9.6c50	8.1c50	12.3c56	9.4c56	7.6c58	6.4c56
x198	. .	19.5c42	15.8c42	13.3c42	19.3c50	14.6c50	11.9c50	10.0c50	15.0c56	11.5c58	9.3c56	7.8c54
x240	. .	. .	19.0c44	15.9c42	. .	17.6c50	14.3c50	12.0c50	18.0c58	13.8c58	11.1c56	9.4c58
x283	. .	. .	. .	17.5c44	. .	19.3c50	15.6c50	13.1c50	19.8c58	15.0c56	12.1c56	10.3c56
356x368x129	19.1c42	14.6c42	11.9c44	9.9c42	14.5c50	11.0c50	8.9c48	7.5c50	11.4c56	8.6c56	7.0c56	5.9c56
x153	. .	17.0c42	13.8c42	11.5c42	16.8c50	12.8c50	10.4c50	8.8c50	13.1c56	10.0c56	8.1c56	6.8c56
x177	. .	19.5c44	15.8c42	13.3c44	19.1c50	14.6c50	11.8c48	9.9c48	14.9c56	11.4c56	9.3c56	7.8c56
x202	. .	. .	17.8c42	15.0c44	. .	16.5c50	13.4c50	11.3c50	16.9c56	12.9c56	10.4c56	8.8c56

Deck: GENERIC PROFILE

Table 49

BEAM DATA

```
Internal beam
Single point load
Steel grade              43
Shear connectors     Welded
```

SLAB DATA

```
Fire resistance   90 mins
Slab depth        135 mm
Concrete          NW
Grade             30
```

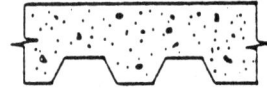

FOR FURTHER INFORMATION SEE NOTES PRECEDING TABLE 1

L = maximum spacing of beams

BEAM SPAN	6.0m								7.0m								8.0m							
IMPOSED LOAD kN/m²	4		6		8		10		4		6		8		10		4		6		8		10	
SERIAL SIZE	L	N	L	N	L	N	L	N	L	N	L	N	L	N	L	N	L	N	L	N	L	N	L	N
254x146x 37	5.0f22																							
x 43	5.9f28																							
305x102x 28																								
x 33																								
305x127x 37	5.5f22																							
x 42	6.1f26		5.1f30																					
x 48	7.0f30		5.8f34		5.0f38				5.1f28															
305x165x 40	6.3f28		5.1f30																					
x 46	7.1f32		5.9f36		5.0f38				5.3f30															
x 54	8.3f36		6.9f42		5.8f42				6.1f36		5.0f40													
356x127x 33	5.4f20																							
x 39	6.4f24		5.3f28																					
356x171x 45	7.5f30		6.3f34		5.3f36				5.6f30															
x 51	8.6f34		7.1f40		6.0f42		5.1c42		6.4f34		5.3f38													
x 57	9.8f38		8.0f44		6.6f44		5.6c44		7.1f40		5.9f44		5.0f48				5.5f38							
x 67	11.5f42		9.1c44		7.5f44		6.3f42		8.5f44		7.0f50		5.8c50				6.5f46		5.4f52					
406x140x 39	7.0f24		5.8f28						5.1f24															
x 46	8.5f32		7.0f36		5.9f38		5.1f40		6.3f30		5.1f34													
406x178x 54	10.0f36		8.1f40		6.9f44		5.8f42		7.4f38		6.0f42		5.1f44				5.6f36							
x 60	11.3f40		9.1f44		7.5f44		6.3f42		8.3f42		6.8f46		5.8f50				6.4f42		5.3f48					
x 67	12.6f42		10.0f44		8.1f44		6.9f44		9.3f44		7.6f50		6.3f50		5.3c50		7.1f46		5.9f54		5.0f58			
x 74	13.9c44		10.8f42		8.9f44		7.5f44		10.3f46		8.3f50		6.8f50		5.8f50		7.9f48		6.5f56		5.4c56			
457x152x 52	10.3f34		8.4f38		7.1f42		6.1c42		7.6f34		6.3f40		5.3f42				5.8f32							
x 60	12.0f38		9.8f42		8.1c44		6.9f44		8.8f40		7.3f46		6.1f50		5.3c50		6.8f40		5.5f44					
x 67	13.3f38		10.8f44		8.9f44		7.5f44		9.9f42		8.0f46		6.8f50		5.8f50		7.5f44		6.3f52		5.3f54			
x 74	14.4f42		11.5f44		9.4f44		7.9f42		10.6f44		8.6f48		7.1f50		6.0f50		8.1f46		6.6f52		5.6f56			
x 82	15.8f42		12.4f44		10.1c44		8.6f44		11.6f46		9.5f52		7.8f50		6.5f50		9.0f50		7.4f56		6.1f58		5.1c56	
457x191x 67	13.6f42		10.8f44		8.8f42		7.5f44		10.0f44		8.3f50		6.8c50		5.8c52		7.8f48		6.4f52		5.4c58			
x 74	15.1c44		11.8c44		9.6f44		8.1c44		11.3f48		8.9c50		7.3c50		6.3c50		8.6f50		7.0f56		5.8c56			
x 82	16.3f44		12.6c44		10.4f44		8.8c44		12.4f50		9.6c50		7.9c50		6.6c50		9.5f54		7.6c58		6.3c58		5.3c56	
x 89	17.0c44		13.3c44		10.9c44		9.1f42		13.0c52		10.0c50		8.3c50		7.0c50		10.0f54		8.0c58		6.5c58		5.5c56	
x 98	18.5c44		14.4c44		11.8c44		9.9f42		14.0c50		10.9c50		8.9c50		7.5c50		11.0f58		8.6c58		7.0c56		6.0c58	
533x210x 82	18.3c44		14.3c44		11.6c44		9.9c44		13.6f48		10.8c50		8.8c50		7.5c52		10.5f52		8.5c58		7.0c58		5.9c58	
x 92	.	.	15.8c44		12.9c44		10.9c44		15.4c52		11.9c50		9.8c50		8.3c50		12.0f58		9.4c58		7.6c56		6.5c58	
x101	.	.	16.6c44		13.5c44		11.5c44		16.1c50		12.5c50		10.3c50		8.6c50		12.6c58		9.9c58		8.0c56		6.8c58	
x109	.	.	17.6c44		14.4c44		12.1c42		17.1c52		13.3c50		10.9c50		9.3c52		13.4c58		10.4c56		8.5c56		7.3c58	
x122	.	.	19.5c44		16.0c44		13.5c44		19.0c52		14.8c52		12.0c50		10.1c50		14.9c58		11.5c58		9.4c56		8.0c58	
610x229x101	.	.	18.9c44		15.5c44		13.1c44		18.4c52		14.3c50		11.6c50		9.9c50		14.4c58		11.1c58		9.1c58		7.8c50	
x113	.	.	.	.	16.6c44		14.0c44		19.6c50		15.3c50		12.5c52		10.5c50		15.4c58		11.9c58		9.8c58		8.3c58	
x125	.	.	.	.	18.1c44		15.4c44		.	.	16.6c50		13.6c50		11.5c50		16.8c58		13.0c58		10.6c58		9.0c58	
x140	.	.	.	.	20.0c44		16.9c44		.	.	18.4c50		15.0c50		12.8c50		18.5c58		14.4c58		11.8c58		9.9c56	
610x305x149	.	.	.	.	.	.	17.9c44		.	.	19.3c50		15.8c50		13.4c50		19.4c58		15.0c58		12.3c56		10.4c56	
x179	.	.	.	.	.	.	.	.	.	.	.	.	18.6c50		15.8c50		.	.	17.8c58		14.5c58		12.3c58	
x238	.	.	.	.	.	.	.	.	.	.	.	.	.	.	.	.	.	.	.	.	18.8c58		15.9c58	
686x254x125	.	.	.	.	19.9c44		16.8c44		.	.	18.3c50		14.9c50		12.6c50		18.4c58		14.3c58		11.6c58		9.9c58	
x140	.	.	.	.	.	.	18.5c44		.	.	.	.	16.5c50		14.0c50		.	.	15.8c58		12.9c58		10.9c58	
x152	.	.	.	.	.	.	20.0c44		.	.	.	.	17.8c50		15.0c50		.	.	17.0c58		13.9c58		11.8c58	
x170	.	.	.	.	.	.	.	.	.	.	.	.	19.6c50		16.6c50		.	.	18.8c58		15.4c58		13.0c58	
203x203x 46	5.1f28																							
x 52	5.9f32																							
x 60	6.6f34		5.5f40																					
x 71	7.6f38		6.4c42		5.3c42				5.6f38															
x 86	9.1f42		7.3c42		6.0c44		5.1c44		6.8f42		5.6f48						5.1f42							
254x254x 73	9.5c44		7.4c44		6.0c42		5.1c42		7.0f46		5.8c50						5.4f46							
x 89	10.8c44		8.4c44		6.9c44		5.9c44		8.3c50		6.5c50		5.3c48		5.1c50		6.4f52		5.3c58					
x107	12.4c44		9.6c44		7.9c44		6.8c44		9.5c50		7.4c50		6.1c52		5.1c50		7.6f58		5.9c56					
x132	14.8c44		11.5c44		9.4c44		8.0c44		11.3c50		8.8c50		7.3c52		6.1c50		8.9c56		7.0c58		5.8c58			
x167	18.0c44		14.0c44		11.5c44		9.8c44		13.6c50		10.6c50		8.8c50		7.4c50		10.8c56		8.4c56		6.9c56		5.9c58	
305x305x 97	13.3c44		10.3c42		8.5c44		7.1c42		10.1c50		7.9c50		6.5c50		5.5c50		8.0c56		6.3c56		5.1c56			
x118	15.0c44		11.8c44		9.6c44		8.1c42		11.5c50		9.0c52		7.4c50		6.3c50		9.1c58		7.1c58		5.9c58		5.0c58	
x137	17.1c44		13.3c44		11.0c44		9.3c42		13.0c50		10.2c50		8.4c52		7.1c50		10.5c58		8.0c56		6.6c58		5.6c58	
x158	19.4c44		15.1c44		12.4c42		10.5c42		14.8c52		11.5c50		9.4c50		8.0c50		11.6c58		9.0c56		7.4c56		6.3c56	
x198	.	.	18.6c44		15.3c44		13.0c44		18.0c50		14.0c50		11.5c50		9.8c50		14.1c58		11.0c58		9.0c56		7.6c56	
x240	.	.	.	.	18.4c44		15.5c44		.	.	16.8c50		13.8c50		11.6c50		16.9c58		13.1c58		10.8c56		9.1c58	
x283	.	.	.	.	.	.	17.0c44		.	.	18.4c50		15.1c50		12.8c50		18.5c58		14.4c58		11.8c56		10.0c58	
356x368x129	18.0c44		14.0c44		11.5c44		9.8c44		13.6c50		10.6c50		8.8c50		7.4c50		10.8c58		8.4c58		6.9c58		5.9c58	
x153	.	.	16.3c44		13.4c44		11.3c42		15.8c50		12.3c50		10.1c52		8.5c50		12.4c58		9.6c56		7.9c56		6.8c58	
x177	.	.	18.5c44		15.3c44		12.9c44		17.9c50		14.0c52		11.5c52		9.8c50		14.0c58		11.0c58		9.0c58		7.6c58	
x202	.	.	.	.	17.1c42		14.5c42		.	.	15.8c50		12.9c50		11.0c52		15.8c58		12.4c58		10.1c58		8.5c56	

Deck: **GENERIC PROFILE** Table 50

BEAM DATA
```
Internal beam
Two point loads
Steel grade          50
Shear connectors   Welded
```

SLAB DATA
```
Fire resistance  90 mins
Slab depth       125 mm
Concrete         LW
Grade            30
```

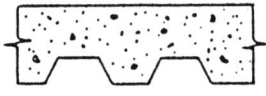

FOR FURTHER INFORMATION SEE NOTES PRECEDING TABLE 1   L = maximum spacing of beams

BEAM SPAN	7.5m				9.0m				10.5m			
IMPOSED LOAD kN/m²	4	6	8	10	4	6	8	10	4	6	8	10
SERIAL SIZE	L N	L N	L N	L N	L N	L N	L N	L N	L N	L N	L N	L N
254x146x 37												
x 43	5.5a38											
305x102x 28												
x 33												
305x127x 37												
x 42	5.3a24											
x 48	6.3a30	5.3d42										
305x165x 40	6.4d42											
x 46	7.0d42	5.3d42										
x 54	7.9d42	6.0d42			5.3a46							
356x127x 33												
x 39												
356x171x 45	7.4d42	5.6d42			5.0a40							
x 51	8.3d42	6.3d42	5.1d42		5.6a42							
x 57	9.0d42	6.9d42	5.5d40		6.6a50							
x 67	10.4d42	7.9d42	6.4d42	5.4d42	7.6d52	5.6d52						
406x140x 39	6.3a26	5.8d42										
x 46	8.0a36	6.4d42	5.3d42									
406x178x 54	9.5d42	7.3d42	5.9d42		7.0d52	5.3d50						
x 60	10.4d42	7.9d42	6.4d42	5.4d42	7.6d52	5.8d50						
x 67	11.4d42	8.8d42	7.0d42	5.9d42	8.4d52	6.4d52	5.0d50		5.8i46			
x 74	12.5d42	9.5d42	7.6d42	6.4d40	9.1d52	6.9d50	5.5d50		6.3i44			
457x152x 52	9.9a40	7.6d42	6.1d40	5.1d40	5.9a26	5.6d52						
x 60	11.3d42	8.6d42	6.9d42	5.8d40	7.1a34	6.3d52	5.0d50					
x 67	12.5d42	9.5d42	7.6d42	6.4d42	8.1d38	6.9d52	5.5d50		5.0a38	5.0a54		
x 74	13.3d42	10.0d42	8.1d42	6.8d42	9.4a48	7.3d52	5.9d52		5.9a38	5.5d60		
x 82	14.4d42	10.9d42	8.8d42	7.4d42	9.3a36	7.9d52	6.4d52	5.4d52	6.6a34	6.0d60		
457x191x 67	12.4d42	9.5d42	7.6d42	6.4d42	9.0d52	6.9d52	5.5d50		6.5a52	5.1d58		
x 74	13.6d42	10.4d42	8.4d42	7.0d42	9.9d52	7.5d52	6.1d52	5.1d52	7.5d60	5.6d58		
x 82	14.9d42	11.3d42	9.1d42	7.6d42	10.8d52	8.1d52	6.6d52	5.5d50	8.1d60	6.1d58		
x 89	15.5d42	11.8d42	9.5d42	7.9d40	11.1d52	8.5d52	6.9d52	5.8d52	8.4d60	6.4d58	5.0d58	
x 98	16.9d42	12.8d42	10.4d42	8.6d42	12.1d52	9.3d52	7.5d52	6.3d52	9.1d60	6.9d58	5.5d60	
533x210x 82	16.8d42	12.6d42	10.3d42	8.6d42	12.0d52	9.1d52	7.4d52	6.1d50	9.0d60	6.9d60	5.5d58	
x 92	18.6d42	14.1d42	11.4d42	9.6d42	13.4d52	10.3d52	8.3d52	6.9d52	10.0d58	7.6d60	6.1d58	5.1d58
x101	19.6d42	14.9d42	12.0d42	10.0d42	14.0d52	10.6d52	8.6d52	7.3d52	10.5d60	8.0d60	6.5d60	5.4d58
x109	. .	15.9d42	12.8d42	10.8d42	15.0d52	11.4d52	9.1d50	7.8d52	11.3d60	8.5d60	6.9d60	5.8d58
x122	. .	17.6d42	14.3d42	11.9d42	16.6d52	12.6d52	10.3d52	8.5d50	12.5d60	9.5d60	7.6d60	6.4d58
610x229x101	. .	17.1d42	13.8d42	11.5d42	16.1d52	12.3d52	9.9d52	8.3d50	12.0d60	9.1d60	7.4d60	6.3d60
x113	. .	18.3d42	14.8d42	12.4d42	17.3d52	13.1d52	10.6d52	8.9d52	12.9d60	9.8d60	7.9d58	6.6d60
x125	. .	20.0d42	16.1d42	13.5d42	19.0d52	14.4d52	11.6d52	9.8d52	14.1d60	10.8d60	8.6d58	7.3d60
x140	. .	. .	17.9d42	15.0d42	. .	15.9d52	12.9d52	10.8d52	15.6d60	11.9d60	9.6d60	8.0d58
610x305x149	. .	. .	19.0d42	16.0d42	. .	16.9d52	13.6d52	11.4d52	16.5d60	12.5d58	10.1d60	8.5d60
x179	. .	. .	. .	18.9d42	. .	20.0d52	16.1d52	13.5d52	19.6d60	14.9d60	12.0d60	10.0d58
x238	. .	. .	. .	. .	. .	. .	17.5d52	. .	19.4d60	15.6d60	13.1d60	
686x254x125	. .	. .	17.6d42	14.8d42	. .	15.8d52	12.8d52	10.6d52	15.5d60	11.8d60	9.5d60	8.0d60
x140	. .	. .	19.6d42	16.5d42	. .	17.5d52	14.1d52	11.9d52	17.3d60	13.1d60	10.5d58	8.9d60
x152	. .	. .	. .	17.8d42	. .	18.9d52	15.3d52	12.8d52	18.6d60	14.1d60	11.4d60	9.5d60
x170	. .	. .	. .	19.6d42	. .	. .	16.9d52	14.1d52	. .	15.6d60	12.6d60	10.5d58
203x203x 46												
x 52												
x 60	5.4d42											
x 71	6.4d42											
x 86	7.5d42	5.0d42										
254x254x 73	8.1d42	5.6d40	5.1d42		5.1i48							
x 89	9.5d42	6.8d42	5.9d42		6.0i46							
x107	11.0d42	7.9d42	5.9d42		6.9i44							
x132	13.3d42	9.4d42	7.1d42	5.6d40	8.1i40	5.9d52						
x167	16.5d42	11.6d42	8.8d42	7.0d42	9.9d36	7.3d52	5.4d48		5.0i38			
305x305x 97	11.8d42	9.0d42	7.0d40	5.6d40	8.4i48	5.9d52						
x118	13.8d42	10.5d42	8.3d42	6.6d42	9.8i48	6.9d52	5.1d50		5.1i38			
x137	15.8d42	12.0d42	9.4d40	7.5d40	11.0i46	7.8d50	5.9d52		5.8i38	5.1i58		
x158	18.0d42	13.8d42	10.6d42	8.5d40	12.4i44	8.8d50	6.6d52	5.3d48	6.4i38	5.9d60		
x198	. .	17.1d42	13.0d42	10.5d42	15.0i38	10.8d52	8.1d52	6.5d52	7.8i38	7.1i58	5.4d58	
x240	. .	. .	15.6d42	12.5d42	17.6i30	12.9d52	9.6d50	7.8d52	9.1i38	8.5d60	6.4d58	5.1d58
x283	. .	. .	18.3d42	14.6d42	. .	15.0d52	11.3d52	9.0d50	10.5i38	9.9i58	7.5d60	6.0d58
356x368x129	16.4d42	12.5d42	10.1d42	8.5d42	11.9d52	9.0d52	6.9d52	5.5d50	7.0i38	6.0d58		
x153	19.1d42	14.6d42	11.9d42	9.9d42	13.8d52	10.5d52	7.9d52	6.4d52	7.9i38	6.9d58	5.3d60	
x177	. .	17.0d42	13.8d42	11.5d40	15.9d52	11.9d52	8.9d52	7.1d50	8.9i38	7.9d60	5.9d58	
x202	. .	19.4d42	15.6d42	12.9d40	18.0d52	13.3d52	10.0d52	8.0d52	9.8i38	8.8i58	6.6d60	5.3d56

Deck: GENERIC PROFILE

Table 51

BEAM DATA
- Internal beam
- Two point loads
- Steel grade 50
- Shear connectors Welded

SLAB DATA
- Fire resistance 90 mins
- Slab depth 135 mm
- Concrete NW
- Grade 30

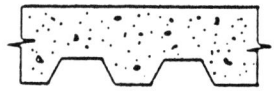

FOR FURTHER INFORMATION SEE NOTES PRECEDING TABLE 1

L = maximum spacing of beams

BEAM SPAN	7.5m								9.0m								10.5m							
IMPOSED LOAD kN/m²	4		6		8		10		4		6		8		10		4		6		8		10	
SERIAL SIZE	L	N	L	N	L	N	L	N	L	N	L	N	L	N	L	N	L	N	L	N	L	N	L	N
254x146x 37																								
x 43																								
305x102x 28																								
x 33																								
305x127x 37																								
x 42																								
x 48																								
305x165x 40	5.1a26																							
x 46	6.0a32		5.3d42																					
x 54	7.1a38		5.8d42																					
356x127x 33																								
x 39																								
356x171x 45	6.5a34		5.6d42																					
x 51	7.8a40		6.1d42		5.0d42																			
x 57	8.5d42		6.6d42		5.5d42				5.0a34		5.0d52													
x 67	9.8d42		7.6d42		6.3d42		5.3d42		6.6a42		5.6d52													
406x140x 39																								
x 46	6.3a28		6.3d42		5.1d42																			
406x178x 54	8.9d42		7.0d42		5.6d40				5.5d30		5.3d52													
x 60	9.8d42		7.6d42		6.3d42		5.3d42		6.4d38		5.6d52													
x 67	10.8d42		8.4d42		6.8d40		5.8d42		7.3d42		6.1d52		5.0d52											
x 74	11.8d42		9.1d42		7.4d42		6.3d40		8.3d48		6.6d52		5.5d52				5.3a38		5.0d58					
457x152x 52	7.8a24		7.4d42		6.0d42		5.1d42																	
x 60	9.3a28		8.3d42		6.8d42		5.8d42		5.6a34		5.6a44		5.0d52											
x 67	10.4a30		9.0d42		7.4d42		6.3d42		6.4a34		6.4a48		5.4d50											
x 74	11.6a36		9.5d42		7.9d42		6.6d42		7.4a28		7.0d52		5.8d52											
x 82	13.4d42		10.4d42		8.5d42		7.1d40		8.3d30		7.5d50		6.1d50		5.3d52		5.3a38		5.3a46					
457x191x 67	11.6d42		9.0d42		7.4d42		6.3d42		8.0a44		6.6d52		5.4d52				5.1a38		5.0d58					
x 74	12.8d42		9.9d42		8.1d42		6.9d42		8.9d46		7.3d52		5.9d52		5.0d52		6.0a38		5.5d60					
x 82	13.8d42		10.8d42		8.8d42		7.4d42		9.9d50		7.8d52		6.4d52		5.4d50		6.6a40		5.9d58					
x 89	14.4d42		11.1d42		9.1d42		7.8d42		10.4d52		8.1d52		6.6d52		5.6d52		7.3d46		6.1d60		5.0d58			
x 98	15.6d42		12.1d42		9.9d42		8.4d42		11.3d52		8.8d52		7.3d52		6.1d52		8.3a54		6.6d60		5.4d58			
533x210x 82	15.5d42		12.0d42		9.9d42		8.4d42		11.3d52		8.8d52		7.1d52		6.0d52		7.6a44		6.5d58		5.4d60			
x 92	17.3d42		13.4d42		11.0d42		9.3d42		12.5d52		9.6d52		7.9d50		6.8d52		9.0a54		7.3d58		6.0d60		5.0d58	
x101	18.1d42		14.1d42		11.5d42		9.8d42		13.0d52		10.1d52		8.3d50		7.0d52		9.4d52		7.6d60		6.3d60		5.3d58	
x109	19.3d42		15.0d42		12.3d42		10.4d42		13.9d52		10.8d52		8.9d52		7.5d52		10.1a54		8.1d60		6.6d60		5.6d60	
x122	. .		16.6d42		13.6d42		11.5d42		15.4d52		12.0d52		9.8d52		8.3d50		11.5d60		9.0d60		7.4d60		6.3d60	
610x229x101	. .		16.1d42		13.3d42		11.1d42		14.9d52		11.6d52		9.5d52		8.0d52		11.1d60		8.6d60		7.1d60		6.0d58	
x113	. .		17.3d42		14.1d42		12.0d42		16.0d52		12.4d52		10.1d52		8.6d52		11.9d60		9.3d60		7.6d60		6.4d58	
x125	. .		19.0d42		15.5d42		13.1d42		17.5d52		13.6d52		11.1d52		9.4d52		13.0d60		10.1d60		8.3d58		7.0d58	
x140	. .		. .		17.1d42		14.5d42		19.4d52		15.0d52		12.3d52		10.4d52		14.5d60		11.3d60		9.1d58		7.8d58	
610x305x149	. .		. .		18.3d42		15.4d42		. .		15.9d52		13.0d52		11.0d52		15.3d60		11.9d60		9.6d58		8.3d60	
x179	. .		. .		. .		18.1d42		. .		18.9d52		15.4d52		13.0d52		18.0d60		14.0d60		11.5d60		9.6d58	
x238	. .		. .		. .		. .		. .		. .		20.0d52		16.9d52		. .		18.3d60		15.0d60		12.6d60	
686x254x125	. .		. .		16.9d42		14.4d42		19.1d52		14.9d52		12.1d52		10.3d52		14.3d60		11.1d60		9.1d60		7.6d58	
x140	. .		. .		18.9d42		15.9d42		. .		16.5d52		13.5d52		11.5d52		15.9d60		12.4d60		10.1d60		8.5d58	
x152	. .		. .		. .		17.1d42		. .		17.9d52		14.6d52		12.4d52		17.1d60		13.4d60		10.9d60		9.3d60	
x170	. .		. .		. .		19.0d42		. .		19.8d52		16.1d52		13.6d52		19.0d60		14.8d60		12.1d60		10.3d60	
203x203x 46																								
x 52	5.5d42																							
x 60	6.0d42																							
x 71	6.8d42		5.1d42																					
x 86	7.8d42		6.0d42																					
254x254x 73	7.8d42		6.0d42		5.0d42				5.1i38															
x 89	9.0d42		7.0d42		5.8d42				6.1i42															
x107	10.4d42		8.1d42		6.6d42		5.6d42		7.0i40		5.8d52													
x132	12.5d42		9.8d42		8.0d42		6.8d42		8.5i42		7.0d52		5.3d52												
x167	15.4d42		12.0d42		9.9d42		8.4d42		10.3i38		8.6d52		6.5d52		5.3d52		5.4i38		5.1i42					
305x305x 97	11.1d42		8.6d42		7.1d42		6.0d42		8.1d52		6.4d52		5.1d52											
x118	12.9d42		10.0d42		8.3d42		7.0d42		9.4d52		7.3d52		6.0d52				5.1i38							
x137	14.6d42		11.5d42		9.4d42		8.0d42		10.6d52		8.3d50		6.8d50		5.5d50		5.9i38		5.6i48					
x158	16.8d42		13.0d42		10.8d42		9.0d40		12.0d52		9.4d52		7.8d50		6.3d50		6.6i38		6.3i44		5.1d58			
x198	. .		16.1d42		13.3d42		11.3d42		14.9d52		11.6d52		9.5d52		7.8d52		8.0i38		7.6i40		6.4d60		5.1d60	
x240	. .		19.5d42		16.0d42		13.5d42		17.9d52		13.9d52		11.4d52		9.3d52		9.5i38		9.0i38		7.6d60		6.1d60	
x283	. .		. .		18.9d42		16.0d42		. .		16.4d52		13.4d52		10.8d52		11.0i38		10.4i38		8.9d58		7.1d58	
356x368x129	15.3d42		11.9d42		9.8d42		8.3d42		11.0d52		8.6d52		7.1d52		6.0d52		7.0i38		6.5d60		5.3d60			
x153	17.8d42		13.9d42		11.4d42		9.6d42		12.8d52		10.0d52		8.1d50		6.9d50		8.0i38		7.5d60		6.1d60			
x177	. .		16.1d42		13.3d42		11.3d42		14.8d52		11.5d52		9.5d52		8.0d50		9.0i38		8.5i56		6.9d58		5.5d58	
x202	. .		18.3d42		15.0d42		12.8d42		16.8d52		13.0d50		10.8d52		9.1d52		10.0i38		9.5i52		7.8d60		6.3d60	

85

Deck: GENERIC PROFILE

Table 52

BEAM DATA
```
Internal beam
Two point loads
Steel grade           43
Shear connectors  Welded
```

SLAB DATA
```
Fire resistance  90 mins
Slab depth       125 mm
Concrete         LW
Grade            30
```

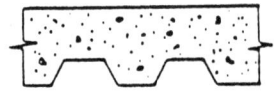

FOR FURTHER INFORMATION SEE NOTES PRECEDING TABLE 1

L = maximum spacing of beams

BEAM SPAN	7.5m								9.0m								10.5m							
IMPOSED LOAD kN/m²	4		6		8		10		4		6		8		10		4		6		8		10	
SERIAL SIZE	L	N	L	N	L	N	L	N	L	N	L	N	L	N	L	N	L	N	L	N	L	N	L	N
254x146x 37																								
x 43																								
305x102x 28																								
x 33																								
305x127x 37																								
x 42																								
x 48																								
305x165x 40	5.0f32																							
x 46	5.8f36																							
x 54	6.6d42		5.0d42																					
356x127x 33																								
x 39																								
356x171x 45	6.1f36																							
x 51	7.0d42		5.4d42																					
x 57	7.5d42		5.8d42						5.4a44															
x 67	8.5d42		6.5d42		5.3d42				6.4d52															
406x140x 39	5.1a22																							
x 46	6.5a32		5.5f40																					
406x178x 54	7.9d42		6.0d42						5.6f44															
x 60	8.5d42		6.5d42		5.3d42				6.3f48															
x 67	9.4d42		7.1d42		5.8d42				6.9d52		5.3d52						5.0a50							
x 74	10.3d42		7.8d42		6.3d42		5.3d42		7.5d52		5.8d52						5.1a44							
457x152x 52	8.3f40		6.4d42		5.1d42				5.0a28															
x 60	9.3d42		7.0d42		5.6d40				6.1a38		5.3f50													
x 67	10.1d42		7.8d42		6.3d42		5.3d42		7.0a44		5.6d50													
x 74	10.8d42		8.3d42		6.6d42		5.5d40		7.9d52		6.0d52						5.1a38							
x 82	11.8d42		8.9d42		7.1d42		6.0d42		8.5d52		6.5d52		5.3d52				5.8a44							
457x191x 67	10.1d42		7.8d42		6.3d42		5.3d42		7.4d52		5.6d52						5.3a46							
x 74	11.1d42		8.4d42		6.8d42		5.8d42		8.1d52		6.1d52		5.0d52				6.0a56							
x 82	12.0d42		9.1d42		7.4d42		6.1d40		8.8d52		6.6d52		5.4d52				6.6d60		5.0d58					
x 89	12.6d42		9.5d42		7.8d42		6.5d42		9.1d52		7.0d52		5.6d52				6.9d60		5.3d60					
x 98	13.6d42		10.4d42		8.4d42		7.0d42		9.9d52		7.5d52		6.1d52		5.1d52		7.5d60		5.6d58					
533x210x 82	13.5d42		10.3d42		8.3d42		6.9d42		9.8d52		7.4d52		6.0d52		5.0d50		7.4d60		5.6d60					
x 92	15.0d42		11.4d42		9.1d42		7.8d42		10.9d52		8.3d52		6.6d52		5.6d52		8.1d60		6.3d60		5.0d58			
x101	15.8d42		12.0d42		9.6d42		8.1d42		11.4d52		8.6d52		7.0d52		5.9d52		8.6d60		6.5d60		5.3d58			
x109	16.9d42		12.8d42		10.3d42		8.6d42		12.1d52		9.3d52		7.4d50		6.3d52		9.1d60		6.9d58		5.6d60			
x122	18.8d42		14.3d42		11.5d42		9.6d42		13.5d52		10.3d52		8.3d52		6.9d50		10.1d60		7.6d58		6.1d58		5.1d56	
610x229x101	18.0d42		13.6d42		11.0d42		9.3d42		13.0d52		9.9d52		8.0d52		6.6d50		9.8d60		7.4d60		6.0d60		5.0d60	
x113	19.4d42		14.8d42		11.9d42		10.0d42		13.9d52		10.5d52		8.5d52		7.1d52		10.4d60		7.9d58		6.4d60		5.4d60	
x125	. .		16.1d42		13.0d42		10.9d42		15.3d52		11.6d52		9.4d52		7.9d52		11.4d60		8.6d60		7.0d60		5.9d60	
x140	. .		17.9d42		14.5d42		12.1d42		16.9d52		12.8d52		10.4d52		8.6d50		12.6d60		9.5d58		7.8d60		6.5d60	
610x305x149	. .		18.9d42		15.3d42		12.8d42		17.8d52		13.5d52		10.9d52		9.1d52		13.3d60		10.1d60		8.1d60		6.8d56	
x179	. .		. .		18.0d42		15.1d42		. .		16.0d52		12.9d52		10.8d50		15.6d60		11.9d60		9.6d60		8.0d58	
x238	. .		. .		. .		19.8d42		. .		. .		16.9d52		14.1d52		. .		15.5d58		12.5d58		10.5d60	
686x254x125	. .		17.8d42		14.3d42		12.0d42		16.6d52		12.6d52		10.3d52		8.5d50		12.4d60		9.5d60		7.6d60		6.4d58	
x140	. .		19.8d42		15.9d42		13.3d42		18.5d52		14.1d52		11.4d52		9.5d52		13.8d60		10.5d60		8.5d60		7.1d60	
x152	. .		. .		17.1d42		14.4d42		20.0d52		15.3d52		12.3d52		10.3d52		14.9d60		11.4d60		9.1d60		7.6d58	
x170	. .		. .		19.0d42		15.9d42		. .		16.9d52		13.6d52		11.4d52		16.5d60		12.5d60		10.1d60		8.5d60	
203x203x 46																								
x 52																								
x 60	5.3f40																							
x 71	5.9d42																							
x 86	6.8d42		5.0d42																					
254x254x 73	6.9d42		5.3d42						5.1d52															
x 89	7.9d42		6.0d42						5.9d52															
x107	9.1d42		7.0d42		5.6d42				6.8d52															
x132	10.9d42		8.4d42		6.8d42		5.6d40		8.0d52		5.9d52													
x167	13.4d42		10.3d42		8.3d42		7.0d42		9.8d52		7.3d52		5.4d48				5.0i38							
305x305x 97	9.6d42		7.4d42		6.0d42		5.0d42		7.1d52		5.4d50													
x118	11.3d42		8.5d42		6.9d40		5.9d42		8.1d52		6.3d52		5.0d50				5.1i38							
x137	12.8d42		9.8d42		7.9d42		6.6d42		9.3d52		7.1d52		5.8d52				5.8i38		5.1i58					
x158	14.5d42		11.1d42		9.0d42		7.5d40		10.5d52		8.0d52		6.5d52		5.3d48		6.4i38		5.9d60					
x198	18.0d42		13.8d42		11.1d42		9.4d42		12.9d52		9.9d52		8.0d52		6.5d52		7.8i38		7.1i58		5.4d58			
x240	. .		16.5d42		13.4d42		11.3d42		15.5d52		11.9d52		9.6d52		7.8d52		9.1i38		8.5d60		6.4d58		5.1d58	
x283	. .		18.3d42		14.8d42		12.4d42		17.0d52		13.0d52		10.5d52		8.9d52		10.5i38		9.8d60		7.5d60		6.0d58	
356x368x129	13.3d42		10.1d42		8.3d42		6.9d42		9.6d52		7.4d52		6.0d52		5.0d50		7.0i54		5.5d58					
x153	15.6d42		12.0d42		9.6d40		8.1d42		11.3d52		8.6d52		7.0d52		5.9d52		7.9i44		6.5d60		5.3d60			
x177	17.9d42		13.6d42		11.0d40		9.3d40		12.9d52		9.9d52		8.0d52		6.6d50		8.9i42		7.4d60		5.9d58			
x202	. .		15.5d42		12.5d42		10.5d42		14.5d52		11.1d52		9.0d52		7.5d50		9.8i34		8.3d58		6.6d60		5.3d56	

86

Deck: GENERIC PROFILE

Table 53

BEAM DATA
```
Internal beam
Two point loads
Steel grade         43
Shear connectors    Welded
```

SLAB DATA
```
Fire resistance  90 mins
Slab depth       135 mm
Concrete         NW
Grade            30
```

FOR FURTHER INFORMATION SEE NOTES PRECEDING TABLE 1

L = maximum spacing of beams

BEAM SPAN	7.5m								9.0m								10.5m							
IMPOSED LOAD kN/m²	4		6		8		10		4		6		8		10		4		6		8		10	
SERIAL SIZE	L	N	L	N	L	N	L	N	L	N	L	N	L	N	L	N	L	N	L	N	L	N	L	N
254x146x 37																								
x 43																								
305x102x 28																								
x 33																								
305x127x 37																								
x 42																								
x 48																								
305x165x 40																								
x 46	5.0a28																							
x 54	5.9a34		5.0f40																					
356x127x 33																								
x 39																								
356x171x 45	5.4a28																							
x 51	6.3a34		5.1f38																					
x 57	7.0a38		5.6d42																					
x 67	8.1d42		6.3d42		5.1d42				5.1a32															
406x140x 39																								
x 46	5.1a18		5.1f34																					
406x178x 54	7.3f36		5.9f40																					
x 60	8.1d42		6.4d42		5.1d40				5.1a32															
x 67	8.9d42		6.9d42		5.6d42				5.8a36		5.3d52													
x 74	9.6d42		7.5d42		6.1d42		5.1d40		6.9a48		5.5d52													
457x152x 52	6.8a26		6.1f38		5.1f40																			
x 60	7.8a30		6.9d42		5.6d42																			
x 67	8.8a34		7.4d42		6.1d42		5.1d42		5.5a24		5.5d50													
x 74	9.9a40		7.9d42		6.4d40		5.5d42		6.3a32		5.9d52													
x 82	10.9d42		8.5d42		7.0d42		5.9d42		7.0a36		6.3d52		5.1d52											
457x191x 67	9.5d42		7.4d42		6.0d42		5.1d42		6.6a42		5.6d52													
x 74	10.4d42		8.1d42		6.6d42		5.6d42		7.6d52		5.9d50						5.0a36							
x 82	11.3d42		8.8d42		7.1d42		6.0d40		8.3d52		6.4d52		5.3d52				5.6a44							
x 89	11.8d42		9.1d42		7.5d42		6.4d42		8.6d52		6.6d50		5.5d52		5.0d52		6.1d52		5.0d58					
x 98	12.8d42		9.9d42		8.1d42		6.9d42		9.3d52		7.3d52		5.9d50		5.0d52		6.9a56		5.5d60					
533x210x 82	12.5d42		9.8d42		8.0d42		6.8d42		9.1d52		7.1d52		5.8d50				6.4a46		5.4d58					
x 92	13.9d42		10.9d42		8.9d42		7.5d42		10.1d52		7.9d52		6.4d50		5.5d52		7.5a58		5.9d58					
x101	14.6d42		11.4d42		9.4d42		7.9d42		10.6d52		8.3d52		6.8d52		5.8d52		8.0d60		6.3d60		5.1d60			
x109	15.6d42		12.1d42		9.9d42		8.4d42		11.3d52		8.8d52		7.1d50		6.1d52		8.5d60		6.6d60		5.4d58			
x122	17.4d42		13.5d42		11.0d42		9.3d42		12.5d52		9.8d52		8.0d52		6.8d52		9.4d60		7.3d58		6.0d60		5.0d56	
610x229x101	16.6d42		13.0d42		10.6d42		9.0d42		12.0d52		9.4d52		7.6d52		6.5d52		9.0d60		7.0d58		5.8d60			
x113	17.9d42		13.9d42		11.4d42		9.6d42		12.9d52		10.0d52		8.3d52		7.0d52		9.6d58		7.5d60		6.1d58		5.3d60	
x125	19.6d42		15.3d42		12.5d42		10.5d42		14.1d52		11.0d52		9.0d52		7.6d52		10.6d60		8.3d60		6.8d60		5.8d60	
x140	.	.	16.9d42		13.8d42		11.6d42		15.6d52		12.1d52		9.9d52		8.4d52		11.6d60		9.1d60		7.4d58		6.3d58	
610x305x149	.	.	17.8d42		14.5d42		12.3d42		16.4d52		12.8d52		10.4d50		8.9d52		12.3d60		9.5d58		7.8d58		6.6d60	
x179	.	.	.	.	17.3d42		14.6d42		19.4d52		15.1d52		12.4d52		10.4d50		14.5d60		11.3d60		9.1d58		7.8d60	
x238	.	.	.	.	.		19.0d42		.	.	19.8d52		16.1d52		13.6d52		18.9d60		14.6d60		12.0d60		10.1d60	
686x254x125	.	.	16.8d42		13.6d42		11.5d42		15.4d52		12.0d52		9.8d52		8.3d52		11.5d60		9.0d60		7.4d60		6.3d60	
x140	.	.	18.6d42		15.1d42		12.9d42		17.1d52		13.3d52		10.9d52		9.3d52		12.8d60		9.9d58		8.1d60		6.9d60	
x152	.	.	20.0d42		16.4d42		13.9d42		18.5d52		14.4d52		11.8d52		9.9d52		13.8d60		10.8d60		8.8d60		7.4d58	
x170	.	.	.	.	18.1d42		15.4d42		.	.	15.9d52		13.0d52		11.0d52		15.3d60		11.9d60		9.6d58		8.3d60	
203x203x 46																								
x 52																								
x 60																								
x 71	5.5f38																							
x 86	6.5d42		5.1d42																					
254x254x 73	6.9d42		5.4d42																					
x 89	7.5d42		5.9d42						5.6d52															
x107	8.6d42		6.8d42		5.5d42				6.4d52		5.0d52													
x132	10.3d42		8.0d42		6.6d42		5.6d42		7.5d52		5.9d50													
x167	12.6d42		9.9d42		8.0d40		6.9d42		9.1d52		7.1d50		5.9d52		5.0d52		5.4i38		5.1i50					
305x305x 97	9.1d42		7.1d42		5.9d42		5.0d42		6.8d52		5.3d52													
x118	10.5d42		8.3d42		6.8d42		5.8d42		7.8d52		6.0d50		5.0d52				5.1i40							
x137	12.0d42		9.4d42		7.6d40		6.5d42		8.8d52		6.9d52		5.6d52				5.9i40		5.1d58					
x158	13.6d42		10.6d42		8.8d42		7.4d42		9.9d52		7.8d52		6.4d52		5.4d52		6.6i40		5.6d60					
x198	16.8d42		13.1d42		10.8d42		9.1d42		12.1d52		9.4d50		7.8d52		6.5d50		8.0i36		7.1d60		5.9d60			
x240	.	.	15.6d42		12.9d42		10.9d42		14.4d52		11.3d52		9.3d52		7.9d52		9.5i38		8.5d60		6.9d58		5.9d58	
x283	.	.	17.3d42		14.1d42		12.0d42		15.9d52		12.4d52		10.1d52		8.6d52		11.0i44		9.3d60		7.6d60		6.4d56	
356x368x129	12.4d42		9.6d42		7.9d42		6.8d42		9.0d52		7.0d50		5.8d50				6.9d60		5.4d60					
x153	14.6d42		11.4d42		9.4d42		7.9d40		10.6d52		8.3d52		6.8d50		5.8d52		8.0i60		6.3d60		5.1d60			
x177	16.6d42		13.0d42		10.6d42		9.0d42		12.0d52		9.4d52		7.6d50		6.5d50		9.0i60		7.0d58		5.8d58			
x202	18.9d42		14.8d42		12.0d42		10.3d42		13.5d52		10.5d50		8.6d50		7.4d52		10.0i56		7.9d58		6.5d60		5.5d58	

Deck: GENERIC PROFILE

Table 54

BEAM DATA
```
Internal beam
Single point load
Steel grade           50
Shear connectors   Welded
```

SLAB DATA
```
Fire resistance  60 mins
Slab depth       115 mm
Concrete         LW
Grade            30
```

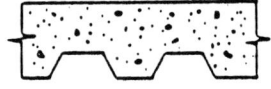

FOR FURTHER INFORMATION SEE NOTES PRECEDING TABLE 1

L = maximum spacing of beams

BEAM SPAN	6.0m								7.0m								8.0m							
IMPOSED LOAD kN/m²	4		6		8		10		4		6		8		10		4		6		8		10	
SERIAL SIZE	L	N	L	N	L	N	L	N	L	N	L	N	L	N	L	N	L	N	L	N	L	N	L	N
254x146x 37	7.4c38		5.6c38						5.5f40															
x 43	8.1c36		6.1c36		5.0c38				6.3f42															
305x102x 28	5.4a20																							
x 33	7.0a30		5.8f36																					
305x127x 37	8.0f34		6.3c36		5.0c36				5.9f36															
x 42	9.0f38		6.8c36		5.5c38				6.6f38		5.3c42													
x 48	10.0c38		7.5c36		6.0c36		5.1c38		7.6f42		5.8c42						5.9f44							
305x165x 40	8.8c38		6.6c38		5.4c38				6.8c42		5.1c44						5.3f46							
x 46	9.8c38		7.4c38		5.9c36				7.5c44		5.6c42						6.0c50							
x 54	10.9c36		8.3c38		6.6c36		5.5c36		8.4c44		6.3c42		5.1c44				6.6c48		5.0c48					
356x127x 33	7.9f32		6.3f36		5.1c38				5.4a28															
x 39	9.4f36		7.1c36		5.8c36				7.0f40		5.5c42													
356x171x 45	10.5c38		7.9c36		6.4c36		5.4c38		8.0c42		6.1c44						6.3f46							
x 51	11.6c38		8.8c36		7.0c36		5.9c36		8.9c44		6.8c44		5.4c42				7.0c48		5.4c50					
x 57	12.8c38		9.6c38		7.8c38		6.5c38		9.6c42		7.4c44		5.9c42				7.6c48		5.8c48					
x 67	14.6c36		11.1c38		8.9c36		7.5c38		11.1c44		8.4c42		6.8c42		5.6c42		8.8c48		6.6c48		5.4c50			
406x140x 39	10.3f36		7.9c38		6.3c36		5.3c36		7.6f40		6.0c42						5.1a30							
x 46	12.0c38		9.0c36		7.3c36		6.1c38		9.1c44		6.9c42		5.5c42				6.9a44		5.5c50					
406x178x 54	13.4c36		10.1c36		8.1c36		6.9c38		10.3c44		7.8c44		6.3c44		5.1c42		8.0c48		6.1c50					
x 60	14.8c38		11.1c38		8.9c36		7.5c38		11.1c42		8.4c42		6.8c42		5.6c42		8.8c48		6.6c48		5.4c50			
x 67	16.3c38		12.3c36		9.9c38		8.3c36		12.3c42		9.3c42		7.5c44		6.3c42		9.6c48		7.3c48		5.9c48			
x 74	17.9c38		13.5c38		10.9c38		9.0c36		13.5c44		10.1c42		8.1c42		6.9c44		10.5c48		8.0c50		6.4c48		5.4c48	
457x152x 52	14.4c38		10.9c38		8.8c38		7.3c36		10.9c42		8.3c44		6.6c42		5.5c42		8.5f48		6.5c48		5.3c50			
x 60	16.1c38		12.3c38		9.8c36		8.3c38		12.3c44		9.3c44		7.4c42		6.3c44		9.6c50		7.3c48		5.9c50			
x 67	17.9c38		13.5c38		10.9c38		9.0c36		13.5c44		10.1c42		8.1c42		6.9c44		10.6c50		8.0c50		6.4c48		5.4c48	
x 74	18.9c38		14.3c38		11.5c38		9.6c38		14.3c44		10.8c42		8.6c42		7.3c42		11.1c48		8.5c50		6.8c48		5.6c48	
x 82	. .		15.5c38		12.5c38		10.4c36		15.5c44		11.8c44		9.4c42		7.9c42		12.1c48		9.1c48		7.4c48		6.1c48	
457x191x 67	17.8c38		13.4c36		10.8c36		9.0c36		13.4c42		10.1c44		8.1c42		6.8c42		10.5c48		8.0c50		6.4c48		5.4c50	
x 74	19.5c38		14.8c38		11.9c38		9.9c36		14.8c44		11.1c44		8.9c42		7.5c44		11.5c48		8.8c50		7.0c48		5.9c48	
x 82	. .		16.0c38		12.9c38		10.8c36		16.0c44		12.1c44		9.8c44		8.1c42		12.5c50		9.5c50		7.6c50		6.4c48	
x 89	. .		16.8c38		13.4c36		11.3c38		16.6c42		12.6c44		10.1c44		8.5c44		13.0c48		9.9c50		7.9c48		6.6c48	
x 98	. .		18.1c38		14.6c38		12.1c36		18.1c44		13.8c44		11.0c44		9.3c44		14.1c48		10.8c50		8.6c50		7.3c50	
533x210x 82	. .		18.0c38		14.5c38		12.1c38		18.1c44		13.6c42		11.0c44		9.1c42		14.1c50		10.6c48		8.6c50		7.1c48	
x 92	. .		. .		16.1c38		13.5c38		. .		15.1c42		12.3c44		10.3c44		15.8c50		11.9c48		9.5c48		8.0c48	
x101	. .		. .		16.9c38		14.1c38		. .		15.9c42		12.8c42		10.6c42		16.5c50		12.5c50		10.0c48		8.4c48	
x109	. .		. .		18.0c38		15.0c38		. .		16.9c44		13.6c44		11.4c44		17.5c48		13.3c50		10.6c48		8.9c48	
x122	. .		. .		19.9c38		16.6c38		. .		18.8c44		15.0c42		12.5c42		19.5c50		14.6c48		11.8c48		9.9c50	
610x229x101	. .		. .		19.3c36		16.1c38		. .		18.3c44		14.6c44		12.3c44		18.9c48		14.3c48		11.5c50		9.6c50	
x113	. .		. .		. .		17.3c38		. .		19.5c44		15.6c44		13.0c42		. .		15.3c50		12.3c50		10.3c50	
x125	. .		. .		. .		18.9c38		. .		. .		17.1c44		14.3c42		. .		16.6c48		13.4c48		11.3c50	
x140	. .		. .		. .		. .		. .		. .		18.9c44		15.8c44		. .		18.4c50		14.8c50		12.4c50	
610x305x149	. .		. .		. .		. .		. .		. .		16.8c42		. .		. .		19.5c50		15.6c48		13.1c50	
x179	. .		. .		. .		. .		. .		. .		19.6c42		. .		. .		. .		18.4c48		15.4c50	
x238	. .		. .		. .		. .		. .		. .		. .		. .		. .		. .		. .		19.9c48	
686x254x125	. .		. .		. .		. .		. .		18.6c44		15.5c42		. .		18.3c50		14.6c50		12.3c50			
x140	. .		. .		. .		. .		. .		. .		17.3c44		. .		. .		16.3c50		13.5c48			
x152	. .		. .		. .		. .		. .		. .		18.6c44		. .		. .		17.5c50		14.6c50			
x170	. .		. .		. .		. .		. .		. .		. .		. .		. .		19.3c50		16.1c50			
203x203x 46	7.1c38		5.4c36						5.5c42															
x 52	7.8c38		5.9c36						6.0c42															
x 60	8.5c36		6.5c38		5.3c38				6.6c44		5.0c42						5.3c48							
x 71	9.5c36		7.3c36		5.9c36				7.4c44		5.6c44						5.9c48							
x 86	11.1c36		8.5c38		6.9c38		5.8c38		8.5c42		6.5c44		5.3c42				6.8c48		5.0h50					
254x254x 73	11.5c38		8.6c36		7.0c36		5.9c36		8.8c44		6.6c42		5.4c44				6.9c48		5.3c48					
x 89	13.1c36		10.0c38		8.0c38		6.8c36		10.0c44		7.6c44		6.1c42		5.1c42		7.9c48		6.0c48					
x107	15.4c38		11.6c36		9.4c36		7.9c36		11.6c42		8.9c44		7.1c42		6.0c42		9.1c48		7.0c50		5.6c48			
x132	18.3c38		14.1c36		11.4c36		9.6c38		14.1c44		10.8c44		8.6c42		7.3c44		11.0c48		8.4c48		6.8c48		5.5h50	
x167	. .		17.6c38		14.1c36		11.9c36		17.5c44		13.3c42		10.6c42		9.0c44		13.6c48		10.4c50		8.4h50		6.6h48	
305x305x 97	16.9c38		12.8c36		10.3c36		8.6c36		12.8c44		9.6c42		7.8c42		6.5c42		10.0c50		7.5c48		6.1c50		5.1c48	
x118	19.4c38		14.6c36		11.9c36		9.9c36		14.5c42		11.0c42		8.9c42		7.5c44		11.4c48		8.6c48		7.0c50		5.9c50	
x137	. .		16.9c36		13.6c38		11.4c36		16.8c44		12.6c42		10.3c44		8.6c44		13.0c48		9.9c48		8.0c48		6.8c50	
x158	. .		19.3c36		15.5c36		13.0c36		19.1c44		14.5c44		11.6c42		9.8c42		14.9c50		11.3c48		9.1c50		7.6c48	
x198	. .		. .		19.3c36		16.1c36		. .		18.0c44		14.5c44		12.1c42		18.5c50		14.0c50		11.3c48		9.5c50	
x240	. .		. .		. .		19.5c38		. .		. .		17.4c42		14.6c44		. .		16.9c50		13.6c50		11.4c48	
x283	. .		. .		. .		. .		. .		. .		. .		17.1c42		. .		19.8c48		15.9c48		13.4c50	
356x368x129	. .		17.9c36		14.5c38		12.1c36		17.6c42		13.4c42		10.9c44		9.0c42		13.8c48		10.5c48		8.4c48		7.1c50	
x153	. .		. .		16.9c36		14.1c36		. .		15.8c44		12.6c42		10.6c44		16.1c50		12.3c50		9.9c50		8.3c48	
x177	. .		. .		19.4c38		16.3c38		. .		18.0c44		14.5c42		12.1c42		18.4c48		14.0c50		11.3c48		9.4c46	
x202	. .		. .		. .		18.4c36		. .		. .		16.4c42		13.8c42		. .		15.9c50		12.8c48		10.8c50	

Deck: GENERIC PROFILE

Table 55

BEAM DATA
```
Internal beam
Single point load
Steel grade              50
Shear connectors     Welded
```

SLAB DATA
```
Fire resistance   60 mins
Slab depth        125 mm
Concrete          NW
Grade             30
```

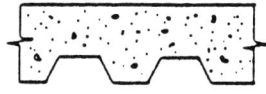

FOR FURTHER INFORMATION SEE NOTES PRECEDING TABLE 1

L = maximum spacing of beams

BEAM SPAN	6.0m				7.0m				8.0m			
IMPOSED LOAD kN/m²	4	6	8	10	4	6	8	10	4	6	8	10
SERIAL SIZE	L N	L N	L N	L N	L N	L N	L N	L N	L N	L N	L N	L N
254x146x 37	6.6f32	5.5f38										
x 43	7.8f36	6.1c38	5.0c38		5.8f38							
305x102x 28												
x 33	5.5a18	5.3f30										
305x127x 37	7.3f30	6.0f36	5.0f36									
x 42	8.1f34	6.6f36	5.5c38		5.8a32							
x 48	9.3f36	7.4c38	6.0c38	5.1c38	6.9f38	5.6f42						
305x165x 40	8.3f36	6.5c38	5.4c38		6.1f38	5.0f42						
x 46	9.4c38	7.3c38	5.9c38	5.0c38	7.0f42	5.6c44			5.4f42			
x 54	10.5c38	8.1c38	6.6c38	5.6c40	8.0c44	6.3c44	5.1c46		6.3f48	5.0c50		
356x127x 33	7.0a28	5.9f34	5.0f36									
x 39	8.5f32	7.0f38	5.8f38		5.5a24	5.1f38						
356x171x 45	10.0f38	7.8f38	6.4c38	5.4c38	7.4f40	6.0c44			5.8f44			
x 51	11.1c38	8.6c38	7.0c38	5.9c38	8.5f44	6.6c44	5.4c44	5.0c46	6.5f46	5.3c50		
x 57	12.1c38	9.4c38	7.6c38	6.5c38	9.3c44	7.1c44	5.9c44		7.3f48	5.8c52		
x 67	14.0c40	10.8c38	8.8c38	7.4c38	10.6c44	8.3c46	6.6c44	5.6c44	8.4c50	6.5c50	5.3c50	
406x140x 39	9.3f32	7.5f36	6.3c38	5.3c38	6.4a30	5.6f40						
x 46	11.3f38	8.9c38	7.3c40	6.1c38	8.4f40	6.8c44	5.5c44		5.4a26	5.3f48		
406x178x 54	12.8c38	9.9c38	8.0c38	6.8c38	9.8c44	7.5c44	6.1c44	5.1c42	7.5f48	6.0c52		
x 60	14.0c38	10.8c38	8.8c38	7.4c38	10.6c44	8.3c46	6.6c44	5.6c44	8.4c50	6.5c50	5.3c50	
x 67	15.4c38	11.9c38	9.6c38	8.1c38	11.6c44	9.0c44	7.4c44	6.3c46	9.3c52	7.1c50	5.8c50	
x 74	16.9c38	13.0c38	10.6c38	8.9c38	12.8c44	9.9c46	8.0c44	6.8c44	10.0c50	7.8c50	6.4c52	5.4c52
457x152x 52	13.6f38	10.5c38	8.6c38	7.3c38	10.1f42	8.0c44	6.5c44	5.5c44	6.9a32	6.3f48	5.1c50	
x 60	15.3c38	11.8c38	9.6c38	8.1c38	11.6c46	9.0c46	7.3c44	6.1c44	8.6a44	7.1c52	5.8c50	
x 67	16.9c38	13.0c38	10.6c38	8.9c38	12.8c44	9.9c46	8.0c44	6.8c44	10.0a50	7.8c50	6.4c52	5.4c52
x 74	17.9c38	13.8c38	11.3c38	9.5c38	13.5c44	10.4c44	8.5c44	7.1c44	10.6c52	8.3c52	6.6c50	5.6c50
x 82	19.4c38	15.0c38	12.1c38	10.3c38	14.6c44	11.3c44	9.3c46	7.8c44	11.5c52	8.9c50	7.3c50	6.1c50
457x191x 67	16.8c38	13.0c40	10.5c38	8.9c38	12.8c46	9.8c44	8.0c44	6.8c44	10.0c52	7.8c52	6.3c50	5.3c48
x 74	18.4c38	14.3c40	11.5c38	9.8c38	13.9c44	10.8c44	8.8c44	7.4c44	10.9c50	8.4c50	6.9c50	5.8c50
x 82	20.0c38	15.4c38	12.5c38	10.6c38	15.1c46	11.6c44	9.5c44	8.0c44	11.9c52	9.1c50	7.5c50	6.3c50
x 89	. .	16.1c40	13.1c38	11.0c38	15.8c46	12.1c44	9.9c44	8.4c46	12.3c50	9.5c50	7.8c50	6.5c50
x 98	. .	17.5c38	14.3c38	12.0c38	17.1c46	13.1c44	10.8c46	9.0c44	13.4c52	10.3c50	8.4c50	7.1c52
533x210x 82	. .	17.4c38	14.1c38	12.0c40	17.0c44	13.1c44	10.6c44	9.0c44	13.3c50	10.3c50	8.4c50	7.0c50
x 92	. .	19.4c38	15.8c38	13.3c38	18.9c44	14.6c46	11.9c44	10.0c44	14.8c50	11.4c50	9.3c50	7.9c52
x101	. .	. .	16.5c38	13.9c38	19.9c46	15.3c44	12.5c46	10.5c44	15.5c52	12.0c52	9.8c52	8.3c52
x109	. .	. .	17.5c38	14.8c30	. .	16.3c44	13.3c44	11.1c44	16.5c52	12.8c52	10.4c52	8.8c50
x122	. .	. .	19.4c38	16.4c38	. .	18.0c44	14.6c44	12.4c44	18.3c50	14.1c52	11.5c50	9.8c52
610x229x101	. .	. .	18.9c38	15.9c38	. .	17.5c44	14.3c44	12.0c44	17.8c50	13.8c52	11.1c50	9.4c50
x113	. .	. .	. .	17.0c38	. .	18.8c46	15.3c44	12.9c46	19.0c52	14.6c50	11.9c50	10.1c52
x125	. .	. .	. .	18.6c40	. .	. .	16.6c44	14.0c44	. .	16.0c50	13.0c50	11.0c50
x140	. .	. .	. .	. .	. .	. .	18.4c46	15.5c46	. .	17.6c50	14.4c50	12.1c50
610x305x149	. .	. .	. .	. .	. .	. .	19.5c46	16.4c44	. .	18.6c50	15.3c52	12.9c52
x179	. .	. .	. .	. .	. .	. .	. .	19.3c44	. .	. .	17.9c52	15.0c50
x238	. .	. .	. .	. .	. .	. .	. .	. .	. .	. .	. .	19.5c52
686x254x125	. .	. .	. .	. .	. .	. .	18.1c44	15.4c46	. .	17.5c52	14.3c50	12.0c50
x140	. .	. .	. .	. .	. .	. .	. .	17.0c46	. .	19.4c52	15.8c50	13.4c52
x152	. .	. .	. .	. .	. .	. .	. .	18.3c44	. .	. .	17.0c52	14.4c52
x170	. .	. .	. .	. .	. .	. .	. .	. .	. .	. .	18.8c52	15.8c50
203x203x 46	6.9f38	5.4c38			5.0f38							
x 52	7.6c38	5.9c38			5.8f42							
x 60	8.3c38	6.5c38	5.3c38		6.5f46	5.0c44			5.0f46			
x 71	9.3c38	7.3c38	5.9c38	5.0c38	7.1c44	5.6c46			5.8f50			
x 86	10.8c38	8.4c38	6.8c38	5.8c38	8.3c44	6.4c44	5.3c44		6.6c50	5.1c50		
254x254x 73	11.0c38	8.5c38	7.0c38	5.9c38	8.4c44	6.5c44	5.4c44		6.8c52	5.3c52		
x 89	12.5c38	9.8c38	8.0c38	6.8c38	9.6c44	7.5c46	6.1c44	5.1c44	7.6c50	5.9c50		
x107	14.6c38	11.4c38	9.3c38	7.9c38	11.1c44	8.6c44	7.0c44	6.0c44	8.8c50	6.9c52	5.6c52	
x132	17.6c38	13.8c40	11.1c38	9.5c38	13.4c44	10.4c44	8.5c44	7.1c44	10.5c50	8.1c50	6.6c50	5.6c50
x167	. .	17.0c38	13.9c38	11.8c38	16.5c44	12.8c44	10.5c46	8.9c46	12.9c50	10.0c50	8.3c52	6.9c48
305x305x 97	15.9c38	12.4c38	10.1c38	8.5c38	12.0c44	9.4c44	7.6c44	6.5c46	9.5c50	7.4c50	6.0c50	5.1c50
x118	18.3c38	14.1c38	11.5c38	9.8c38	13.8c44	10.6c44	8.8c44	7.4c44	10.9c52	8.4c50	6.9c50	5.8c48
x137	. .	16.3c38	13.3c38	11.3c40	15.8c44	12.3c46	10.0c44	8.4c44	12.4c52	9.6c52	7.9c50	6.6c50
x158	. .	18.5c38	15.1c38	12.8c38	18.0c46	13.9c44	11.4c44	9.6c44	14.0c50	10.9c48	8.9c50	7.5c50
x198	. .	. .	18.8c38	15.3c32	. .	17.3c46	14.0c44	11.9c44	17.4c52	13.4c50	11.0c52	9.3c50
x240	. .	. .	. .	16.9g16	. .	. .	16.8g42	13.6g34	. .	16.1c50	13.1c50	11.1c50
x283	. .	. .	. .	18.6g20	. .	. .	18.4c28	14.9g24	. .	19.0c52	15.3g48	12.4g38
356x368x129	. .	17.1c38	14.0c38	11.9c38	16.6c44	12.9c44	10.5c44	8.9c44	13.0c50	10.1c52	8.3c50	7.0c52
x153	. .	20.0c38	16.4c38	13.9c38	19.4c44	15.0c44	12.3c44	10.4c44	15.1c52	11.8c52	9.6c52	8.1c52
x177	. .	. .	18.8c38	15.9c38	. .	17.3c46	14.0c44	11.9c44	17.3c50	13.4c50	10.9c50	9.3c50
x202	. .	. .	. .	17.5g34	. .	19.5c44	15.9c44	13.5c46	19.5c50	15.1c50	12.4c50	10.5c52

89

Deck: **GENERIC PROFILE** Table 56

BEAM DATA
- Internal beam
- Single point load
- Steel grade   43
- Shear connectors   Welded

SLAB DATA
- Fire resistance 60 mins
- Slab depth   115 mm
- Concrete   LW
- Grade   30

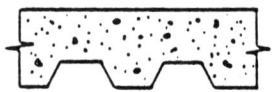

FOR FURTHER INFORMATION SEE NOTES PRECEDING TABLE 1   L = maximum spacing of beams

BEAM SPAN	6.0m								7.0m								8.0m							
IMPOSED LOAD kN/m²	4		6		8		10		4		6		8		10		4		6		8		10	
SERIAL SIZE	L	N	L	N	L	N	L	N	L	N	L	N	L	N	L	N	L	N	L	N	L	N	L	N
254x146x 37	5.8f30																							
x 43	6.6f34		5.3f36																					
305x102x 28																								
x 33	5.5f24																							
305x127x 37	6.3f30																							
x 42	6.9f30		5.5f34						5.1f32															
x 48	7.9f32		6.3f36		5.1c38				5.9f36															
305x165x 40	7.1f34		5.5f36						5.3f34															
x 46	8.1f38		6.1f36						6.0f40															
x 54	9.0c36		6.9f38		5.5c36				6.9f42		5.3c42						5.4f46							
356x127x 33	6.1f26																							
x 39	7.3f30		5.8f34						5.4f30															
356x171x 45	8.5f36		6.6f38		5.3f36				6.4f38		5.0f42													
x 51	9.6c38		7.3f36		5.9f38				7.3f42		5.6c44						5.5f42							
x 57	10.5c38		7.9c36		6.4c36		5.4c38		8.0c42		6.0c42						6.3f46							
x 67	12.0c38		9.1c38		7.3c36		6.1c38		9.1c42		6.9c42		5.5c42				7.3c48		5.5c48					
406x140x 39	7.9f30		6.3f34		5.3f38				5.9f32															
x 46	9.6f38		7.5f38		6.0c36		5.0c36		7.1f38		5.6f42						5.5f38							
406x178x 54	11.0c38		8.4c38		6.6c36		5.6c38		8.3f42		6.4c44		5.1c42				6.4f44		5.0c48					
x 60	12.0c38		9.1c38		7.3c36		6.1c38		9.1c42		6.9c42		5.5c42				7.3c50		5.5c50					
x 67	13.3c38		10.0c38		8.0c36		6.8c38		10.0c42		7.6c44		6.1c44		5.1c42		8.0c50		6.0c48					
x 74	14.5c38		10.9c36		8.8c36		7.4c38		11.0c44		8.3c42		6.6c42		5.6c44		8.6c48		6.5c48		5.3c48			
457x152x 52	11.6f36		8.9c38		7.1c36		6.0c38		8.6f40		6.8c42		5.5c44				6.6f42		5.3f46					
x 60	13.1c38		9.9c38		8.0c38		6.6c36		10.0f44		7.5c42		6.0c42		5.1c42		7.6f46		6.0c50					
x 67	14.5c38		10.9c36		8.8c36		7.4c38		11.0c44		8.3c42		6.6c42		5.6c44		8.5f48		6.5c48		5.3c48			
x 74	15.4c38		11.6c38		9.4c38		7.8c36		11.6c42		8.8c42		7.1c44		5.9c42		9.1f48		6.9c48		5.6c50			
x 82	16.8c38		12.6c38		10.1c36		8.5c38		12.6c44		9.5c42		7.6c42		6.4c42		9.9c48		7.5c48		6.0c48		5.0c48	
457x191x 67	14.4c38		10.9c38		8.8c38		7.3c36		10.9c42		8.3c44		6.6c42		5.5c42		8.6c50		6.5c48		5.3c50			
x 74	15.8c36		11.9c36		9.6c38		8.0c36		11.9c42		9.0c42		7.3c42		6.0c42		9.4c48		7.1c50		5.8c50			
x 82	17.1c38		13.0c38		10.4c36		8.8c38		13.0c44		9.8c42		7.9c44		6.6c44		10.1c48		7.6c48		6.1c48		5.1c48	
x 89	18.0c38		13.5c36		10.9c36		9.1c38		13.5c42		10.3c44		8.3c44		6.9c42		10.6c50		8.0c48		6.5c50		5.4c48	
x 98	19.5c36		14.8c38		11.9c38		9.9c36		14.8c44		11.1c44		8.9c42		7.5c44		11.5c48		8.8c48		7.0c48		5.9c48	
533x210x 82	19.4c38		14.6c38		11.8c38		9.9c38		14.6c44		11.0c44		8.9c44		7.4c42		11.4c48		8.6c50		6.9c48		5.8c48	
x 92	.	.	16.3c36		13.1c38		11.0c38		16.3c44		12.3c44		9.9c44		8.3c44		12.6c48		9.6c50		7.8c50		6.5c50	
x101	.	.	17.1c38		13.8c36		11.5c36		17.1c44		12.9c42		10.4c44		8.6c42		13.4c50		10.1c50		8.1c48		6.8c48	
x109	.	.	18.3c38		14.6c36		12.3c38		18.3c44		13.8c44		11.0c42		9.3c44		14.3c50		10.8c50		8.6c50		7.3c50	
x122	.	.	.	.	16.3c38		13.6c38		.	.	15.3c44		12.3c44		10.3c44		15.8c50		11.9c48		9.6c50		8.0c48	
610x229x101	.	.	19.6c38		15.8c38		13.1c38		19.5c42		14.8c44		11.9c44		9.9c42		15.3c50		11.5c48		9.3c48		7.8c48	
x113	.	.	.	.	16.9c38		14.1c36		.	.	15.9c44		12.8c44		10.6c44		16.4c50		12.4c50		9.9c48		8.3c48	
x125	.	.	.	.	18.5c38		15.4c36		.	.	17.4c44		13.9c42		11.6c44		17.9c48		13.5c48		10.9c50		9.1c50	
x140	.	.	.	.	.	.	17.0c38		.	.	19.1c44		15.4c44		12.9c44		19.8c48		15.0c50		12.0c48		10.0c48	
610x305x149	.	.	.	.	.	.	18.0c36		.	.	.	.	16.3c44		13.6c44		.	.	15.8c50		12.6c48		10.6c50	
x179	.	.	.	.	.	.	.	.	.	.	.	.	19.1c44		16.0c44		.	.	18.5c48		14.9c48		12.5c50	
x238	.	.	.	.	.	.	.	.	.	.	.	.	.	.	.	.	.	.	.	.	19.3c48		16.1c50	
686x254x125	.	.	.	.	16.8c36		.	.	.	.	19.0c44		15.3c44		12.8c44		19.6c50		14.9c50		11.9c48		10.0c50	
x140	.	.	.	.	18.6c38		.	.	.	.	.	.	16.9c44		14.1c44		.	.	16.4c48		13.3c50		11.0c48	
x152	.	.	.	.	.	.	.	.	.	.	.	.	18.1c44		15.1c42		.	.	17.6c48		14.3c50		11.9c50	
x170	.	.	.	.	.	.	.	.	.	.	.	.	20.0c44		16.8c44		.	.	19.5c50		15.6c48		13.1c50	
203x203x 46	5.8f34																							
x 52	6.5f36		5.0c36																					
x 60	7.3c38		5.5c38						5.5f42															
x 71	8.0c36		6.1c36						6.3c44															
x 86	9.3c36		7.1c38		5.8c38				7.1c42		5.5c44						5.8c50							
254x254x 73	9.5c38		7.1c36		5.8c36				7.3c42		5.5c42						5.8c48							
x 89	10.9c38		8.3c36		6.6c36		5.6c38		8.3c42		6.3c42		5.1c44				6.6c50		5.0c48					
x107	12.6c38		9.6c38		7.8c38		6.5c38		9.6c44		7.3c42		5.9c42				7.6c50		5.8c48					
x132	15.3c38		11.5c36		9.4c38		7.8c36		11.5c42		8.8c42		7.0c42		5.9c42		9.1c50		6.9c48		5.6c50			
x167	18.9c38		14.3c36		11.5c36		9.6c36		14.3c44		10.8c42		8.8c44		7.3c42		11.1c48		8.5c50		6.9c50		5.8c50	
305x305x 97	13.6c38		10.4c38		8.4c38		7.0c36		10.4c44		7.9c44		6.4c44		5.4c44		8.1c48		6.3c50		5.0c48			
x118	15.8c38		11.9c38		9.6c38		8.0c36		11.9c44		9.0c42		7.3c44		6.1c44		9.4c50		7.1c50		5.8c50			
x137	18.0c38		13.6c36		11.0c36		9.3c38		13.6c44		10.3c42		8.3c42		7.0c44		10.6c48		8.1c50		6.5c48		5.5c50	
x158	.	.	15.6c38		12.5c36		10.5c36		15.4c44		11.6c44		9.5c44		7.9c42		12.1c50		9.1c48		7.4c48		6.3c50	
x198	.	.	19.4c38		15.6c38		13.0c36		19.1c44		14.5c44		11.6c42		9.8c42		14.9c48		11.3c48		9.1c48		7.6c48	
x240	.	.	.	.	18.8c38		15.8c38		.	.	17.5c44		14.0c42		11.8c42		17.9c48		13.6c50		11.0c50		9.1c48	
x283	.	.	.	.	.	.	17.3c38		.	.	19.1c42		15.4c42		12.9c42		19.6c48		14.9c48		12.0c48		10.0c48	
356x368x129	19.0c38		14.4c36		11.6c36		9.8c36		14.3c42		10.9c44		8.8c42		7.4c44		11.1c48		8.5c48		6.9c50		5.8c48	
x153	.	.	16.9c36		13.6c36		11.4c36		16.6c42		12.6c42		10.1c42		8.5c42		13.0c50		9.9c50		8.0c50		6.6c48	
x177	.	.	19.4c38		15.6c38		13.0c36		19.0c42		14.5c44		11.6c42		9.8c42		14.9c50		11.3c50		9.1c50		7.6c50	
x202	.	.	.	.	17.6c36		14.8c36		.	.	16.4c42		13.3c44		11.0c42		16.8c48		12.8c50		10.3c48		8.6c50	

Deck: GENERIC PROFILE — Table 57

BEAM DATA
- Internal beam
- Two point loads
- Steel grade 50
- Shear connectors Welded

SLAB DATA
- Fire resistance 60 mins
- Slab depth 115 mm
- Concrete LW
- Grade 30

FOR FURTHER INFORMATION SEE NOTES PRECEDING TABLE 1

L = maximum spacing of beams

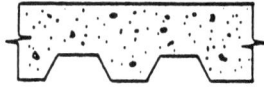

BEAM SPAN	7.5m								9.0m								10.5m							
IMPOSED LOAD kN/m²	4		6		8		10		4		6		8		10		4		6		8		10	
SERIAL SIZE	L	N	L	N	L	N	L	N	L	N	L	N	L	N	L	N	L	N	L	N	L	N	L	N
254x146x 37	5.1d42																							
x 43	5.9d42																							
305x102x 28																								
x 33																								
305x127x 37																								
x 42	5.6a28																							
x 48	6.6a32		5.4d42																					
305x165x 40	6.5d42																							
x 46	7.1d42		5.4d42																					
x 54	8.0d42		6.0d42						5.6d52															
356x127x 33																								
x 39	5.3a20		5.3d42																					
356x171x 45	7.8d42		5.9d42						5.1a42															
x 51	8.5d42		6.5d42		5.3d42				6.1a48															
x 57	9.4d42		7.0d42		5.6d40				6.9d52															
x 67	10.8d42		8.1d42		6.5d42		5.4d40		7.9d52		5.5d50													
406x140x 39	6.8a32		5.8d42																					
x 46	8.6a40		6.6d42		5.4d42																			
406x178x 54	9.8d42		7.4d42		6.0d42		5.0d42		7.3d52		5.5d52													
x 60	10.8d42		8.1d42		6.5d42		5.5d42		7.9d52		5.9d50		5.0d50				5.1a40							
x 67	11.9d42		9.0d42		7.3d42		6.0d42		8.6d52		6.5d52		5.5d52				5.8d42							
x 74	13.0d42		9.8d42		7.9d42		6.6d42		9.4d52		7.1d52		5.5d52				6.3i40							
457x152x 52	10.5d42		7.9d42		6.4d42		5.4d42		6.3a30		5.8d50													
x 60	11.8d42		8.9d42		7.1d42		6.0d42		7.6a38		6.5d52		5.3d52											
x 67	13.0d42		9.8d42		7.9d42		6.6d42		8.8a42		7.1d52		5.8d52		5.0d50		5.4a32		5.1d58					
x 74	13.8d42		10.4d42		8.4d42		7.0d42		10.0d52		7.5d52		6.0c50		5.3d52		6.3a34		5.6d58					
x 82	14.9d42		11.3d42		9.0d42		7.6d42		10.0a42		8.1d52		6.6d52		5.5d52		7.1a40		6.1d58					
457x191x 67	12.9d42		9.8d42		7.9d42		6.5c40		9.4d52		7.1d52		5.8d52				6.9i56		5.3d60					
x 74	14.1d42		10.8d42		8.6d42		7.3d42		10.3d52		7.8d52		6.3d52		5.3d52		7.5i54		5.8d60					
x 82	15.4d42		11.6d42		9.4d42		7.9d42		11.1d52		8.4d52		6.8d52		5.6d52		8.1i54		6.1d58					
x 89	16.0d42		12.1d42		9.8d42		8.1d42		11.6d52		8.8d52		7.0c50		5.9d52		8.8d60		6.6d52		5.0d58			
x 98	17.5d42		13.3d42		10.6d42		8.9d42		12.6d52		9.5d52		7.6d52		6.4c50		9.4i58		7.1c58		5.4d58			
533x210x 82	17.4d42		13.1d42		10.5d42		8.9d42		12.5d52		9.5d52		7.6d52		6.4d52		9.4d60		7.1d60		5.8d60			
x 92	19.4d42		14.6d42		11.8d42		9.9d42		14.0d52		10.5d52		8.5d52		7.1d52		10.5d60		7.9d58		6.4d60		5.3d60	
x101	.	.	15.4d42		12.4d42		10.4d42		14.6d52		11.1d52		8.9d52		7.4c50		11.0d60		8.3d60		6.6d58		5.6d60	
x109	.	.	16.4d42		13.1d42		11.0d42		15.6d52		11.8d52		9.5d52		7.9c50		11.6d60		8.8d58		7.1d60		5.9d58	
x122	.	.	18.1d42		14.6d42		12.1d42		17.4d52		13.1d52		10.5d52		8.8c50		13.0d60		9.8d60		7.9d60		6.5d58	
610x229x101	.	.	17.6d42		14.1d42		11.9d42		16.9d52		12.8d52		10.3d52		8.5c50		12.6d60		9.5d60		7.6d60		6.4c58	
x113	.	.	18.9d42		15.1d42		12.6d42		18.0d52		13.6d52		10.9d52		9.1d52		13.5d60		10.1d60		8.1c58		6.9d60	
x125	.	.	.	.	16.5d42		13.9d42		19.8d52		14.9d52		12.0d52		10.0d52		14.8d60		11.1d60		9.0d60		7.5d60	
x140	.	.	.	.	18.3d42		15.3d42		.	.	16.4d52		13.1d52		11.0d52		16.3d60		12.3c58		9.9d60		8.3c58	
610x305x149	.	.	.	.	19.5d42		16.3d42		.	.	17.4d52		14.0d52		11.6c50		17.3d60		13.0d60		10.4c58		8.8d60	
x179	.	.	.	.	.	.	19.1d42		.	.	.	.	16.5d52		13.8d52		.	.	15.4d60		12.3c58		10.3c58	
x238	.	.	.	.	.	.	.	.	.	.	.	.	.	.	17.8d52		.	.	19.9d60		16.0d60		13.4d60	
686x254x125	.	.	.	.	18.0d42		15.1d42		.	.	16.3d52		13.0d52		10.9d52		16.1d60		12.3d60		9.8c58		8.3d60	
x140	.	.	.	.	20.0d42		16.8d42		.	.	18.0d52		14.5d52		12.1d52		17.9d60		13.5d60		10.9d60		9.1d60	
x152	.	.	.	.	.	.	18.1d42		.	.	19.4d52		15.6d52		13.0d52		19.4d60		14.6d60		11.8d60		9.8d60	
x170	.	.	.	.	.	.	20.0d42		.	.	.	.	17.3d52		14.4d52		.	.	16.1d60		12.9d60		10.8c58	
203x203x 46																								
x 52																								
x 60	5.5d42																							
x 71	6.4d42																							
x 86	7.5d42		5.0d42																					
254x254x 73	8.4d42		5.6d42						5.0i46															
x 89	9.6d42		6.6d42		5.0d42				5.8i42															
x107	11.3d42		7.6d42		5.8d42				6.6i42															
x132	13.6d42		9.3d42		6.9h40		5.5d40		7.9i40		5.8d52													
x167	16.9d42		11.3d42		8.5d42		6.8h40		9.6i38		7.0d52		5.3d50											
305x305x 97	12.3d42		9.3d42		7.0d42		5.6d42		8.3i46		6.3d52													
x118	14.1d42		10.8d42		8.1d42		6.5d42		9.6i46		6.8d52		5.0d50				5.0i32							
x137	16.3d42		12.3d42		9.3d42		7.4d42		10.8i42		7.6d52		5.8d52				5.6i32		5.0i56					
x158	18.5d42		13.9d42		10.4d42		8.4d42		12.1i42		8.5h50		6.4d50		5.1d50		6.3i32		5.8d60					
x198	.	.	16.9d42		12.6d42		10.1d42		14.6h38		10.4h50		7.9d52		6.3h70		7.5i32		7.0d60		5.3d60			
x240	.	.	.	.	15.1d42		12.1d42		17.4i36		12.4d52		9.4d52		7.5d52		8.9i32		8.3d60		6.3d60		5.0d60	
x283	.	.	.	.	17.8d42		14.1h40		.	.	14.5d52		10.9d52		8.8d52		10.3i32		9.6d60		7.3d60		5.8h56	
356x368x129	17.0d42		12.9d42		10.4d42		8.6h40		12.3d52		8.9d52		6.8d52		5.4d52		6.8i32		5.9d58					
x153	19.9d42		15.1d42		12.1d42		10.0d42		14.3d52		10.3d52		6.1h50		6.1h50		7.8i32		6.8i58		5.1d60			
x177	.	.	17.5d42		14.0d42		11.3d42		16.4d52		11.5d52		8.6h50		6.9h50		8.6i32		7.6i58		5.8h58			
x202	.	.	19.9d42		15.8d42		12.6d42		18.5i50		12.9d52		9.6h50		7.8d52		9.6i32		8.5i58		6.4h58		5.1h58	

Deck: GENERIC PROFILE — Table 58

BEAM DATA
- Internal beam
- Two point loads
- Steel grade: 50
- Shear connectors: Welded

SLAB DATA
- Fire resistance: 60 mins
- Slab depth: 125 mm
- Concrete: NW
- Grade: 30

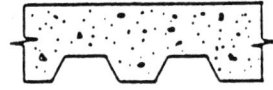

FOR FURTHER INFORMATION SEE NOTES PRECEDING TABLE 1

L = maximum spacing of beams

BEAM SPAN	7.5m								9.0m								10.5m							
IMPOSED LOAD kN/m²	4		6		8		10		4		6		8		10		4		6		8		10	
SERIAL SIZE	L	N	L	N	L	N	L	N	L	N	L	N	L	N	L	N	L	N	L	N	L	N	L	N
254x146x 37																								
x 43																								
305x102x 28																								
x 33																								
305x127x 37																								
x 42																								
x 48	5.3a20		5.3a40																					
305x165x 40	5.5a30																							
x 46	6.5a38		5.3d42																					
x 54	7.6d42		5.9d42																					
356x127x 33																								
x 39																								
356x171x 45	7.1a40		5.6d42																					
x 51	8.1d42		6.3d42		5.1d42				5.0a32															
x 57	8.9d42		6.8d42		5.5d40				5.4a30		5.0d50													
x 67	10.1d42		7.8d42		6.4d42		5.4d42		7.1a46		5.8d52													
406x140x 39	5.3a18		5.3a34																					
x 46	6.8a24		6.4d42		5.3d42																			
406x178x 54	9.3d42		7.1d42		5.9d42				5.9a36		5.3d52													
x 60	10.1d42		7.8d42		6.4d42		5.4d42		6.9a42		5.8d52													
x 67	11.1d42		8.6d42		7.0d42		5.9d42		7.9a48		6.3d52		5.1d52				5.0a32							
x 74	12.1d42		9.4d42		7.6d42		6.4d40		8.9d52		6.9d52		5.6d52				5.6a36		5.3d60					
457x152x 52	8.6a30		7.6d42		6.1d42		5.3d42																	
x 60	9.9a32		8.5d42		6.9d42		5.9d42		6.0a30		6.0a48		5.1d52											
x 67	11.1a34		9.4d42		7.6d42		6.4d42		6.9a24		6.9d52		5.5d50											
x 74	12.8d42		9.9d42		8.0d42		6.8d42		7.9a32		7.3d52		5.9d52		5.0d52		5.6a34		5.6a52					
x 82	13.9d42		10.8d42		8.8d42		7.4d42		8.9a36		7.8d50		6.4d52		5.4d52									
457x191x 67	12.0d42		9.3d42		7.6d42		6.4d42		8.6a50		6.8d52		5.5d50				5.5a34		5.1d58					
x 74	13.3d42		10.3d42		8.3d42		7.0d42		9.5a50		7.4d52		6.0d50		5.1d52		6.4a40		5.6d60					
x 82	14.4d42		11.1d42		9.0d42		7.6d42		10.4d52		8.0d52		6.5d50		5.5d50		7.1a44		6.1d60		5.0d60			
x 89	14.9d42		11.5d42		9.4d42		7.9d42		10.9d52		8.4d52		6.8d50		5.8d52		7.9a54		6.3d58		5.1d58			
x 98	16.3d42		12.5d42		10.3d42		8.6d42		11.8d52		9.1d52		7.4d52		6.3d52		8.8a58		6.9d60		5.6d60			
533x210x 82	16.1d42		12.5d42		10.1d42		8.5d42		11.6d52		9.0d52		7.4d52		6.3d52		8.3a50		6.8d58		5.5d58			
x 92	18.0d42		13.9d42		11.4d42		9.5d42		13.0d52		10.0d52		8.1d52		6.9d52		9.3a52		7.5d60		6.1d60		5.1d58	
x101	18.9d42		14.6d42		11.9d42		10.0d42		13.6d52		10.5d52		8.5d50		7.3d52		10.1a58		7.9d60		6.4d58		5.4d58	
x109	.	.	15.5d42		12.6d42		10.6d42		14.5d52		11.1d52		9.1d52		7.6d50		10.9d60		8.4d60		6.9d60		5.8d58	
x122	.	.	17.3d42		14.0d42		11.9d42		16.1d52		12.4d52		10.1d52		8.5d52		12.0d60		9.3d60		7.5d58		6.4d58	
610x229x101	.	.	16.8d42		13.6d42		11.5d42		15.6d52		12.0d52		9.8d52		8.3d52		11.6d60		9.0d60		7.4d60		6.3d60	
x113	.	.	17.9d42		14.5d42		12.3d42		16.6d52		12.9d52		10.5d52		8.9d52		12.5d60		9.6d60		7.9d60		6.6d60	
x125	.	.	19.6d42		16.0d42		13.5d42		18.3d52		14.1d52		11.5d52		9.6c50		13.6d60		10.5d60		8.6d60		7.3d60	
x140	.	.	.	.	17.6d42		14.9d42		.	.	15.6d52		12.6d52		10.8d52		15.1d60		11.6d60		9.5d60		8.0d60	
610x305x149	.	.	.	.	18.6d42		15.8d42		.	.	16.5d52		13.4d52		11.3c50		15.9d60		12.3d60		10.0d60		8.4d58	
x179	.	.	.	.	.	.	18.5d42		.	.	19.4d52		15.8d52		13.4d52		18.8d60		14.5d60		11.8c58		10.0d60	
x238	.	.	.	.	.	.	.	.	.	.	.	.	.	.	17.3d52		.	.	18.9d60		15.4d60		12.9c58	
686x254x125	.	.	.	.	17.4d42		14.6d42		20.0d52		15.4d52		12.6d52		10.6d52		15.0d60		11.5d60		9.4d60		7.9d58	
x140	.	.	.	.	19.4d42		16.3d42		.	.	17.1d52		14.0d52		11.8d52		16.6d60		12.8d60		10.4d58		8.8d58	
x152	.	.	.	.	.	.	17.5d42		.	.	18.5d52		15.0d52		12.6d52		17.9d60		13.8d60		11.3d60		9.5d60	
x170	.	.	.	.	.	.	19.4d42		.	.	.	.	16.6d52		14.0d52		19.8d60		15.3d60		12.4d58		10.5d60	
203x203x 46	5.0f40																							
x 52	5.6d42																							
x 60	6.1d42																							
x 71	6.9d42		5.1d42																					
x 86	7.9d42		6.0d42																					
254x254x 73	8.0d42		6.3d42		5.0d42				5.0i34															
x 89	9.1d42		7.1d42		5.9d42				6.0i36															
x107	10.6d42		8.3d42		6.8d42		5.6d42		6.9i34		5.8d52													
x132	12.9d42		10.0d42		8.1d42		6.8d42		8.3i32		7.0d52		5.3d52											
x167	15.9d42		12.3d42		10.0d42		8.3d42		10.1i30		8.5d52		6.4d50		5.1d50		5.1i34							
305x305x 97	11.5d42		8.9d42		7.3d42		6.1d42		8.3i50		6.5d52		5.1d52											
x118	13.3d42		10.3d42		8.4d42		7.1d42		9.6d52		7.4d50		6.0d52				5.1i34							
x137	15.1d42		11.8d42		9.6d42		8.1d42		10.9d52		8.5d52		6.9d52		5.5d52		5.8i34		5.5i48					
x158	17.3d42		13.4d42		10.9d42		9.3d42		12.4d52		9.6d52		7.8d52		6.3d52		6.5i34		6.1i44		5.1d60			
x198	.	.	16.6d42		13.5d42		11.5d42		15.0i48		11.9d52		9.5d52		7.6d52		7.9i34		7.5i42		6.3d60		5.0d58	
x240	.	.	20.0d42		16.3d42		13.8d42		17.8i44		14.3d52		11.3d52		9.0d52		9.3i34		8.9i38		7.4d58		6.0d60	
x283	.	.	.	.	18.8g36		15.3g28		.	.	16.8d52		13.1d52		10.5d52		10.8i34		10.3i34		8.9i34		7.0d60	
356x368x129	15.8d42		12.3d42		10.0d42		8.5d42		11.5d52		8.9d52		7.3d52		6.1d52		6.9i34		6.5i54		5.3d60			
x153	18.5d42		14.3d42		11.6d42		9.9d42		13.3d52		10.3d52		8.4d52		7.1d52		7.9i34		7.5i54		6.0d60			
x177	.	.	16.5d42		13.5d42		11.4d42		15.3d52		11.9d52		9.6c50		8.1c50		8.9i34		8.4i46		6.8d58		5.5d60	
x202	.	.	18.8d42		15.4d42		13.0d42		17.3d52		13.4d52		10.9c50		9.3d52		9.9i34		9.4i46		7.6d60		6.1d60	

Deck: GENERIC PROFILE

Table 59

BEAM DATA
- Internal beam
- Two point loads
- Steel grade: 43
- Shear connectors: Welded

SLAB DATA
- Fire resistance: 60 mins
- Slab depth: 115 mm
- Concrete: LW
- Grade: 30

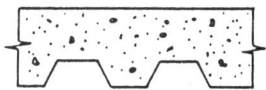

FOR FURTHER INFORMATION SEE NOTES PRECEDING TABLE 1

L = maximum spacing of beams

BEAM SPAN	7.5m				9.0m				10.5m			
IMPOSED LOAD kN/m²	4	6	8	10	4	6	8	10	4	6	8	10
SERIAL SIZE	L N	L N	L N	L N	L N	L N	L N	L N	L N	L N	L N	L N
254x146x 37												
x 43												
305x102x 28												
x 33												
305x127x 37												
x 42												
x 48												
305x165x 40	5.1f34											
x 46	5.9f40											
x 54	6.8d42	5.1d42										
356x127x 33												
x 39												
356x171x 45	6.3f38											
x 51	7.1d42	5.4d42			5.0f44							
x 57	7.8d42	5.9d42			5.5f48							
x 67	8.9d42	6.6d42	5.4d42		6.5d52							
406x140x 39	5.5a28											
x 46	7.0a38	5.5d42										
406x178x 54	8.1d42	6.1d42			5.8f46							
x 60	8.8d42	6.6d42	5.4d42		6.4f50							
x 67	9.6d42	7.3d42	5.9d42		7.1d52	5.4d52						
x 74	10.5d42	8.0d42	6.4d42	5.4d42	7.8d52	5.9d52			5.5a50			
457x152x 52	8.4f40	6.5d42	5.3d42		5.1a30							
x 60	9.6d42	7.3d42	5.9d42		6.5d42	5.4d52						
x 67	10.5d42	8.0d42	6.4d42	5.4d42	7.5d48	5.9d52						
x 74	11.3d42	8.5d42	6.8d42	5.8d42	8.1d52	6.8d52	5.0d52		5.4a42			
x 82	12.1d42	9.1d42	7.4d42	6.1c40	8.6a48	6.8d52	5.4d52		6.1a48	5.1d60		
457x191x 67	10.5d42	7.9d42	6.4d42	5.4d42	7.6d52	5.8d50			5.6a54			
x 74	11.5d42	8.6d42	7.0d42	5.9d42	8.4d52	6.4d52	5.1d52		6.4d60			
x 82	12.5d42	9.4d42	7.6d42	6.4d42	9.0d52	6.9d52	5.5d52		6.9d60	5.1d58		
x 89	13.0d42	9.9d42	7.9d42	6.6d42	9.5d52	7.1d52	5.8d52		7.1d60	5.4d58		
x 98	14.1d42	10.8d42	8.6d42	7.3d42	10.3d52	7.8d52	6.3d52	5.3d52	7.8d60	5.9d60		
533x210x 82	14.0d42	10.6d42	8.5d42	7.1d42	10.1d52	7.6d52	6.1c50	5.1c50	7.6d60	5.8d58		
x 92	15.6d42	11.8d42	9.5d42	7.9d42	11.3d52	8.5d52	6.9d52	5.8d52	8.5d60	6.4d58	5.1d58	
x101	16.5d42	12.4d42	10.0d42	8.4d42	11.9d52	9.0d52	7.3d52	6.0c50	8.9d60	6.8d60	5.4d58	
x109	17.5d42	13.3d42	10.6d42	8.9d42	12.6d52	9.5d52	7.6d52	6.4c50	9.5d60	7.1d60	5.8d60	
x122	19.5d42	14.8d42	11.9d42	9.9d42	14.0d52	10.6d52	8.5d52	7.1d52	10.5d60	7.9c58	6.4d60	5.4d60
610x229x101	18.9d42	14.3d42	11.4d42	9.5d42	13.5d52	10.3d52	8.3d52	6.9d52	10.1d60	7.6d60	6.1d58	5.1d58
x113	. .	15.3d42	12.3d42	10.3d42	14.5d52	11.0d52	8.8d50	7.4d52	10.9d60	8.3d60	6.6d60	5.5c58
x125	. .	16.8d42	13.4d42	11.3d42	15.9d52	12.0d52	9.6d52	8.0c50	11.9d60	9.0d60	7.3d60	6.0c58
x140	. .	18.5d42	14.9d42	12.4d42	17.6d52	13.3d52	10.6d52	8.9c50	13.1d60	9.9d60	8.0d60	6.6c58
610x305x149	. .	19.5d42	15.6d42	13.1d42	18.5d52	14.0d52	11.3d52	9.4d52	13.8d60	10.4d60	8.4d60	7.0d60
x179	. .	. .	18.5d42	15.4d42	. .	16.5d52	13.3d52	11.5d52	16.3d60	12.3d60	9.9d60	8.3d60
x238	. .	. .	. .	20.0d42	. .	. .	17.3d52	14.4d52	. .	16.0d60	12.9d60	10.8d60
686x254x125	. .	18.3d42	14.8d42	12.3d42	17.5d52	13.1d52	10.6d52	8.9d52	13.0d60	9.9d60	7.9d60	6.6d60
x140	. .	. .	16.4d42	13.6d42	19.4d52	14.6d52	11.8d52	9.9d52	14.5d60	10.9d60	8.8d60	7.4d60
x152	. .	. .	17.6d42	14.6d42	. .	15.8d52	12.6d52	10.6d52	15.6d60	11.8d60	9.5d60	7.9c58
x170	. .	. .	19.4d42	16.3d42	. .	17.4d52	14.0d52	11.6d52	17.3d60	13.0d60	10.5d60	8.8d60
203x203x 46												
x 52												
x 60	5.4d42											
x 71	6.0d42											
x 86	6.9d42	5.0d42										
254x254x 73	7.0d42	5.4d42			5.0i46							
x 89	8.0d42	6.1d42			5.8i48							
x107	9.3d42	7.0c40	5.8d42		6.6i48							
x132	11.1d42	8.5d42	6.9d42	5.5d40	7.9i46	5.8d52						
x167	13.8d42	10.5d42	8.4c40	6.8h40	9.6i46	7.0d52	5.3d50					
305x305x 97	10.0d42	7.6d42	6.1d42	5.1d42	7.3d52	5.5d50			5.0i32			
x118	11.5d42	8.8d42	7.0d42	5.9c40	8.4d52	6.4d52	5.0d50		5.6i32	5.0i56		
x137	13.1d42	10.0d42	8.0c40	6.8d42	9.5d52	7.3d52	5.8d52		6.3i32	5.8d60		
x158	15.0d42	11.4d42	9.1d42	7.6c40	10.8d52	8.3d52	6.4d50	5.1d50	7.5i32	7.0d60	5.3d60	
x198	18.5d42	14.0d42	11.4d42	9.5d42	13.3d52	10.1d52	7.9d52	6.3h50	8.9i32	8.3d60	6.3d60	5.0d60
x240	. .	16.9d42	13.6d42	11.4c40	16.0d52	12.1d52	9.4d52	7.5d52	10.3i32	9.6d60	7.3d60	5.8h56
x283	. .	18.6d42	15.0d42	12.5c40	17.5d52	13.3d52	10.8d52	8.8d52				
356x368x129	13.8d42	10.4d42	8.4d42	7.0c40	10.0d52	7.6d52	6.1d52	5.1d52	6.8i44	5.8d60		
x153	16.1d42	12.3d42	9.9d42	8.3d42	11.6d52	8.8d50	7.1d52	6.0d52	7.8i36	6.6d60	5.1d60	
x177	18.4d42	14.0d42	11.3d42	9.5d42	13.3d52	10.0c50	8.1d52	6.8c50	8.6i30	7.5c58	5.8h58	
x202	. .	15.9d42	12.8d42	10.8d42	15.0d52	11.4d52	9.1c50	7.6c50	9.6i32	8.5d60	6.4h58	5.1h58

Deck: GENERIC PROFILE

Table 60

BEAM DATA
```
Edge beam
Single point load
Steel grade            50
Shear connectors    Welded
```

SLAB DATA
```
Fire resistance  90 mins
Slab depth       125 mm
Concrete         LW
Grade            30
```

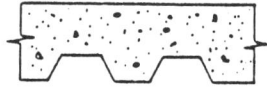

FOR FURTHER INFORMATION SEE NOTES PRECEDING TABLE 1

L = maximum spacing of beams

BEAM SPAN	6.0m								7.0m								8.0m							
IMPOSED LOAD kN/m²	4		6		8		10		4		6		8		10		4		6		8		10	
SERIAL SIZE	L	N	L	N	L	N	L	N	L	N	L	N	L	N	L	N	L	N	L	N	L	N	L	N
254x146x 37	9.6c24		6.8h24		5.0h24																			
x 43	11.3c24		8.4h24		6.3h24		5.0h24																	
305x102x 28	9.0c24		6.8c22		5.5c24																			
x 33	10.4c24		7.9c24		6.3c22		5.3c24		5.8h28															
305x127x 37	11.4c24		8.6c24		6.9c24		5.8c24		6.6h28															
x 42	12.8c24		9.6c24		7.8c24		6.5c24		8.1h28		5.4h28													
x 48	14.5c24		11.0c24		8.9c24		7.4c24		10.1h28		6.8h28		5.0h28											
305x165x 40	12.4c24		9.4c24		7.5c24		6.3c24		8.3h28		5.5h28													
x 46	14.1c24		10.8c24		8.6c24		7.3c24		10.0c28		6.8h28		5.1h28											
x 54	16.5c24		12.5c24		10.0c24		8.4c24		11.8c28		8.4h28		6.3h28		5.0h28		5.9h32							
356x127x 33	11.6c24		8.8c24		7.0c24		5.9c24		8.1c28		5.8h28													
x 39	13.8c24		10.4c24		8.4c24		7.0c24		9.6c26		7.4c28		5.8h28				5.0h30							
356x171x 45	15.8c24		11.9c24		9.6c24		8.0c24		11.1c28		8.5c28		6.8c28		5.6h28		6.8h32							
x 51	17.9c24		13.5c24		10.9c24		9.1c24		12.8c28		9.6c28		7.8c28		6.5c28		8.6h32		5.8h32					
x 57	20.0c24		15.1c24		12.1c24		10.1c24		14.4c28		10.9c28		8.8c28		7.3c28		10.4h32		6.9h32		5.1h32			
x 67	. .		17.9c24		14.4c24		12.0c24		17.0c28		12.9c28		10.4c28		8.6c28		12.6c30		8.9h32		6.6h32		5.3h32	
406x140x 39	15.5c24		11.0c24		9.4c24		7.9c24		11.0c28		8.3c26		6.6c26		5.6c28		8.0h32		5.3h32					
x 46	18.5c24		14.0c24		11.3c24		9.4c24		13.3c28		10.0c28		8.0c26		6.8c28		9.8c30		7.3h32		5.4h32			
406x178x 54	. .		16.1c24		13.0c24		10.9c24		15.4c28		11.6c28		9.4c28		7.8c28		11.4c32		8.6c32		6.6h32		5.4h32	
x 60	. .		17.9c24		14.4c24		12.0c24		17.1c28		13.0c28		10.4c28		8.8c28		12.8c32		9.6c32		7.8c32		6.3h32	
x 67	. .		20.0c24		16.1c24		13.5c24		19.3c28		14.5c28		11.8c28		9.8c28		14.4c32		10.9c32		8.8c32		7.3h32	
x 74	. .		. .		17.8c24		14.9c24		. .		16.1c28		13.0c28		10.9c28		16.0c32		12.1c32		9.8c32		8.1c32	
457x152x 52	. .		17.3c24		13.9c24		11.6c24		16.5c28		12.5c28		10.1c28		8.4c26		12.4c32		9.4c32		7.5c30		6.3c30	
x 60	. .		19.6c24		15.9c24		13.3c24		19.0c28		14.4c28		11.5c28		9.6c28		14.3c32		10.8c30		8.6c30		7.3c30	
x 67	. .		. .		17.5c24		14.6c24		. .		16.0c28		12.9c28		10.8c28		16.0c32		12.1c32		9.8c32		8.1c30	
x 74	. .		. .		18.8c24		15.6c24		. .		17.0c28		13.8c28		11.5c28		17.0c30		12.9c30		10.4c30		8.6c30	
x 82	. .		. .		. .		17.1c24		. .		18.8c28		15.0c28		12.6c28		18.8c30		14.3c32		11.4c30		9.5c30	
457x191x 67	. .		. .		17.8c24		14.9c24		. .		16.1c28		12.9c28		10.8c28		16.0c32		12.1c32		9.8c32		8.1c32	
x 74	. .		. .		19.6c24		16.5c24		. .		17.9c28		14.4c28		12.0c28		17.9c32		13.5c32		10.9c32		9.1c32	
x 82	. .		. .		. .		18.0c24		. .		19.6c28		15.8c28		13.1c28		19.6c32		14.9c32		11.9c32		10.0c32	
x 89	. .		. .		. .		18.8c24		. .		. .		16.5c28		13.8c28		. .		15.5c32		12.5c32		10.5c32	
x 98	. .		. .		. .		. .		. .		. .		18.1c28		15.1c28		. .		17.1c32		13.8c32		11.5c32	
533x210x 82	. .		. .		. .		. .		. .		. .		17.9c28		15.0c28		. .		17.0c32		13.6c32		11.4c32	
x 92	. .		. .		. .		. .		. .		. .		. .		16.9c28		. .		19.1c32		15.4c32		12.9c32	
x101	. .		. .		. .		. .		. .		. .		. .		17.8c28		. .		. .		16.3c32		13.6c32	
x109	. .		. .		. .		. .		. .		. .		. .		19.0c28		. .		. .		17.4c32		14.5c32	
x122	. .		. .		. .		. .		. .		. .		. .		. .		. .		. .		19.5c32		16.3c32	
610x229x101	. .		. .		. .		. .		. .		. .		. .		. .		. .		. .		18.8c32		15.8c32	
x113	. .		. .		. .		. .		. .		. .		. .		. .		. .		. .		. .		17.0c32	
x125	. .		. .		. .		. .		. .		. .		. .		. .		. .		. .		. .		18.8c32	
x140	. .		. .		. .		. .		. .		. .		. .		. .		. .		. .		. .		. .	
610x305x149	. .		. .		. .		. .		. .		. .		. .		. .		. .		. .		. .		. .	
x179	. .		. .		. .		. .		. .		. .		. .		. .		. .		. .		. .		. .	
x238	. .		. .		. .		. .		. .		. .		. .		. .		. .		. .		. .		. .	
686x254x125	. .		. .		. .		. .		. .		. .		. .		. .		. .		. .		. .		. .	
x140	. .		. .		. .		. .		. .		. .		. .		. .		. .		. .		. .		. .	
x152	. .		. .		. .		. .		. .		. .		. .		. .		. .		. .		. .		. .	
x170	. .		. .		. .		. .		. .		. .		. .		. .		. .		. .		. .		. .	
203x203x 46	7.1h24																							
x 52	8.8h24		5.8h24																					
x 60	10.6h24		7.0h24		5.3h24																			
x 71	13.9h24		9.3h24		6.9h24		5.5h24		5.9h28															
x 86	17.0c26		11.6h26		8.6h26		6.9h26		8.3h28		5.5h28													
254x254x 73	17.8c26		13.5c26		10.9h26		8.6h26		11.0h30		7.3h30		5.4h30		5.8h30		7.1h32							
x 89	. .		16.0c26		12.9c26		10.8c26		14.6h30		9.6h30		7.3h30		7.1h30		9.8h32		6.4h32					
x107	. .		19.1c26		15.5c26		12.9c26		18.1c30		12.1h30		9.0h30		7.1h30		. .		9.8h32		6.4h32			
x132	. .		. .		19.3c26		15.8c24		. .		15.8h30		11.8h30		9.4h30		13.5h32		9.0h32		6.6h32		5.3h32	
x167	. .		. .		. .		18.5c12		. .		. .		15.6h30		12.4h30		18.8h32		12.5h32		9.3h32		7.4h32	
305x305x 97	. .		. .		17.3c26		14.5c26		. .		15.4c30		12.1h30		9.6h30		14.0h34		9.3h34		6.9h34		5.5h34	
x118	. .		. .		. .		16.9c26		. .		18.1c30		14.6h30		12.0h30		17.9c34		11.9h34		8.9h34		7.0h34	
x137	. .		. .		. .		19.6c26		. .		. .		17.0c30		14.1h30		. .		14.4h34		10.8h34		8.5h34	
x158	. .		. .		. .		. .		. .		. .		19.8c30		16.5h30		. .		17.1h34		12.8h34		10.1h34	
x198	. .		. .		. .		. .		. .		. .		. .		20.0g22		. .		. .		16.8h34		13.4h34	
x240	. .		. .		. .		. .		. .		. .		. .		. .		. .		. .		. .		16.8h34	
x283	. .		. .		. .		. .		. .		. .		. .		. .		. .		. .		. .		. .	
356x368x129	. .		. .		. .		. .		. .		18.4c30		15.4c30		. .		17.1c34		13.8h34		10.9h34			
x153	. .		. .		. .		. .		. .		. .		18.3c30		. .		. .		16.5c34		13.1h34			
x177	. .		. .		. .		. .		. .		. .		. .		. .		. .		19.1c34		15.4h34			
x202	. .		. .		. .		. .		. .		. .		. .		. .		. .		. .		17.8h34			

Deck: GENERIC PROFILE

Table 61

BEAM DATA
- Edge beam
- Single point load
- Steel grade: 50
- Shear connectors: Welded

SLAB DATA
- Fire resistance: 90 mins
- Slab depth: 135 mm
- Concrete: NW
- Grade: 30

FOR FURTHER INFORMATION SEE NOTES PRECEDING TABLE 1

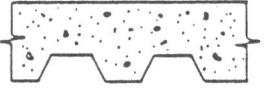

L = maximum spacing of beams

BEAM SPAN	6.0m								7.0m								8.0m							
IMPOSED LOAD kN/m²	4		6		8		10		4		6		8		10		4		6		8		10	
SERIAL SIZE	L	N	L	N	L	N	L	N	L	N	L	N	L	N	L	N	L	N	L	N	L	N	L	N
254x146x 37	9.4c24		7.3c24		5.9c24		5.0c24		6.4h28															
x 43	10.8c24		8.4c24		6.8c24		5.8c24		7.6c28		5.6h28													
305x102x 28	7.8a20		6.8c24		5.5c24																			
x 33	10.0f24		7.8c24		6.4c24		5.4c24		6.1a22		5.5c28													
305x127x 37	11.0c24		8.5c24		6.9c24		5.9c24		7.8c28		6.0c28													
x 42	12.3c24		9.5c24		7.8c24		6.5c24		8.6c28		6.8c28		5.5c28				5.4h32							
x 48	13.9c24		10.8c24		8.8c24		7.4c24		9.9c28		7.6c28		6.3c28		5.3c28		7.3h32							
305x165x 40	11.9c24		9.1c24		7.5c24		6.3c24		8.4c28		6.5c28		5.3c28				5.3h32							
x 46	13.5c24		10.4c24		8.5c24		7.1c24		9.6c28		7.4c28		6.0c28		5.1c28		7.0h32							
x 54	15.6c24		12.1c24		9.9c24		8.3c24		11.1c28		8.6c28		7.0c28		5.9c28		8.3c32		6.3h32						
356x127x 33	11.1c24		8.6c24		7.0c24		5.9c24		7.6f26		6.1c28		5.0c28												
x 39	13.0c24		10.1c24		8.3c24		7.0c24		9.3c28		7.3c28		5.9c28		5.0c28		6.5a28		5.3h32						
356x171x 45	14.9c24		11.5c24		9.4c24		8.0c24		10.6c28		8.3c28		6.8c28		5.6c28		7.9c32		6.1c32							
x 51	16.9c24		13.1c24		10.6c24		9.0c24		12.1c28		9.4c28		7.6c28		6.4c28		9.0c32		6.9c32		5.6c32						
x 57	18.9c26		14.6c24		11.9c24		10.0c24		13.5c28		10.5c28		8.5c28		7.3c28		10.0c32		7.8c32		6.4c32		5.4c32					
x 67	.	.	17.1c24		14.0c24		11.9c26		16.0c28		12.4c28		10.1c28		8.5c28		12.0c32		9.3c32		7.5c32		6.4c32					
406x140x 39	14.6c24		11.4c24		9.3c24		7.9c24		10.5c28		8.1c28		6.6c28		5.6c28		7.4a30		6.0c28							
x 46	17.4c24		13.5c24		11.0c24		9.3c24		12.5c28		9.8c28		7.9c28		6.6c28		9.3c32		7.1c30		5.9c32						
406x178x 54	20.0c24		15.5c24		12.6c24		10.8c26		14.5c28		11.3c28		9.1c28		7.8c28		10.8c32		8.4c32		6.8c32		5.8c32	
x 60	.	.	17.3c24		14.1c24		11.9c24		16.1c28		12.5c28		10.1c28		8.6c28		12.0c32		9.3c32		7.6c32		6.4c32	
x 67	.	.	19.3c24		15.8c26		13.3c24		18.1c28		14.0c28		11.4c28		9.6c28		13.5c32		10.5c32		8.5c32		7.3c32	
x 74	.	.	.	.	17.4c26		14.6c24		20.0c28		15.5c28		12.6c28		10.6c28		15.1c32		11.8c32		9.5c32		8.0c32	
457x152x 52	.	.	16.8c24		13.6c24		11.5c24		15.6c28		12.1c28		9.9c28		8.4c28		11.8c32		9.0c32		7.4c32		6.3c32	
x 60	.	.	19.0c24		15.5c24		13.1c24		17.9c28		13.9c28		11.3c28		9.5c28		13.4c32		10.4c32		8.5c32		7.1c32	
x 67	.	.	.	.	17.1c24		14.5c24		19.9c28		15.4c28		12.6c28		10.6c28		15.1c32		11.6c32		9.5c32		8.0c32	
x 74	.	.	.	.	18.3c24		15.4c24		.	.	16.5c28		13.4c28		11.4c28		16.1c32		12.5c32		10.1c32		8.6c32	
x 82	.	.	.	.	20.0c24		16.9c24		.	.	18.0c28		14.8c28		12.4c28		17.6c32		13.8c32		11.1c32		9.4c30	
457x191x 67	.	.	.	.	17.3c24		14.6c26		20.0c28		15.5c28		12.6c28		10.6c28		15.1c32		11.6c32		9.5c32		8.0c32	
x 74	.	.	.	.	19.1c24		16.1c24		.	.	17.3c28		14.0c28		11.9c28		16.8c32		13.0c32		10.6c32		8.9c32	
x 82	.	.	.	.	.	.	17.6c24		.	.	18.8c28		15.4c28		13.0c28		18.4c32		14.3c32		11.6c32		9.9c32	
x 89	.	.	.	.	.	.	18.5c26		.	.	19.6c28		16.0c28		13.5c28		19.3c32		15.0c32		12.1c32		10.3c32	
x 98	.	.	.	.	.	.	.	.	.	.	.	.	17.6c28		14.9c28		.	.	16.4c32		13.4c32		11.3c32	
533x210x 82	.	.	.	.	.	.	20.0c26		.	.	.	.	17.5c30		14.8c28		.	.	16.4c32		13.3c32		11.3c32	
x 92	.	.	.	.	.	.	.	.	.	.	.	.	19.6c28		16.6c30		.	.	18.4c32		15.0c32		12.6c32	
x101	.	.	.	.	.	.	.	.	.	.	.	.	.	.	17.5c30		.	.	19.4c32		15.8c32		13.4c32	
x109	.	.	.	.	.	.	.	.	.	.	.	.	.	.	18.6c28		.	.	.	.	16.9c32		14.3c32	
x122	.	.	.	.	.	.	.	.	.	.	.	.	.	.	.	.	.	.	.	.	18.9c32		15.9c32	
610x229x101	.	.	.	.	.	.	.	.	.	.	.	.	.	.	.	.	.	.	.	.	18.3c32		15.5c34	
x113	.	.	.	.	.	.	.	.	.	.	.	.	.	.	.	.	.	.	.	.	19.8c34		16.6c32	
x125	.	.	.	.	.	.	.	.	.	.	.	.	.	.	.	.	.	.	.	.	.	.	18.4c34	
x140	.	.	.	.	.	.	.	.	.	.	.	.	.	.	.	.	.	.	.	.	.	.	.	.
610x305x149	.	.	.	.	.	.	.	.	.	.	.	.	.	.	.	.	.	.	.	.	.	.	.	.
x179	.	.	.	.	.	.	.	.	.	.	.	.	.	.	.	.	.	.	.	.	.	.	.	.
x238	.	.	.	.	.	.	.	.	.	.	.	.	.	.	.	.	.	.	.	.	.	.	.	.
686x254x125	.	.	.	.	.	.	.	.	.	.	.	.	.	.	.	.	.	.	.	.	.	.	.	.
x140	.	.	.	.	.	.	.	.	.	.	.	.	.	.	.	.	.	.	.	.	.	.	.	.
x152	.	.	.	.	.	.	.	.	.	.	.	.	.	.	.	.	.	.	.	.	.	.	.	.
x170	.	.	.	.	.	.	.	.	.	.	.	.	.	.	.	.	.	.	.	.	.	.	.	.
203x203x 46	9.0c26		7.0c26		5.8c26																			
x 52	10.1c26		7.9c26		6.4c26		5.4c26		5.8h30															
x 60	11.5c26		9.0c26		7.3c24		6.1c26		7.4h30															
x 71	13.4c26		10.4c26		8.5c26		7.1c24		9.5c30		6.8h30		5.1h30											
x 86	16.1c26		12.5c26		10.3c26		8.6c26		11.5c28		9.0h30		6.6h30		5.3h30		6.5h32							
254x254x 73	16.8c26		13.0c26		10.6c26		9.0c26		12.0c30		9.3c30		7.6c30		6.4c30		8.4c34		5.5h34					
x 89	19.8c26		15.4c26		12.5c26		10.6c26		14.3c30		11.0c30		9.0c30		7.6c30		10.5c32		7.6h34		5.6h34			
x107	.	.	18.4c26		15.0c26		12.3c22		17.1c30		13.3c30		10.9c30		9.1c30		12.8c34		9.9h34		7.4h34		5.9h34	
x132	.	.	.	.	17.1g18		13.8g12		.	.	16.6c30		13.1g26		10.6g22		16.0c32		12.5c34		9.8h34		7.8h34	
x167	.	.	.	.	19.6g12		15.9g12		.	.	19.8g22		15.1g14		12.1g12		.	.	15.8g32		12.0g30		9.6g30	
305x305x 97	.	.	16.8c26		14.1c26		19.0c30		14.8c30		12.0c30		10.1c30		14.3c34		11.0c34		9.0c34		7.6c34	
x118	.	.	19.5c26		16.1c24		.	.	17.3c30		14.1c30		11.9c30		16.8c34		13.0c34		10.6c34		8.9c32	
x137	.	.	.	.	17.5g16		.	.	.	.	16.5c30		13.5c26		19.6c34		15.3c34		12.4c34		10.5c34	
x158	.	.	.	.	19.0g12		.	.	.	.	18.1g24		14.6g18		.	.	17.6c34		14.4g34		11.6c28	
x198	.	.	.	.	.	.	.	.	.	.	.	.	16.8g12		.	.	.	.	16.5g18		13.4g14	
x240	.	.	.	.	.	.	.	.	.	.	.	.	19.0g12		.	.	.	.	18.8g14		15.1g14	
x283	.	.	.	.	.	.	.	.	.	.	.	.	.	.	.	.	.	.	.	.	16.9g14	
356x368x129	.	.	.	.	.	.	.	.	.	.	17.8c32		15.0c32		.	.	16.3c34		13.3c34		11.3c34	
x153	.	.	.	.	.	.	.	.	.	.	.	.	17.1c28		.	.	19.4c34		15.9c34		13.4c34	
x177	.	.	.	.	.	.	.	.	.	.	.	.	18.6g16		.	.	.	.	18.4g34		14.8g26	
x202	.	.	.	.	.	.	.	.	.	.	.	.	.	.	.	.	.	.	19.8g24		15.9g16	

Deck: GENERIC PROFILE

Table 62

BEAM DATA
```
Edge beam
Single point load
Steel grade           43
Shear connectors   Welded
```

SLAB DATA
```
Fire resistance   90 mins
Slab depth        125 mm
Concrete          LW
Grade             30
```

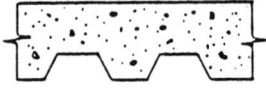

FOR FURTHER INFORMATION SEE NOTES PRECEDING TABLE 1   L = maximum spacing of beams

BEAM SPAN	6.0m								7.0m								8.0m							
IMPOSED LOAD kN/m²	4		6		8		10		4		6		8		10		4		6		8		10	
SERIAL SIZE	L	N	L	N	L	N	L	N	L	N	L	N	L	N	L	N	L	N	L	N	L	N	L	N
254x146x 37	7.6c24		5.8c24																					
x 43	8.9c24		6.6c24		5.4c24																			
305x102x 28	6.4f20		5.1f22						5.1f28															
x 33	7.8f22		6.1c24		5.0c24																			
305x127x 37	9.0c24		6.8c24		5.5c24				6.0f28															
x 42	10.0c24		7.6c24		6.1c24		5.1c24		7.0c28		5.3c28													
x 48	11.5c24		8.6c24		7.0c24		5.9c24		8.0c26		6.1c28													
305x165x 40	9.8c24		7.4c24		5.9c24				6.8c28		5.1c28													
x 46	11.1c24		8.4c24		6.8c24		5.6c24		7.8c28		5.9c28													
x 54	12.9c24		9.8c24		7.9c24		6.5c24		9.1c28		6.9c28		5.5c28				5.9h32							
356x127x 33	8.9f22		6.9c24		5.5c24				5.9f24															
x 39	10.8c24		8.1c24		6.5c24		5.5c24		7.5f28		5.6c26						5.0h30							
356x171x 45	12.4c24		9.4c24		7.5c24		6.3c24		8.6c28		6.5c28		5.3c28				6.3c32							
x 51	14.0c24		10.6c24		8.5c24		7.1c24		9.9c28		7.5c28		6.0c28		5.0c28		7.1c30		5.4c30					
x 57	15.6c24		11.9c24		9.5c24		8.0c24		11.1c28		8.4c28		6.8c28		5.6c28		8.1c32		6.1c32					
x 67	18.6c24		14.1c24		11.4c24		9.5c24		13.3c28		10.0c28		8.0c28		6.8c28		9.8c32		7.4c32		5.9c30			
406x140x 39	12.1c24		9.1c24		7.4c24		6.1c24		8.4c26		6.4c26		5.1c26				5.8f28							
x 46	14.5c24		11.0c24		8.9c24		7.4c24		10.3c28		7.8c28		6.3c28		5.3c28		7.5c32		5.6c30					
406x178x 54	16.8c24		12.6c24		10.3c24		8.5c24		11.9c28		9.0c28		7.3c28		6.0c28		8.8c32		6.6c32		5.3c30			
x 60	18.6c24		14.1c24		11.4c24		9.5c24		13.4c28		10.1c28		8.1c28		6.8c28		9.8c32		7.4c32		5.9c30		5.0c32	
x 67	.	.	15.9c24		12.8c24		10.6c24		15.0c28		11.4c28		9.1c28		7.6c28		11.1c32		8.4c32		6.8c32		5.6c32	
x 74	.	.	17.6c24		14.1c24		11.9c24		16.8c28		12.6c28		10.3c28		8.5c28		12.4c32		9.4c32		7.5c30		6.3c30	
457x152x 52	18.1c24		13.8c24		11.0c24		9.3c24		13.0c28		9.8c28		7.9c28		6.6c28		9.5c30		7.3c32		5.8c30			
x 60	.	.	15.6c24		12.6c24		10.5c24		14.9c28		11.3c28		9.0c28		7.6c28		11.0c32		8.4c32		6.6c32		5.6c32	
x 67	.	.	17.5c24		14.0c24		11.8c24		16.8c28		12.6c28		10.1c28		8.5c28		12.5c32		9.4c30		7.6c32		6.4c32	
x 74	.	.	18.8c24		15.1c24		12.6c24		18.0c28		13.6c28		11.0c28		9.1c28		13.4c30		10.1c30		8.1c30		6.9c32	
x 82	.	.	.	.	16.5c24		13.8c24		19.8c28		15.0c28		12.0c28		10.0c28		14.9c32		11.3c32		9.0c30		7.5c30	
457x191x 67	.	.	17.5c24		14.1c24		11.8c24		16.8c28		12.6c28		10.1c28		8.5c28		12.4c32		9.4c32		7.5c32		6.3c30	
x 74	.	.	19.5c24		15.6c24		13.1c24		18.6c28		14.0c28		11.4c28		9.5c28		13.9c32		10.5c32		8.5c32		7.0c30	
x 82	.	.	.	.	17.1c24		14.4c24		.	.	15.5c28		12.5c28		10.4c28		15.4c32		11.6c32		9.4c32		7.8c30	
x 89	.	.	.	.	18.0c24		15.1c24		.	.	16.4c28		13.1c28		11.0c28		16.3c32		12.3c32		9.9c32		8.3c32	
x 98	.	.	.	.	19.8c24		16.5c24		.	.	18.0c28		14.4c28		12.0c28		17.9c32		13.5c32		10.9c32		9.1c32	
533x210x 82	.	.	.	.	19.5c24		16.3c24		.	.	17.8c28		14.3c28		11.9c28		17.8c32		13.4c32		10.8c32		9.0c32	
x 92	.	.	.	.	.	.	18.4c24		.	.	20.0c28		16.1c28		13.5c28		20.0c32		15.1c32		12.1c32		10.1c32	
x101	.	.	.	.	.	.	19.4c24		.	.	.	.	17.0c28		14.3c28		.	.	16.1c32		12.9c32		10.8c32	
x109	.	.	.	.	.	.	.	.	.	.	.	.	18.3c28		15.3c28		.	.	17.3c32		13.9c32		11.6c32	
x122	.	.	.	.	.	.	.	.	.	.	.	.	.	.	17.0c28		.	.	19.3c32		15.5c32		13.0c32	
610x229x101	.	.	.	.	.	.	.	.	.	.	.	.	19.6c28		16.4c28		.	.	18.6c32		15.0c32		12.5c32	
x113	.	.	.	.	.	.	.	.	.	.	.	.	.	.	17.8c28		.	.	.	.	16.3c32		13.5c32	
x125	.	.	.	.	.	.	.	.	.	.	.	.	.	.	19.6c28		.	.	.	.	17.9c32		15.0c32	
x140	.	.	.	.	.	.	.	.	.	.	.	.	.	.	.	.	.	.	.	.	19.9c32		16.6c32	
610x305x149	.	.	.	.	.	.	.	.	.	.	.	.	.	.	.	.	.	.	.	.	.	.	17.9c32	
x179	.	.	.	.	.	.	.	.	.	.	.	.	.	.	.	.	.	.	.	.	.	.	.	.
x238	.	.	.	.	.	.	.	.	.	.	.	.	.	.	.	.	.	.	.	.	.	.	.	.
686x254x125	.	.	.	.	.	.	.	.	.	.	.	.	.	.	.	.	.	.	.	.	19.8c32		16.5c32	
x140	.	.	.	.	.	.	.	.	.	.	.	.	.	.	.	.	.	.	.	.	.	.	18.5c32	
x152	.	.	.	.	.	.	.	.	.	.	.	.	.	.	.	.	.	.	.	.	.	.	20.0c32	
x170	.	.	.	.	.	.	.	.	.	.	.	.	.	.	.	.	.	.	.	.	.	.	.	.
203x203x 46	7.1h24																							
x 52	8.3c24		5.8h24																					
x 60	9.4c24		7.0h24		5.3h24																			
x 71	11.0c24		8.4c24		6.8c24		5.5h24		5.9h28															
x 86	13.4c24		10.1c24		8.3c24		6.9c26		8.3h28		5.5h28													
254x254x 73	13.9c26		10.5c26		8.5c26		7.1c26		9.8c28		7.3h30		5.4h30											
x 89	16.5c26		12.5c26		10.1c26		8.5c26		11.8c30		8.9c28		7.1c30		5.8h30		7.1h32							
x107	19.9c26		15.1c26		12.3c26		10.3c26		14.3c30		10.8c28		8.6c28		7.1h30		9.8h32		6.4h32					
x132	.	.	18.9c26		15.3c26		12.8c26		17.9c30		13.6c30		10.9c28		9.1c28		13.3c32		9.0h32		6.6h32		5.3h32	
x167	.	.	.	.	19.4c26		16.3c26		.	.	17.4c28		14.0c28		11.8c28		17.1c32		12.5h32		9.3h32		7.4h32	
305x305x 97	.	.	16.8c26		13.5c26		11.3c26		15.8c30		12.0c30		9.6c30		8.0c30		11.6c34		8.8c32		6.9h34		5.5h34	
x118	.	.	19.8c26		15.9c26		13.4c26		18.6c30		14.1c30		11.4c30		9.5c30		13.9c34		10.5c34		8.4c32		7.0h34	
x137	.	.	.	.	18.6c26		15.6c26		.	.	16.6c30		13.4c30		11.3c30		16.4c34		12.4c32		10.0c34		8.4c34	
x158	.	.	.	.	.	.	18.0c26		.	.	19.4c30		15.6c30		13.0c30		19.1c34		14.5c34		11.6c34		9.8c34	
x198	.	.	.	.	.	.	.	.	.	.	.	.	19.8c30		16.6c30		.	.	18.5c34		14.9c32		12.5c34	
x240	.	.	.	.	.	.	.	.	.	.	.	.	.	.	.	.	.	.	.	.	18.4c34		15.4c34	
x283	.	.	.	.	.	.	.	.	.	.	.	.	.	.	.	.	.	.	.	.	.	.	17.0c34	
356x368x129	.	.	.	.	20.0c28		16.8c28		.	.	17.9c30		14.4c30		12.0c30		17.5c34		13.3c34		10.6c34		8.9c34	
x153	.	.	.	.	.	.	19.9c28		.	.	.	.	17.1c30		14.4c30		.	.	15.9c34		12.8c34		10.6c34	
x177	.	.	.	.	.	.	.	.	.	.	.	.	19.9c30		16.6c30		.	.	18.6c34		15.0c34		12.5c34	
x202	.	.	.	.	.	.	.	.	.	.	.	.	.	.	19.1c30		.	.	.	.	17.3c34		14.4c34	

Deck: GENERIC PROFILE

Table 63

BEAM DATA
- Edge beam
- Two point loads
- Steel grade 50
- Shear connectors Welded

SLAB DATA
- Fire resistance 90 mins
- Slab depth 125 mm
- Concrete LW
- Grade 30

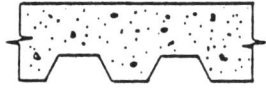

FOR FURTHER INFORMATION SEE NOTES PRECEDING TABLE 1

L = maximum spacing of beams

BEAM SPAN	7.5m								9.0m								10.5m							
IMPOSED LOAD kN/m²	4		6		8		10		4		6		8		10		4		6		8		10	
SERIAL SIZE	L	N	L	N	L	N	L	N	L	N	L	N	L	N	L	N	L	N	L	N	L	N	L	N
254x146x 37																								
x 43																								
305x102x 28																								
x 33																								
305x127x 37																								
x 42																								
x 48																								
305x165x 40																								
x 46																								
x 54																								
356x127x 33																								
x 39																								
356x171x 45																								
x 51																								
x 57	6.4h30																							
x 67	9.5h30		6.3h30																					
406x140x 39																								
x 46	6.9h30																							
406x178x 54	9.6h30		6.4h30																					
x 60	12.1h30		8.0h30		6.0h30																			
x 67	14.5h30		9.6h30		7.3h30		5.8h30																	
x 74	17.1h30		11.4h30		8.5h30		6.8h30																	
457x152x 52	13.3h30		8.8h30		6.6h30		5.3h30																	
x 60	16.8h30		11.1h30		8.4h30		6.6h30																	
x 67	19.5h30		13.0h30		9.8h30		7.8h30		6.1h34															
x 74	.	.	15.1h30		11.3h30		9.0h30		8.0h34		5.4h34													
x 82	.	.	17.1h30		12.8h30		10.3h30		9.9h34		6.5h34													
457x191x 67	20.0h30		13.3h30		9.9h30		7.9h30		6.3h36															
x 74	.	.	15.4h30		11.5h30		9.3h30		8.3h36		5.5h36													
x 82	.	.	17.4h30		13.0h30		10.4h30		10.1h36		6.6h36		5.0h36											
x 89	.	.	19.4h30		14.5h30		11.6h30		11.9h36		7.9h36		5.9h36											
x 98	.	.	.	.	16.3h30		13.0h30		14.1h36		9.4h36		7.0h36		5.5h36									
533x210x 82	.	.	.	.	17.5c28		14.6h30		16.5h36		10.9h36		8.1h36		6.5h36		5.6h40							
x 92	.	.	.	.	19.8c28		16.5c28		20.0h36		13.3h36		9.9h36		7.9h36		8.0h40		5.3h40					
x101	.	.	.	.	.	.	17.4c28		.	.	15.1h36		11.?h36		9.0h36		9.9h40		6.5h40					
x109	.	.	.	.	.	.	18.6c28		.	.	16.6h36		12.4h36		9.9h36		11.3h40		7.5h40		5.5h40			
x122	.	.	.	.	.	.	.	.	.	.	19.3h36		14.4h36		11.5h36		13.9h40		9.3h40		6.9h40		5.5h40	
610x229x101	.	.	.	.	.	.	.	.	.	.	15.4h36		12.3h36		15.1h42		10.0h42		7.5h42		6.0h42			
x113	.	.	.	.	.	.	.	.	.	.	17.8h36		14.3h36		18.3h42		12.1h42		9.1h42		7.3h42			
x125	.	.	.	.	.	.	.	.	.	.	19.9c36		16.0h36		.	.	14.1h42		10.6h42		8.4h42			
x140	.	.	.	.	.	.	.	.	.	.	.	.	18.3h36		.	.	16.5h42		12.4h42		9.9h42			
610x305x149	.	.	.	.	.	.	.	.	.	.	.	.	20.0c36		.	.	18.4h42		13.8h42		10.9h42			
x179	.	.	.	.	.	.	.	.	.	.	.	.	.	.	.	.	.	.	17.1h42		13.6h42			
x238	.	.	.	.	.	.	.	.	.	.	.	.	.	.	.	.	.	.	.	.	19.1h42			
686x254x125	.	.	.	.	.	.	.	.	.	.	.	.	18.3c34		.	.	18.8h42		14.0h42		11.1h42			
x140	.	.	.	.	.	.	.	.	.	.	.	.	.	.	.	.	.	.	16.4h42		13.0h42			
x152	.	.	.	.	.	.	.	.	.	.	.	.	.	.	.	.	.	.	18.1h42		14.5h42			
x170	.	.	.	.	.	.	.	.	.	.	.	.	.	.	.	.	.	.	.	.	16.5h42			
203x203x 46																								
x 52																								
x 60																								
x 71																								
x 86																								
254x254x 73																								
x 89																								
x107	5.6h30																							
x132	9.6h32		6.4h32																					
x167	15.1h32		10.0h32		7.5h32		6.0h32																	
305x305x 97	10.1h32		6.8h32		5.0h32																			
x118	14.4h32		9.5h32		7.0h32		5.6h32																	
x137	18.3h32		12.1h32		9.0h32		7.1h32		5.3h36															
x158	.	.	14.9h32		11.1h32		8.9h32		7.8h38		5.1h38													
x198	.	.	.	.	15.4h32		12.3h32		12.9h38		8.5h38		6.3h38		5.0h38									
x240	.	.	.	.	19.9h32		15.9h32		18.3h38		12.1h38		9.0h38		7.1h38		6.8h42							
x283	.	.	.	.	.	.	19.8h32		.	.	15.9h38		11.9h38		9.5h38		10.5h42		6.9h42		5.1h42			
356x368x129	.	.	16.4h32		12.1h32		9.6h32		9.0h38		5.9h38													
x153	.	.	.	.	15.1h32		12.0h32		12.5h38		8.3h38		6.1h38											
x177	.	.	.	.	18.0h32		14.4h32		16.1h38		10.6h38		7.9h38		6.3h38		5.3h44							
x202	.	.	.	.	.	.	16.9h32		19.8h38		13.1h38		9.8h38		7.8h38		7.8h44		5.0h44					

97

Deck: **GENERIC PROFILE**

Table 64

BEAM DATA
```
Edge beam
Two point loads
Steel grade         50
Shear connectors    Welded
```

SLAB DATA
```
Fire resistance  90 mins
Slab depth       135 mm
Concrete         NW
Grade            30
```

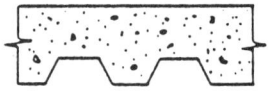

FOR FURTHER INFORMATION SEE NOTES PRECEDING TABLE 1

L = maximum spacing of beams

BEAM SPAN	7.5m								9.0m								10.5m							
IMPOSED LOAD kN/m²	4		6		8		10		4		6		8		10		4		6		8		10	
SERIAL SIZE	L	N	L	N	L	N	L	N	L	N	L	N	L	N	L	N	L	N	L	N	L	N	L	N
254x146x 37																								
x 43																								
305x102x 28																								
x 33																								
305x127x 37																								
x 42																								
x 48																								
305x165x 40																								
x 46																								
x 54	5.3h30																							
356x127x 33																								
x 39																								
356x171x 45	6.3h30																							
x 51	8.8h30		5.8h30																					
x 57	11.0h30		7.3h30		5.5h30																			
x 67	14.9h30		9.9h30		7.4h30		5.9h30																	
406x140x 39	7.5h30		5.0h30																					
x 46	11.4h30		7.5h30		5.6h30																			
406x178x 54	14.0c30		9.8h30		7.3h30		5.9h30																	
x 60	15.6c28		11.8h30		8.9h30		7.0h30																	
x 67	17.6c30		13.6c30		10.4h30		8.3h30		6.8h36															
x 74	19.5c28		15.1c28		12.0h30		9.5h30		8.8h36		5.8h36													
457x152x 52	15.3c28		11.8c28		9.5h30		7.5h30		5.6h36															
x 60	17.4c28		13.5c28		11.0c28		9.3h30		8.3h36		5.5h36													
x 67	19.4c28		15.0c28		12.3c28		10.4c30		10.4h36		6.9h36		5.1h36											
x 74	.	.	16.1c28		13.1c28		11.1c28		12.9h36		8.5h36		6.4h36		5.1h36									
x 82	.	.	17.6c28		14.4c28		12.1c28		15.1h36		10.0h36		7.5h36		6.0h36									
457x191x 67	19.5c30		15.1c30		12.3c28		10.4c30		10.6h36		7.0h36		5.3h36											
x 74	.	.	16.8c28		13.6c28		11.5c28		13.0h36		8.6h36		6.5h36		5.1h36									
x 82	.	.	18.4c30		15.0c30		12.6c28		15.3h36		10.1h36		7.5h36		6.0h36									
x 89	.	.	19.3c30		15.8c30		13.3c30		16.9c36		11.6h36		8.6h36		6.9h36		6.4h42							
x 98	.	.	.	.	17.3c30		14.5c28		18.6c34		13.4h36		10.0h36		8.0h36		8.1h42		5.4h42					
533x210x 82	.	.	.	.	17.1c30		14.4c30		18.5c34		14.4h34		11.3h36		9.0h36		9.8h42		6.4h42					
x 92	.	.	.	.	19.3c30		16.3c30		.	.	16.3c34		13.3c36		10.8h36		12.5h42		8.3h42		6.1h42			
x101	.	.	.	.	.	.	17.1c30		.	.	17.1c34		14.0c34		11.8c36		14.8h42		9.8h42		7.3h42		5.8h42	
x109	.	.	.	.	.	.	18.3c30		.	.	18.4c34		14.9c34		12.6c34		16.5h42		11.0h42		8.1h42		6.5h42	
x122	.	.	.	.	.	.	.	.	.	.	.	.	16.8c34		14.1c34		19.3c42		13.1h42		9.8h42		7.8h42	
610x229x101	.	.	.	.	.	.	19.8c30		.	.	19.9c34		16.3c34		13.8c36		18.6c40		13.9h42		10.4h42		8.3h42	
x113	.	.	.	.	.	.	.	.	.	.	.	.	17.5c34		14.8c34		.	.	15.5c40		12.3h42		9.8h42	
x125	.	.	.	.	.	.	.	.	.	.	.	.	19.3c34		16.3c34		.	.	17.3c40		14.0h42		11.3h42	
x140	.	.	.	.	.	.	.	.	.	.	.	.	.	.	18.1c34		.	.	19.3c40		15.6c40		12.9h42	
610x305x149	.	.	.	.	.	.	.	.	.	.	.	.	.	.	19.5c36		.	.	.	.	16.8c40		14.1h44	
x179	.	.	.	.	.	.	.	.	.	.	.	.	.	.	.	.	.	.	.	.	20.0c40		16.9c42	
x238	.	.	.	.	.	.	.	.	.	.	.	.	.	.	.	.	.	.	.	.	.	.	.	.
686x254x125	.	.	.	.	.	.	.	.	.	.	.	.	.	.	17.9c36		.	.	19.0c40		15.5c40		13.0c40	
x140	.	.	.	.	.	.	.	.	.	.	.	.	.	.	20.0c36		.	.	.	.	17.4c40		14.6c40	
x152	.	.	.	.	.	.	.	.	.	.	.	.	.	.	.	.	.	.	.	.	18.9c40		15.9c40	
x170	.	.	.	.	.	.	.	.	.	.	.	.	.	.	.	.	.	.	.	.	.	.	17.8c40	
203x203x 46																								
x 52																								
x 60																								
x 71																								
x 86																								
254x254x 73																								
x 89	7.6h32		5.0h32																					
x107	11.0h32		7.3h32		5.4h32																			
x132	16.0h32		10.6h32		7.9h32		6.3h32		8.1h38		5.4h38													
x167	.	.	15.0h32		11.3h32		8.9h32		8.1h38		5.4h38													
305x305x 97	16.1h32		10.6h32		7.9h32		6.3h32																	
x118	.	.	14.1h32		10.5h32		8.4h32		7.1h38															
x137	.	.	17.3h32		12.9h32		10.3h32		10.0h38		6.5h38													
x158	.	.	.	.	15.4h32		12.3h32		13.1h38		8.6h38		6.4h38		5.1h38									
x198	.	.	.	.	.	.	16.1h32		19.1h38		12.6h38		9.4h38		7.5h38		7.5h44							
x240	.	.	.	.	.	.	19.0g26		.	.	16.9h38		12.5h38		10.0h38		11.6h44		7.6h44		5.6h44			
x283	.	.	.	.	.	.	.	.	.	.	.	.	15.9h38		12.6h38		15.9h44		10.5h44		7.9h44		6.3h44	
356x368x129	.	.	.	.	16.5h34		13.1h34		14.3h38		9.4h38		7.0h38		5.5h38									
x153	.	.	.	.	19.9h34		15.9h34		18.5h38		12.3h38		9.1h38		7.3h38		7.0h44							
x177	.	.	.	.	.	.	18.6h34		.	.	15.0h38		11.1h38		8.9h38		9.8h44		6.4h44					
x202	.	.	.	.	.	.	.	.	.	.	17.9h38		13.4h38		10.6h38		12.5h44		8.3h44		6.1h44			

Deck: GENERIC PROFILE

Table 65

BEAM DATA
```
Edge beam
Two point loads
Steel grade          43
Shear connectors     Welded
```

SLAB DATA
```
Fire resistance  90 mins
Slab depth       125 mm
Concrete         LW
Grade            30
```

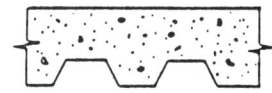

FOR FURTHER INFORMATION SEE NOTES PRECEDING TABLE 1

L = maximum spacing of beams

BEAM SPAN	7.5m								9.0m								10.5m							
IMPOSED LOAD kN/m²	4		6		8		10		4		6		8		10		4		6		8		10	
SERIAL SIZE	L	N	L	N	L	N	L	N	L	N	L	N	L	N	L	N	L	N	L	N	L	N	L	N
254x146x 37																								
x 43																								
305x102x 28																								
x 33																								
305x127x 37																								
x 42																								
x 48																								
305x165x 40																								
x 46																								
x 54																								
356x127x 33																								
x 39																								
356x171x 45																								
x 51																								
x 57	6.4h30																							
x 67	9.5h30		6.3h30																					
406x140x 39																								
x 46	6.9h30																							
406x178x 54	9.6h30		6.4h30																					
x 60	12.1h30		8.0h30		6.0h30																			
x 67	14.5c30		9.6h30		7.3h30		5.8h30																	
x 74	16.3c28		11.4h30		8.5h30		6.8h30																	
457x152x 52	12.5c28		8.8h30		6.6h30		5.3h30																	
x 60	14.4c28		10.9c30		8.4h30		6.6h30																	
x 67	16.3c28		12.3c28		9.8h30		7.8h30		6.1h34															
x 74	17.4c28		13.3c28		10.6c28		8.9c30		8.0h34		5.4h34													
x 82	19.3c28		14.5c28		11.8c28		9.8c28		9.9h34		6.5h34													
457x191x 67	16.1c28		12.3c28		9.9c30		7.9h30		6.3h36															
x 74	18.1c28		13.6c28		11.0c28		9.1h30		8.3h36		5.5h36													
x 82	19.9c28		15.1c28		12.1c28		10.1c30		10.1h36		6.6h36		5.0h36											
x 89	.	.	15.9c28		12.8c28		10.6c28		11.9h36		7.9h36		5.9h36											
x 98	.	.	17.5c28		14.0c28		11.8c28		14.1h36		9.4h36		7.0h36		5.5h36									
533x210x 82	.	.	17.3c28		13.9c28		11.6c28		15.4h34		10.9h36		8.1h36		6.5h36		5.6h40							
x 92	.	.	19.5c28		15.8c28		13.1c28		17.5h34		13.3c36		9.9h36		7.9h36		8.0h40		5.3h40					
x101	.	.	.	.	16.6c28		13.9c28		18.6c34		14.0c32		11.3h36		9.0h36		9.9h40		6.5h40					
x109	.	.	.	.	17.9c30		14.9c28		20.0c34		15.1c34		12.1c34		9.9h36		11.3h40		7.5h40		5.5h40			
x122	.	.	.	.	20.0c30		16.6c28		.	.	17.0c34		13.6c34		11.4c36		13.9h40		9.3h40		6.9h40		5.5h40	
610x229x101	.	.	.	.	19.3c30		16.1c30		.	.	16.4c34		13.1c34		11.0c34		15.1h42		10.0h42		7.5h42		6.0h42	
x113	.	.	.	.	.	.	17.4c28		.	.	17.8c34		14.3c34		11.9c34		16.9c38		12.1h42		9.1h42		7.3h42	
x125	.	.	.	.	.	.	19.3c30		.	.	19.6c34		15.8c34		13.3c34		18.6c38		14.1h42		10.6h42		8.4h42	
x140	.	.	.	.	.	.	.	.	.	.	.	.	17.6c34		14.8c34		.	.	15.9c38		12.4h42		9.9h42	
610x305x149	.	.	.	.	.	.	.	.	.	.	19.0c36		15.9c36		.	.	17.0c40		13.6c42		10.9h42			
x179	.	.	.	.	.	.	.	.	.	.	.	.	18.9c34		.	.	.	.	16.4c40		13.6c42			
x238	.	.	.	.	.	.	.	.	.	.	.	.	.	.	.	.	.	.	.	.	.	.	18.3c40	
686x254x125	.	.	.	.	.	.	.	.	.	.	17.5c34		14.6c34		.	.	15.8c40		12.6c40		10.5c38			
x140	.	.	.	.	.	.	.	.	.	.	19.6c34		16.4c34		.	.	17.6c38		14.3c40		11.9c40			
x152	.	.	.	.	.	.	.	.	.	.	.	.	17.8c34		.	.	19.3c40		15.4c38		12.9c38			
x170	.	.	.	.	.	.	.	.	.	.	.	.	19.8c34		.	.	.	.	17.3c40		14.4c38			
203x203x 46																								
x 52																								
x 60																								
x 71																								
x 86																								
254x254x 73																								
x 89																								
x107	5.6h30																							
x132	9.6h32		6.4h32																					
x167	15.1h32		10.0h32		7.5h32		6.0h32																	
305x305x 97	10.1h32		6.8h32		5.0h32																			
x118	14.4h32		9.5h32		7.0h32		5.6h32																	
x137	18.3h32		12.1h32		9.0h32		7.1h32		5.3h36															
x158	.	.	14.9h32		11.1h32		8.9h32		7.8h38		5.1h38													
x198	.	.	.	.	15.4h32		12.3h32		12.9h38		8.5h38		6.3h38		5.0h38									
x240	.	.	.	.	19.9h32		15.9h32		18.3h38		12.1h38		9.0h38		7.1h38		6.8h42							
x283	.	.	.	.	.	.	19.8h32		.	.	15.9h38		11.9h38		9.5h38		10.5h42		6.9h42		5.1h42			
356x368x129	.	.	16.4h32		12.1h32		9.6h32		9.0h38		5.9h38													
x153	.	.	.	.	15.1h32		12.0h32		12.5h38		8.3h38		6.1h38											
x177	.	.	.	.	18.0h32		14.4h32		16.1h38		10.6h38		7.9h38		6.3h38		5.3h44							
x202	.	.	.	.	.	.	16.9h32		19.8h38		13.1h38		9.8h38		7.8h38		7.8h44		5.0h44					

Deck: **GENERIC PROFILE** — Table 66

BEAM DATA
- Internal beam
- Single point load
- Steel grade 50
- Shear connectors Hilti

SLAB DATA
- Fire resistance 90 mins
- Slab depth 125 mm
- Concrete LW
- Grade 30

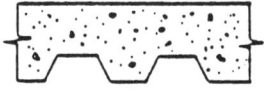

Hilti shear connectors are in pairs (N = number of pairs)
FOR FURTHER INFORMATION SEE NOTES PRECEDING TABLE 1

L = maximum spacing of beams

BEAM SPAN	6.0m				7.0m				8.0m			
IMPOSED LOAD kN/m²	4	6	8	10	4	6	8	10	4	6	8	10
SERIAL SIZE	L N	L N	L N	L N	L N	L N	L N	L N	L N	L N	L N	L N
254x146x 37	7.3f44	5.9f50			5.4f46							
x 43	8.4f48	6.5c50	5.3c50		6.1f50	5.0f56						
305x102x 28	5.0a20											
x 33	6.5a32	5.6f42										
305x127x 37	7.9f42	6.4f48	5.3f50		5.8f42							
x 42	8.8f44	7.0f48	5.8c50		6.5f48	5.3f52						
x 48	10.0f48	7.9c50	6.4c52	5.3c48	7.4f50	6.0f58			5.5a48			
305x165x 40	9.0f50	6.9c50	5.6c50		6.6f52	5.4f58			5.1f50			
x 46	10.0c50	7.6c50	6.1c50	5.1c50	7.6f56	5.9f60			5.9f60			
x 54	11.3c50	8.5c50	6.9c50	5.8c50	8.6c58	6.5c58	5.3c56		6.8f64	5.3c66		
356x127x 33	7.8f40	6.3f44	5.1f46		5.0a28							
x 39	9.3f44	7.4f50	6.0f50	5.0c50	6.6a44	5.5f52						
356x171x 45	10.8c50	8.3c50	6.6c50	5.5c50	8.0f54	6.4c60	5.1c58		6.1f56			
x 51	11.9c50	9.0c50	7.3c50	6.1c50	9.1c58	6.9c56	5.6c58		7.0f60	5.5c66		
x 57	13.0c50	9.9c50	8.0c50	6.6c48	9.9c58	7.5c58	6.1c58	5.1c58	7.9f66	6.0c66		
x 67	14.9c50	11.4c50	9.1c50	7.6c50	11.4c58	8.6c58	7.0c58	5.9c58	9.0c66	6.9c66	5.5c66	
406x140x 39	10.0f44	8.0f50	6.5c50	5.5c50	7.4f46	5.9f52	5.0f56					
x 46	12.3f50	9.3c50	7.5c50	6.3c50	9.0f54	7.1c58	5.8c58		6.4a46	5.5f62		
406x178x 54	13.6c50	10.4c50	8.4c50	7.0c50	10.4c58	7.9c58	6.4c58	5.4c58	8.1f64	6.3c66	5.1c68	
x 60	14.9c50	11.4c50	9.1c50	7.6c50	11.4c58	8.6c58	7.0c58	5.9c58	9.0c66	6.9c68	5.5c66	
x 67	16.5c50	12.5c50	10.1c50	8.5c50	12.5c58	9.5c58	7.6c58	6.4c56	9.9c66	7.5c66	6.0c64	5.1c68
x 74	18.0c50	13.6c50	11.0c50	9.3c50	13.6c58	10.4c58	8.4c58	7.0c58	10.8c66	8.1c66	6.6c66	5.5c64
457x152x 52	14.6c50	11.1c50	9.0c50	7.5c50	10.9f56	8.5c60	6.9c60	5.8c58	8.1a56	6.6f64	5.4c66	
x 60	16.4c50	12.4c50	10.0c50	8.4c50	12.4c58	9.4c58	7.6c58	6.4c58	9.8f66	7.4c64	6.0c66	5.0c64
x 67	18.0c50	13.6c50	11.0c50	9.3c50	13.6c58	10.4c58	8.4c58	7.0c58	10.8c66	8.1c66	6.6c66	5.5c64
x 74	19.1c52	14.5c50	11.6c50	9.8c50	14.4c58	11.0c60	8.9c58	7.4c58	11.4c66	8.6c66	7.0c66	5.9c66
x 82	. .	15.8c50	12.8c52	10.6c50	15.6c58	11.9c58	9.6c58	8.0c58	12.3c66	9.4c66	7.5c66	6.4c68
457x191x 67	17.9c50	13.6c50	11.0c50	9.3c50	13.6c60	10.3c58	8.4c60	7.0c58	10.6c66	8.1c66	6.5c64	5.5c66
x 74	19.6c50	15.0c52	12.0c50	10.1c50	14.9c58	11.3c58	9.1c58	7.6c58	11.6c66	8.9c66	7.1c66	6.0c66
x 82	. .	16.3c50	13.1c50	11.0c50	16.1c58	12.3c58	9.9c58	8.3c58	12.6c66	9.6c66	7.8c66	6.5c66
x 89	. .	16.9c50	13.6c50	11.4c50	16.8c58	12.8c58	10.3c58	8.6c58	13.1c66	10.0c66	8.1c68	6.8c66
x 98	. .	18.4c50	14.9c52	12.4c50	18.3c58	13.9c58	11.1c58	9.4c58	14.3c66	10.9c66	8.8c66	7.4c66
533x210x 82	. .	18.3c50	14.8c50	12.4c50	18.1c58	13.8c58	11.1c58	9.4c60	14.3c68	10.8c66	8.8c66	7.3c64
x 92	. .	. .	16.4c50	13.8c50	. .	15.4c58	12.4c58	10.4c58	15.9c68	12.0c66	9.8c68	8.1c66
x101	. .	. .	17.3c52	14.4c50	. .	16.1c58	13.0c58	10.9c58	16.6c68	12.6c68	10.1c66	8.5c66
x109	. .	. .	18.3c50	15.3c50	. .	17.1c58	13.8c58	11.6c60	17.6c68	13.4c66	10.8c66	9.0c66
x122	. .	. .	. .	17.0c52	. .	19.0d60	15.3c58	12.8c58	19.5c68	14.9c66	12.0c66	10.0c66
610x229x101	. .	. .	19.6c50	16.5c50	. .	18.5d60	14.9c58	12.5c58	19.0c66	14.5c68	11.6c66	9.8c66
x113	. .	. .	. .	17.6c50	. .	19.8c60	15.9c58	13.3c58	. .	15.4c66	12.4c66	10.4c66
x125	. .	. .	. .	19.3c50	. .	. .	17.4c58	14.5c58	. .	16.9c66	13.6c68	11.4c66
x140	. .	. .	. .	. .	. .	. .	19.1c58	16.0c58	. .	18.6c68	15.0c66	12.5c66
610x305x149	. .	. .	. .	. .	. .	. .	17.0c58	. .	. .	19.6c66	15.9c68	13.3c66
x179	. .	. .	. .	. .	. .	. .	20.0c60	. .	. .	. .	18.6c66	15.6c68
x238	. .	. .	. .	. .	. .	. .	. .	. .	. .	. .	. .	. .
686x254x125	. .	. .	. .	. .	. .	. .	18.9c58	15.9c58	. .	18.5c68	14.9c66	12.5c68
x140	. .	. .	. .	. .	. .	. .	. .	17.6c60	. .	. .	16.5c68	13.8c66
x152	. .	. .	. .	. .	. .	. .	. .	18.9c58	. .	. .	17.8c68	14.9c68
x170	. .	. .	. .	. .	. .	. .	. .	. .	. .	. .	19.5c66	16.4c68
203x203x 46	7.4f50	5.8c50			5.5f52							
x 52	8.1c50	6.1c50	5.0c50		6.1f54							
x 60	8.9c50	6.8c50	5.5c50		6.9c58	5.3c58			5.4f62			
x 71	9.9c50	7.6c52	6.1c50	5.1c50	7.6c58	5.9c58			6.1c66			
x 86	11.5c50	8.8c50	7.1c50	6.0c50	8.9d60	6.8c58	5.5c58		7.0c64	5.4c66		
254x254x 73	11.8c50	9.0c50	7.3c50	6.1c50	9.0c58	6.9c58	5.6c60		7.1c66	5.5c66		
x 89	13.4c50	10.3c50	8.3c50	7.0c50	10.3c58	7.9d60	6.4c58	5.4c58	8.1c66	6.3c66	5.0c64	
x107	15.6c50	11.9c50	9.6c50	8.1c50	11.9c58	9.1c60	7.4c58	6.1c56	9.4c66	7.1c64	5.8c64	
x132	18.9c50	14.4c50	11.6c50	9.8c50	14.3c58	10.9c58	8.9d60	7.4c56	11.3c66	8.6c66	7.0c68	5.9c66
x167	. .	17.9c50	14.4c50	12.1c50	17.6c58	13.5c60	10.9c58	9.1c58	13.8c66	10.5c66	8.5c66	7.1c64
305x305x 97	17.0c50	13.0c50	10.5c50	8.9c52	12.9c58	9.9d60	8.0c58	6.6c56	10.1c66	7.8c66	6.3c66	5.3c64
x118	19.5c50	14.9c50	12.0c50	10.1c50	14.8d60	11.3c58	9.1c58	7.6c58	11.5c66	8.9c68	7.1c66	6.0c66
x137	. .	17.1c52	13.8c50	11.6c50	16.9d60	12.9c58	10.4c58	8.8c58	13.3c66	10.1c68	8.1c66	6.8c66
x158	. .	19.5c50	15.8c50	13.3c50	19.1c58	14.6c58	11.9d60	9.9c56	15.0c66	11.5c68	9.3c66	7.8c64
x198	. .	. .	19.5c50	16.4c50	. .	18.1c58	14.6c58	12.3c58	18.5c66	14.1c66	11.4c66	9.6c66
x240	. .	. .	. .	19.6c50	. .	. .	17.6c58	14.8c58	. .	17.0c68	13.8c66	11.5c66
x283	. .	. .	. .	. .	. .	. .	. .	17.4c58	. .	19.6c66	16.1c66	13.5c66
356x368x129	. .	18.0c50	14.6c50	12.3c50	17.8c58	13.5c58	11.0c58	9.3c58	13.9c66	10.6c66	8.6c68	7.3c66
x153	. .	. .	17.0c50	14.4c52	. .	15.8c58	12.8c58	10.8c58	16.1c66	12.4c68	10.0c66	8.4c66
x177	. .	. .	19.5c50	16.4c50	. .	18.1d60	14.6c58	12.3c58	18.5c68	14.1c66	11.4c66	9.5c64
x202	. .	. .	. .	18.6c50	. .	. .	16.6c60	13.9c58	. .	16.0c68	12.9c66	10.9c68

Deck: GENERIC PROFILE
Table 67

BEAM DATA
- Internal beam
- Single point load
- Steel grade 50
- Shear connectors Hilti

SLAB DATA
- Fire resistance 90 mins
- Slab depth 135 mm
- Concrete NW
- Grade 30

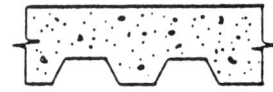

Hilti shear connectors are in pairs (N = number of pairs)
FOR FURTHER INFORMATION SEE NOTES PRECEDING TABLE 1

L = maximum spacing of beams

BEAM SPAN	6.0m				7.0m				8.0m			
IMPOSED LOAD kN/m²	4	6	8	10	4	6	8	10	4	6	8	10
SERIAL SIZE L N	L N	L N	L N	L N	L N	L N	L N	L N	L N	L N	L N	L N
254x146x 37	6.5f42	5.4f48										
x 43	7.5f46	6.1d52	5.0d50		5.5f46							
305x102x 28												
x 33	5.1a20	5.1a38										
305x127x 37	7.0f40	5.9f46	5.0f50									
x 42	7.9f44	6.5f48	5.5d52		5.4a36							
x 48	9.0f46	7.4d52	6.0d52	5.1d52	6.5a46	5.5f56						
305x165x 40	8.1f48	6.5d52	5.4d52		6.0f48							
x 46	9.3d52	7.3d52	5.9d52	5.0d52	6.9f56	5.5d58			5.3f54			
x 54	10.4d52	8.0d52	6.6d52	5.6d52	7.9f58	6.1d58	5.0d58		6.1f62	5.0d70		
356x127x 33	6.5a30	5.8f40										
x 39	8.3f44	6.9f50	5.8d52		5.1a28	5.0f46						
356x171x 45	9.8f50	7.8d52	6.3d52	5.4d52	7.3f54	5.9d60			5.5f52			
x 51	11.0d52	8.5d52	7.0d52	5.9d52	8.3f58	6.5d60	5.4d60		6.4f62	5.3f68		
x 57	11.9d52	9.3d52	7.6d52	6.4d50	9.1d60	7.1d60	5.8d58		7.1f66	5.8d70		
x 67	13.6d52	10.6d52	8.6d52	7.4d52	10.4d60	8.1d60	6.6d60	5.6d60	8.4d70	6.5d70	5.3d68	
406x140x 39	9.0f44	7.4f48	6.3d52	5.3d52	6.0a34	5.5f48						
x 46	11.0f50	8.8d52	7.1d52	6.0d52	7.9a50	6.6d60	5.5d60		5.0a28	5.0a56		
406x178x 54	12.5d52	9.8d52	8.0d52	6.8d52	9.5d60	7.4d60	6.1d60	5.1d60	7.3f62	6.0d70		
x 60	13.6d52	10.6d52	8.6d52	7.4d52	10.4d60	8.1d60	6.6d60	5.6d60	8.3f68	6.5d70	5.3d68	
x 67	15.0d52	11.6d52	9.5d52	8.1d52	11.4d60	8.9d60	7.3d60	6.1d60	9.1d70	7.1d70	5.8d68	
x 74	16.4d52	12.8d52	10.4d52	8.9d52	12.4d60	9.6d60	7.9d60	6.6d58	9.9d70	7.6d68	6.3d68	5.4d70
457x152x 52	13.3d52	10.4d52	8.5d52	7.1d52	9.8f56	7.9d60	6.5d60	5.5d60	6.4a38	6.1f66	5.1d68	
x 60	14.9d52	11.5d52	9.5d52	8.0d52	11.3d60	8.8d60	7.1d60	6.1d60	8.0a52	7.0d70	5.8d70	
x 67	16.4d52	12.8d52	10.4d52	8.8d52	12.4d60	9.6d60	7.9d60	6.6d58	9.3d60	7.6d68	6.3d68	5.4d70
x 74	17.4d52	13.5d52	11.0d52	9.4d52	13.1d60	10.1d60	8.4d60	7.0d58	10.4d70	8.1d70	6.6d70	5.6d70
x 82	18.9d52	14.6d52	12.0d52	10.1d52	14.3d60	11.0d60	9.0d60	7.6d60	11.3d70	8.8d70	7.1d68	6.1d70
457x191x 67	16.4d52	12.6d52	10.4d52	8.8d52	12.4d60	9.6d60	7.9d60	6.6d60	9.9d70	7.6d70	6.3d70	5.3d68
x 74	17.9d52	13.9d52	11.4d52	9.6d52	13.5d60	10.5d60	8.6d60	7.3d60	10.8d70	8.4d70	6.9d70	5.8d68
x 82	19.4d52	15.1d52	12.4d52	10.4d52	14.6d60	11.4d60	9.3d60	7.9d60	11.6d70	9.0d70	7.4d70	6.3d70
x 89	. .	15.8d52	12.9d52	10.9d52	15.3d60	11.9d60	9.6d60	8.1d58	12.0d70	9.4d70	7.6d68	6.5d70
x 98	. .	17.1d52	14.2d52	11.9d52	16.5d60	12.9d60	10.5d60	8.9d60	13.1d70	10.1d70	8.3d68	7.0d68
533x210x 82	. .	17.0d52	13.9d52	11.8d52	16.4d60	12.8d60	10.4d60	8.9d60	13.0d70	10.1d70	8.3d68	7.0d70
x 92	. .	19.0d52	15.5d52	13.1d52	18.3d60	14.3d60	11.6d60	9.9d60	14.4d70	11.3d70	9.1d68	7.8d70
x101	. .	19.9d52	16.3d52	13.8d52	19.1d60	14.9d60	12.1d60	10.3d58	15.1d70	11.8d70	9.6d70	8.1d70
x109	. .	. .	17.3d52	14.6d52	. .	15.9d60	13.0d60	11.0d60	16.0d70	12.5d70	10.3d70	8.6d70
x122	. .	. .	19.1d52	16.1d52	. .	17.6d60	14.4d60	12.1d60	17.9d70	13.9d70	11.4d70	9.6d70
610x229x101	. .	. .	18.6d52	15.8d52	. .	17.1d60	14.0d60	11.9d60	17.3d70	13.5d70	11.0d70	9.3d68
x113	. .	. .	19.9d52	16.8d52	. .	18.3d60	14.9d60	12.6d60	18.5d70	14.4d70	11.8d70	9.9d68
x125	. .	. .	. .	18.4d52	. .	20.0d60	16.4d60	13.8d60	. .	15.8d70	12.9d70	10.9d70
x140	. .	. .	. .	. .	. .	. .	18.0d60	15.3d60	. .	17.4d70	14.3d70	12.0d70
610x305x149	. .	. .	. .	. .	. .	. .	19.1d60	16.1d60	. .	18.3d70	15.0d70	12.6c68
x179	. .	. .	. .	. .	. .	. .	. .	19.0d60	. .	. .	17.6d70	14.9d70
x238	. .	. .	. .	. .	. .	. .	. .	. .	. .	. .	. .	19.3d70
686x254x125	. .	. .	. .	20.0d52	. .	. .	17.9d60	15.1d60	. .	17.3d70	14.1d70	11.9d70
x140	. .	. .	. .	. .	. .	. .	19.8d60	16.8d60	. .	19.1d70	15.6d70	13.1d68
x152	. .	. .	. .	. .	. .	. .	. .	18.0d60	. .	. .	16.8d70	14.3d70
x170	. .	. .	. .	. .	. .	. .	. .	19.9d60	. .	. .	18.5d70	15.6d70
203x203x 46	6.6f48	5.5d52			5.5f52							
x 52	7.5d52	5.9d52			6.3f56	5.0d58						
x 60	8.3d52	6.5d52	5.3d50		7.1d60	5.6d60			5.6f66			
x 71	9.3d52	7.3d52	5.9d52	5.0d52	8.1d60	6.4d60	5.3d60		6.6d70	5.1d68		
x 86	10.6d52	8.3d52	6.8d50	5.8d50								
254x254x 73	10.9d52	8.5d52	6.9d52	5.9d52	8.3d60	6.5d60	5.3d58	5.1d58	6.8d70	5.3d70		
x 89	12.4d52	9.6d52	7.9d50	6.8d52	9.5d60	7.4d60	6.0d58	5.1d58	7.6d70	5.9d68		
x107	14.4d52	11.3d52	9.3d52	7.8d50	10.9d60	8.5d60	7.0d60	5.9d58	8.8d70	6.9d70	5.6d70	
x132	17.4d52	13.5d52	11.1d52	9.4d52	13.1d60	10.3d60	8.4d60	7.1d60	10.4d68	8.1d70	6.6d68	5.6d68
x167	. .	16.8d52	13.8d52	11.6d52	16.1d60	12.6d60	10.4d60	8.8d60	12.8d70	10.0d70	8.1d68	6.9d68
305x305x 97	15.5d52	12.1d52	9.9d52	8.4d52	11.8d60	9.1d60	7.5d60	6.4d60	9.4d70	7.4d70	6.0d70	5.1d70
x118	17.9d52	13.9d52	11.4d52	9.6c50	13.5d60	10.5d60	8.6d60	7.3d58	10.6d68	8.4d70	6.9d70	5.8c66
x137	. .	16.0d52	13.1d52	11.1d52	15.4d60	12.0d60	9.9d60	8.4d60	12.1d68	9.5d70	7.8d68	6.6d68
x158	. .	18.3d52	14.9d52	12.6d52	17.5d60	13.6d60	11.3d60	9.5d60	13.8d70	10.8d70	8.9d70	7.5d70
x198	. .	. .	18.5d52	15.6d52	. .	16.9d60	13.9d60	11.8d60	17.0d70	13.3d70	10.9d70	9.3d70
x240	. .	. .	. .	17.9d38	. .	. .	16.6d60	14.1d60	. .	15.9d70	13.0c68	11.0c68
x283	. .	. .	. .	19.6g30	. .	. .	19.4g58	15.8g44	. .	18.6c68	15.3c68	13.0d70
356x368x129	. .	16.8d52	13.6d52	11.6d52	16.1d60	12.6d60	10.4d60	8.8d60	12.8d70	10.0d70	8.1d68	6.9d68
x153	. .	19.5d52	16.0d52	13.6d52	18.8d60	14.6d60	12.0d60	10.1d58	14.8d70	11.5d70	9.5d70	8.0d70
x177	. .	. .	18.5d52	15.6d52	. .	16.9d60	13.8c58	11.8d60	16.9d70	13.3d70	10.9d70	9.1d68
x202	. .	. .	. .	17.8d52	. .	19.1d60	15.6d60	13.3d60	19.1d70	14.9c68	12.3d70	10.4d70

101

Deck: GENERIC PROFILE

Table 68

BEAM DATA
```
Internal beam
Single point load
Steel grade          43
Shear connectors  Hilti
```

SLAB DATA
```
Fire resistance  90 mins
Slab depth       125 mm
Concrete         LW
Grade            30
```

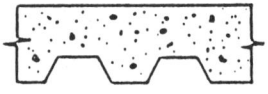

Hilti shear connectors are in pairs (N = number of pairs)
FOR FURTHER INFORMATION SEE NOTES PRECEDING TABLE 1

L = maximum spacing of beams

BEAM SPAN	6.0m				7.0m				8.0m			
IMPOSED LOAD kN/m²	4	6	8	10	4	6	8	10	4	6	8	10
SERIAL SIZE	L N	L N	L N	L N	L N	L N	L N	L N	L N	L N	L N	L N
254x146x 37	5.6f34											
x 43	6.5f40	5.3f44										
305x102x 28												
x 33	5.4f28											
305x127x 37	6.1f32											
x 42	6.8f36	5.5f42			5.0f36							
x 48	7.8f40	6.3f46	5.3f48		5.8f42							
305x165x 40	7.0f40	5.5f42			5.1f38							
x 46	8.0f44	6.4f50	5.1c48		5.9f44							
x 54	9.1f48	7.1c50	5.8c50		6.8f50	5.4f54			5.3f52			
356x127x 33	6.0f30											
x 39	7.1f36	5.8f40			5.3f34							
356x171x 45	8.4f42	6.8f48	5.5c48		6.3f44	5.0f48						
x 51	9.6f48	7.5c50	6.1c50	5.1c50	7.1f50	5.6f54			5.5f50			
x 57	10.8f50	8.3c52	6.6c50	5.5c48	7.9f52	6.3c58	5.1c58		6.1f56			
x 67	12.3c50	9.4c50	7.5c50	6.4c52	9.4f58	7.1c58	5.8c58		7.3f62	5.8c68		
406x140x 39	7.8f36	6.3f40	5.1f42		5.8f34							
x 46	9.4f42	7.5f48	6.3f50	5.3f50	7.0f44	5.6f50			5.4f42			
406x178x 54	11.0f48	8.6f50	6.9c50	5.8c48	8.1f50	6.5f56	5.4c60		6.3f52	5.0f56		
x 60	12.3c50	9.4c50	7.5c50	6.3c48	9.3f56	7.1c58	5.8c58		7.1f60	5.6f64		
x 67	13.5c50	10.3c50	8.3c50	6.9c50	10.3f58	7.9c60	6.3c56	5.3c56	7.9f62	6.3c68	5.0c66	
x 74	14.8c52	11.1c50	9.0c50	7.5c50	11.3c60	8.5c58	6.9c58	5.8c58	8.8f64	6.8c66	5.4c64	
457x152x 52	11.4f44	9.0f48	7.4c50	6.1c50	8.4f48	6.8f54	5.6f58		6.5f48	5.1f52		
x 60	13.3f50	10.1c50	8.3c50	6.9c50	9.8f52	7.8f58	6.3c58	5.3c58	7.5f56	6.0f62	5.0f66	
x 67	14.6f50	11.1c50	9.0c50	7.5c50	10.9f54	8.5c58	6.9c58	5.8c58	8.4f58	6.6f64	5.4c64	
x 74	15.6c50	11.9c50	9.6c52	8.0c50	11.6f58	9.0c58	7.3c58	6.1c58	9.0f60	7.1c66	5.8c66	
x 82	16.9c50	12.9c50	10.4c50	8.8c52	12.9d60	9.8c58	7.9c58	6.6c58	9.9f62	7.8c68	6.3c66	5.3c66
457x191x 67	14.6c50	11.1c50	9.0c50	7.5c50	11.1f58	8.5d60	6.9d60	5.8c58	8.5f62	6.8c68	5.4c64	
x 74	16.0c50	12.1c50	9.8c50	8.3c50	12.1c58	9.3d58	7.5c60	6.3c58	9.5f66	7.3c66	5.9c66	
x 82	17.4c52	13.1c50	10.6c50	8.9c50	13.1c58	10.0c58	8.0c58	6.8c58	10.4c68	7.9c66	6.4c66	5.4c68
x 89	18.1c50	13.8c50	11.1c50	9.3c50	13.8d60	10.4c58	8.4c58	7.0c58	10.8c66	8.3c68	6.6c66	5.5c64
x 98	19.6c50	15.0c52	12.0c50	10.1c50	14.9c58	11.3c58	9.1c58	7.6c58	11.8c68	8.9c66	7.1c66	6.0c68
533x210x 82	19.5c50	14.8c50	11.9c50	10.0c50	14.8d60	11.1c58	9.0c58	7.5c56	11.5c66	8.6c66	7.1c66	6.0c68
x 92	. .	16.5c50	13.3c50	11.1c50	16.4d60	12.4c58	10.0c58	8.4c58	12.8c66	9.8c66	7.9c66	6.6c66
x101	. .	17.4c50	14.0c50	11.8c50	17.3c60	13.0c58	10.5c58	8.9d60	13.5c68	10.3c66	8.3c66	6.9c64
x109	. .	18.5c50	14.9c50	12.5c50	18.3c58	13.9c58	11.3c60	9.4c58	14.3c66	10.9c66	8.8c66	7.4c66
x122	. .	. .	16.5c50	13.9c52	. .	15.4c58	12.4c58	10.4c58	15.9c68	12.0c66	9.8c68	8.1c66
610x229x101	. .	19.9c52	16.0c50	13.4c50	19.6c58	14.9c58	12.0c58	10.1c60	15.4c68	11.6c66	9.4c66	7.9c66
x113	. .	. .	17.1c50	14.4c50	. .	16.0c58	12.9c58	10.8c58	16.4c66	12.5c68	10.0c66	8.4c64
x125	. .	. .	18.8c50	15.8c52	. .	17.5c58	14.1c58	11.9c60	18.0c68	13.6c66	11.0c66	9.3c66
x140	. .	. .	. .	17.3c50	. .	19.4c60	15.6c60	13.0c58	19.9c68	15.1c68	12.1c66	10.1c66
610x305x149	. .	. .	. .	18.3c50	. .	. .	16.4c58	13.8c58	. .	15.8c66	12.8c66	10.6c64
x179	. .	. .	. .	. .	. .	. .	19.3c58	16.1c58	. .	18.6c66	15.0c66	12.6c66
x238	. .	. .	. .	. .	. .	. .	. .	. .	. .	. .	19.5c66	16.4c68
686x254x125	. .	. .	. .	17.1c50	. .	19.1c58	15.5c60	13.0c60	19.8c68	15.0c68	12.1c68	10.1c66
x140	. .	. .	. .	19.0c50	. .	. .	17.1c58	14.4d60	. .	16.6c68	13.4c66	11.3c68
x152	. .	. .	. .	. .	. .	. .	18.4c58	15.4c58	. .	17.9c66	14.4c66	12.1c68
x170	. .	. .	. .	. .	. .	. .	. .	17.0c58	. .	19.8c68	15.9c66	13.3c66
203x203x 46	5.8f40											
x 52	6.5f44	5.3f48			5.4f48							
x 60	7.3f46	5.8f50			6.3f52	5.0f58						
x 71	8.4c50	6.4c50	5.3c50		7.5f58	5.8c58			5.8f60			
x 86	9.6c50	7.4c50	6.0c50	5.0c50	7.6c60	5.8c58			6.0f64			
254x254x 73	9.8c50	7.5c50	6.0c48	5.1c50	7.6c60	5.8c58			6.0f64			
x 89	11.1c50	8.5c50	6.9c50	5.8c48	8.6c58	6.5c56	5.3c56	5.1c58	6.9c66	5.3c66		
x107	12.9c50	9.9c50	8.0c50	6.8c50	9.9c58	7.5c58	6.1c58	6.1c58	7.9c66	6.0c66		
x132	15.5c50	11.9c50	9.6c52	8.0c50	11.8c58	9.0c58	7.3c58	6.1c58	9.4c68	7.1c66	5.8c66	
x167	19.0c50	14.5c50	11.8c50	9.9c50	14.4c58	11.0c58	8.9c58	7.5c58	11.4c66	8.6c66	7.0c66	5.9c64
305x305x 97	13.9c50	10.6c50	8.6c50	7.3c50	10.6c58	8.1c58	6.5c58	5.5c58	8.4c66	6.4c66	5.3c68	
x118	15.9c50	12.1c50	9.9c50	8.3c50	12.1d60	9.3c58	7.5c58	6.3c58	9.5c66	7.3c66	5.9c64	5.0c66
x137	18.3c52	13.9c50	11.3c50	9.4c50	13.8c58	10.5c58	8.5c58	7.1c58	10.9c68	8.3c66	6.8c68	5.6c66
x158	. .	15.8c50	12.8c50	10.8c50	15.6c58	11.9c58	9.6c58	8.1c58	12.3c66	9.4c66	7.6c68	6.4c66
x198	. .	19.5c50	15.8c50	13.3c50	19.3c60	14.6c58	11.9c58	10.0d60	15.0c66	11.5c66	9.3c66	7.8c64
x240	. .	. .	19.0c50	15.9c50	. .	17.6d60	14.3c58	12.0c60	18.0c68	13.8c68	11.1c66	9.4c68
x283	. .	. .	. .	17.5c50	. .	19.3c58	15.6c58	13.1c58	19.8c68	15.0c66	12.1c66	10.3c66
356x368x129	19.1c50	14.6c50	11.9c52	9.9c50	14.5d60	11.0c58	8.9c58	7.5c58	11.4c66	8.6c66	7.0c66	5.9c64
x153	. .	17.0c50	13.8c50	11.5c50	16.8c58	12.8c58	10.4c58	8.8c60	13.1c66	10.0c66	8.1c66	6.8c64
x177	. .	19.5c52	15.8c50	13.3c52	19.1c58	14.6c58	11.8c58	9.9c60	14.9c66	11.4c66	9.3c66	7.8c66
x202	. .	. .	17.8c50	15.0c50	. .	16.5c58	13.4c58	11.3d60	16.9c66	12.9c66	10.4c66	8.8c66

Deck: GENERIC PROFILE

Table 69

BEAM DATA
```
Internal beam
Two point loads
Steel grade           50
Shear connectors    Hilti
```

SLAB DATA
```
Fire resistance   90 mins
Slab depth        125 mm
Concrete          LW
Grade             30
```

Hilti shear connectors are in pairs (N = number of pairs)
FOR FURTHER INFORMATION SEE NOTES PRECEDING TABLE 1

L = maximum spacing of beams

BEAM SPAN	7.5m				9.0m				10.5m			
IMPOSED LOAD kN/m²	4	6	8	10	4	6	8	10	4	6	8	10
SERIAL SIZE	L N	L N	L N	L N	L N	L N	L N	L N	L N	L N	L N	L N
254x146x 37												
x 43	5.4d42											
305x102x 28												
x 33												
305x127x 37												
x 42	5.3a30											
x 48	6.3a36	5.0d42										
305x165x 40	6.0d42											
x 46	6.5d42	5.0d42										
x 54	7.4d42	5.6d42			5.3d52							
356x127x 33												
x 39												
356x171x 45	6.9d42	5.3d42			5.0a46							
x 51	7.8d42	5.9d42			5.6a50							
x 57	8.5d42	6.5d42	5.3d42		6.3d52							
x 67	9.9d42	7.5d42	6.0d40	5.0d40	7.1d50	5.3d50						
406x140x 39	6.3a32	5.3d40										
x 46	7.9d42	6.0d42										
406x178x 54	8.9d42	6.8d42	5.5d42		6.5d52	5.0d52						
x 60	9.8d42	7.5d42	6.0d42	5.0d40	7.1d52	5.4d50						
x 67	10.9d42	8.3d42	6.6d42	5.6d42	7.9d52	6.0d52			5.8i54			
x 74	11.9d42	9.0d42	7.3d42	6.1d42	8.6d52	6.5d50	5.3d50		6.3i52			
457x152x 52	9.5d42	7.1d42	5.8d40		5.9a32	5.3d52						
x 60	10.6d42	8.1d42	6.5d42	5.5d42	7.1a40	5.9d52						
x 67	11.8d42	8.9d42	7.3d42	6.0d40	8.1a44	6.5d52	5.3d52		5.0a44			
x 74	12.5d42	9.5d42	7.6d42	6.4d40	9.0d52	6.9d52	5.5d50		5.9a44	5.1d58		
x 82	13.6d42	10.4d42	8.4d42	7.0d42	9.9d52	7.5d52	6.0d50	5.0d50	6.6a42	5.6d60		
457x191x 67	11.8d42	9.0d42	7.3d42	6.0d40	8.5d52	6.5d52	5.3d52		6.4a58			
x 74	13.0d42	9.9d42	8.0d42	6.6d40	9.4d52	7.1d52	5.8d52		7.0d58	5.4d60		
x 82	14.1d42	10.8d42	8.6d42	7.3d42	10.1d52	7.8d52	6.3d52	5.3d52	7.6i58	5.9d60		
x 89	14.8d42	11.1d42	9.0d42	7.5d40	10.6d52	8.0d50	6.5d52	5.5d52	8.0d60	6.0d58		
x 98	16.1d42	12.3d42	9.9d42	8.3d42	11.5d52	8.8d52	7.1d52	5.9d50	8.6d58	6.6d60	5.3d60	
533x210x 82	15.9d42	12.0d42	9.8d42	8.1d42	11.4d52	8.6d50	7.0d52	5.9d52	8.5d58	6.5d60	5.3d58	
x 92	17.9d42	13.5d42	10.9d42	9.1d42	12.8d52	9.8d52	7.9d52	6.5d50	9.5d58	7.3d60	5.9d60	
x101	18.8d42	14.3d42	11.5d42	9.6d42	13.4d52	10.1d50	8.3d52	6.9d52	10.0d60	7.6d60	6.1d58	5.1d58
x109	20.0d42	15.1d42	12.3d42	10.3d42	14.3d52	10.9d52	8.8d52	7.4d52	10.6d58	8.1d60	6.5d58	5.5d60
x122	. .	16.9d42	13.6d42	11.4d42	15.9d52	12.1d52	9.8d52	8.1d50	11.9d60	9.0d58	7.3d58	6.1d60
610x229x101	. .	16.4d42	13.1d42	11.0d42	15.4d52	11.6d52	9.4d50	7.9d50	11.5d60	8.8d60	7.0d58	5.9d58
x113	. .	17.5d42	14.1d42	11.9d42	16.5d52	12.5d52	10.1d52	8.5d52	12.3d60	9.4d60	7.5d58	6.4d60
x125	. .	19.3d42	15.5d42	13.0d42	18.1d52	13.8d52	11.1d52	9.3d50	13.5d60	10.3d60	8.3d58	6.9d56
x140	. .	. .	17.3d42	14.4d42	. .	15.3d52	12.4d52	10.4d52	15.0d60	11.4d60	9.1d58	7.8d60
610x305x149	. .	. .	18.4d42	15.4d42	. .	16.3d52	13.1d52	11.0d52	15.9d60	12.1d60	9.8d60	8.1d58
x179	. .	. .	. .	18.3d42	. .	19.3d52	15.5d52	13.0d52	18.9d60	14.4d60	11.6d60	9.8d60
x238	. .	. .	. .	. .	. .	. .	. .	17.0d52	. .	18.8d60	15.1d60	12.6d58
686x254x125	. .	16.9d42	14.1d42	19.9d52	15.1d52	12.1d52	10.1d50	14.8d60	11.3d60	9.0d58	7.6d60
x140	. .	. .	18.9d42	15.9d42	. .	16.8d52	13.5d52	11.4d52	16.5d60	12.5d60	10.1d58	8.5d60
x152	. .	. .	. .	17.1d42	. .	18.1d52	14.6d52	12.3d52	17.9d60	13.5d58	10.9d58	9.1d58
x170	. .	. .	. .	19.0d42	. .	. .	16.3d52	13.6d52	19.8d60	15.0d60	12.1d60	10.1d58
203x203x 46												
x 52												
x 60	5.1d42											
x 71	6.0d42											
x 86	7.1d42											
254x254x 73	7.6d42	5.4d42			5.0d52							
x 89	9.0d42	6.4d40			6.0d52							
x107	10.5d42	7.5d42	5.6d40		6.9i50							
x132	12.8d42	9.1d42	6.9d42	5.5d42	8.1i46	5.6d52						
x167	15.9d42	11.3d42	8.4d40	6.8d42	9.9i40	7.0d52	5.3d52		5.0i44			
305x305x 97	11.1d42	8.5d42	6.8d40	5.5d42	8.1d52	5.6d52						
x118	13.1d42	10.0d40	8.0d42	6.4d40	9.5d52	6.6d52	5.0d52		5.1i44			
x137	15.1d42	11.5d42	9.1d42	7.4d42	10.1d52	7.5d52	5.6d50		5.8i44	5.0d60		
x158	17.4d42	13.3d42	10.4d42	8.3d40	12.4d52	8.5d52	6.4d50	5.1d50	6.4i44	5.6d60		
x198	. .	16.5d42	12.8d42	10.3d42	15.0i44	10.5d52	7.9d50	6.3d48	7.8i44	6.9i58	5.1d54	
x240	. .	20.0d42	15.3d42	12.3d42	17.6i36	12.5d52	9.4d50	7.5d50	9.1i44	8.3d60	6.3d60	5.0d60
x283	. .	. .	17.9d42	14.4d42	. .	14.6d52	11.0d52	8.8d48	10.5i44	9.6i58	7.3d58	5.9d60
356x368x129	15.8d42	12.0d42	9.8d42	8.1d42	11.3d52	8.6d52	6.6d50	5.3d48	7.0i44	5.8i56		
x153	18.4d42	14.0d42	11.1d42	9.5d42	13.1d52	10.0d52	7.6d50	6.1d50	7.9i44	6.6i56	5.0d56	
x177	. .	16.5d42	13.4d42	11.3d42	15.4d52	11.5d52	8.6d50	6.9d48	8.9i44	7.6d60	5.8d60	
x202	. .	18.9d42	15.3d42	12.6d42	17.5d52	12.9d52	9.8d52	7.8d50	9.8i44	8.5d60	6.4d58	5.1d58

103

Deck: **GENERIC PROFILE** Table 70

BEAM DATA
```
Internal beam
Two point loads
Steel grade         50
Shear connectors   Hilti
```

SLAB DATA
```
Fire resistance  90 mins
Slab depth       135 mm
Concrete         NW
Grade            30
```

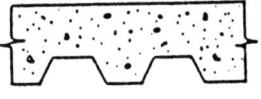

Hilti shear connectors are in pairs (N = number of pairs)
FOR FURTHER INFORMATION SEE NOTES PRECEDING TABLE 1

L = maximum spacing of beams

BEAM SPAN	7.5m				9.0m				10.5m			
IMPOSED LOAD kN/m²	4	6	8	10	4	6	8	10	4	6	8	10
SERIAL SIZE	L N	L N	L N	L N	L N	L N	L N	L N	L N	L N	L N	L N
254x146x 37												
x 43												
305x102x 28												
x 33												
305x127x 37												
x 42												
x 48												
305x165x 40	5.1a34											
x 46	6.0d42											
x 54	6.6d40	5.3d42										
356x127x 33												
x 39												
356x171x 45	6.3d42											
x 51	7.0d42	5.5d42										
x 57	7.8d42	6.0d42			5.0a34							
x 67	8.9d42	6.9d40	5.6d40		6.5d52	5.0d50						
406x140x 39												
x 46	6.3a28	5.6d42										
406x178x 54	8.0d42	6.3d42	5.1d42		5.5a40							
x 60	8.9d42	6.9d42	5.6d42		6.4a50	5.0d50						
x 67	9.8d42	7.6d42	6.3d42	5.3d40	7.1d52	5.5d50						
x 74	10.8d42	8.4d42	6.9d42	5.8d40	7.8d52	6.0d50	5.0d52		5.3a50			
457x152x 52	8.0a34	6.6d42	5.4d42		5.6a44	5.5d52						
x 60	9.3a38	7.5d42	6.1d42	5.1d40	6.4a44	6.0d52						
x 67	10.4d40	8.3d42	6.8d42	5.8d42	7.4a36	6.4d52	5.1d50					
x 74	11.3d42	8.8d42	7.1d42	6.0d40	8.3a40	6.9d52	5.6d50		5.3a50	5.3d60		
x 82	12.3d42	9.5d42	7.8d42	6.6d42	7.8d52	6.6d52			5.1a50			
457x191x 67	10.6d42	8.3d42	6.8d42	5.8d40	8.5d52	6.6d52	5.4d52		6.0d48	5.0d60		
x 74	11.6d42	9.1d42	7.4d40	6.3d40	9.1d50	7.1d52	5.9d52	5.0d52	6.6d52	5.4d58		
x 82	12.8d42	9.9d42	8.1d42	6.9d42	9.5d50	7.4d50	6.1d52	5.1d50	7.1a58	5.6d60		
x 89	13.3d42	10.3d42	8.4d40	7.1d42	10.4d52	8.1d52	6.6d52	5.6d52	7.9d60	6.1d60	5.0d60	
x 98	14.5d42	11.3d42	9.3d42	7.8d40	10.3d52	8.0d52	6.5d50	5.5d50	7.6a58	6.0d60		
533x210x 82	14.3d42	11.1d42	9.0d40	7.6d40	11.5d52	8.9d50	7.3d50	6.1d50	8.6d60	6.6d58	5.5d60	
x 92	16.0d42	12.4d42	10.1d42	8.6d42	12.0d52	9.4d52	7.6d50	6.5d52	9.0d60	7.0d58	5.8d60	
x101	16.9d42	13.1d42	10.6d42	9.0d42	12.9d52	10.0d52	8.1d50	6.9d50	9.6d60	7.5d60	6.1d60	5.1d56
x109	18.0d42	14.0d42	11.4d42	9.6d42	14.4d52	11.1d52	9.1d52	7.8d52	10.6d58	8.3d58	6.8d58	5.8d58
x122	20.0d42	15.6d42	12.8d42	10.8d42	13.8d52	10.8d52	8.8d52	7.4d50	10.3d58	8.0d60	6.5d58	5.5d56
610x229x101	19.3d42	15.0d42	12.3d42	10.4d42	14.8d52	11.5d52	9.4d52	8.0d52	11.0d60	8.6d58	7.0d58	6.0d60
x113	. .	16.1d42	13.1d42	11.1d42	16.3d52	12.6d52	10.4d52	8.8d52	12.1d60	9.4d58	7.8d60	6.5d58
x125	. .	17.8d42	14.5d42	12.3d42	18.1d52	14.0d52	11.5d52	9.8d52	13.5d60	10.5d60	8.5d58	7.3d60
x140	. .	19.8d42	16.1d42	13.6d42	19.3d52	15.0d52	12.3d52	10.4d52	14.4d60	11.1d60	9.1d60	7.8d60
610x305x149	. .	. .	17.3d42	14.6d42	. .	17.3d42	14.5d52	12.3d52	17.0d60	13.3d60	10.8d58	9.1d58
x179	. .	. .	. .	17.3d42	. .	17.8d52	14.5d52	12.3d52	17.0d60	13.3d60	10.8d58	9.1d58
x238	. .	. .	. .	. .	. .	. .	19.0d52	16.1d52	. .	17.4d60	14.1d58	12.0d60
686x254x125	. .	19.4d42	15.9d42	13.4d42	17.8d52	13.9d52	11.3d50	9.6d52	13.3d60	10.3d58	8.4d58	7.1d58
x140	. .	. .	17.8d42	15.0d42	19.9d52	15.5d52	12.6d52	10.8d52	14.8d60	11.5d60	9.4d60	8.0d60
x152	. .	. .	19.1d42	16.3d42	. .	16.8d52	13.6d52	11.6d52	16.0d60	12.4d58	10.1d58	8.6d60
x170	. .	. .	. .	18.0d42	. .	18.5d52	15.1d52	12.9d52	17.8d60	13.9d60	11.3d58	9.6d60
203x203x 46												
x 52												
x 60	5.4d42											
x 71	6.0d42											
x 86	7.0d42	5.4d42										
254x254x 73	7.0d42	5.4d40			5.1d52							
x 89	8.3d42	6.4d40	5.3d42		6.0d52							
x107	9.6d42	7.5d42	6.1d42	5.1d42	7.0d52	5.3d52						
x132	11.6d42	9.0d40	7.4d40	6.3d42	8.4d52	6.4d52						
x167	14.5d42	11.3d42	9.3d42	7.8d40	10.3i50	8.0d52	6.0d52		5.4i50	5.1i56		
305x305x 97	10.1d42	7.9d42	6.5d42	5.5d42	7.4d52	5.8d52						
x118	12.0d42	9.4d42	7.6d40	6.5d42	8.6d52	6.8d52	5.5d50		5.1i50			
x137	13.8d42	10.8d42	8.9d42	7.5d42	9.9d52	7.8d52	6.4d52	5.1d52	5.9i50	5.5i58		
x158	15.8d42	12.3d42	10.1d42	8.5d40	11.3d52	8.8d52	7.3d52	5.9d52	6.6i50	6.3i56		
x198	19.6d42	15.4d42	12.6d42	10.6d40	14.0d52	10.9d50	9.0d52	7.3d52	8.0i50	7.6i52	5.9d58	
x240	. .	18.6d42	15.3d42	12.9d40	16.9d52	13.3d52	10.9d52	8.6d50	9.5i50	9.0i50	7.1d60	5.8d60
x283	. .	. .	18.0d42	15.3d42	20.0d52	15.6d52	12.8d52	10.1d50	11.0i50	10.4i50	8.4d60	6.8d60
356x368x129	14.1d42	11.1d42	9.1d42	7.8d42	10.1d52	8.0d52	6.5d50	5.5d50	7.0i50	6.0d60		
x153	16.5d42	12.9d42	10.6d42	9.0d42	11.9d52	9.3d52	7.6d52	6.4d50	8.0i50	6.9d58	5.6d58	
x177	19.6d42	15.4d42	12.6d40	10.6d40	14.0d52	10.9d50	9.0d52	7.6d52	9.0i50	8.1i58	6.4d56	5.1d56
x202	. .	17.5d42	14.3d40	12.1d42	15.9d52	12.4d52	10.1d50	8.6d52	10.0i50	9.3d60	7.3d58	5.8d56

Deck: GENERIC PROFILE

Table 71

BEAM DATA
- Internal beam
- Two point loads
- Steel grade 43
- Shear connectors Hilti

SLAB DATA
- Fire resistance 90 mins
- Slab depth 125 mm
- Concrete LW
- Grade 30

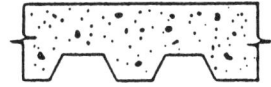

Hilti shear connectors are in pairs (N = number of pairs)
FOR FURTHER INFORMATION SEE NOTES PRECEDING TABLE 1

L = maximum spacing of beams

BEAM SPAN	7.5m				9.0m				10.5m			
IMPOSED LOAD kN/m²	4	6	8	10	4	6	8	10	4	6	8	10
SERIAL SIZE	L N	L N	L N	L N	L N	L N	L N	L N	L N	L N	L N	L N
254x146x 37												
x 43												
305x102x 28												
x 33												
305x127x 37												
x 42												
x 48												
305x165x 40	5.0f36											
x 46	5.6d42											
x 54	6.1d42											
356x127x 33												
x 39												
356x171x 45	6.1d42											
x 51	6.5d42	5.0d42										
x 57	7.0d42	5.4d42			5.4d52							
x 67	8.0d42	6.1d42			5.9d50							
406x140x 39	5.1a28											
x 46	6.5a38	5.1d42										
406x178x 54	7.4d42	5.6d42			5.6d52							
x 60	8.0d42	6.1d42			6.0d52							
x 67	8.8d42	6.8d42	5.4d40		6.5d52				5.0a58			
x 74	9.6d42	7.4d42	5.9d40	5.0d42	7.0d52	5.4d52			5.1a52			
457x152x 52	7.8d42	5.9d40			5.0a32							
x 60	8.6d42	6.6d42	5.4d42		6.1a44							
x 67	9.5d42	7.3d42	5.9d42		7.0d52	5.3d50			5.1a44			
x 74	10.1d42	7.8d42	6.3d42	5.3d42	7.4d52	5.6d52			5.8d52			
x 82	11.0d42	8.4d42	6.8d42	5.6d40	8.0d52	6.1d52						
457x191x 67	9.5d42	7.3d42	5.9d42		7.0d52	5.3d50			5.3a54			
x 74	10.5d42	8.0d42	6.4d40	5.4d42	7.6d52	5.8d50			5.8d58			
x 82	11.4d42	8.6d42	7.0d42	5.9d42	8.3d52	6.3d52	5.0d50		6.3d60			
x 89	11.9d42	9.0d42	7.3d40	6.1d42	8.6d52	6.5d52	5.3d50		6.5d60	5.0d60		
x 98	13.0d42	9.9d42	8.0d42	6.6d40	9.4d52	7.1d52	5.8d52		7.0d58	5.4d60		
533x210x 82	12.8d42	9.6d42	7.8d40	6.5d40	9.3d52	7.0d52	5.6d50		6.9d58	5.3d58		
x 92	14.3d42	10.9d42	8.8d42	7.4d42	10.3d52	7.8d50	6.3d50	5.3d50	7.8d60	5.9d60		
x101	15.0d42	11.4d42	9.3d42	7.8d42	10.8d52	8.3d52	6.6d52	5.5d50	8.1d60	6.1d58	5.0d60	
x109	16.0d42	12.1d42	9.9d42	8.3d42	11.5d52	8.8d52	7.0d50	5.9d50	8.6d60	6.5d58	5.3d58	
x122	17.9d42	13.6d42	11.0d42	9.1d42	12.8d52	9.8d52	7.9d52	6.6d52	9.6d60	7.3d58	5.9d58	
610x229x101	17.1d42	13.0d42	10.5d42	8.8d42	12.3d52	9.4d52	7.5d50	6.4d52	9.3d60	7.0d60	5.6d58	
x113	18.5d42	14.0d42	11.4d42	9.5d42	13.3d52	10.0d50	8.1d52	6.8d50	9.9d60	7.5d60	6.0d56	5.1d60
x125	. .	15.5d42	12.5d42	10.4d42	14.5d52	11.0d52	8.9d52	7.5d52	10.9d60	8.3d60	6.6d58	5.6d60
x140	. .	17.1d42	13.9d42	11.6d42	16.1d52	12.3d52	9.9d52	8.3d50	12.0d60	9.1d60	7.4d60	6.1d58
610x305x149	. .	18.3d42	14.8d42	12.4d42	17.1d52	13.0d52	10.5d52	8.8d50	12.8d60	9.6d58	7.8d58	6.5d58
x179	. .	. .	17.5d42	14.6d42	. .	15.4d52	12.4d52	10.4d52	15.0d60	11.4d58	9.3d60	7.8d60
x238	. .	. .	. .	19.1d42	. .	. .	16.3d52	13.6d52	19.8d60	15.0d60	12.1d60	10.1d58
686x254x125	. .	16.9d42	13.6d42	11.4d42	15.9d52	12.1d52	9.8d52	8.1d50	11.9d60	9.0d60	7.3d60	6.1d60
x140	. .	18.9d42	15.3d42	12.8d42	17.8d52	13.5d52	10.9d52	9.1d52	13.1d60	10.0d60	8.1d60	6.8d58
x152	. .	. .	16.5d42	13.8d42	19.1d52	14.5d52	11.8d52	9.9d52	14.3d60	10.9d60	8.8d60	7.4d60
x170	. .	. .	18.3d42	15.3d42	. .	16.1d52	13.0d52	10.9d50	15.9d60	12.0d60	9.8d60	8.1d60
203x203x 46												
x 52												
x 60												
x 71	5.5d42											
x 86	6.4d42											
254x254x 73	6.5d42	5.0d42			5.5d52							
x 89	7.4d42	5.6d40			6.3d50							
x107	8.6d42	6.6d42	5.4d42									
x132	10.4d42	7.9d40	6.4d40	5.4d40	7.5d50	5.6d52						
x167	12.9d42	9.8d40	7.9d40	6.6d40	9.3d52	7.0d52	5.3d52		5.0i44			
305x305x 97	9.1d42	7.0d42	5.6d42		6.6d52	5.1d52						
x118	10.6d42	8.1d42	6.6d42	5.5d40	7.8d52	5.9d50			5.1i44			
x137	12.3d42	9.4d42	7.6d42	6.4d42	8.9d52	6.8d52	5.5d52		5.8i44	5.0d60		
x158	14.0d42	10.6d42	8.6d42	7.3d42	10.0d50	7.6d50	6.3d52	5.1d50	6.4i44	5.6d60		
x198	17.4d42	13.3d42	10.8d42	9.0d42	12.4d52	9.5d52	7.6d50	6.3d48	7.8i44	6.9i58	5.1d54	
x240	. .	16.0d42	13.0d42	10.9d42	14.9d50	11.4d52	9.3d52	7.5d50	9.1i44	8.3d60	6.3d60	5.0d60
x283	. .	17.6d42	14.3d42	12.0d42	16.4d52	12.5d52	10.1d52	8.5d50	10.5i44	9.4d60	7.3d60	5.9d60
356x368x129	12.6d42	9.6d42	7.9d42	6.6d42	9.1d52	7.0d52	5.6d50		6.9d60	5.3d58		
x153	15.1d42	11.5d42	9.4d42	7.9d42	10.9d52	8.3d50	6.8d52	5.6d50	7.9i52	6.3d60	5.0d56	
x177	17.4d42	13.3d42	10.8d42	9.0d42	12.4d52	9.5d52	7.6d50	6.4d48	8.9i50	7.1d60	5.8d60	
x202	19.6d42	15.0d42	12.1d42	10.3d42	14.0d52	10.8d52	8.6d50	7.3d50	9.8i42	8.0d60	6.4d58	5.1d58

REFERENCES

1. BRITISH STANDARDS INSTITUTION
   BS 5950: 1982 The structural use of steelwork in building Part 4: Code of practice for design of floors with profiled steel sheeting
   BSI, 1982

2. BRITISH STANDARDS INSTITUTION
   BS 5950: 1989 The structural use of steelwork in building Part 3.1: Code of practice for design of composite beams
   BSI, 1988 (draft)

3. COMMISSION OF THE ENGINEER COMMUNITEES
   Eurocode 4: Common unified rules for composite steel and concrete structures
   Report EUR 9886 EN, 1985

4. LAWSON, R.M.
   Composite beams and slabs with profiled steel sheeting
   Construction Industry Research and Information Association, Report 99, 1982

5. GRAY, B.A., MULLETT, D.L. and WALKER, H.B.
   Design recommendations for composite floors and beams using steel decks, Section 1: Structural
   Steel Construction Institute, 1983

6. JOHNSON, R.P.
   Composite Structures of Steel and Concrete
   Granada, 1982

7. AMERICAN INSTITUTE OF STEEL CONSTRUCTION
   Load and resistance factor design manual of steel construction
   AISC, Chicago, 1986

8. CANADIAN INSTITUTE OF STEEL CONSTRUCTION
   Handbook of Steel Construction
   CISC, Willowdale Ontario, 1980

9. JOHNSON, R.P. and BUCKBY, R.J.
   Composite Structures of Steel and Concrete, Volume 2: Bridges
   Collins, second edition, 1986

10. LAWSON, R.M. and RACKHAM, J.W.
    Design of haunched composite beams in buildings
    Steel Construction Institute, 1989

11. BRYAN, E.R. and LEACH, P.
    Design of profiled sheeting as permanent formwork
    CIRIA Technical Note 116, 1986

12. BRITISH STANDARDS INSTITUTION
    BS 8110: 1985 The structural use of concrete Part 1: Code of practice for design and construction
    BSI, 1985

13. NEWMAN, G.M.
    The fire resistance of composite floors with steel decking
    Steel Construction Institute, 1988

14. CONSTRUCTION INDUSTRY RESEARCH AND INFORMATION ASSOCIATION
    Fire resistance of composite slabs with steel decking
    CIRIA Special Publication 42, 1986

15. BRITISH STANDARDS INSTITUTION
    BS 5950: 1989 Structural use of steelwork in building Part 8: Code of practice for fire resistance design
    BSI, 1989

16. DAVIES, J.M. and BRYAN, E.R.
    Manual of stressed skin diaphragm design
    Granada, 1982

17. BRITISH STANDARDS INSTITUTION
    BS 5950: 1985 Structural use of steelwork in building Part 1: Code of practice for design in simple and continuous construction
    BSI, 1985

18. GRANT, J.A., FISHER, J.W. and SLUTTER, R.G.
    Composite beams with formed steel deck
    American Institute of Steel Construction, Eng. Jnl. 1st quarter, 1977

19. THOMAS, D.A.B. and O'LEARY, D.C.
    Composite beams with profiled steel sheeting and non-welded shear connectors
    Steel Construction Today, Vol. 2, No 4 August 1988, pp 117-121

20. JOHNSON, R.P. and MAY, I.M.
    Partial interaction design of composite beams
    The Structural Engineer Vol. 55, No 8, August 1975, pp 305 to 311

21. WYATT, T.A.
    Design guide on the vibration of floors
    Steel Construction Institute, 1989

22. BRITISH STANDARDS INSTITUTION
    BS 6399: 1984 Design loading for buildings Part 1: Code of practice for dead and imposed loads
    BSI, 1984

Appendix A: NOTE ON POSITIONING OF SHEAR CONNECTORS

Many modern decks used in composite slabs have a central stiffener or rib in the trough of the deck profile which means that is impossible to locate the shear connectors centrally in the troughs.

Decking perpendicular to the beam

If the shear connectors are located on the side of the trough closer to the outside of the span of the beam, then the thrust from each shear connector is applied to a relatively large block of concrete in front of it. This is the *'beneficial'* or favourable layout.

Alternatively, if the shear connectors are located on the side of the trough closer to the centre of the span of the beam, the shear connectors are in the *'non-beneficial'* layout. In this case the effective width of the trough is narrower than the actual width, leading to a potential reduction in the capacity of the shear connectors. Recent (as yet unreported) tests have shown that this reduction in capacity could be greater than the traditional strength reduction factor (see Equation (8)). In order to minimize this effect it is proposed that detailing practice should be modified for decks with a central trough stiffener, as follows:

1. *Single shear connector per trough*
   Either:
   a. Weld the shear connectors on the 'beneficial' side of the trough, i.e. on the side closer to the outside of the beam span. This necessitates a change in the orientation of the shear connectors in mid-span.
   Or:
   b. Weld the shear connectors in a 'staggered' pattern in alternate troughs along the beam as indicated in Figure 21(a).
2. *Pairs of shear connectors per trough*
   Either:
   a. Weld the shear connectors in pairs (at not less than 4ϕ spacing) on the 'beneficial' side of the trough (as for single shear connectors).
   Or:
   b. Weld the shear connectors in a staggered pattern (at not less than 3ϕ spacing) as indicated in Figure 21(b).

At discontinuities in the length of the decking (i.e. at butt joints) it is recommended that both ends of the decking are properly anchored to the support beams. This is best achieved by staggering the welding of the shear connectors such that each portion of the deck is attached to the beam by alternate shear connectors.

In order to account for these effects, the strength reduction factors for deck shape have been input directly into the Design Tables for each deck profile rather than using the reduction factor formula in Equation (8). The reduction factors used in deriving the Design Tables are presented in Table 3. It is assumed that the shear connectors are located as in 1b or 2b as noted above. A conservative view of these factors has been taken, pending further test data.

Decking parallel to the beam

In cases where the decking is orientated in a direction parallel to the beam, the location of the shear connectors is less important, provided the minimum longitudinal spacing of 6ϕ is observed.

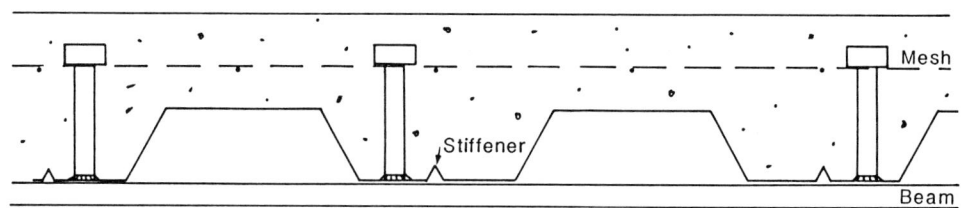

(a) SINGLE SHEAR CONNECTOR PER TROUGH

IN STAGGERED PATTERN

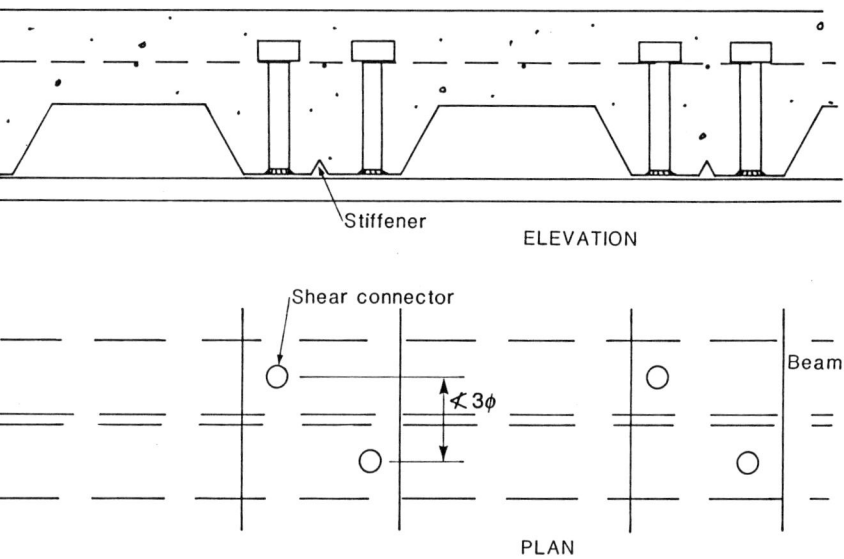

(b) PAIRS OF SHEAR CONNECTORS PER TROUGH

IN STAGGERED PATTERN

Figure 21 *Suggested positioning of shear connectors*

Structural significance

In appraising the significance of these effects it should be borne in mind that for uniformly loaded beams where the decking is orientated perpendicular to the beams, design is rarely controlled by the bending capacity of the section. Serviceability criteria (f to i) tend to dominate at the range of spans normally specified in buildings. This means that a slight reduction in shear connector strength does not affect the final design of the beams.

Where beams are subject to point loads, design is more likely to be controlled by the bending capacity of the section, but in these cases, the orientation of the decking is such that the shear connection capacity is largely unaffected by the shape of the deck.

The safety of existing designs is not questioned as the current guidance contained in References 4 and 5 includes partial factors of 0.93 on the strength of steel, and under-estimates the contribution of the concrete slab to the bending capacity of the section. This leads to more conservative designs than given by this publication and *BS 5950:Part 3.1*. Nevertheless, if overall factors of safety are to be reduced, it is important to have greater confidence about each of the components contributing to the level of safety of the final design.

Appendix B: DESIGN EXAMPLE

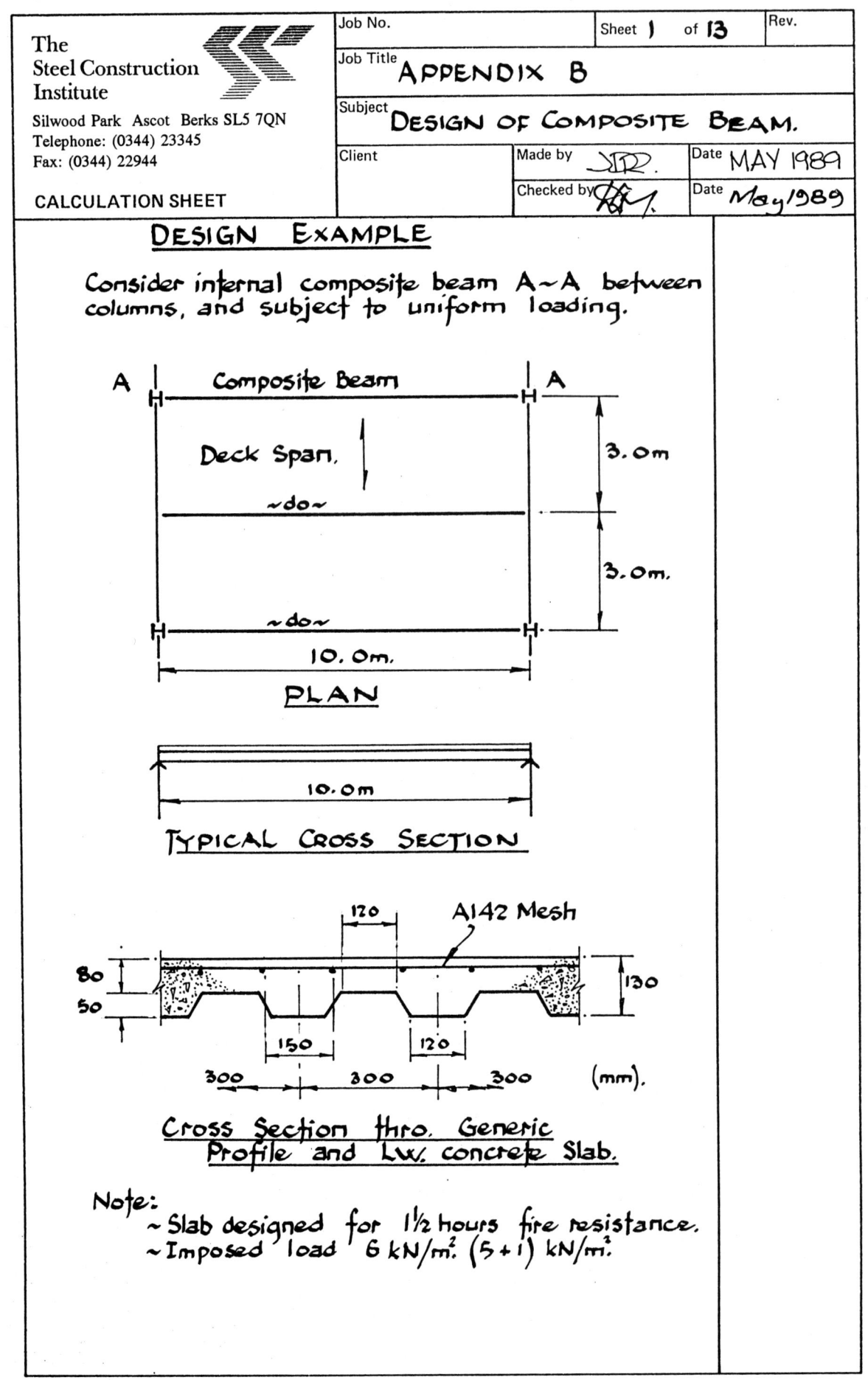

The Steel Construction Institute	Job No.	Sheet 2 of 13	Rev.
Silwood Park Ascot Berks SL5 7QN Telephone: (0344) 23345 Fax: (0344) 22944	Job Title APPENDIX B		
	Subject DESIGN OF COMPOSITE BEAM.		
CALCULATION SHEET	Client SCI	Made by JDR	Date MAY 1989
		Checked by	Date May 1989

Design Data
Floor Dimensions
Span $\quad L = 10.0$ m.
Beam Spacing $\quad b = 3.0$ m.
Slab depth $\quad D_s = 130$ mm.

Deck: Generic Profile
Unpropped Construction through-out.

Shear Connectors: 19 mm. diameter
95 mm. length after weld.

Materials
Steel: Grade 50
Design strength $p_y = 355$ N/mm² upto and including 16 mm. thick.
Concrete: Lightweight concrete grade 30
Density (dry) = 1800 kg./m³ (17.66 kN/m³)
Density (wet) = 1930 kg./m³ (18.93 ")

Loading
Concrete slab

$$\text{Dry weight} = \left[130 \times 10^3 - \frac{50}{0.3}(120 + 30)\right] 17.66/10^6$$

$$= 1.85 \text{ kN/m}^2$$

Wet weight = $1.85 \times 18.93 / 17.66$

$\quad = 1.99$ kN/m²

Construction Stage		kN/m²
L.W. Concrete Slab (wet).	=	1.99
Steel deck	=	0.15
Reinforcement	allow =	0.04
Steel beam	allow =	0.20
		2.38 kN/m²
Construction load		0.50 "

Composite Stage		kN/m²
L.W. Concrete slab (dry)	=	1.85
Steel deck	=	0.15
Reinforcement	allow =	0.04
Steel beam	allow =	0.20
		2.24 kN/m²
Ceiling and Services	=	0.50 "

BS.5950:

Part 1

Part 3.1

The Steel Construction Institute	Job No.		Sheet 3 of 13	Rev.
Silwood Park Ascot Berks SL5 7QN Telephone: (0344) 23345 Fax: (0344) 22944	Job Title	APPENDIX B		
	Subject	DESIGN OF COMPOSITE BEAM.		
CALCULATION SHEET	Client SCI	Made by JR	Date MAY 1989	
		Checked by	Date May 1989	

Imposed   kN/m²
Occupancy   5.0
Partitions   1.0
           6.0

According to BS.6399 Imposed loads may be reduced with respect to the beam supported area. For the purposes of this design example this reduction will be omitted.

BS.6399

Initial Selection of Beam size
From Table 23 a suitable section for an Imposed load of 6.0 kN/m² would be a 406×178×60 UB Grd. 50.

Section properties and dimensions
$D = 406.4$ mm, $A = 76.0$ cm²
$B = 177.8$ mm, $I_x = 21508$ cm⁴
$t = 7.8$ mm, $Z_x = 1058$ cm³
$T = 12.8$ mm, $S_x = 1194$ cm³
$d = 360.5$ mm.

Section Properties Handbook

Design strength $p_y = 355$ N/mm² (12.8 < 16.0 mm).

Construction Stage Design.
Ultimate Limit State Loading.

Slab (wet) + beam $= 2.38 × 1.4 = 3.33$
Construction $= 0.50 × 1.6 = \underline{0.80}$
                                 4.13 kN/m²

$W = 4.13 × 10 × 3 = 123.9$ kN.
$BM = 123.9 × 10/8 = 154.9$ kN.m.

Assume the beam in the construction stage is laterally restrained by the decking.

BS.5950: Part 3.1

$\therefore M_s = 1194 × 355/10^3$
     $= \underline{423.9 \text{ kN.m}} > \underline{154.9 \text{ kN.m}}$ OK

$S_x/Z_x = 1194/1058 = 1.13 < 1.2$

BS.5950: Part 1

∴ Beam satisfactory for positive moment capacity in the construction stage

The Steel Construction Institute	Job No.	Sheet 4 of 13	Rev.
Silwood Park Ascot Berks SL5 7QN Telephone: (0344) 23345 Fax: (0344) 22944	Job Title **APPENDIX B**	
	Subject **DESIGN OF COMPOSITE BEAM**	
CALCULATION SHEET	Client **SCI**	Made by JDR	Date MAY 1989
		Checked by	Date May 1989

Composite Stage Design
Ultimate Limit State Loading

                                    kN/m^2

Slab (dry) + beam = 2.24×1.4 = 3.14
C & S   = 0.50×1.4 = 0.70
Imposed   = 6.0×1.6 = $\underline{9.60}$
                                  13.44 kN/m^2

W = $13.44 \times 10 \times 3$ = 403.2 kN.
BM = $403.2 \times 10/8$ = 504.0 kN.m.

Plastic Positive Bending moment capacity
Check by using:
a). Linear Interaction method } See cl. 4.6, page 18
b). Stress Block method   } of the text.

Also for each method check using 1 stud and 2 studs per trough.

a). Linear Interaction method to obtain moment capacity, M_c

$$M_c = M_s + k(M_{pc} - M_s) \quad \ldots (6)$$

where: $M_s = S_x \cdot p_y = 1194 \times 355/10^3 = 423.9$ kN.m.
          k = degree of shear connection.
         M_{pc} = Plastic moment capacity based on full shear connection.

Before M_c can be determined calculate:
i) Shear connector capacity
ii) Actual shear connector positions available as the deck crosses the beam.

i) Shear connector capacity

from Part 3.1 ~ Table 5 the shear connector strength = 100 kN.

for LWC = 100×0.9 = 90 kN.

∴ $Q_p = 0.8 Q_k = 0.8 \times 90 = 72$ kN.

Refs:
BS.5950:
page 18 (text)
Part 3.1

The Steel Construction Institute 	Job No.		Sheet 5 of 13	Rev.
Silwood Park Ascot Berks SL5 7QN Telephone: (0344) 23345 Fax: (0344) 22944	Job Title APPENDIX B			
	Subject DESIGN OF COMPOSITE BEAM.			
CALCULATION SHEET	Client SCI	Made by JDR	Date MAY 1989	
		Checked by	Date May 1989	

Influence of Deck shape
Deck crosses the beam
One stud per trough, ie. N = 1

$$r_p = \frac{0.85}{\sqrt{N}} \frac{b_a}{D_p} \left(\frac{h - D_p}{D_p}\right) \leq 1.0 \quad \ldots (8).$$

$$= \frac{0.85}{1} \times \frac{150}{50} \left(\frac{95 - 50}{50}\right)$$

$= 2.3 > 1.0$ ∴ No Reduction, ie. $\underline{Q_p = 72 \text{ kN}}$.

Two studs per trough, ie N = 2
(see cl. 4.7 page 19 of the text).

when N = 2 $r_p = 0.75$

∴ $Q_p = 72 \times 0.75 = \underline{54 \text{ kN}}$.

ii) Shear Connector layout.

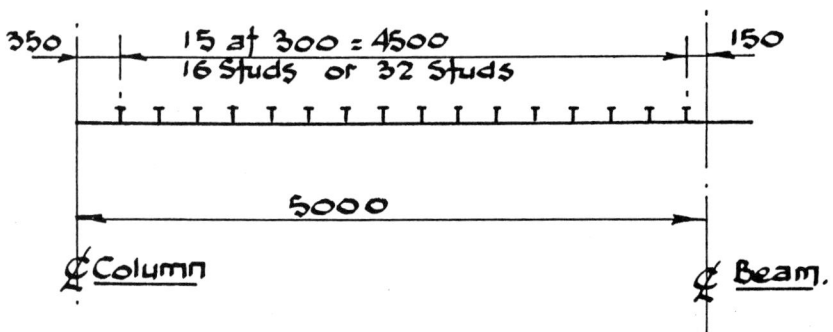

Therefore 16 trough positions are available for the positioning of the shear stud connectors.

BS.5950: Part 3.1

The Steel Construction Institute	Job No.		Sheet 6 of 13	Rev.
Silwood Park Ascot Berks SL5 7QN Telephone: (0344) 23345 Fax: (0344) 22944	Job Title	APPENDIX B		
	Subject	DESIGN OF COMPOSITE BEAM		
CALCULATION SHEET	Client SCI	Made by JBD	Date MAY 1989	
		Checked by	Date May 1989	

Effective width of compression flange

$B_e = 10 \times 10^3 / 4 = 2500$ mm. < 3000 mm. beam crs.

BS.5950: Part 3.1

$\therefore \underline{B_e = 2500 \text{ mm.}}$

$R_c = 0.45 \times 2500 \times 80 \times 30 / 10^3 = 2700$ kN.
$R_s = 76 \times 355 / 10 = 2698$ kN.

R_q (1 Stud) $= 16 \times 72 = 1152$ kN.
R_q (2 Studs) $= 16 \times 2 \times 54 = 1728$ kN.

Positive moments, full shear connection

Case 2(b), ~ pna in concrete flange ($R_s \leq R_c$)

Part 3.1
App. B

$$M_{pc} = R_s \left[\frac{D}{2} + D_s - \frac{R_s}{R_c} \left(\frac{D_s - D_p}{2} \right) \right] \quad \ldots (2)$$

$$= \frac{2698}{10^3} \left[\frac{406.4}{2} + 130 - \frac{2698}{2700} \times \frac{80}{2} \right]$$

$= \underline{791.1 \text{ kN.m.}}$

degree of shear connection, k

$k = R_q / R_s = \frac{1152}{2698} = 0.427$ (1 Stud/trough). > 0.4

$\therefore M_c = 423.9 + 0.427 (791.1 - 423.9)$

$= \underline{580.7 \text{ kN.m.}}$

Using the linear interaction method with one stud per trough gives a positive moment capacity equal to:

$\underline{580.7 \text{ kN.m}} > \underline{504 \text{ kN.m.}}$ Ok.

The Steel Construction Institute	Job No.	Sheet 7 of 13	Rev.
Silwood Park Ascot Berks SL5 7QN Telephone: (0344) 23345 Fax: (0344) 22944	Job Title **APPENDIX B**		
	Subject **DESIGN OF COMPOSITE BEAM**		
CALCULATION SHEET	Client **SCI**	Made by JDR Date MAY 1989	
		Checked by Date May 1989	

b) <u>Stress Block method</u> (1 Stud / trough).

$$\frac{N_a}{N_p} \geq (L-6)/10 \text{ but } \geq 0.4$$

∴ $N_a = 0.4 N_p$.

$$N_p = R_s / Q_p = \frac{2698}{72} = 37.5$$

∴ $N_a = 0.4 \times 37.5 = 15$ but provide one stud per trough, ie. $N_a = 16$

$R_w = R_s - 2R_f$
$R_s = 2698 \text{ kN}$.
$R_f = BTp_y = 177.8 \times 12.8 \times 355/10^3 = 807.9 \text{ kN}$.
∴ $R_w = 2698 - 2 \times 807.9$
       $= 1082.2 \text{ kN}$.
$R_q = 1152 \text{ kN}$.
∴ $R_q > R_w$ (pna in flange). ~ Case 4

$$M_c = R_s \cdot \frac{D}{2} + R_q \left[D_s - \frac{R_q}{R_c}\frac{(D_s - D_p)}{2} \right] - \left(\frac{R_s - R_q}{R_f}\right)^2 \cdot \frac{T}{4}$$

$R_f = 807.9 \text{ kN}$ (See above).

$$M_c = \frac{2698 \times 406.4}{10^3 \quad 2} + \frac{1152}{10^3}\left[130 - \frac{1152}{2700} \times \frac{80}{2}\right] - \left(\frac{2698-1152}{807.9}\right)^2 \times \frac{12.8}{4 \times 10^3}$$

$= \underline{668.9 \text{ kN.m}}$.

<u>Using the stress block method with one stud per trough gives a positive moment capacity equal to:</u>

$\underline{668.9 \text{ kN.m}} > \underline{504 \text{ kN.m}}$ Ok.

BS.5950: Part 3.1

BS.5950: Part 3.1

Using 2 Studs per trough

The procedures to obtain the moment capacity for 2 studs per trough are similar to the procedures when using 1 stud/trough. A shortened version of the calculations are as follows:

a) **Linear Interaction Method**
$M_{pc} = 791.1$ kN.m
$R_q = 1728$ kN
$R_q/R_s = 1728/2698 = 0.64$

$\therefore M_c = 423.9 + 0.64(791.1 - 423.9)$
$= 658.9$ kN.m

b) **Stress Block method.**
$N_p = 2698/54 = 50$
N_a (Min.) $= 0.4 \times 50 = 20$ but 32 provided
$\therefore R_q = 1728$ kN (as above).

$R_q > R_w$ — Case 4

$$M_c = \frac{2698}{10^3} \times \frac{406.4}{2} + \left[130 - \frac{1728}{2700} \times \frac{80}{2}\right] \frac{1728}{10^3}$$

$$- \frac{(2698-1728)^2}{807.9} \times \frac{12.8}{4 \times 10^3}$$

$= \underline{724.9 \text{ kN.m.}}$

Summary

Studs per Trough	Moment Capacity		Design Factd. moment
	Linear Interaction	Stress block	
1	580.7	668.9	≯504
2	658.9	724.9	

Moments in kN.m

The Steel Construction Institute
Silwood Park Ascot Berks SL5 7QN
Telephone: (0344) 23345
Fax: (0344) 22944

CALCULATION SHEET

Job Title: **APPENDIX B**
Subject: **DESIGN OF COMPOSITE BEAM**
Client: **SCI**
Made by: JDR Date: MAY 1989
Checked by: Date: May 1989
Sheet 9 of 13

Vertical Shear

Construction stage reaction
$= 2.24 \times 1.4 \times 10 \times 3/2 = 47\ kN$

Composite stage reaction
$= [(6 \times 1.6) + (0.5 \times 1.4)] 10 \times 3/2 = \underline{155\ kN}$
Total = 202 kN

Shear Capacity, P_v

$P_v = 0.6\ p_y\ A_v$ where: $A_v = Dt$ Part 1

$= \dfrac{0.6 \times 355 \times 406.4 \times 7.8}{10^3} = 675\ kN$

$0.5R = 338\ kN > 202\ kN$ Ok. for all load cases   Part 3.1

NB. With a uniformly distributed load it is not likely that shear would have an influence on moment capacity.

Serviceability Limit States
Irreversible Deformation
Elastic stresses in the Construction Stage

Slab + beam $= 2.24\ kN/m^2$
$W = 2.24 \times 10 \times 3 = 67.2\ kN$
$BM = 67.2 \times 10/8 = 84.0\ kN.m$

$f_{steel} = \dfrac{84 \times 10^6}{1058 \times 10^3} = \underline{79.4\ N/mm^2}$

Composite Elastic Section Properties
Position of the e.n.a from the upper surface of the slab.

$$y_e = \dfrac{(D_s - D_p)0.5 + \alpha_e \cdot r (D/2 + D_s)}{(1 + \alpha_e \cdot r)} \quad \ldots (11)$$

where: $r = A / [(D_s - D_p) B_e]$
$\alpha_e = 15$ (Average modular ratio for LWC.)

$r = \dfrac{76 \times 10^2}{(130 - 50) 2500} = 0.038$

$y_e = \dfrac{80 \times 0.5 + 15 \times 0.038 \left(\dfrac{406.4}{2} + 130\right)}{1 + 15 \times 0.038}$

$= \underline{146.4\ mm}$

BS.5950:

The Steel Construction Institute 	Job No.	Sheet 10 of 13	Rev.
	Job Title APPENDIX B		
Silwood Park Ascot Berks SL5 7QN Telephone: (0344) 23345 Fax: (0344) 22944	Subject DESIGN OF COMPOSITE BEAM		
	Client SCI	Made by JDS	Date MAY 1989
CALCULATION SHEET		Checked by	Date May 1989

Uncracked Inertia, I_c

$$I_c = \frac{A(D+D_s+D_p)^2}{4(1+\alpha_e \cdot r)} + \frac{B_e(D_s-D_p)^3}{12\alpha_e} + I \quad \ldots (12)$$

$$= \frac{76(40.64+13+5)^2}{4(1+15\times 0.038)} + \frac{250 \times 8^3}{12 \times 15} + 21508$$

$$= \underline{63833 \text{ cm}^4}$$

Z_t (Steel) $= I_c / (D+D_s - y_e) \quad \ldots (13)$

$$= \frac{63833}{40.64+13-14.64}$$

$$= \underline{1636.7 \text{ cm}^3}$$

Z_c (Conc.) $= I_c \cdot \alpha_e / y_e \quad \ldots (14)$

$$= \frac{63833 \times 15}{14.64}$$

$$= \underline{65403 \text{ cm}^3}$$

Composite Stage Loading
Imposed $= 6.0 \text{ kN/m}^2$
C & S $= \underline{0.5}$ "
     $\quad\quad 6.5 \text{ kN/m}^2$

W = 6.5 × 10 × 3 = 195 kN.
BM = 195 × 10/8 = 244 kN.m.
Extreme fibre stress — Tension flange

$f_{steel} = \frac{244 \times 10^6}{1636.7 \times 10^3} = \underline{149.1 \text{ N/mm}^2}$

Combined stress $= 79.4 + 149.1 \text{ N/mm}^2$

$\quad\quad\quad\quad\quad = \underline{228.5 \text{ N/mm}^2} < p_y = \underline{355 \text{ N/mm}^2}$

$f_{conc} = \frac{244 \times 10^6}{65403 \times 10^3} = \underline{3.7 \text{ N/mm}^2} < 0.5 f_{cu} = \underline{15 \text{ N/mm}^2}$

∴ <u>Serviceability stresses satisfactory.</u>

BS.5950: Part 3.1

Calculation Sheet — The Steel Construction Institute
Job Title: **APPENDIX B**
Subject: **Design of Composite Beam**
Client: SCI | Made by: JB | Date: May 1989
Sheet 11 of 13

Deflection
Construction Stage
$w = 2.38 \text{ kN/m}^2$ (Slab + beam).
$W = 2.38 \times 10 \times 3 = 71.4 \text{ kN}$.

$$\delta = \frac{5 \times 71.4 \, (10 \times 10^3)^3}{384 \times 205 \times 21508 \times 10^4}$$

$= \underline{21.1 \text{ mm}}$. $(1/474)$

Composite Stage
$w = 6.0 \text{ kN/m}^2$ (Imposed)
$W = 6 \times 10 \times 3 = 180 \text{ kN}$.

Deflection ~ full shear connection

$$\delta_c = \frac{5 \times 180 \, (10 \times 10^3)^3}{384 \times 205 \times 63833 \times 10^4}$$

$= \underline{17.9 \text{ mm}}$.

In both of the cases partial shear connection exists. Eq^n (16) takes into account the effects of slip.

$$\delta'_c = \delta_c + 0.3(1-k)(\delta_o - \delta_c) \qquad \ldots (16)$$

Degree of shear connection k (1 stud/trough) = 0.427
     "   "   " k (2 studs/trough) = 0.64

Deflection when $k = 0.427$

δ_o = Deflection for the steel beam acting alone

$= 17.9 \times \dfrac{63833}{21508} = 53.2 \text{ mm}$.

$\therefore \delta'_c = 17.9 + 0.3(1-0.427)(53.2 - 17.9)$

$= \underline{24.0 \text{ mm}}$. $(1/417) < (1/360)$ OK.

$\therefore$ **Imposed Deflection satisfactory for both cases.**

The Steel Construction Institute	Job No. — Sheet 12 of 13 — Rev.
Silwood Park Ascot Berks SL5 7QN	Job Title: **APPENDIX B**
Telephone: (0344) 23345	Subject: **DESIGN OF COMPOSITE BEAM**
Fax: (0344) 22944	Client: SCI — Made by JD — Date MAY 1989
CALCULATION SHEET	Checked by — Date Nov 1989

Total Deflection (k = 0.427)

Construction Stage = 21.1 mm

Imposed = 24.0 mm

$C \& S \approx \dfrac{0.5}{6.0} \times 24$ = 2.0 mm
_____
47.1 mm

Pre-cambering would not be considered for a construction stage deflection of 21.1mm over a span of 10.0m.

Transverse Reinforcement
Mesh ~ A142
Check Resistance of concrete flange

BS.5950: Part 3.1

Shear resistance per shear surface

$v_r = 0.7 A_{sv} f_y + 0.03 \eta \cdot A_{cv} \cdot f_{cu} + v_p$

but $\not> 0.8 \eta \cdot A_{cv} \cdot (f_{cu})^{1/2} + v_p$

Shear force per unit length, v
2 ~ Shear connectors per trough

$v = \dfrac{2 \times 54}{0.3} \times 0.5$

= 180 kN/m per shear plane

A_{sv} = 142 mm²/m
A_{cv} = 105 × 10³ mm²/m
f_y = 460 N/mm²
η = 0.8 for LWC
f_{cu} = 30 N/mm² LWC
$v_p = t_p \cdot p_{yb} = 0.9 \times 280 = 252$ kN/m

$v_r = \dfrac{0.7 \times 142 \times 460}{10^3} + \dfrac{0.03 \times 0.8 \times 105 \times 10^3 \times 30}{10^3} + 252$

= 373.3 kN/m

$0.8 \eta \cdot A_{cv} \cdot (f_{cu})^{1/2} + v_p = \dfrac{0.8 \times 0.8 \times 105 \times 10^3 (30)^{1/2}}{10^3} + 252$

= 620 kN/m > 373.3 kN/m

∴ v_r = 373.3 kN/m > 180 kN/m OK

A142 Mesh Satisfactory.

The Steel Construction Institute	Job No.	Sheet 13 of 13	Rev.
Silwood Park Ascot Berks SL5 7QN Telephone: (0344) 23345 Fax: (0344) 22944	Job Title **APPENDIX B**		
	Subject **DESIGN OF COMPOSITE BEAM**		
CALCULATION SHEET	Client **SCI**	Made by JPD. Date MAY 1989	
		Checked by Date May 1989	

Vibration
Simplified approach

Loading kN/m^2
Slab + beam   2.24
CAS   0.50
10% Occupancy   0.50
                 $3.24 \; kN/m^2$

$W = 3.24 \times 10 \times 3$
     $= 97.2 \; kN$.

Increase the Inertia by 10% to allow for the increased dynamic stiffness of the composite beam.

$$= 63833 \times 1.1 = 70216 \; cm^4$$

$$\delta = \frac{5 \times 97.2 \times (10 \times 10^3)^3}{384 \times 205 \times 70216 \times 10^4} = 8.8 \; mm$$

Natural Frequency $\approx \dfrac{18}{(8.8)^{1/2}} = 6.0 \; Hz$

$\therefore \; \underline{6 Hz} > \underline{4.0 Hz}$ <u>beam satisfactory for vibration.</u>

NB For further information regarding this topic see ref. 21.

Appendix C: MANUFACTURERS' INFORMATION

British Steel plc

British Steel Sections, Plates
& Commercial Steels
PO Box 24
Steel House
Redcar
Cleveland TS10 5QL
Telephone 0642 474111

British Steel Strip Products
Commercial Office
PO Box 10
Newport
Gwent NP9 0XN
Telephone 0633 290022

Deck Manufacturers

Alpha Engineering Services Ltd
Capital Valley Industrial Estate
Rhymney
Gwent NP2 5XX
Telephone 0685 843616

Richard Lees Ltd
Weston Underwood
Ashbourne
Derbyshire DE6 4PH
Telephone 0335 60601

H H Robertson (UK) Ltd
Cromwell Road
Ellesmere Port
South Wirral
Cheshire L65 4DS
Telephone 051 355 3622/7151

Structural Metal Decks Ltd
Mallard House
Christchurch Road
Ringwood
Hants BH24 3AA
Telephone 0425 471088

Precision Metal Forming Ltd
Swindon Road
Cheltenham
Gloucestershire GL51 9LS
Telephone 0242 527511

Ward Building Components
Sherburn
Malton
North Yorkshire YO17 8PQ
Telephone 0944 710591

Quikspan Construction Ltd
St. Clement's House
St. Clement's Road
Parkstone
Poole
Dorset BH15 3PG
Telephone 0202 746666

Shear connector manufacturers

Crompton Parkinson Stud Welding
Lathkill Street
Market Harborough
Leicestershire
LE16 9EZ
Telephone 0858 410600

TRW - Nelson Stud Welding Ltd
Buckingham Road
Aylesbury
Bucks HP19 3QA
Telephone 0296 26171

Hilti (GB) Ltd
1 Trafford Wharf Road
Manchester M17 1BY
Telephone 061 872 5010

Editing and page make-up by Techword Services, Hemel Hempstead
Presswork and binding by Warren Press, Hemel Hempstead
Reprinted: Bocardo Press Ltd., Didcot, Oxon

1000/1989

500/7-1993